U0324527

教育部高等学校电子信息类专业教学指导委员会规划教材

高等学校电子信息类专业系列教材

Microcontroller Principle and Application

Based on C51 & Proteus VSM

单片机原理与应用

—— 基于C51及Proteus仿真

徐爱钧　编著

Xu Aijun

清华大学出版社

北京

内 容 简 介

本书以 Keil C51 及 Proteus 虚拟仿真技术为基础阐述 8051 单片机原理与应用，对 8051 单片机基本结构、中断系统、定时器、串行口等功能部件的工作原理作了完整介绍。在介绍 8051 指令系统的基础上，阐述了 Keil C51 高级语言程序设计方法。详细介绍了 8051 单片机片内集成功能及其编程方法、系统扩展、键盘与显示器接口技术、模数与数模转换接口技术，以及单片机系统扩展等，以实例方式介绍了在 Proteus 平台上采用 C51 编程及虚拟仿真设计方法。给出了大量在 Proteus 集成环境 ISIS 中绘制的原理电路图、C51 应用程序范例，所有范例均在 Proteus 软件平台上调试通过，可以直接运行。书中的源代码可在清华大学出版社网站本书页面下载。

本书可作为高等院校工业自动化、电子测量仪器、计算机应用等相关专业"单片机原理与应用"课程的教学用书，也可供广大从事单片机应用系统开发的工程技术人员阅读。

本书封面贴有清华大学出版社防伪标签，无标签者不得销售。

版权所有，侵权必究。举报：010-62782989，beiqinquan@tup.tsinghua.edu.cn。

图书在版编目（CIP）数据

单片机原理与应用：基于C51及Proteus仿真/徐爱钧编著.—北京：清华大学出版社，2015（2021.1重印）
（高等学校电子信息类专业系列教材）
ISBN 978-7-302-40883-3

Ⅰ．①单…　Ⅱ．①徐…　Ⅲ．①单片微型计算机－高等学校－教材　Ⅳ．①TP368.1

中国版本图书馆 CIP 数据核字（2015）第 164209 号

责任编辑： 刘　星
封面设计： 李召霞
责任校对： 焦丽丽
责任印制： 宋　林

出版发行： 清华大学出版社
　　　　　网　　址：http://www.tup.com.cn, http://www.wqbook.com
　　　　　地　　址：北京清华大学学研大厦 A 座　　　　　邮　　编：100084
　　　　　社 总 机：010-62770175　　　　　　　　　　　邮　　购：010-83470235
　　　　　投稿与读者服务：010-62776969, c-service@tup.tsinghua.edu.cn
　　　　　质量反馈：010-62772015, zhiliang@tup.tsinghua.edu.cn
　　　　　课件下载：http://www.tup.com.cn,010-83470236
印 装 者： 三河市铭诚印务有限公司
经　　销： 全国新华书店
开　　本： 185mm×260mm　　　　**印　张：** 22.25　　　　**字　　数：** 537 千字
版　　次： 2015 年 11 月第 1 版　　　　　　　　　　　**印　　次：** 2021 年 1 月第 6 次印刷
定　　价： 49.00 元

产品编号：065474-01

序

FOREWORD

我国电子信息产业销售收入总规模在 2013 年已经突破 12 万亿元,行业收入占工业总体比重已经超过 9%。电子信息产业在工业经济中的支撑作用凸显,更加促进了信息化和工业化的高层次深度融合。随着移动互联网、云计算、物联网、大数据和石墨烯等新兴产业的爆发式增长,电子信息产业的发展呈现了新的特点,电子信息产业的人才培养面临着新的挑战。

(1) 随着控制、通信、人机交互和网络互联等新兴电子信息技术的不断发展,传统工业设备融合了大量最新的电子信息技术,它们一起构成了庞大而复杂的系统,派生出大量新兴的电子信息技术应用需求。这些"系统级"的应用需求,迫切要求具有系统级设计能力的电子信息技术人才。

(2) 电子信息系统设备的功能越来越复杂,系统的集成度越来越高。因此,要求未来的设计者应该具备更扎实的理论基础知识和更宽广的专业视野。未来电子信息系统的设计越来越要求软件和硬件的协同规划、协同设计和协同调试。

(3) 新兴电子信息技术的发展依赖于半导体产业的不断推动,半导体厂商为设计者提供了越来越丰富的生态资源,系统集成厂商的全方位配合又加速了这种生态资源的进一步完善。半导体厂商和系统集成厂商所建立的这种生态系统,为未来的设计者提供了更加便捷却又必须依赖的设计资源。

教育部 2012 年颁布了新版《高等学校本科专业目录》,将电子信息类专业进行了整合,为各高校建立系统化的人才培养体系,培养具有扎实理论基础和宽广专业技能的、兼顾"基础"和"系统"的高层次电子信息人才给出了指引。

传统的电子信息学科专业课程体系呈现"自底向上"的特点,这种课程体系偏重对底层元器件的分析与设计,较少涉及系统级的集成与设计。近年来,国内很多高校对电子信息类专业课程体系进行了大力度的改革,这些改革顺应时代潮流,从系统集成的角度,更加科学合理地构建了课程体系。

为了进一步提高普通高校电子信息类专业教育与教学质量,贯彻落实《国家中长期教育改革和发展规划纲要(2010—2020 年)》和《教育部关于全面提高高等教育质量若干意见》(教高【2012】4 号)的精神,教育部高等学校电子信息类专业教学指导委员会开展了"高等学校电子信息类专业课程体系"的立项研究工作,并于 2014 年 5 月启动了《高等学校电子信息类专业系列教材》(教育部高等学校电子信息类专业教学指导委员会规划教材)的建设工作。其目的是为推进高等教育内涵式发展,提高教学水平,满足高等学校对电子信息类专业人才培养、教学改革与课程改革的需要。

本系列教材定位于高等学校电子信息类专业的专业课程,适用于电子信息类的电子信息工程、电子科学与技术、通信工程、微电子科学与工程、光电信息科学与工程、信息工程及其相近专业。经过编审委员会与众多高校多次沟通,初步拟定分批次(2014—2017年)建设约100门课程教材。本系列教材将力求在保证基础的前提下,突出技术的先进性和科学的前沿性,体现创新教学和工程实践教学;将重视系统集成思想在教学中的体现,鼓励推陈出新,采用"自顶向下"的方法编写教材;将注重反映优秀的教学改革成果,推广优秀的教学经验与理念。

为了保证本系列教材的科学性、系统性及编写质量,本系列教材设立顾问委员会及编审委员会。顾问委员会由教指委高级顾问、特约高级顾问和国家级教学名师担任,编审委员会由教育部高等学校电子信息类专业教学指导委员会委员和一线教学名师组成。同时,清华大学出版社为本系列教材配置优秀的编辑团队,力求高水准出版。本系列教材的建设,不仅有众多高校教师参与,也有大量知名的电子信息类企业支持。在此,谨向参与本系列教材策划、组织、编写与出版的广大教师、企业代表及出版人员致以诚挚的感谢,并殷切希望本系列教材在我国高等学校电子信息类专业人才培养与课程体系建设中发挥切实的作用。

吕志伟 教授

前 言
PREFACE

8051 是目前国内外使用极为广泛的一类 8 位单片机,它具有体积小、价格低、功能强、可靠性高、使用方便灵活等特点。以单片机为核心设计各种智能化电子设备,周期短、成本低、易于更新换代、维修方便,已成为电子设计中最为普遍的应用手段。世界上许多大半导体厂商,如 Atmel、Analog Device、Infineon、NXP、TI、SiLAB 等公司都推出了各具特色的 8051 系列单片机。

早期单片机应用开发大多采用汇编语言编程,汇编语言是一种直接针对硬件的机器语言,其编程效率不高,程序不易移植和维护。现在已经普遍采用 C 语言进行单片机应用编程,C 语言具有类似自然语言的特点,它既能直接操作机器硬件,又可以极大提高编程效率。德国 Keil 公司推出的 C51 被公认为是一种最有效的单片机 C 语言编程工具。单片机应用系统开发过程中,除了编程工具之外硬件平台也必不可少。目前各种单片机开发平台层出不穷,英国 Labcenter 公司推出的 Proteus 软件是一款极好的单片机虚拟硬件平台,它以其特有的仿真技术很好地解决了单片机及其外围电路的设计和协同仿真问题,可以在没有单片机实际硬件的条件下,利用 PC 进行虚拟仿真实现单片机系统的软、硬件协同设计。Proteus 虚拟硬件平台还可以与 Keil C51 完美结合,在原理图中可直接调入 C 语言编写的应用程序,进行源代码仿真调试,实现对系统性能的综合评估,验证各项技术指标。Proteus 已有二十多年的历史,涵盖了 8051 等多种微处理器模型,以及各种常用电子元器件,包括 74 系列、CMOS4000 系列集成电路、A/D 和 D/A 转换器、键盘、LCD 显示器、LED 显示器,还提供示波器、逻辑分析仪、通信终端、电压/电流表、I²C/SPI 终端等各种虚拟仪表,可以直接用于虚拟仿真,结合原理图和源码级程序调试,能够立即观察到单片机应用系统的输入输出效果,极大地提高了设计效率。

在全国高等工科院校中,已普遍开设单片机原理与应用相关课程。由于单片机本身的特点,传统教学方法很难在教学中体现单片机的实际运行过程,尤其是一些涉及硬件的操作,仅在课堂上空对空讲述很难让学生理解,教学效果不好。利用 Proteus 虚拟硬件平台,教师可现场绘制原理电路图,结合源代码仿真调试来展现单片机系统运行过程,很好地解决了长期困扰单片机教学中软件和硬件无法很好结合的难题。另外,在 PC 上修改原理电路图要比修改实际硬件电路容易得多,可以获得事半功倍的效果,有效提高教学质量。

本书在构思及选材上,注意符合单片机应用发展要求,突出先进性和实用性,对 C51 应用编程、Proteus 仿真技术等进行了详尽阐述,并给出了多个虚拟仿真设计范例。

全书共分为 11 章。

第 1 章阐述 8051 单片机的基本组成、存储器结构、并行 I/O 及 CPU 时序。

第 2 章阐述 Proteus 虚拟硬件平台,介绍在 ISIS 集成环境中绘制原理电路图、与 Keil

C51 联机实现源代码仿真调试方法。

第 3 章阐述 8051 单片机的指令系统与汇编语言程序设计。

第 4 章阐述 Keil C51 应用程序设计,介绍 C51 的基本语句、数据类型、Keil C51 对 ANSI C 的扩展以及库函数等。

第 5 章阐述键盘与显示器接口技术,介绍矩阵接盘、数码管、点阵字符和图形液晶显示器及其与单片机的接口方法。

第 6~8 章分别阐述 8051 单片机的中断系统、定时器/计数器以及串行口的工作原理与应用方法。

第 9 章阐述数模与模数转换接口技术,介绍传统并行及新型串行 D/A、A/D 转换器芯片及其与单片机的接口方法。

第 10 章阐述单片机系统扩展,介绍存储器扩展、I/O 端口扩展以及 I²C 总线扩展原理和方法。

第 11 章给出 6 个 Proteus 虚拟仿真设计实例及其完整的 C51 源程序。

本书在编写过程中得到广州风标电子技术有限公司(http://www.windway.cn)匡载华总经理的大力支持和热情帮助,徐阳、彭秀华、杨青胜、杨晶晶、马雪、黄鹏、刘永伟等参加了部分章节的编写和程序调试工作,在此一并表示感谢。

由于作者水平有限,书中难免会有错误和不妥之处,恳请广大读者批评指正,读者可通过电子邮件(ajxu@tom.com 和 ajxu41@sohu.com)直接与作者联系。Proteus 的 DEMO 软件可到官方网站 http://www.labcenter.co.uk 下载,或者与国内代理商广州风标电子技术有限公司联系购买正版软件。

徐爱钧

于长江大学

2015 年 9 月

目 录
CONTENTS

8051 单片机基本结构

1.1 8051 单片机的特点与基本结构

8051 系列单片机是在美国 Intel 公司于 20 世纪 80 年代推出的 MCS-51 系列高性能 8 位单片机的基础上发展而来的,它在单一芯片内集成了并行 I/O 口、异步串行口、16 位定时器/计数器、中断系统、片内 RAM 和片内 ROM 以及其他一些功能部件。现在 8051 系列单片机已经有了很大的发展,除了 Intel 公司之外,Philips、Siemens、AMD、Fujutsu、OKI、Atmel、SST、Winbond 等公司都推出了以 8051 为核心的新一代 8 位单片机,这种新型单片机的集成度更高,在片内集成了更多的功能部件,如 A/D、PWM、PCA、WDT 以及高速 I/O 口等。不同公司推出的 8051 具有各自的功能特点,但它们的内核都是以 Intel 公司的 MCS-51 为基础的,并且指令系统兼容,从而给用户带来了广阔的选择范围的同时又可以采用相同的开发工具。

8051 系列单片机在存储器的配置上采用"哈佛"结构,即在物理上具有独立的程序存储器和数据存储器,而在逻辑上则采用相同的地址空间,利用不同的指令和寻址方式进行访问,可分别寻址 64KB 的程序存储器空间和 64KB 的数据存储器空间,充分满足工业测量控制的需要。共有 111 条指令,其中包括乘除指令和位操作指令。中断源有 5 个(8032/8052 为 6 个),分为 2 个优先级,每个中断源的优先级是可编程的,在 8051 系列单片机的内部 RAM 区中开辟了 4 个通用工作寄存区,共有 32 个通用寄存器,可以适用于多种中断或子程序嵌套的情况。另外还在内部 RAM 中开辟了 1 个位寻址区,利用位操作指令可以对位寻址区中每个单元的每一个位直接进行操作,特别适合于解决各种开关控制和逻辑问题。ROM 型 8051 在单芯片应用方式下其 4 个并行 I/O 口(P0~P3)都可以作为输入输出之用,在扩展应用方式下则需要采用 P0 和 P2 口作为片外扩展地址总线之用。8051 单片机内部集成了 2 个(8032/8052 为 3 个)16 位定时器/计数器,可以十分方便地进行定时和计数操作,还集成了 1 个全双工的异步串行接口,可同时发送和接收数据,为单片机之间的相互通信或与上位机通信带来极大的方便。

8051 单片机的基本组成如图 1.1 所示。一个单片机芯片内包括中央处理器 CPU,它是单片机的核心,用于产生各种控制信号,并完成对数据的算术逻辑运算和传送。内部数据存储器 RAM,用以存放可以读/写的数据。内部程序存储器 ROM,用以存放程序指令或某些常数表格。4 个 8 位的并行 I/O 接口 P0、P1、P2 和 P3,每个口都可以用作输入或者输出。2 个(8051)或 3 个(8052)定时器/计数器,用来作外部事件计数器,也可用来定时。内部中断系统具有 5 个中断源,2 个优先级的嵌套中断结构,可实现二级中断服务程序嵌套,每一个中断源都可用软件程序规定为高优先级中断或低优先级中断。一个串行接口电路,可用于异步接收发送器。内部时钟电路,但晶体和微调电容需要外接,振荡频率可以高达40MHz。以上各部分通过内部总线相连接。

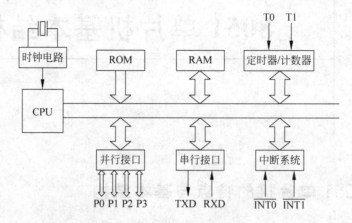

图 1.1   8051 单片机的基本组成

在很多情况下,单片机还要和外部设备或外部存储器相连接,连接方式采用三总线(地址、数据、控制)方式,但在 8051 单片机中,没有单独的地址总线和数据总线,而是与通用并行 I/O 口中的 P0 口及 P2 口共用的,P0 口分时作为低 8 位地址线和 8 位数据线,P2 口则作为高 8 位地址线用,可形成 16 条地址线和 8 条数据线。一定要建立一个明确的概念,即单片机在进行外部扩展时的地址线和数据线都不是独立的总线,而是与并行 I/O 口公用的,这是 8051 单片机结构上的一个特点。

图 1.2 所示为 8051 单片机内部结构框图,其中中央处理器 CPU 包含运算器和控制器两大部分,运算器完成各种算术和逻辑运算,控制器在单片机内部协调各功能部件之间的数据传送和运算操作,并对单片机外部发出若干控制信息。

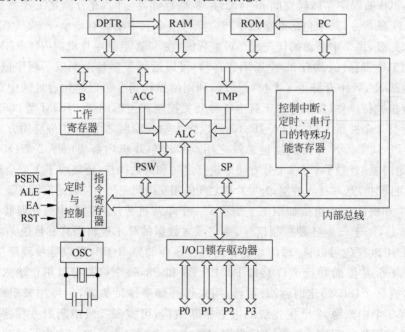

图 1.2   8051 单片机的内部结构

1. 运算器

运算器以算术逻辑单元 ALU 为核心,加上累加器 ACC、暂存寄存器 TMP 和程序状态字寄存器 PSW 等组成。

ALU 主要用于完成二进制数据的算术和逻辑运算,并通过对运算结果的判断影响程序状态字寄存器 PSW 中有关位的状态。

累加器 ACC 是一个 8 位的寄存器(在指令中一般写为 A),它通过暂存寄存器 TMP 与 ALU 相连,ACC 的工作最为繁忙,因为在进行算术逻辑运算时,ALU 的一个输入多为 ACC 的输出,而大多数运算结果也需要送到 ACC 中。在做乘除运算时,B 寄存器用来存放一个操作数,它也用来存放乘除运算后的一部分结果,若不做乘除操作,B 寄存器可用作通用寄存器。程序状态字寄存器 PSW 也是一个 8 位寄存器,用于存放运算结果的一些特征,格式如下:

D7	D6	D5	D4	D3	D2	D1	D0
CY	AC	F0	RS1	RS0	OV	—	P

其中各位的意义如下。

(1) CY:进位标志。在进行加法或减法运算时,若运算结果的最高位有进位或借位,CY=1,否则 CY=0,在执行位操作指令时,CY 作为位累加器。

(2) AC:辅助进位标志。在进行加法或减法运算时,若低半字节向高半字节有进位或借位,AC=1,否则 AC=0,AC 还作为 BCD 码运算调整时的判别位。

(3) F0:用户标志。用户可根据自己的需要对 F0 赋以一定的含义,例如可以用软件来测试 F0 的状态以控制程序的流向。

(4) RS1 和 RS0:工作寄存器组选择。可以用软件来置位或复位。它们与工作寄存器组的关系见表 1.1。

表 1.1　RS1、RS0 与工作寄存器组的关系

RS1	RS0	工作寄存器组	片内 RAM 地址
0	0	第 0 组	00H～07H
0	1	第 1 组	08H～0FH
1	0	第 2 组	10H～17H
1	1	第 3 组	18H～1FH

(5) OV:溢出标志。当两个带符号的单字节数进行运算,结果超出 $-128 \sim +127$ 的范围时,OV=1,表示有溢出,否则 OV=0 表示无溢出。

(6) PSW 中的 D1 位为保留位,对于 8051 来说没有意义,对于 8052 来说为用户标志,与 F0 相同。

(7) P:奇偶校验标志。每条指令指行完毕后,都按照累加器 A 中"1"的个数来决定 P 值,当"1"的个数为奇数时,P=1,否则 P=0。

2. 控制器

控制器包括定时控制逻辑、指令寄存器、指令译码器、程序计数器 PC、数据指针 DPTR、堆栈指针 SP、地址寄存器和地址缓冲器等。它的功能是对逐条指令进行译码,并通过定时和控制电路在规定的时刻发出各种操作所需的内部和外部控制信号,协调各部分的工作。下面简单介绍其中主要部件的功能。

(1) 程序计数器 PC: 用于存放下一条将要执行指令的地址。当一条指令按 PC 所指向的地址从程序存储器中取出之后,PC 的值会自动增量,即指向下一条指令。

(2) 堆栈指针 SP: 用来指示堆栈的起始地址。8051 单片机的堆栈位于片内 RAM 中,而且属于"上长型"堆栈,复位后 SP 被初始化为 07H,使得堆栈实际上由 08H 单元开始。必要时可以给 SP 装入其他值,重新规定栈底的位置。堆栈中数据操作规则是"先进后出",每往堆栈中压入一个数据,SP 的内容自动加 1,随着数据的压入,SP 的值将越来越大,当数据从堆栈弹出时,SP 的值将越来越小。

(3) 指令译码器: 当指令送入指令译码器后,由译码器对该指令进行译码,即把指令转变成为所需要的电平信号,CPU 根据译码器输出的电平信号使定时控制电路产生执行该指令所需要的各种控制信号。

(4) 数据指针寄存器 DRTR: 它是一个 16 位寄存器,由高位字节 DPH 和低位字节 DPL 组成,用来存放 16 位数据存储器的地址,以便对片外 64KB 的数据 RAM 区进行读/写操作。

采用 40 引脚双列直插封装(DIP)的 8051 单片机引脚分配如图 1.3 所示。各引脚功能如下。

(1) RST/VPD(9): RST 是复位信号输入端。当此输入端保持两个机器周期(24 个振荡周期)的高电平,就可以完成复位操作。第二功能是 VPD,即备用电源输入端,当主电源发生故障,降低到规定的低电平以下时,VPD 将为片内 RAM 提供备用电源,以保证存储在 RAM 中的信息不丢失。

(2) XTAL2(18)和 XTAL1(19): 在使用单片机内部振荡电路时,这两个端子用来外接石英晶体和微调电容(见图 1.4(a))。在使用外部时钟时,则用来输入时钟脉冲,但对 NMOS 和 CMOS 芯片接法不同,图 1.4(b)所示为 NMOS 芯片 8051 外接时钟,图 1.4(c)所示为 CMOS 芯片 8051 外接时钟。

(3) VSS(20): 接地。

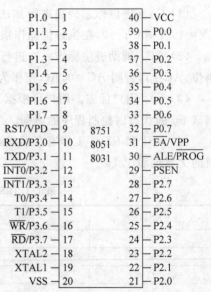

图 1.3　8051 系列单片机引脚分配图

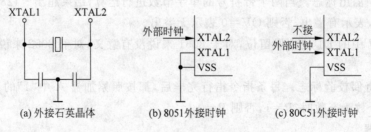

(a) 外接石英晶体　　(b) 8051 外接时钟　　(c) 80C51 外接时钟

图 1.4　8051 单片机的时钟接法

（4）VCC（40）：接＋5V 电源。

（5）$\overline{EA}$/VPP（31）：访问外部存储器的控制信号。当$\overline{EA}$为高电平时，访问单片机片内程序存储器，当程序计数器 PC 的值超过 0FFFH（对 8051）或 1FFFH（对 8052）时，将自动转向执行单片机片外程序存储器内的程序。当$\overline{EA}$保持低电平时，则只访问外部程序存储器，不管是否有片内程序存储器。第二功能，VPP 为对 8051 片内 EPROM 的 21V 编程电源输入。

（6）ALE/$\overline{PROG}$（30）：ALE 是地址锁存允许信号，在访问外部存储器时，用来锁存由 P0 口送出的低 8 位地址信号。在不访问外部存储器时，ALE 以振荡频率 1/6 的固定速率输出脉冲信号。因此它可用作对外输出的时钟。但要注意，只要外接有存储器，则 ALE 端输出的就不再是连续的周期脉冲信号了。第二功能，$\overline{PROG}$是用于对 8751 片内 EPROM 编程的脉冲输入端。

（7）$\overline{PSEN}$（29）：它是外部程序存储器 ROM 的读选通信号。在执行访问外部 ROM 指令的时候，会自动产生$\overline{PSEN}$信号，而在访问外部数据存储器 RAM 或访问内部 ROM 时，不产生$\overline{PSEN}$信号。

（8）P1.0～P1.7（1～8）：双向 I/O 口 P1。P1 口能驱动（吸收或输出电流）4 个 LS 型 TTL 负载。在对 EPROM 编程和程序验证时，它接收低 8 位地址。在 8052 单片机中，P1.0 还用作定时器 2 的计数触发输入端 T2，P1.1 还用作定时器 2 的外部控制端 T2EX。

（9）P3.0～P3.7（10～17）：双向 I/O 口 P3，P3 口能驱动（吸收或输出电流）4 个 LS 型 TTL 负载。P3 口的每条引脚都有各自的第二功能。

（10）P0.0～P0.7（39～32）：双向 I/O 口 P0。第二功能是在访问外部存储器时，可分时用作低 8 位地址和 8 位数据线，在对 8751 编程和校验时，用于数据的输入和输出。P0 口能以吸收电流的方式驱动 8 个 LS 型 TTL 负载。

（11）P2.0～P2.7（21～28）：双向 I/O 口 P2。P2 口可以驱动（吸收或输出电流）4 个 LS 型 TTL 负载。第二功能是在访问外部存储器时，输出高 8 位地址。在对 EPROM 编程和校验时，它接收高位地址。

1.2 8051 单片机的存储器结构

图 1.5 所示为 8051 系列单片机存储器结构图。在物理上它有 3 个存储器空间：程序存储器（CODE 空间）、片内数据存储器（IDATA 和 DATA 空间）、片外数据存储器（XDATA 空间）。访问不同存储器空间时需采用不同的指令。

（1）程序存储器 ROM。8051 单片机程序存储器 ROM 空间大小为 64KB，地址范围为 0000H～FFFFH，用于存放程序代码和一些表格常数，称为 CODE 空间。8051 单片机专门提供一个引脚$\overline{EA}$来区分片内 ROM 和片外 ROM，$\overline{EA}$引脚接高电平时，单片机从片内 ROM 中读取指令，当指令地址超过片内 ROM 空间范围后，就自动地转向片外 ROM 读取指令；$\overline{EA}$引脚接低电平时，所有的取指操作均对片外 ROM 进行。程序存储器的某些地址单元是保留给系统使用的：0000H～0002H 单元是所有执行程序的入口地址，复位后 CPU 总是从 0000H 地址开始执行程序；0003H～002BH 单元均匀地分为 5 段，用于 5 个中断服务程序

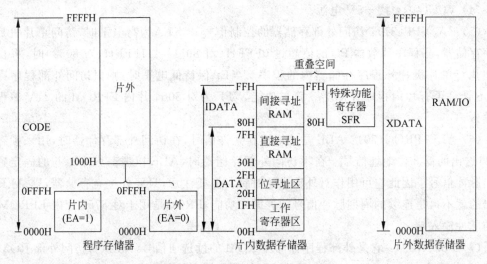

图1.5 8051单片机存储器结构

的入口,产生某个中断时,将自动进入其对应入口地址开始执行中断服务程序,一些新型8051单片机增加了更多的中断源,它们的中断入口地址也相应增加。

(2) 片内数据存储器RAM。8051单片机片内数据存储器RAM空间最大为256B,用于存放程序执行过程的各种变量及临时数据,整个片内RAM地址范围00H~FFH称为IDATA空间。片内RAM低128个字节(00H~7FH)称为DATA空间,它既可用直接寻址访问,也可用间接寻址访问间,而片内RAM高128个字节(80H~FFH)则只能采用间接寻址访问。片内RAM中00H~1FH地址范围称为工作寄存器区,平均分为4组,每组都有8个工作寄存器R0~R7,在某一时刻,CPU只能使用其中一组工作寄存器,究竟选择哪一组工作寄存器,则由程序状态字寄存器PSW中RS0和RS1的状态决定,如表1.1所示。片内RAM中20H~2FH地址范围称为位寻址区(又称BDATA区),其中每个存储器单元的每一位称为一个bit,可以用位处理指令直接操作。片内RAM中的位地址分配如图1.6所示。

8051单片机在与IDATA空间高128个字节(80H~FFH地址范围)安排了一个重叠空间称为特殊功能寄存器区(又称SFR区),地址也为80H~FFH,但在使用时,可通过指令加以区别。有些特殊功能寄存器是可以位寻址的,其可寻址

RAM
地址 MSB   LSB
7FH   127

	MSB							LSB	
2FH	7F	7E	7D	7C	7B	7A	79	78	47
2EH	77	76	75	74	73	72	71	70	46
2DH	6F	6E	6D	6C	6B	6A	69	68	45
2CH	67	66	65	64	63	62	61	60	44
2BH	5F	5E	5D	5C	5B	5A	59	58	43
2AH	57	56	55	54	53	52	51	50	42
29H	4F	4E	4D	4C	4B	4A	49	48	41
28H	47	46	45	44	43	42	41	40	40
27H	3F	3E	3D	3C	3B	3A	39	38	39
26H	37	36	35	34	33	32	31	30	38
25H	2F	2E	2D	2C	2B	2A	29	28	37
24H	27	26	25	24	23	22	21	20	36
23H	1F	1E	1D	1C	1B	1A	19	18	35
22H	17	16	15	14	13	12	11	10	34
21H	0F	0E	0D	0C	0B	0A	09	08	33
20H	07	06	05	04	03	02	01	00	32

1FH / 18H	工作寄存器3区	31 / 24
17H / 10H	工作寄存器2区	23 / 16
0FH / 08H	工作寄存器1区	15 / 8
07H / 00H	工作寄存器0区	7 / 0

图1.6 8051单片机片内RAM中的位地址

位称为 sbit,表 1.2 所示为 8051 单片机特殊功能寄存器地址及符号表,表中带 * 号的为可位寻址的特殊功能寄存器。片内 RAM 中的各个单元,都可以通过其地址来寻找,对于工作寄存器,一般使用 R0~R7 表示,对于特殊功能寄存器,也是直接用其符号名较为方便。需要指出的是,8051 单片机的堆栈必须使用片内 RAM,而片内 RAM 空间十分有限,因此要仔细安排堆栈指针 SP 的值,以保证不会发生堆栈溢出而导致系统崩溃。

(3) 片外数据存储器 RAM。8051 单片机片外数据存储器 RAM 空间大小为 64KB,地址范围为 0000H~FFFFH,称为 XDATA 空间。在 XDATA 空间内进行分页寻址操作时,称为 PDATA 区。

8051 单片机采用"哈佛"结构的存储器配置,即在物理上具有独立的 ROM 存储器和片外 RAM 数据存储器,而在逻辑上则采用相同的地址空间,其地址范围都是 0000H~FFFFH,但是需要采用不同的指令和寻址方式来进行访问,从而可分别寻址 64KB 的 ROM 程序存储器和 64KB 的片外 RAM 数据存储器。

表 1.2　8051 单片机特殊功能寄存器一览表

特殊功能寄存器符号	片内 RAM 地址	说　明
* ACC	E0H	累加器
* B	F0H	乘法寄存器
* PSW	D0H	程序状态字
SP	81H	堆栈指针
DPL	82H	数据指针(低 8 位)
DPH	83H	数据指针(高 8 位)
* IE	A8H	中断允许寄存器
* IP	B8H	中断优先级寄存器
* P0	80H	P0 口锁存器
* P1	90H	P1 口锁存器
* P2	A0H	P2 口锁存器
* P3	B0H	P3 口锁存器
PCON	87H	电源控制及波特率选择寄存器
* SCON	98H	串行口控制寄存器
SBUF	99H	串行数据缓冲器
* TCON	88H	定时器控制寄存器
TMOD	89H	定时器方式选择寄存器
TL0	8AH	定时器 0 低 8 位
TH0	8BH	定时器 0 高 8 位
TL1	8CH	定时器 1 低 8 位
TH1	8DH	定时器 1 高 8 位

1.3　CPU 时序

　　8051 单片机内部有一个高增益反向放大器,用于构成振荡器,反向放大器的输入端为 XTAL1,输出端为 XTAL2,分别是 8051 的 19 和 18 脚。在 XTAL1 和 XTAL2 之间接一个石英晶体及两个电容,就可以构成稳定的自激振荡器,当振荡在 6~12MHz 时通常取 30pF 左右的电容进行微调,如图 1.7 所示。晶体振荡器的振荡信号经过片内时钟发生器进行 2 分频,向 CPU 提供两相时钟信号 P1 和 P2。时钟信号的周期称为状态时间 S,它是振荡周期的 2 倍,在每个状态的前半周期 P1 信号有效,在每个状态的后半周期 P2 信号有效,CPU 就以这两相时钟信号为基本节拍指挥单片机各部分协调工作。

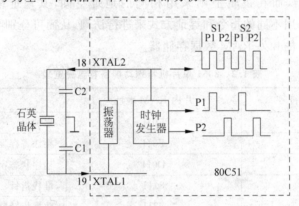

图 1.7　8051 的片内振荡器及时钟发生电路

　　CPU 执行一条指令所需要的时间是以机器周期为单位的,8051 单片机的一个机器周期包括 12 个振荡周期,分为 6 个 S 状态:S1~S6,每个状态又分为 2 拍,即前面介绍的 P1 和 P2 信号,因此一个机器周期中的 12 个振荡周期可表示为 S1P1,S1P2,S2P1,…,S6P1, S6P2。当采用 12MHz 的晶体振荡器时,一个机器周期为 1μs。CPU 执行一条指令通常需要 1~4 个机器周期,指令的执行速度与其需要的机器周期数直接有关,所需机器周期数越少速度越快,8051 单片机只有乘、除 2 条指令需要 4 个机器周期,其余均为单周期或双周期指令。

　　图 1.8 所示为几种典型的取指令和执行时序,从图中可以看到,在每个机器周期之内,地址锁存信号 ALE 两次有效,第一次出现在 S1P2 和 S2P1 期间,第二次出现在 S4P2 和 S5P1 期间。单周期指令的执行从 S1P2 开始,此时操作码被锁存在指令寄存器内。若是双字节指令,则在同一机器周期的 S4 状态读第 2 个字节。若是单字节指令,在 S4 状态仍进行读,但操作无效,且程序计数器 PC 的值不加 1。

　　图 1.8(a)和图 1.8(b)分别为单字节单周期和双字节单周期指令的时序,它们都在 S6P2 结束时完成操作。

　　图 1.8(c)为单字节双周期指令的时序,在 2 个机器周期内进行 4 次操作,由于是单字节指令,所以后面的 3 次操作无效。

　　图 1.8(d)为 CPU 访问片外数据存储器指令"MOVX"的时序,它是一条单字节双周期指令,在第一个机器周期的 S5 状态开始送出片外数据存储器的地址,进行数据的读/写操作。在此期间没有 ALE 信号,所以在第二个周期不会产生取指操作。

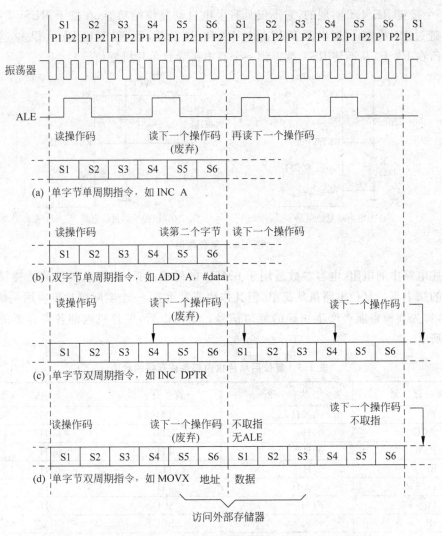

图1.8 8051单片机的取指和执行周期时序

1.4 复位信号与复位电路

8051单片机与其他微处理器一样,在启动时需要复位,使CPU和系统的各个部件都处于一种确定的初始状态。复位信号从单片机的RST引脚输入,高电平有效,其有效电平应维持至少2个机器周期,若采用6MHz的晶体振荡器,则复位信号至少应持续4μs以上,才可以保证可靠复位。

复位操作有上电自动复位和按键手动复位两种方式。上电自动复位是通过外部复位电路的电容充电来实现的,其电路如图1.9(a)所示,只要电源VCC电压上升时间不超过1ms,通过在VCC和RST之间加一个22μF的电容,RST和VSS引脚(即地)之间加一个1kΩ的电阻,就可以实现上电自动复位。

按键手动复位电路如图1.9(b)所示,它是在上电自动复位电路的基础上增加一个电阻

R1 和一个按键 RESET 实现的,它不仅具有上电自动复位的功能,在按下 RESET 按钮后,电容 C 通过 R1 放电,同时电源 VCC 通过 R1 和 R2 分压,而 R2 要比 R1 大很多,大部分电压都降落在 R2 上,从而使 RST 端得到一个高电平导致单片机复位。

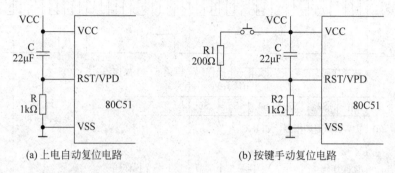

(a) 上电自动复位电路　　　　　　　　(b) 按键手动复位电路

图 1.9　复位电路

上述电路中的电阻、电容参数适用于 6MHz 的外接晶振,能保证复位信号持续 2 个机器周期的高电平。复位电路虽然简单,但其作用非常重要,一个实际单片机应用系统能否正常工作,首先要检查能否产生正确的复位信号。复位以后,单片机内部各寄存器的状态如表 1.3 所示。

表 1.3　复位后单片机内部各寄存器的状态

寄　存　器	状　　态	寄　存　器	状　　态
PC	0000H	TMOD	00H
ACC	00H	TL0	00H
PSW	00H	TH0	00H
SP	07H	TL1	00H
DPTR	0000H	TH1	00H
P0～P3	FFH	SCON	00H
IP	×××00000B	SBUF	不定
IE	0××00000B	PCON	0×××0000B

复位不影响片内 RAM 的内容,当加上电源电压 VCC 以后,RAM 的内容是随机的。

1.5　并行 I/O 端口结构

8051 单片机有 4 个并行 I/O 端口,称为 P0、P1、P2、P3,每个端口都有 8 根引脚,共有 32 根 I/O 引脚,它们都是双向通道,每一条 I/O 引脚都能独立地用作输入或输出,作输出时数据可以锁存,作输入时数据可以缓冲。P0～P3 口各有一个锁存器,分别对应 4 个特殊功能寄存器地址:80H、90H、A0H、B0H。图 1.10 所示为 P0～P3 各口中的一位逻辑图。这 4 个 I/O 口的功能不完全相同,它们的负载能力也不相同,P1、P2、P3 都能驱动 4 个 LSTTL 门电路,并且不需外加电阻就能直接驱动 MOS 电路。P0 口在驱动 TTL 电路时能带动 8 个 LS 型 TTL 门电路,若作为地址/数据总线,可直接驱动;而作为 I/O 口时,则需外接上拉电阻才能驱动 MOS 电路。

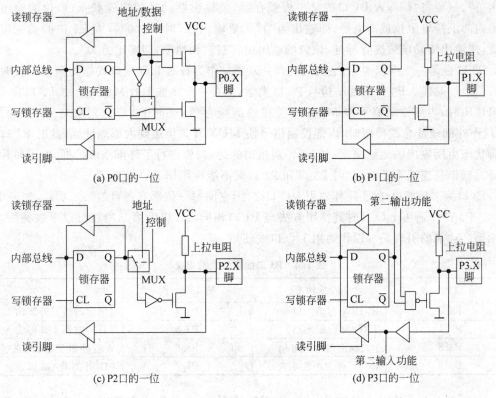

(a) P0口的一位　　　　　　　　　　(b) P1口的一位

(c) P2口的一位　　　　　　　　　　(d) P3口的一位

图 1.10　8051 单片机并行 I/O 口一位的逻辑图

　　P0 为三态双向口,它可作为输入输出端口使用,也可作为系统扩展时的低 8 位地址/8
位数据总线使用。P0 口内部有一个 2 选 1 的 MUX 开关,当 8051 以单芯片方式工作而不
需要外部扩展时,内部控制信号将使 MUX 开关接通到锁存器,此时 P0 口作为双向 I/O 端
口,由于 P0 口没有内部上拉电阻,通常要在外部加一个上拉电阻来提高驱动能力。当 8051
需要进行外部扩展时,内部控制信号将使 MUX 开关接通到内部地址/数据线,此时 P0 口在
ALE 信号的控制下分时输出低 8 位地址和 8 位数据信号。

　　P1 口为准双向口,它的每一位都可以分别定义为输入或输出使用。P1 口作为输入口
使用时,有两种工作方式,即所谓"读端口"和"读引脚"。读端口时实际上并不从外部读入数
据,而只把端口锁存器中的内容读入到内部总线,经过某种运算和变换后,再写回到端口锁
存器,属于这类操作的指令很多,如对端口内容取反等。读引脚时才真正地把外部的输入信
号读入到内部总线。逻辑图中各有两个输入缓冲器,CPU 根据不同的指令分别发出"读端
口"或"读引脚"信号,以完成两种不同的操作。在读引脚,也就是从外部输入数据时,为了保
证输入正确的外部输入电平信号,首先要向端口锁存器写入一个"1",然后再进行读引脚操
作,否则,端口锁存器中原来状态有可能为"0",加到输出驱动场效应管栅极的信号为"1",该
场效应管导通,对地呈现低阻抗。这时即使引脚上输入的是"1"信号,也会因端口的低阻抗
而使信号变化,使得外加的"1"信号读入时不一定是"1"。若先执行置"1"操作,则可使驱动
场效应管截止,引脚信号直接加到三态缓冲器,实现正确的读入。正是由于 P1 口在进行输
入操作之前需要有这样一个附加准备动作,故称为"准双向口"。P1 作为输出口时,如果要

输出"1",只要将"1"写入 P1 口的某一位锁存器,使输出驱动场效应管截止,该位的输出引脚由内部上拉电阻拉成高电平,即输出为"1"。要输出"0"时,将"0"写入 P1 口的某一位锁存器,使输出驱动场效应管导通,该位的输出引脚被接到地端,即输出为"0"。

P2 口也是一个准双向口,它有两种使用功能:作为普通 I/O 端口或作为系统扩展时的高 8 位地址总线。P2 口内部结构与 P0 口类似,也有一个 2 选 1 的 MUX 开关,P2 口作 I/O 端口使用时,内部控制信号使 MUX 开关接通到锁存器,此时 P2 口的用法与 P1 口相同。P2 口作外部地址总线使用时,内部控制信号使 MUX 开关接通到内部地址线,此时 P2 口的引脚状态由所输出的地址决定。需要特别指出的是,只要进行了外部系统扩展,由于对片外地址的操作是连续不断的,此时 P0 口和 P2 口就不能再用作 I/O 端口了。

P3 口为多功能口,除了用作通用 I/O 口之外,它的每一位都有各自的第二功能,如表 1.4 所示。P3 口作通用 I/O 口时其使用方法与 P1 口相同,P3 口的第二功能可以单独使用,即不用第二功能的引脚仍可以作通用 I/O 口线使用。

表 1.4 P3 口的第二功能定义

端 口 引 脚	第 二 功 能	端 口 引 脚	第 二 功 能
P3.0	RXD(串行输入口)	P3.4	T0(定时器 0 外部输入)
P3.1	TXD(串行输出口)	P3.5	T1(定时器 1 外部输入)
P3.2	$\overline{INT0}$(外部中断 0 输入)	P3.6	$\overline{WR}$(外部 RAM 写选通)
P3.3	$\overline{INT1}$(外部中断 1 入)	P3.7	$\overline{RD}$(外部 RAM 读选通)

8051 单片机没有独立的对外地址、数据和控制"三总线",当需要进行外部扩展时需要采用 I/O 口的复用功能,将 P0、P2 口用作地址/数据总线,P3 口用其第二功能,形成外部地址、数据和控制总线,如图 1.11 所示。

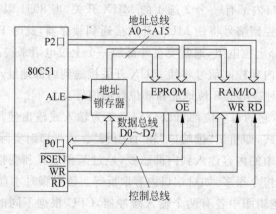

图 1.11 单片机与外部存储器、I/O 端口的连接

P0 口在进行外部扩展时分时复用,在读/写外存储器时,P0 口先送出低 8 位地址信号,该信号只能维持很短的时间,然后 P0 口又送出 8 位数据信号。为了使在整个读/写片外存储器期间,都存在有效的低 8 位地址信号,必须在 P0 上外接一个地址锁存器,在 ALE 信号有效期间将低 8 位地址锁存于锁存器内,再从这个锁存器对外输出低 8 位地址。P2 口在进行外部扩展时只用作高 8 位地址线,在整个读/写期间 P2 口输出信号维持不变,因此 P2 口不需外接锁存器。一般在片外接有存储器时,P0 和 P2 口不能再用作通用 I/O 口,此

时只有 P1 口可用作通用 I/O 口，P3 口没有使用第二功能的引脚还可以用作 I/O 口。另外还要注意，外接程序存储器 ROM 的读/写选通信号为 $\overline{PSEN}$，而外接数据存储器 RAM 的读/写选通信号为 $\overline{RD}$ 和 $\overline{WR}$，从而保证外部 ROM 和外部 RAM 不会发生混淆。

复习思考题

1. 8051 单片机包含哪些主要逻辑功能部件？画出它的基本结构图。

2. 8051 单片机有几个存储器地址空间？画出它的存储器结构图。

3. 简述 8051 单片机片内 RAM 存储器的地址空间分配。

4. 简述 8051 单片机复位后内部各寄存器的状态。

5. 程序计数器 PC 有何作用？用户是否能够对它直接进行读/写？

6. 什么叫堆栈？堆栈指针 SP 的作用是什么？SP 的默认初值是多少？

7. 如何调整 8051 单片机的工作寄存器区？如果希望使用工作寄存器 3 区，应如何设定特殊功能寄存器 PSW 的值？

8. 简述 8051 单片机的 P0～P3 口各有什么特点，以 P1 口为例说明准双向 I/O 端口的意义。

9. 8051 单片机有没有专门的外部"三总线"？它是如何形成外部地址总线和数据总线的？

10. 试画出单片机与外部存储器、I/O 端口的连接图，并说明为什么外扩存储器时 P0 口要加接地锁存器，而 P2 口却不用加接。

第2章 Proteus 虚拟仿真

CHAPTER 2

英国 Labcenter 公司推出的 Proteus 软件采用虚拟仿真技术,很好地解决了单片机及其外围电路的设计和协同仿真问题,可以在没有单片机实际硬件的条件下,利用个人计算机实现单片机软件和硬件同步仿真,仿真结果可以直接应用于真实设计,极大地提高了单片机应用系统的设计效率,同时也使得单片机的学习和应用开发过程变得容易和简单。Proteus软件包提供了丰富的元器件库,可以根据不同要求设计各种单片机应用系统。Proteus 软件已有近 20 年的历史,它针对单片机应用,可以直接在基于原理图的虚拟模型上进行软件编程和虚拟仿真调试,配合虚拟示波器、逻辑分析仪等,用户能看到单片机系统运行后的输入输出效果。Proteus 在国外已经得到广泛使用,国内一些高校和公司也开始尝试使用该软件进行单片机教学和系统设计,在不需要专门硬件投入的前提下,利用个人计算机来学习单片机知识,比单纯从书本学习更易于接受和提高,还可以增加实际编程经验。

2.1 集成环境 ISIS

Proteus 软件包提供一种界面友好的人机交互式集成环境 ISIS,其设计功能强大,使用方面。ISIS 在 Windows 环境下运行,启动后弹出图 2.1 所示界面,由下拉菜单、快捷工具按钮、预览窗口、原理图编辑窗口、元器件列表窗口、元器件方向选择和仿真按钮组成。

1. 下拉菜单

下拉菜单提供如下功能选项。

(1) File 菜单包括常用的文件功能,如创建一个新设计、打开已有设计、保存设计、导入/导出文件和打印设计文档等。

(2) View 菜单包括是否显示网格、设置网格间距、缩放原理图和显示与隐藏各种工具栏等。

(3) Edit 菜单包括撤销/恢复操作、查找与编辑、剪切、复制、粘贴元器件和设置多个对象的层叠关系等。

(4) Library 菜单包括添加、创建元器件/图标和调用库管理器。

(5) Tools 菜单包括实时标注、实时捕捉和自动布线等。

(6) Design 菜单包括编辑设计属性、编辑图纸属性和进行设计注释等。

(7) Graph 菜单包括编辑图形、添加 Trace、仿真图形和一致性分析等。

(8) Source 菜单包括添加/删除源程序文件、定义代码生成工具和调用外部文本编辑器等。

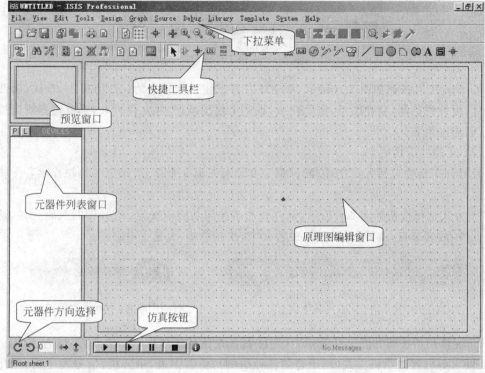

图 2.1 ISIS 环境界面

（9）Debug 菜单包括启动调试、进行仿真、单步执行和重新排布弹出窗口等。

（10）Template 菜单包括设置图形格式、文本格式、设计颜色和节点形状等。

（11）System 菜单包括设置环境变量、工作路径、图纸尺寸大小、字体和快捷键等。

（12）Help 菜单包括版权信息，帮助文件和例程等。

2. 快捷工具栏

快捷工具栏分为主工具栏和元器件工具栏。

（1）主工具栏。

主工具栏包括文件工具、视图工具、编辑工具、设计工具 4 个部分，每个工具栏提供若干快捷按钮。

① 主工具栏按钮如图 2.2 所示，从左往右各按钮功能依次为：新建设计，打开已有设计，保存设计，导入文件，导出文件，打印设计文档，标识输出区域。

② 视图工具按钮如图 2.3 所示，从左往右各按钮功能依次为：刷新，网格开关，原点，选择显示中心，放大，缩小，全图显示，区域缩放。

图 2.2 主工具栏按钮

图 2.3 视图工具按钮

③ 编辑工具按钮如图 2.4 所示，从左往右各按钮功能依次为：撤销，重做，剪切，复制，粘贴，复制选中对象，移动选中对象，旋转选中对象，删除选中对象，从器件库选元器件，制作器件，封装工具，释放元件。

图 2.4　编辑工具按钮

④ 设计工具按钮如图 2.5 所示，从左往右各按钮功能依次为：自动布线，查找，属性分配工具，设计浏览器，新建图纸，删除图纸，退到上层图纸，生成元件列表，生成电器规则检查报告，创建网络表。

（2）元器件工具栏。

元器件工具栏包括方式选择、配件模型和绘制图形 3 个部分，每个工具栏提供若干快捷按钮。

① 方式选择按钮如图 2.6 所示，从左往右各按钮功能依次为：选择即时编辑元件，选择放置元件，放置节点，放置网络标号，放置文本，绘制总线，放置子电路图。

图 2.5　设计工具按钮

图 2.6　方式选择按钮

② 配件模型按钮如图 2.7 所示，从左往右各按钮功能依次为：端点方式（有 VCC、地、输出、输入等），器件引脚方式（用于绘制各种引脚），仿真图表，录音机，信号发生器，电压探针，电流探针，虚拟仪表。

③ 图形绘制按钮如图 2.8 所示，从左往右各按钮功能依次为：绘制直线，绘制方框，绘制圆，绘制圆弧，绘制多边形，编辑文本，绘制符号，绘制原点。

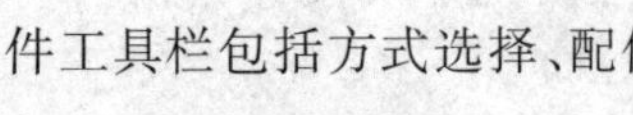

图 2.7　配件模型按钮

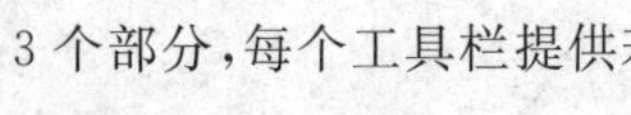

图 2.8　图形绘制按钮

3. 元器件方向选择栏

在元器件列表窗口下方有一个元器件方向选择栏，其按钮如图 2.9 所示，从左往右各按钮功能依次为：向右旋转 90°，向左旋转 90°，水平翻转，垂直翻转。

4. 仿真工具栏

在原理图编辑窗口下方有一个仿真工具栏，其按钮如图 2.10 所示，从左往右各按钮功能依次为：全速运行，单步运行，暂停，停止。

图 2.9　元器件方向选择按钮

图 2.10　仿真工具按钮

5. 原理图编辑窗口

原理图编辑窗口是用来绘制原理图的，蓝色方框内为编辑区，里面可以放置元器件和进行连线。注意，这个窗口没有滚动条，需要用预览窗口来改变原理图的可视范围，也可以用鼠标滚轮对显示内容进行缩放。

6. 预览窗口

预览窗口可显示两种内容，一种是在元器件列表窗口选中某个元件时，将显示该元件的预览图；另一种是当鼠标落在原理图编辑窗口时（即放置元件到原理图编辑窗口后或在原理图编辑窗口中单击后），将显示整张原理图的缩略图，并会显示一个绿色的方框，绿色方框里面就是当前原理图编辑窗口中显示的内容，可用鼠标改变绿色的方框的位置，从而改变原理图的可视范围。

2.2　绘制原理图

绘制原理图是在原理图编辑窗口中蓝色方框内完成的，通过下拉菜单 System 中 Set Sheet Size 选项，可以调整原理图设计页面大小。绘制原理图时首先应根据需要选取元器件，Proteus ISIS 库中提供了大量元器件原理图符号，利用 Proteus ISIS 的搜索功能可以很方便地查找需要的元器件。下面以图 2.11 为例来说明绘制原理图的方法。

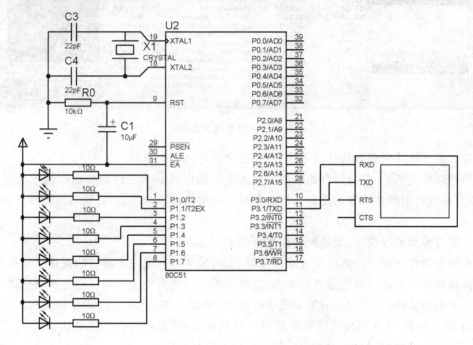

图 2.11　绘制 原理图示例

首先根据需要选择器件。单击元器件列表窗口上边的按钮 P，弹出图 2.12 所示元器件选择窗口，在该窗口左上方的 Keywords 文本框内键入 8051，窗口中间的 Results 列表框将显示出元器件库中所有 8051 单片机，选择其中的 80C51，窗口右上方的 80C51 Preview 栏将显示出 80C51 图形符号，同时显示该器件的虚拟仿真模型 VSM DLL Model（MCS8051.DLL），单击 OK 按钮后，选择的器件将出现在器件列表窗口。照此选择所有需要的元器件，如果选择的器件显示 No Simulator Model，说明该器件没有仿真模型，将不能进行虚拟仿真。

如果遇到库中没有的器件，就需要自己创建。通常有两种方法创建自己的元件：一种是用 PROTEUS VSM SDK 开发仿真模型，并制作元件；另一种是在已有的元件基础上进

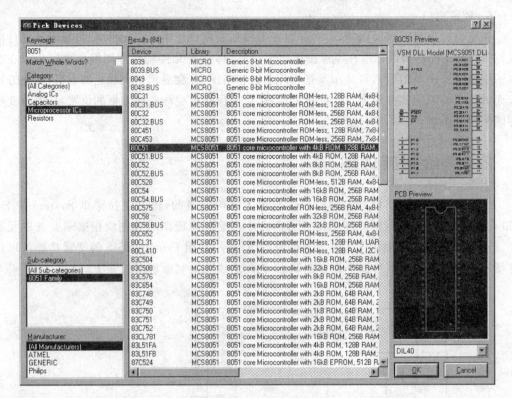

图 2.12　器件选择窗口

行改造。关于具体创建方法这里不作介绍,请读者查阅相关资料。

　　器件选择完毕后,就可以开始绘制原理图了。先用鼠标从器件选择窗口选中需要的器件,预览窗口将出现该器件的图标。再将鼠标指向编辑窗口并单击,将选中的器件放置到原理图中。

　　放置电源和地线端时,要从配件模型按钮栏中选取。

　　在两个器件之间进行连线的方式很简单,先将鼠标指向第一个器件的连接点并单击,再将鼠标移到另一个器件的连接点并单击,这两个点就被连接到了一起。对于相隔较远,直接连线不方便的器件,可以用标号的方式进行连接,如图 2.11 中发光二极管 D1～D8 与 8051 单片机 P1.0～P1.7 各口线之间就是通过标号相连的,注意这里使用总线方式标明了连接点,但真正起作用的是标号,而总线只是一个标示符号而已。

　　在编辑窗口中绘制原理图的一般操作总结如下:用左键放置元件,右键选择元件,双击右键删除元件,右键拖选多个元件,先右键后左键编辑元件属性,先右键后左键拖动元件,连线用左键,删除用右键,中键缩放整个原理图。

　　原理图绘制完成后,给单片机添加应用程序,就可以进行虚拟仿真调试。先右击选中 8051 单片机,再单击,弹出图 2.13 所示器件编辑窗口。

　　在器件编辑窗口中 Program File 栏单击文件夹浏览按钮，找到需要仿真的 HEX 文件,单击“确定”按钮完成添加文件,在 Clock Frequency 文本框中把频率改为 12MHz,单击 OK 按钮退出。这时单击仿真工具栏中全速运行按钮 ▶ 即可开始进行虚拟仿真。为了直观看到仿真过程,还可以在原理图中添加一些虚拟仪表,可用的虚拟仪表有:电压表、电

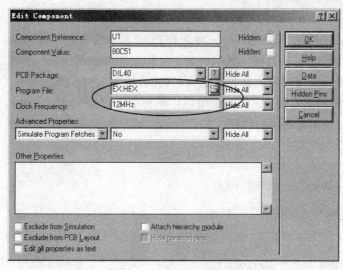

图 2.13　器件编辑窗口

流表、虚拟示波器、逻辑分析仪、计数器定时器、虚拟终端、虚拟信号发生器、序列发生器、I²C
调试器和 SPI 调试器等。

2.3　创建汇编语言源代码仿真文件

　　Proteus 虚拟仿真系统将汇编语言源代码的编辑与编译整合在同一设计环境中,使用
户可以在设计中直接编辑汇编语言源程序和生成仿真代码,并且很容易查看源程序经过修
改之后对仿真结果的影响。Proteus 软件包自带多种汇编语言工具,对于生成汇编语言源
程序仿真代码十分方便。使用时先要设置代码生成工具,选择 Source 下拉菜单中 Define
Code Generaation Tools 选项,弹出图 2.14 所示定义代码生成工具窗口。

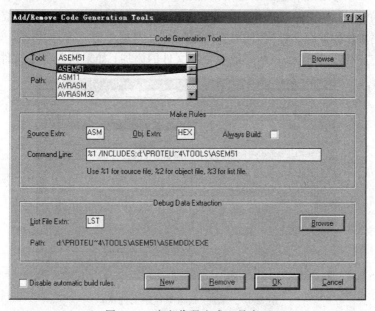

图 2.14　定义代码生成工具窗口

　　在 Code Generation Tool 栏的 Toll 列表框内选择 ASEM51,设定 8051 单片机汇编工具；在 Make Rules 栏的 Source Extn 对话框内键入 ASM,在 Obj. Extn 对话框内键入 HEX,设定源程序扩展名和目标代码扩展名；在 Debug Data Extraction 栏的 List File Extn 对话框内键入 LST,设定列表文件扩展名,设置完成后单击 OK 按钮退出。

　　采用文本编辑器编写例 2-1 所示汇编语言源程序,并存为 ex2-1. asm。

【例 2-1】　汇编语言流水灯程序文件。

```
      ORG 0000H
START:MOV R7,♯08H
      MOV A,♯0FEH          ;正向流水灯
LP1:MOV P1,A
      LCALL DELAY
      RL  A
      DJNZ R7,LP1
      MOV R7,♯08H          ;反向流水灯
      MOV A,♯07FH
LP2:MOV P1,A
      LCALL DELAY
      RR A
      DJNZ R7,LP2
      LJMP START
DELAY:MOV R6,♯0FFH
LP3:MOV R5,♯0FFH
LP4:DJNZ R5,LP4
      DJNZ R6,LP3
      RET
      END
```

　　接着要添加源程序文件,选择 Source 下拉菜单中 Add/Remove Source Code Files 选项,弹出图 2.15 所示添加/删除源程序文件窗口,在 Code Generation Tool 列表框内选择 ASEM51,再单击 New 按钮,弹出图 2.16 所示源程序文件查找窗口,在"查找范围"列表框内选中源程序文件的保存文件夹,同时在"文件名"文本框中键入源程序名。如果该源程序文件已经存在,单击"打开"按钮即完成源程序文件的添加；如果该源程序文件不存在,单击

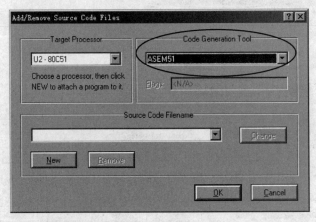

图 2.15　添加/删除源程序文件窗口

"打开"按钮后将弹出图 2.17 所示提示对话框,询问是否创建该文件,单击"是"按钮即在选择的文件夹内创建一个新文件。文件添加完成后再单击 Source 下拉菜单,可以看到源程序文件已经位于其中,如图 2.18 所示,此时可以直接单击文件名将其打开进行编辑或修改。

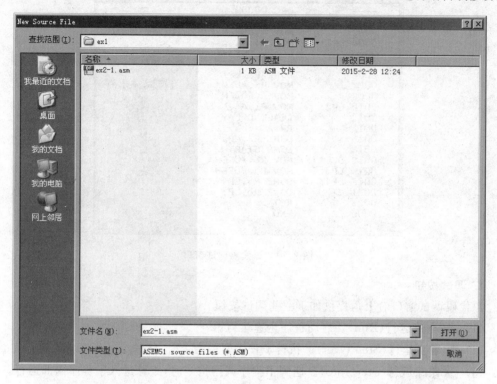

图 2.16　源程序文件查找窗口

图 2.17　新建源程序对话框

图 2.18　源程序文件被添加到 Source 菜单

已添加的源程序文件编辑修改完成后,选择 Source 下拉菜单中的 Build All 选项,对文件进行汇编连接,生成可执行的十六进制文件(.HEX)、列表文件(.LST)和源代码仿真调试文件(.SDI)。

2.4　在原理图中进行源代码仿真调试

按照 2.2 节中图 2.13 所示方法将生成的 HEX 文件添加到原理电路图的 8051 单片机中,即可进行源代码仿真调试。单击仿真工具中的运行按钮 ▶,启动程序全速运行,可以查看单片机系统运行结果。也可以先单击仿真工具中的暂停按钮 ▌▌,再选择 Debug

下拉菜单中的"6. 8051 CPU Source Code"选项,弹出图2.19所示源代码调试窗口。

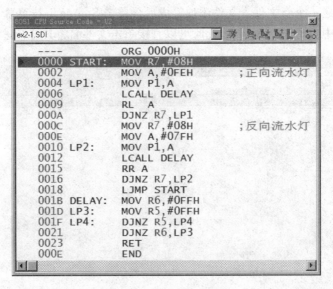

图2.19　源代码调试窗口

1. 调试按钮

源代码调试窗口右上角提供如下一些调试按钮。

(1) 全速运行(Run)。启动程序全速运行。

(2) 单步运行(Step Over)。执行子程序调用指令时,将整个子程序一次执行完。

(3) 跟踪运行(Step Into)。遇到子程序调用指令时,跟踪进入子程序内部运行。

(4) 跳出运行(Step Out)。将整个子程序运行完成,并返回到主程序。

(5) 运行到光标处(Run To)。从当前指令运行到光标所在位置。

(6) 设置断点(Toggle Breakpoint)。将光标所在位置设置一个断点。

2. 右键快捷菜单

将鼠标指向源代码调试窗口并右击,将弹出图2.20所示右键快捷菜单,提供如下功能选项。

(1) Goto Line。单击该选项,在弹出的对话框中键入源程序代码的行号,光标立即跳转到指定行。

(2) Goto Address。单击该选项,在弹出的对话框中键入源程序代码的地址,光标立即跳转到指定地址处。

(3) Find。单击该选项,在弹出的对话框中键入希望查找的文本字符,将在源代码调试窗口从当前光标所在位置开始查找指定的字符。

(4) Find Again。将重复上次查找内容。

(5) Toggle Breakpoint。在光标所在处设置或删除断点。

(6) Enable All Breakpoints。允许所有断点。

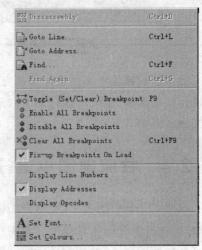

图2.20　源代码调试窗口中的右键菜单

（7）Disable All Breakpoints。禁止所有断点。

（8）Clear All Breakpoints。清除所有断点。

（9）Fix-up All Breakpoints On Load。装入时修复断点。

（10）Display Line Numbers。显示行号。

（11）Display Addresses。显示地址。

（12）Display Opcode。显示操作码。

（13）Set Font。单击该选项，在弹出的对话框中设置源代码调试窗口中显示字符的字体。

（14）Set Colour。单击该选项，在弹出的对话框中设置弹出窗口的颜色。

在 Proteus 中进行源代码调试时，Debug 下拉菜单提供了多种弹出式窗口，给调试过程带来了许多方便。选择 Debug 下拉菜单中的"5. 8051 CPU Internal（IDATA）Memory"选项，弹出图 2.21 所示 8051 单片机片内存储器窗口，其中显示当前片内存储器的内容。

选择 Debug 下拉菜单中的"4. 8051 CPU SFR Memory"选项，弹出图 2.22 所示 8051 单片机特殊功能寄存器窗口，其中显示当前特殊功能寄存器的内容。

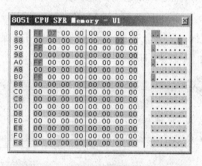

图 2.21　片内存储器窗口　　　　图 2.22　特殊功能寄存器窗口

选择 Debug 下拉菜单中的"3. 8051 CPU Register"选项，弹出图 2.23 所示 8051 单片机寄存器窗口，其中显示当前各个寄存器的值。

上述各个窗口的内容随着调试过程自动发生变化，在单步运行时，发生改变的值会高亮显示，显示格式可以通过相应窗口提供右键菜单选项进行调整。在全速运行时，上述各窗口将自动隐藏。

选择 Debug 下拉菜单中的"2. Watch Window"选项，弹出图 2.24 所示观测窗口，观测

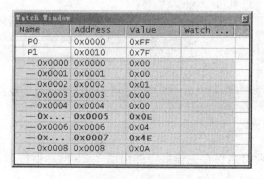

图 2.23　片内存储器窗口　　　　　　图 2.24　观测窗口

窗口即使在全速运行期间也将保持实时显示,可以在观测窗口中添加一些项目,以便于程序调试期间进行察看。添加项目可以通过观测窗口中的右键菜单实现,也可以先在图 2.21 或图 2.22 中用鼠标左键标记希望进行观测的存储器单元,然后将其直接拖到观测窗口中。

2.5　原理图与 Keil 环境联机仿真调试

德国 Keil Software 公司多年来致力于单片机 C 语言编译器的研究,该公司开发的 Keil C51 是一种专为 8051 单片机设计的高效率 C 语言编译器,符合 ANSI 标准,生成的程序代码运行速度极高,所需要的存储器空间极小,完全可以和汇编语言相媲美。目前 Keil 公司推出的 C51 编译器,已被完全集成到一个功能强大的全新集成开发环境 μVision3 中,包括项目管理、程序编译和连接定位等,并且还可以通过专门驱动软件(Proteus VSM Keil Debugger Driver)与 Proteus 原理图进行联机仿真,为单片机的开发带来极大的方便,驱动软件可以到 www.labcenter.com 网站免费下载。下面通过一个简单实例说明采用 Keil 环境编写单片机 C51 程序以及与 Proteus 原理图进行联机仿真调试的步骤。

启动 μVision3 后,选择 Project→New Project 选项,在弹出的对话框窗口中输入项目文件名 max,选择合适的保存路径并单击"保存"按钮,创建一个文件名为 max.Uv2 的新项目文件,如图 2.25 所示。

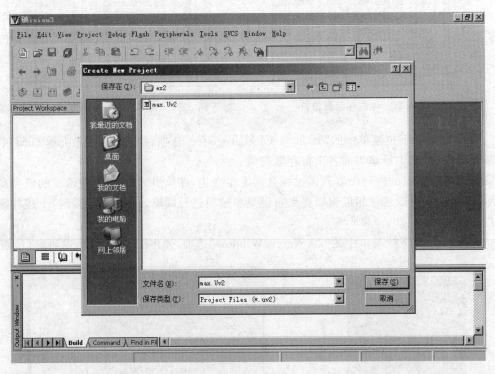

图 2.25　在 μVision3 中新建一个项目

项目名保存完毕后将弹出图 2.26 所示器件数据库对话框窗口,根据需要选择 CPU 器件 Atmel 公司的 AT89C51。

创建新项目后,会自动包含一个默认的目标 Target 1 和文件组 Source Group 1。用户

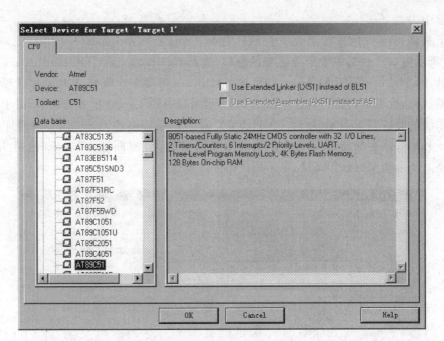

图 2.26 为项目选择 CPU 器件

可以给项目添加其他文件组以及文件组中的源程序文件。选择 File→New 选项,从打开的编辑窗口中输入例 2-2 的 C51 源程序。

【例 2-2】 求两个输入数据中较大者的 C51 源程序。

```
# include < reg51.h >                         //预处理命令
# include < stdio.h >
# define uint unsigned int
uint max (uint x, uint y);                     //功能函数 max 说明
main() {                                       //主函数
       uint a, A, c;                           //主函数的内部变量类型说明
       SCON = 0x52; TMOD = 0x20;               //串行口、定时器初始化
       PCON = 0x80; TH1 = 0x0F3;               //fosc = 12MHz, 波特率 = 4800
       TL1 = 0x0F3; TCON = 0x69;
       printf ("\n Please enter two numbers: \n\n");  //输出提示符
       scanf ("% d % d", &a, &A);              //输入变量 a 和 b 的值
       c = max (a, A);                         //调用 max 函数
       printf (" \n max = % u \n ", c);        //输出较大数据的值
       while(1);
   }                                           //主程序结束
uint max (uint x, uint y) {                    //定义 max 函数, x、y 为形式参数
       if (x > y) return (x);                  //将计算得到的最大值返回到调用处
       else return(y);
   }                                           //max 函数结束
```

程序输入完成后,保存为 max.c 的源程序文件,保存路径一般与项目文件相同。然后将鼠标指向项目窗口 Files 标签页中的 Source Group 1 文件组并右击,从弹出的右键快捷菜单中选择 Add Files to Group 'Source Group 1'选项,将刚才保存的源程序文件 max.c 添

加到项目中去。

接下来需要对项目进行必要的配置。选择 Project→Options for Target 选项，弹出图 2.27 所示窗口。这是一个十分重要的窗口，包括 Device、Target、Output、Listing、User、C51、A51、BL51 Locate、BL51 Misc、Debug 和 Utilities 等多个选项卡，其中一些选项可以直接用其默认值，也可进行适当调整。图 2.27 所示为其中的 Target 配置选项卡，用于设定目标硬件系统的时钟频率 Xtal 为 12.0MHz、编译器的存储器模式为 Small（C51 程序中局部变量位于片内数据存储器 DATA 空间）、程序存储器 ROM 空间设为 Large（使用 64KB 程序存储器）、不采用实时操作系统、不采用代码分组设计。

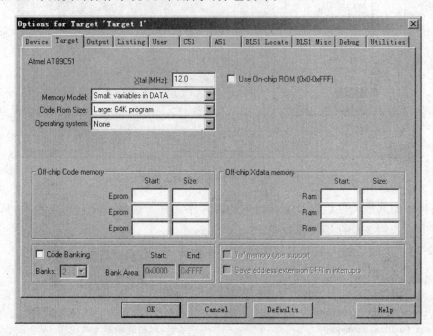

图 2.27　Target 配置选项卡

图 2.28 所示为 Output 配置选项卡，用于设定当前项目在编译链接之后生成的可执行代码文件，默认为与项目文件同名，也可以指定为其他文件名，存放在当前项目文件所在的目录中，也可以单击 Select Folder For Objects 来指定文件的目录路径。选中复选框 Debug Information 将在输出文件中包含进行源程序调试的符号信息。选中复选框 Browse Information 将在输出文件中包含源程序浏览信息。选中复选框 Create HEX File 表示除了生成可执行代码文件之外，还将生成一个 HEX 文件。

图 2.29 所示为 Debug 配置选项卡，用于设定 μVision3 调试选项。μVision3 环境可以通过专用硬件驱动 Proteus VSM Simulator 与 Proteus 原理图进行联机仿真，为单片机开发带来极大的方便。Keil 与 Proteus 联机之前需要先安装 Proteus VSM 驱动（该驱动可以到 Labcenter 公司网站免费下载）。

单击选项卡右上部单选框 User，通过列表框右边的箭头，选择其中的 Proteus VSM Simulator，再单击右边的 Settings 按钮，弹出图 2.30 所示通信配置选项卡。需要注意的是，用户的 Windows 系统中必须安装 TCP/IP 协议，才能保证 Proteus 与 Keil 正常通信。

选中图 2.29 选项卡中 Load Application at Startup 和 Run to main() 复选框，可以在启

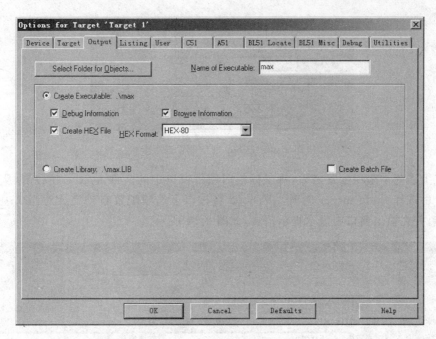

图 2.28　Output 配置选项卡

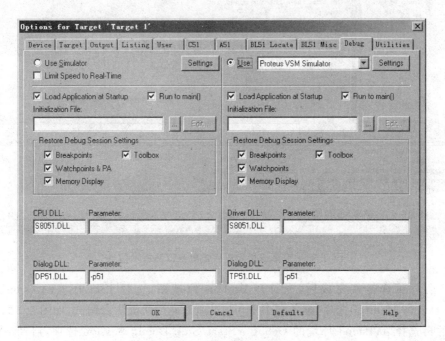

图 2.29　Debug 配置选项卡

动仿真时自动装入应用程序目标代码并运行到 main( )函数处。在 Restore Debug Session Settings 选项区域中有 4 个复选框：Breakpoints、Watchpoints、Memory Display 和 Toolbox,分别用于在启动 Debug 调试器时自动恢复上次调试过程中所设置的断点、观察点与性能分析器、存储器及工具盒的显示状态,如果在编辑源程序文件时就设置了断点并希望在启动 Debug 仿真调试时能够使用,则应该选中这些复选框。

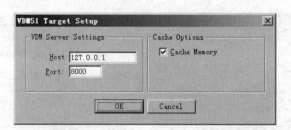

图 2.30　Debug 通信配置选项卡

完成上述基本选项配置之后,将鼠标指向项目窗口中的文件 max.c 并右击,从弹出的右键菜单中选择 Build target 选项,μVision3 将按以上选项配置自动完成对当前项目中的编译链接,并在输出窗口中显示提示信息,如图 2.31 所示。

图 2.31　编译链接完成后输出窗口的提示信息

C51 程序编译链接完成后,先打开 Proteus 原理图,选择 ISIS 环境的 Debug→Use Remote Debug Monitor 选项,准备与 Protues 原理图进行联机仿真调试,如图 2.32 所示。

然后再选择 μVision3 环境的 Debug→Start/Stop Debug Session 选项,启动 μVision3 与 Proteus 联机,联机成功后自动装入目标代码并运行到 main() 函数处,项目窗口切换到 Regs 标签页,显示调试过程中单片机内部工作寄存器 R0～R7、累加器 A、堆栈指针 SP、数据指针 DPTR、程序计数器 PC 以及程序状态字 PSW 的值等,如图 2.33 所示。

联机仿真状态下,可以直接在 μVision3 环境中进行程序调试,同时通过 Proteus 原理图观察程序运行结果。对于本例而言,程序中采用 scanf() 和 printf() 函数所进行的输入和输出操作是通过单片机串行口实现的,为此在 Proteus 原理图中 8051 单片机的串行端口引脚

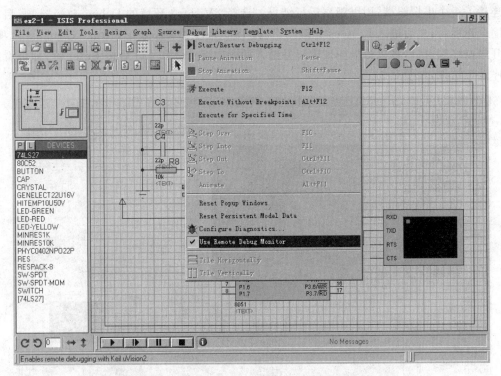

图 2.32 准备与 Protues 原理图进行联机仿真

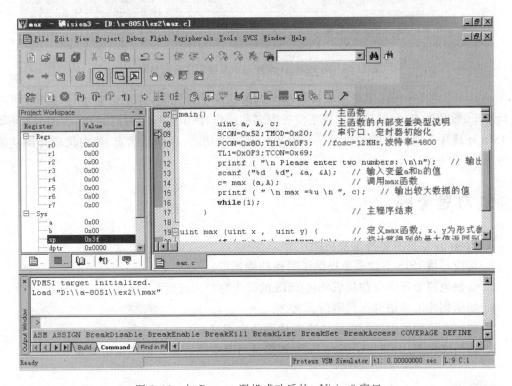

图 2.33 与 Proteus 联机成功后的 μVision3 窗口

上连接了一个虚拟终端,用以观察运行结果。选择 μVision3 环境的 Debug→Go 选项,启动程序全速运行,然后进入 Proteus 原理图,选择 ISIS 环境的 Debug→Virtual Terminal 选项,打开虚拟终端窗口,将鼠标指向该窗口并键入两个数字 123 和 456 后按 Enter 键,即可看到程序运行结果,如图 2.34 所示。

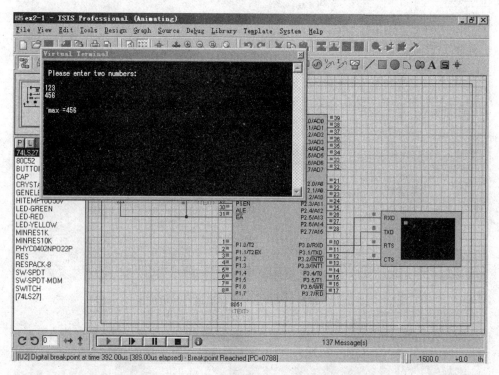

图 2.34 在 Proteus 原理图中观察程序运行结果

μVision3 与 Proteus 原理图联机仿真调试的功能十分完善,除了全速运行之外还可以进行单步、设置断点、运行到光标指定位置等多种操作,调试过程中可同时在 μVision3 环境与 ISIS 环境中观察局部变量以及用户设置的观察点状态、存储器状态、片内集成外围功能状态等,非常方便。

复习思考题

1. Proteus 软件有哪些主要功能?
2. 集成环境 ISIS 下拉菜单提供了哪些功能选项?
3. 绘制电路原理图应在集成环境 ISIS 的哪个窗口内进行?
4. 如何创建汇编语言源代码仿真文件?
5. 如何在原理图中进行汇编语言源代码仿真调试?
6. 如何实现 Keil C51 与 Proteus 原理图进行高级语言源代码联机仿真调试?

## 第3章

指令系统与汇编语言程序设计

指令系统是一套控制单片机执行操作的编码,它是单片机能直接识别的命令。指令系统在很大程度上决定了单片机的功能和使用是否方便灵活。指令系统对于用户来说也是十分重要的,只有详细了解了单片机的指令功能,才能编写出高效的软件程序。本章介绍8051 单片机的指令系统。

3.1 指令助记符和字节数

指令本身是一组二进制数代码,记忆起来很不方便,为了便于记忆,将这些代码用具有一定含义的指令助记符来表示。助记符一般采用有关英文单词的缩写,这样就容易理解和记忆单片机的各种指令了。下面是两条分别用代码形式和助记符形式书写的指令:

十六进制代码	助记符	功能
740A	MOV A, ♯0AH	;将十六进制数 0AH 放入累加器 A 中
2414	ADD A, ♯14H	;累加器 A 中的内容与十六进制数 14H 相加, ;结果放在累加器 A 中

尽管采用助记符后,书写的字符增多了,但由于增强了可读性,使用时会觉得更方便。采用助记符和其他一些符号来编写的指令程序,称为汇编语言源程序,汇编语言源程序经过汇编之后即可得到可执行的机器代码目标程序。

一条指令通常由两部分组成:操作码和操作数。操作码用来规定这条指令完成什么操作,例如是做加减运算,还是数据传送等。操作数则表示这条指令所完成的操作对象,即是对谁进行操作。操作数可以直接是一个数,或者是一个数所在的内存地址。

操作码和操作数都是二进制代码。在 8051 单片机中,8 位二进制数为一个字节,指令是由指令字节组成的。对于不同的指令,指令的字节数不相同。8051 单片机有单字节,双字节或三字节指令。

单字节指令中既包含操作码的信息,也包含操作数的信息。这可能有两种情况,一种是指令的含义和对象都很明确,不必再用另一个字节来表示操作数。例如数据指针加 1 指令:INC DPTR,由于操作的内容和对象都很明确,故不必再加操作数字节,其指令码为:

```
10100011
```

另一种情况是用一个字节中的几位来表示操作数或操作数所在的位置。例如从工作寄存器向累加器 A 传送数据的指令：MOV A,Rn,其中 Rn 可以是 8 个工作寄存器 R0～R7 中的一个,在指令码中分出 3 位来表示这 8 个工作寄存器,用其余各位表示操作码的作用,指令码为：

$$11101rrr$$

其中最低 3 位码用来表示从哪个寄存器取数,故一个字节也就够了。8051 单片机共有 49 条单字节指令。

双字节指令一般是用一个字节表示操作码,另一个字节表示操作数或操作数的地址。这时操作数或其地址就是一个 8 位的二进制数,因此必须专门用一个字节来表示。例如 8 位二进制数传送到累加器 A 的指令：MOV A,♯data,其中 ♯data 表示 8 位二进制数,也叫立即数,这就是双节指令,其指令码为：

01110100		$♯data$

双字节指令的第二个字节,也可以是操作数所在的地址。8051 单片机共有 45 条双字节指令。

三字节指令则是一个字节的操作码,两个字节的操作数。操作数可以是数据,也可以是地址,因此可能有如下 4 种情况：

操作码	立即数	立即数
操作码	地址	立即数
操作码	立即数	地址
操作码	地址	地址

8051 单片机共有 17 条三字节指令,只占全部指令的 15%。一般而言,指令的字节数越少,则其执行速度越快,从这个角度来说,8051 单片机的指令系统是比较合理的。

3.2　寻址方式

所谓寻址,就是寻找操作数的地址。在用汇编语言编程时,数据的存放、传送、运算都要通过指令来完成,编程者必须自始至终十分清楚操作数的位置,以及如何将它们传送到适当的寄存器去运算。因此,如何从各个存放操作数的区域去寻找和提取操作数就变得十分重要。寻址方式就是通过确定操作数所在的地址把操作数提取出来的方法。

在 8051 单片机中,有 7 种寻址方式：寄存器寻址；直接寻址；立即寻址；寄存器间接寻址；变址寻址；相对寻址；位寻址。下面分别进行说明。

3.2.1 寄存器寻址

寄存器寻址就是以通用寄存器的内容作为操作数,在指令的助记符中直接以寄存器的名字来表示操作数的位置。在8051单片机中,没有专门的通用硬件寄存器,而是把内部数据RAM区中00H～1FH地址单元作为工作寄存器使用,共有32个地址单元,分成4组,每组8个工作寄存器,命名为R0～R7,每次可以使用其中一组。当以R0～R7来表示操作数时,就属于寄存器寻址方式。例如:

```
MOV A,R0
ADD A,R0
```

前一条指令是将R0寄存器的内容传送到累加器A中,后一条指令则是对A和R0的内容作加法运算。

特殊功能寄存器B也可当作通用寄存器使用,但用B表示操作数地址的指令不属于寄存器寻址,而是属于下面所讲的直接寻址。

3.2.2 直接寻址

在指令中直接给出操作数地址,就属于直接寻址方式。在这种方式中,指令的操作数部分直接是操作数的地址。8051单片机中,用直接寻址方式可以访问片内数据RAM中DATA空间的00H～7FH共128个字节单元以及所有的特殊功能寄存器。在指令助记符中,直接寻址的地址可用2位十六进制数表示。对于特殊功能寄存器,还可用它们各自的名称符号来表示,以增加程序的可读性。例如:

图3.1 直接寻址操作

```
MOV A,3AH
```

就属于直接寻址,其中3AH所表示的就是内部RAM地址,这条指令的功能是将内部RAM中3AH字节单元的内容传送到累加器A,该指令的功能如图3.1所示。

3.2.3 立即寻址

若指令的操作数是一个8位或16位二进制数,就称为立即寻址,指令中的操作数称为立即操作数。由于8位立即数和直接地址都是8位二进制数(或两位16进制数),为区分起见,在立即数前面冠以"♯"号,如♯3AH表示立即数3AH,而直接写3AH则表示RAM区中地址为3AH的字节单元。例如:

```
MOV A,♯3AH
MOV A,3AH
```

前一条指令为立即寻址,执行后累加器A中的内容变为3AH;后一条指令为直接寻址,执行后累加器A中的内容变为RAM区中地址为3AH字节单元的内容。在8051单片机中,只有一条16位立即数指令:

```
MOV DPTR,♯data16
```

其功能是将 16 位立即数送往数据指针寄存器。由于是 16 位立即数,需要 2 个字节表示,因此这是一条三字节的指令,即一字节指令码,二字节立即数,指令格式如下:

| 1 0 0 1 0 0 0 0 | 立即数高 8 位 | 立即数低 8 位 |

3.2.4 寄存器间接寻址

若以寄存器的名称间接给出操作数的地址,则称为寄存器间接寻址。在这种寻址方式下,指令中工作寄存器的内容不是操作数,而是操作数的地址。指令执行时,先通过工作寄存器的内容取得操作数地址,再到此地址所规定的存储单元取得操作数。

8051 单片机可采用寄存器间接寻址方式访问全部 256 个字节的片内 RAM 地址单元 00H～FFH(即 IDATA 空间),也可访问 64KB 的外部 RAM(即 XDATA 空间),但是这种寻址方式不能访问特殊功能寄存器。只能采用工作寄存器 R0、R1 或数据指针寄存器 DPTR 来进行间接寻址,在寄存器 R0、R1 或 DPTR 名称前面加一个符号@来表示寄存器间接寻址。例如:

```
MOV A,@R0
```

该指令的功能如图 3.2 所示。指令执行之前 R0 寄存器的内容 3AH 是操作数的地址,内部 RAM 中地址为 3AH 单元的内容 65H 才是操作数,执行后,累加器 A 中的内容变为 65H。若采用寄存器寻址指令:

```
MOV A,R0
```

则执行后累加器 A 中的内容变为 3AH。对这两类指令的差别和用法,一定要区分清楚,正确使用。

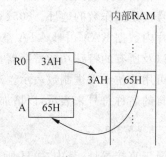

图 3.2　寄存器间接寻址操作

3.2.5 变址寻址

变址寻址是以某个寄存器的内容为基本地址,然后在这个基址上加上一定偏移量,才是真正的操作数地址。8051 单片机没有专门的变址寄存器,而是采用数据指针 DPTR 或程序计数器指针 PC 的内容为基本地址,地址偏移量则是累加器 A 中的内容,将基址与偏移量相加,即以 DPTR 或者 PC 的内容与 A 的内容之和作为实际的操作数地址。8051 单片机采用变址寻址方式可以访问 64KB 的 ROM 程序存储器(即 CODE 空间)。例如:

```
MOVC A,@A + DPTR
```

该指令的功能如图 3.3 所示。指令执行前(A)=11H,(DPTR)=02F1H,故实际操作数的地址应为 02F1H+11H=0302H。指令执行后将程序存储器 ROM 中 0302H 单元的内容 1EH 传送到累加器 A。需要注意的是,虽然在变址寻址时采用数据指针 DPTR 作为基址寄存器,但变址寻址的区域都是程序存储器 ROM 而不是数据存储器 RAM,另外尽管变址寻址方式的指令助记符和指令操作都较为复杂,但却是一字节指令。

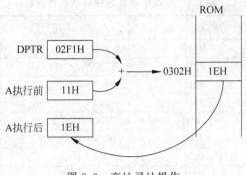

图 3.3　变址寻址操作

3.2.6　相对寻址

8051 单片机设有直接转移指令和相对转移指令。相对转移指令需要采用相对寻址方式,此时指令的操作数部分给出的是地址的相对偏移量。在指令中以 rel 表示相对偏移量,rel 为一个带符号的常数,可正也可以负,若 rel 值为负数,则应用补码表示。一般将相对转移指令本身所在的地址称为源地址,转移后的地址称为目的地址,它们的关系为:

$$目的地址＝源地址＋指令字节数＋rel$$

例如:

SJMP rel

该指令的功能如图 3.4 所示。这条指令的机器码为 80,rel,共两个字节。设该指令所在的源地址为 2000H,rel 的值为 54H,则转移后的目的地址为:2000H＋02＋54H＝2056H。

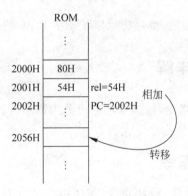

图 3.4　相对寻址操作

3.2.7　位寻址

采用位寻址方式的指令,其操作数是 8 位二进制数中的某一位,在指令中要给出位地址,位地址可以是片内 RAM 中可位寻址区 20H~2FH(即 BDATA 区)某个字节单元的某一位,或者是可位寻址特殊功能寄存器的某一位。表 3.1 给出了可位寻址特殊功能寄存器及其位地址。

表 3.1 可以位寻址的特殊功能寄存器

特殊功能寄存器	单元地址	表示符号	位地址
P0	80H	P0. 0～P0. 7	80H～87H
TCON	88H	TCON. 0～TCON. 7	88H～8FH
P1	90H	P1. 0～P1. 7	90H～97H
SCON	98H	SCON. 0～SCON. 7	98H～9FH
P2	A0H	P2. 0～P2. 7	A0H～A7H
IE	A8H	IE. 0～IE. 7	A8H～AFH
P3	B0H	P3. 0～P3. 7	B0H～B7H
IP	B8H	IP. 0～IP. 7	B8H～BFH
PSW	D0H	PSW. 0～PSW. 7	D0H～D7H
ACC	E0H	ACC. 0～ACC. 7	E0H～E7H
B	F0	B. 0～B. 7	F0H～F7H

位地址可采用以下几种方式表示。

(1) 直接用位地址 00H～FFH 来表示,如 20H 字节单元的 0～7 位可表示为 20H～27H。

(2) 采用第 n 字节单元第 n 位来表示,如 25H. 5,表示 25H 字节单元的第 5 位。

(3) 对于特殊功能寄存器可以用寄存器名加位数的表示方法,如 PSW. 7,也可以直接用其特殊功能位名称,如 CY。

(4) 用汇编语言中的伪指令定义。

例如:

```
SETB PSW.7
SETB CY
```

这 2 条指令具有相同的功能,都是将程序状态字 PSW 的最高位置"1"。

3.3 指令分类详解

8051 单片机共有 111 条指令,按指令功能可分为算术运算指令、逻辑运算指令、数据传送指令、控制转移指令及位操作指令 5 大类。

3.3.1 算术运算指令

算术运算指令包括加、减、乘、除法指令,加法指令又分为普通加法指令、带进位加法指令和加 1 指令。

1. 普通加法指令

```
ADD   A,Rn              ;Rn(n = 0～7)为工作寄存器
ADD   A,direct         ;direct 为直接地址单元
ADD   A,@Ri            ;Ri(i = 0～1)为工作寄存器
ADD   A,#data          ;#data 为立即数
```

这组指令的功能是将累加器 A 的内容与第二操作数的内容相加,结果送回到累加器 A 中。在执行加法的过程中,如果位 7 有进位,则置"1"进位标志 CY,否则清"0"CY。如果位

3 有进位,则置"1"辅助进位标志 AC,否则清"0"AC。如果位 6 有进位而位 7 没有进位,或者位 7 有进位而位 6 没有进位,则置"1"溢出标志 OV,否则清"0"OV。

2. 带进位加法指令

```
ADDC   A,Rn              ;Rn(n=0～7)为工作寄存器
ADDC   A,direct         ;direct 为直接地址单元
ADDC   A,@Ri            ;Ri(i=0～1)为工作寄存器
ADDC   A,♯data          ;♯data 为立即数
```

这组指令的功能与普通加法指令类似,唯一的不同之处是在执行加法时,还要将上一次进位标志 CY 的内容也一起加进去。对于标志位的影响与普通加法指令相同。

3. 加 1 指令

```
INC    A
INC    Rn               ;Rn(n=0～7)为工作寄存器
INC    direct          ;direct 为直接地址单元
INC    @Ri             ;Ri(i=0～1)为工作寄存器
INC    DPTR            ;DPTR 为 16 位数据指针寄存器
```

这组指令的功能是将所指出操作数的内容加 1,如果原来的内容为 0FFH,则加 1 后将产生上溢出,使操作数的内容变成 00H,但不影响任何标志。指令 INC DPTR 是对 16 位的数据指针寄存器 DPTR 执行加 1 操作,指令执行时,先对数据指针的低 8 位 DPL 的内容加 1,当产生上溢出时就对数据指针的高 8 位 DPH 加 1,但不影响任何标志。

4. 十进制调整

```
DA    A
```

这条指令的功能是对累加器 A 中内容进行 BCD 码调整,通常用于 BCD 码运算程序中,使 A 中的运算结果为两位 BCD 码数。该指令的执行过程如图 3.5 所示。

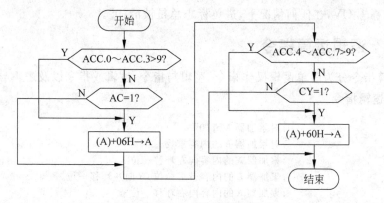

图 3.5 DA A 指令的执行过程

5. 带进位减法指令

```
SUBB   A,Rn            ;Rn(n=0～7)为工作寄存器
SUBB   A,direct        ;direct 为直接地址单元
SUBB   A,@Ri           ;Ri(i=0～1)为工作寄存器
SUBB   A,♯data         ;♯data 为立即数
```

这组指令的功能是将累加器 A 的内容与第二操作数的内容相减,同时还要减去上一次进位标志 CY 的内容,结果送回到累加器 A 中。在执行减法的过程中,如果位 7 有借位,则置"1"当前进位标志 CY,否则清"0"CY。如果位 3 有借位,则置"1"辅助进位标志 AC,否则清"0"AC。如果位 6 有借位而位 7 没有借位,或者位 7 有借位而位 6 没有借位,则置"1"溢出标志 OV,否则清"0"OV。

6. 减 1 指令

```
DEC  A
DEC  Rn            ;Rn(n=0~7)为工作寄存器
DEC  direct        ;direct 为直接地址单元
DEC  @Ri           ;Ri(i=0~1)为工作寄存器
```

这组指令的功能是将所指出操作数的内容减 1,如果原来的内容为 00H,则减 1 后将产生下溢出,使操作数的内容变成 0FFH,但不影响任何标志。

7. 单字节乘法指令

```
MUL  AB
```

这条指令的功能是将累加器 A 中的 8 位无符号整数与寄存器 B 中的 8 位无符号整数相乘,乘积为 16 位整数。乘积的低 8 位存放在累加器 A 中,高 8 位存放在寄存器 B 中。如果乘积大于 255(0FFH),则置"1"溢出标志 OV,否则清"0"OV。进位标志总是被清"0"。

8. 单字节除法指令

```
DIV  AB
```

这条指令的功能是将累加器 A 中的 8 位无符号整数除以寄存器 B 中的 8 位无符号整数,所得商的整数部分存放在累加器 A 中,余数部分存放在寄存器 B 中,清"0"进位标志 CY 和溢出标志 OV。如果原来 B 中的内容为 0(被 0 除),则执行除法后 A 和 B 中的内容不定,并置"1"溢出标志 OV,在任何情况下,进位标志总是被清"0"。

3.3.2 逻辑运算指令

逻辑运算指令分为简单逻辑操作指令、逻辑与指令、逻辑或指令以及逻辑异或指令。

1. 简单逻辑指令

```
CLR  A             ;对累加器 A 清"0"
CPL  A             ;对累加器 A 的内容求反
RL   A             ;累加器 A 的内容向左环移一位
RLC  A             ;累加器 A 的内容带进位位 CY 向左环移一位
RR   A             ;累加器 A 的内容向右环移一位
RRC  A             ;累加器 A 的内容带进位位 CY 向右环移一位
SWAP A             ;将累加器 A 的高半字节(A.7~A.4)与低半字节(A.3~A.0)交换
```

这组指令的功能是直接对累加器 A 的内容进行简单逻辑操作,结果仍在累加器 A 中。

2. 逻辑与指令

```
ANL  A,Rn          ;(A)∧(Rn)→A,n=0~7
ANL  A,direct      ;(A)∧(direct)→A
```

```
ANL   A,@Ri              ;(A)∧((Ri))→A,i = 0 或 1
ANL   A, #data           ;(A)∧#data→A
ANL   direct,A           ;(direct)∧(A)→direct
ANL   direct, #data      ;(direct)∧#data→direct
```

这组指令的功能是将两个操作数的内容按位进行逻辑与运算,结果送入累加器 A 或由 direct 所指出的内部 RAM 单元。

3. 逻辑或指令

```
ORL   A,Rn               ;(A)∨(Rn)→A,n = 0~7
ORL   A,direct           ;(A)∨(direct)→A
ORL   A,@Ri              ;(A)∨((Ri))→A,i = 0 或 1
ORL   A, #data           ;(A)∨#data→A
ORL   direct,A           ;(direct)∨(A)→direct
ORL   direct, #data      ;(direct)∨#data→direct
```

这组指令的功能是将两个操作数的内容按位进行逻辑或运算,结果送入累加器 A 或由 direct 所指出的内部 RAM 单元。

4. 逻辑异或指令

```
XRL   A,Rn               ;(A)⊕(Rn)→A,n = 0~7
XRL   A,direct           ;(A)⊕(direct)→A
XRL   A,@Ri              ;(A)⊕((Ri))→A,i = 0 或 1
XRL   A, #data           ;(A)⊕#data→A
XRL   direct,A           ;(direct)⊕(A)→direct
XRL   direct, #data      ;(direct)⊕#data→direct
```

这组指令的功能是将两个操作数的内容按位进行逻辑异或运算,结果送入累加器 A 或由 direct 所指出的内部 RAM 单元。

3.3.3 数据传送指令

8051 单片机的存储器空间可分为如下 3 个部分,即:

```
ROM 存储器(CODE 空间):                    0000H~FFFFH
片内 RAM 存储器(IDATA 空间):              00H~FFH
片外 RAM 存储器/扩展 I/O 端口(XDATA 空间): 0000H~FFFFH
```

指令对哪一个存储器空间进行操作是由指令的操作码和寻址方式确定的。对于程序存储器 ROM 只能通过变址寻址方式采用 MOVC 指令访问,对于特殊功能寄存器只能采用直接寻址和位寻址方式,不能采用间接寻址方式;对于 8051 单片机片内 RAM 的高 128 字节则只能采用寄存器间接寻址方式,而片内 RAM 的低 128 个字节则既能间接寻址,也能直接寻址;片外 RAM 存储器/扩展 I/O 端口只能通过间接寻址方式用 MOVX 指令访问。

1. 数据传送到累加器 A 的指令

```
MOV   A,Rn                        ;n = 0~7
MOV   A,direct
MOV   A,@Ri                       ;i = 0 或 1
MOV   A, #data
```

这组指令的功能是把源操作数的内容送入累加器 A。

2. 数据传送到工作寄存器 Rn 的指令

```
MOV   Rn,A                    ;n = 0~7
MOV   Rn,direct               ;n = 0~7
MOV   Rn,#data                ;n = 0~7
```

这组指令的功能是把源操作数的内容送入当前工作寄存器区中的某一个寄存器 R0~R7。

3. 数据传送到内部 RAM 单元或特殊功能寄存器 SFR 的指令

```
MOV   direct,A
MOV   direct,Rn               ;n = 0~7
MOV   direct,direct
MOV   direct,@Ri              ;i = 0 或 1
MOV   direct,#data
MOV   @Ri,A                   ;i = 0 或 1
MOV   @Ri,direct             ;i = 0 或 1
MOV   @Ri,#data              ;i = 0 或 1
MOV   DPTR,#data16
```

这组指令的功能是把源操作数的内容送入指定的片内 RAM 单元或特殊功能寄存器。最后一条指令的功能是将 16 位数据送入数据指针寄存器 DPTR。

4. 堆栈操作指令

```
PUSH direct                  ;进栈
POP  direct                  ;出栈
```

在 8051 单片机的特殊功能寄存器中有一个堆栈指针寄存器 SP,进栈指令的功能是首先将堆栈指针 SP 的内容加 1,然后将直接地址所指出的内容送入 SP 指出的内部 RAM 单元。出栈指令的功能是将 SP 所指出的内部 RAM 单元的内容送入由直接地址所指出的字节单元,同时将栈指针 SP 的内容减 1。

5. 累加器 A 与外部数据存储器之间的数据传送指令

```
MOVX  A,@DPTR                 ;((DPTR))→A
MOVX  A,@Ri                   ;((P2Ri))→A,i = 0 或 1
MOVX  @DPTR,A                 ;(A)→(DPTR)
MOVX  @Ri,A                   ;(A)→(P2Ri)
```

这组指令的功能是在累加器 A 与片外数据存储器 RAM 或扩展 I/O 端口之间进行数据传送。

6. 查表指令

```
MOVC  A,@A + PC
MOVC  A,@A + DPTR
```

这是两条很有用的查表指令,它们可用来查找存放在程序存储器中的常数表格。其中第一条指令是以程序计数器 PC 作为基址寄存器,累加器 A 的内容作为无符号数偏移量与 PC 的内容(下一条指令的起始地址)相加,得到一个 16 位的地址,并将该地址指出的程序存储器单元的内容送入累加器 A。这条指令的优点是不改变特殊功能寄存器和 PC 的状态,只要根据 A 中的内容就可以取出表格中的常数。缺点是表格只能放在该条查表指令后面的 256 个单元之中,表格大小受到限制,而且表格只能被一段程序所利用。

第二条指令是以数据指针寄存器 DPTR 作为基址寄存器,累加器 A 的内容作为无符号数偏移量与 DPTR 的内容相加,得到一个 16 位的地址,并将该地址指出的程序存储器单元的内容送入累加器 A。这条查表指令的执行结果只与 DPTR 和累加器 A 的内容有关,而与该条指令存放的地址及常数表格存放的地址无关,因此表格的大小和位置可以在 64KB 的程序存储器中任意安排,并且一个表格可以为各个程序块所公用。

7. 字节交换指令

```
XCH   A,Rn                     ;n = 0～7
XCH   A,direct
XCH   A,@Ri                    ;i = 0 或 1
```

这组指令的功能是将累加器 A 的内容和源操作数的内容相互交换。

8. 半字节交换指令

```
XCHD A,@Ri                     ;i = 0 或 1
```

这条指令的功能是将累加器 A 的低 4 位内容和 R(i) 所指出的内部 RAM 单元的低 4 位内容相互交换。

3.3.4　控制转移指令

1. 无条件短跳转指令

```
AJMP  addr11
```

这是 2KB 范围内的无条件跳转指令,它把程序存储器划分为 32 个区,每个区为 2KB,转移的目标地址必须与 AJMP 后面一条指令的第一个字节在同一个 2KB 的范围之内(即转移目标地址必须与 AJMP 下一条指令的地址 A15～A11 相同),否则将引起混乱。该指令执行时先将 PC 的内容加 2,然后将 11 位地址送入 PC.10～PC.0,而 PC.15～PC.11 保持不变。

2. 相对转移指令

```
SJMP  rel
```

这是一条无条件跳转指令,执行时在(PC)+2 后,把指令中有符号偏移量 rel 加到 PC 上,计算出偏移地址。因此,转移的目标地址可以在这条指令前 128 个字节到后 127 个字节之间。

3. 长跳转指令

```
LJMP  addr16
```

这条指令执行时把指令的第 2 和第 3 字节分别装入 PC 的高 8 位和低 8 位字节中,无条件地转向指定的地址。转移的目标地址可以在 64KB 程序存储器地址空间的任何地方。

4. 散转指令

```
JMP   @A + DPTR
```

这条指令的功能是把累加器 A 中的 8 位无符号数与数据指针 DPTR 中的 16 位数相加,结果作为下一条指令的地址送入 PC,不改变累加器 A 和数据指针 DPTR 的内容,也不影响标志。

5. 条件转移指令

```
JZ    rel                    ;(A) = 0 时转移
JNZ   rel                    ;(A)≠0 时转移
JC    rel                    ;CY = 1 时转移
JNC   rel                    ;CY = 0 时转移
JB    bit,rel                ;(bit) = 1 时转移
JNB   bit,rel                ;(bit) = 0 时转移
JBC   bit,rel                ;(bit) = 1 时转移,并清"0"bit 位
```

条件转移指令是当满足某一特定条件时执行转移操作的指令。条件满足时转移(相当于一条相对转移指令),条件不满足时则顺序执行下面一条指令。转移的目的地址在以下一条指令的起始地址为中心的 256 个字节范围之内(−128～+127)。当条件满足时,把 PC 的值加到下一条指令的第一个字节地址,再把有符号的相对偏移量 rel 加到 PC 上,计算出转移地址。

6. 比较不相等转移指令

8051 单片机没有专门的比较指令,但是提供了如下 4 条比较不相等转移指令:

```
CJNE  A,    direct,rel
CJNE  A,    #data, rel
CJNE  Rn,   #data, rel       ;n = 0～7
CJNE  @Ri,  #data, rel       ;i = 0 或 1
```

这组指令的功能是比较前面两个操作数的大小,如果它们的值不相等则转移。在把 PC 的值加到下一条指令的起始地址后,再把指令最后一个字节的有符号相对偏移量加到 PC 上,计算出转移地址。如果第一操作数(无符号整数)小于第二操作数(无符号整数),则置"1"进位标志 CY,否则清"0"CY。不影响任何一个操作数的内容。

7. 减 1 不为 0 转移指令

```
DJNZ  Rn,    rel             ;n = 0～7
DJNZ  direct,rel
```

这组指令把源操作数(Rn、direct)的内容减 1,并将结果回送到源操作数中去。如果相减的结果不为 0 则转移到由相对偏移量 rel 计算得到的目的地址。

8051 单片机提供了两条子程序调用指令,即短调用和长调用指令。

8. 短调用指令

```
ACALL  addr11
```

这是一条 2KB 范围内的子程序调用指令。执行时先把 PC 的值加 2 获得下一条指令的地址,然后把获得的 16 位地址压进堆栈(PCL 先进栈 PCH 后进栈),并将堆栈指针 SP 的值加 2,最后把 PC 值的高 5 位与指令提供的 11 位地址 addr11 相连接(PC15～PC11,a10～a0),形成子程序的入口地址并送入 PC,使程序转向执行子程序。所调用的子程序的起始地址必须在与 ACALL 指令后面一条指令的第一个字节在同一个 2KB 区域的程序存储器中。

9. 长调用指令

```
LCALL  addr16
```

这条指令无条件地调用位于 16 位地址 addr16 处的子程序。它把 PC 的值加 3 以获得下一条指令的地址并将其压入堆栈(先低位字节后高位字节),同时把 SP 的值加 2,接着把指令的第 2 和第 3 字节(A15～A8,A7～A0)分别装入 PC 的高 8 位和低 8 位字节中,然后从 PC 所指出的地址开始执行程序。LCALL 指令可以调用 64KB 范围内程序存储器中的任何一个子程序。不影响任何标志。

10. 子程序返回指令

```
RET
```

这条指令的功能是从堆栈中弹出 PC 的高 8 位和低 8 位字节,同时把 SP 的值减 2,并从 PC 指向的地址开始继续执行程序。不影响任何标志。

11. 中断返回指令

```
RETI
```

这条指令的功能与 RET 指令相似,不同的是它还清"0"单片机的内部中断状态标志。

12. 空操作指令

```
NOP
```

这条指令只完成(PC)+1 操作,而不执行任何其他操作。

3.3.5　位操作指令

8051 单片机内部 RAM 中有一个位寻址区,还有一些特殊功能寄存器也可以位寻址,为此提供了丰富的位操作指令。

1. 位数据传送指令

```
MOV  C,bit
MOV  bit,C
```

这组指令的功能是把由源操作数指出的位变量送到目的操作数指定的位单元去。其中,一个操作数必须为进位标志,另一个操作数可以是任何可寻址位。

2. 位变量修改指令

```
CLR  C                      ;0→CY
CLR  bit                    ;0→bit
CPL  C                      ;对 CY 的内容取反
CPL  bit                    ;对 bit 位取反
SETB C                      ;"1"→CY
SETB bit                    ;"1"→bit
```

这组指令对操作数所指出的位进行清"0"、取反、置"1"的操作,不影响其他标志。

3. 位变量逻辑与指令

```
ANL  C,bit
```

```
ANL  C,bit
```

这组指令的功能是将进位标志与指定的位变量(或位变量的取反值)相"与",结果送到进位标志。不影响别的标志。

4. 位变量逻辑或指令

```
ORL  C,bit
ORL  C,bit
```

这组指令的功能是将进位标志与指定的位变量(或位变量的取反值)相"或",结果送到进位标志。不影响别的标志。

附录 A 按指令功能列出了 8051 的全部指令。

3.4　汇编语言程序设计

前面介绍了 8051 单片机的指令系统,实际应用中将这些指令按需要有序地排列成一段完整的程序,就可以完成某一特定的任务。通常把这种程序称为汇编语言源程序,它主要由指令助记符和一些汇编伪指令组成,而把可以直接在计算机上运行的机器语言程序称为目标代码,由汇编语言源程序转换为目标代码的过程称为"汇编",可以通过查附录 A 的指令表将汇编语言源程序中的指令逐条翻译为机器代码,实际上现在已经有许多在个人计算机上运行的专门"汇编程序"(如 ASM51 等),可以很方便地将汇编语言源程序转换成目标代码。

8051 单片机汇编语言程序由若干条指令行组成,一般格式:

[标号:]操作码,[操作数] [;注释]

其中,各段意义说明如下:

① "标号"是可选项,它可用来表示程序的地址。

② "操作码"是 8051 单片机的指令助记符。

③ "操作数"是可选项,它依赖于不同的 8051 指令,有些指令不需要操作数,有些指令则需要 1~3 个操作数,操作数可以是数字、符号或地址。十进制数以字符"D"为后缀,十六进制数以字符"H"为后缀,八进制数以字符"O"为后缀,二进制数以字符"B"为后缀,省略后缀时则默认为十进制数。立即数的前面须冠以符号"#"。

④ "注释"也是可选项,它是为理解程序含义而加上的文字解释,注释文字前面必须有一个分号。

在对汇编语言源程序进行汇编时,8051 指令行将被转换为一一对应的目标代码,它们可以被单片机 CPU 执行。另外,汇编语言源程序中还包含一些不能被单片机 CPU 执行的指令,称为汇编伪指令,它们仅提供汇编控制信息,用于在汇编过程中执行一些特殊操作,而不会被转换为目标代码。下面介绍一些常用的汇编伪指令。

1. 设置起始地址 ORG

一般格式:

```
ORG nnnn
```

其中，nnnn 为 4 位十六进制数，表示程序的起始地址。ORG 伪指令总是出现在每段程序的开始处，用于对该段程序在程序存储器中进行定位。需要注意的是，由 ORG 设置的程序空间地址应从小到大，并且不能重复。例如：

```
ORG 1000H
MAIN: MOV A,20H
```

表示该段程序在程序存储器中的起始地址为 1000H，换句话说，这里标号"MAIN"所代表的就是地址值 1000H。

2. 定义字节 DB

一般格式：

[标号：] DB 项或项表

其中，"项或项表"是单个字节数据，或多个由逗号隔开的单字节数据，它们可以是数值，也可以是用引号括起来的 ASCII 字符串。DB 伪指令的功能是将项或项表的数据存入由标号（地址）开始的连续存储器单元之中。例如：

```
ORG  1000H
SEG1: DB 53H,78H
SEG2: DB'THIS IS A TEST'
```

注意，项或项表若为数值，其范围为 00H～FFH，若为字符串，其长度不能超过 80 个字符。

3. 定义字 DW

一般格式：

[标号：] DW 项或项表

DW 的基本含义与 DB 相似，不同之处在于 DW 用于定义 16 位数据。例如：

```
ORG  1000H
TABLE: DW 1234H,78H
```

4. 保留存储器空间 DS

一般格式：

[标号：] DS 表达式

DS 伪指令的功能是从标号指定的存储器地址开始，保留由表达式的值规定的存储器空间单元。例如：

```
ORG  1000H
TEMP: DS 10
```

本例表示从 TEMP 地址（1000H）开始保留 10 个连续的存储器单元。

5. 为标号赋值 EQU

一般格式：

字符名 EQU 表达式

EQU 伪指令的功能是将表达式的值赋给"字符名"，"字符名"一旦赋值之后，它的值在整个程序中就不能再改变。注意，这里"字符名"与标号不同，它后面没有冒号。例如：

```
PPAGE EQU 9000H
EN    EQU 1
```

6. 源程序结束 END

一般格式：

```
END
```

END 是一个程序结束标志，通常放在汇编语言源程序的结尾。

汇编语言程序设计，一般有主程序和子程序之分。主程序又称为前台程序，它通常是一个无穷循环，子程序又称为后台程序，它可以是各种功能子程序，也可以是中断服务子程序。在主程序中完成单片机系统的初始化，如内存单元清"0"、开放中断等。子程序一般完成某个具体任务，如数据采集、存储和运算等。一般在前台主程序的循环体中根据需要不断调用各种后台功能子程序，从而完成单片机应用系统规定的任务。

下面给出几个常用汇编语言设计的例子。

【例 3-1】 用程序实现 $c = a^2 + b^2$，假设 a、b、c 分别存放于单片机片内 RAM 的 30H、31H、32H 三个单元。主程序通过调用子程序"SQR"用查表方式分别求得 a^2 和 b^2 的值，然后进行相加得到最后的 c 值。

主程序如下：

```
       ORG 0000H          ; 程序的复位入口
START: LJMPMAIN
       ORG 0030H          ; 主程序入口
MAIN: MOV 30H, #03         ; a = 3
      MOV 31H, #04         ; b = 4
      MOV A, 30H           ; 取得 a 值
      LCALL SQR            ; 调查表子程序
      MOV R1, A            ; a² 暂存于 R1 中
      MOV A, 31H           ; 取得 b 值
      LCALL SQR            ; 调查表子程序
      ADD A, R1            ; 计算 a² + b²
      MOV 32H, A           ; 存结果
WAIT: SJMP $               ; 循环, 等待
```

查表子程序如下：

```
     ORG0F00H
SQR: MOV DPTR, #TAB
     MOVC A, @A + DPTR     ; 查表求得平方值
     RET                   ; 子程序返回
TAB: DB 0, 1, 4, 9, 16     ; 平方表
     DB 25, 36, 49, 64, 81
     END                   ; 程序结束
```

这是一个包含了主程序、子程序以及汇编伪指令的完整汇编语言程序例子，一般应用程序都可以参照这个方式编写，先编写一个主程序框架，再编写各个功能子程序。为了调用方便，应对子程序的入口和出口条件做尽可能详细的说明，并根据需要对主程序和子程序分别

定位到适当的存储器地址,最后在主程序中通过调用子程序来完成所要求的任务。采用 Proteus 仿真本程序十分容易,仿真电路如图 3.6(a)所示,先将例 3-1 添加为仿真源程序并编译链接,然后将生成的 HEX 文件装入 8051 单片机,运行到标号"WAIT"处暂停,此时再打开 8051 单片机内部存储器窗口,观察到片内 30H、31H、32H 单元的内容如图 3.6(b)所示。

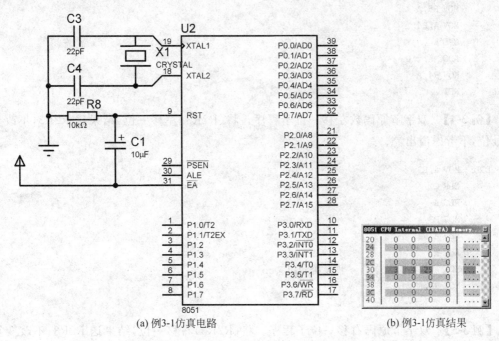

(a) 例3-1仿真电路   (b) 例3-1仿真结果

图 3.6 例 3-1 仿真

【例 3-2】 利用循环实现软件延时 10ms 子程序。若单片机的晶振为 6MHz,则一个机器周期为 $2\mu s$,子程序的入口条件为:(R0)=延时毫秒数,(R1)=1ms 预定值。出口条件为:定时时间到,返回。

```
        ORG 1000H                               机器周期数
DELAY: MOV R0,#10      ; 延时 10ms 值→R0           1
DL2:   MOV R1,#MT      ; 1ms 预定值→R1             1
DL1:   NOP            ; 延时 1 个机器周期          1
       NOP            ; 延时 1 个机器周期          1
       DJNZ R1,DL1    ; 1ms 延时循环               2
       DJNZ R0,DL2    ; 10ms 延时循环              2
       RET            ; 延时结束,返回              2
```

这是一个双重循环程序,内循环的预定值 MT 尚需计算。因为各条指令执行时所需要的机器周期数是确定的,预定延时时间也已经给定 1ms,故 MT 的值可以这样确定:

$$(1+1+2) \times 2 \times MT = 1000\mu s$$

$$MT = 125 = 7DH$$

将 7DH 代替程序中的 MT,即可以实现 10ms 的延时。上面计算中仅考虑了内循环的执行时间,若考虑其他指令的影响,该子程序的精确延时时间应为:

$$(1+2)\times2+((1+2)\times2+(1+1+2)\times2\times125)\times10=10\,066\mu s$$

【例3-3】 双字节数取补子程序。将(R4R5)中的双字节数取补,结果送 R4R5。

```
CMPT: MOV A,R5
      CPL A
      ADD A,#1
      MOV R5,A
      MOV A,R4
      CPL A
      ADDC A,#0
      MOV R4,A
      RET
```

【例3-4】 双字节原码数左移一位子程序。将(R2R3)左移一位,结果送 R2R3,不改变符号位,不考虑溢出。

```
DRL1: MOV A,R3
      CLR C
      RLC A
      MOV R3,A
      MOV A,R2
      RLC A
      MOV ACC.7,C        ;恢复符号位
      MOV R2,A
      RET
```

【例3-5】 双字节原码右移一位子程序。将(R2R3)右移一位,结果送 R2R3,不改变符号位。

```
DRR1: MOV A,R2
      MOV C,ACC.7        ;保护符号位
      CLR ACC.7          ;移入 0
      RRC A
      MOV R2,A
      MOV A,R3
      RRC A
      MOV R3,A
      RET
```

【例3-6】 双字节补码右移一位子程序。将(R2R3)右移一位,结果送 R2R3,不改变符号位。

```
CRR1: MOV A,R2
      MOV C,ACC.7        ;保护符号位
      RRC A              ;移入符号位
      MOV R2,A
      MOV A,R3
      RRC A
      MOV R3,A
      RET
```

补码表示的数可以直接相加,所以双字节无符号数加减程序也适用于补码的加减法。

【例 3-7】 双字节无符号数加法子程序。将(R2R3)和(R6R7)两个无符号数相加,结果送 R4R5。

```
NADD: MOV A,R3
      ADD A,R7
      MOV R5,A
      MOV A,R2
      ADDC A,R6
      MOV R4,A
      RET
```

【例 3-8】 双字节无符号数减法子程序。将(R2R3)和(R6R7)两个双字节数相减,结果送 R4R5。

```
NSUB1: MOV A,R3
       CLR C
       SUBB A,R7
       MOV R5,A
       MOV A,R2
       SUBB A,R6
       MOV R4,A
       RET
```

二进制数的乘法运算可以仿照十进制数进行,下面介绍一种利用单字节乘法指令来实现的多字节乘法。

因为 $(R2R3)\times(R6R7)=((R2)\times(R6))\times 2^{16}+((R2)\times(R7)+(R3)\times(R6))\times 2^{8}+(R3)\times(R7)$,从而可以得到图 3.7 所示的算法。

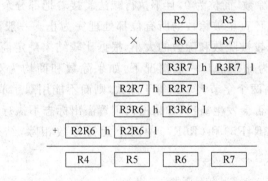

图 3.7 双字节二进制数快速乘法

【例 3-9】 无符号双字节快速乘法。将(R2R3)和(R6R7)两个双字节无符号数相乘,结果送 R4R5R6R7。

```
QMUL: MOV A,R3
      MOV B,R7
      MUL AB          ; R3×R7
      XCH A,R7        ; R7 = (R3×R7)L
      MOV R5,B        ; R5 = (R3×R7)H
      MOV B,R2
```

```
        MUL AB                  ; R2 × R7
        ADD A,R5
        MOV R4,A
        CLR A
        ADDC A,B
        MOV R5,A                ; R5 = (R2 × R7)H
        MOV A,R6
        MOV B,R3
        MUL AB                  ; R3 × R6
        ADD A,R4
        XCH A,R6
        XCH A,B
        ADDC A,R5
        MOV R5,A
        MOV F0,C                ; 暂存 CY
        MOV A,R2                ; R2 × R6
        MUL AB
        ADD A,R5
        MOV R5,A
        CLR A
        MOV ACC.0,C
        MOV C,F0                ; 加以前加法的进位
        ADDC A,B
        MOV R4,A
        RET
```

　　二进制数除法也可以采用类似于人工手算除法的方法来实现。首先对被除数高位和除数进行比较,如果被除数高位大于除数,则商位为1,并从被除数减去除数,形成一个部分余数;如果被除数高位小于除数,商位为0,且不执行减法。接着把部分余数左移一位,并与除数再次进行比较。如此循环直至被除数的所有位都处理完为止。一般商如果为 n 位,则需循环 n 次。这种除法先比较被除数和除数的大小,根据比较结果确定商为1或0,并且当商为1时才执行减法,故称为比较法。一般情况下,如果除数和商均为双字节,则被除数为4个字节,如果被除数的高两个字节大于或等于除数,则商不能用双字节表示,此时为溢出。所以在除法之前先检验是否会发生溢出,如果溢出则置溢出标志不执行除法。

　　【例 3-10】　将(R2R3R4R5)和(R6R7)中两个无符号数相除,结果商送 R4R5,余数送 R2R3。

```
NDIV1: MOV A,R3               ; 先比较是否发生溢出
       CLR C
       SUBB A,R7
       MOV A,R2
       SUBB A,R6
       JNC NDVE1
       MOV B,#16              ; 无溢出,执行除法
NDVL1: CLR C                  ; 执行左移 1 位,移入为 0
       MOV A,R5
       RLC A
       MOV R5,A
```

```
        MOV A,R4
        RLC A
        MOV R4,A
        MOV A,R3
        RLC A
        MOV R3,A
        XCH A,R2
        RLC A
        XCH A,R2
        MOV F0,C          ; 保存移出的最高位
        CLR C
        SUBB A,R7         ; 比较部分余数与除数
        MOV R1,A
        MOV A,R2
        SUBB A,R6
        JB F0,NDVM1
        JC NDVD1
NDVM1:  MOV R2,A          ; 执行减法(回送减法结果)
        MOV A,R1
        MOV R3,A
        INC R5            ; 商为 1
NDVD1:  DJNZ B,NDVL1      ; 循环 16 次
        CLR F0            ; 正常出口
        RET
NDVE1:  SETB F0           ; 溢出
        RET
```

复习思考题

1. 8051 单片机指令系统有哪几种寻址方式?

2. 写出下列指令的寻址方式。

（1）JZ 20H

（2）MOV A,R2

（3）MOV DPTR,#4012H

（4）MOV A,@R0

（5）MOVC A,@A+PC

（6）MOV C,20H

（7）MOV A,20H

3. 已知 A＝7AH R0＝30H,(30H)＝A6H,PSW＝81H,写出以下各条指令执行之后的结果。

（1）XCH A,R0

（2）XCH A,30H

（3）XCH A,@R0

（4）XCHD A,@R0

（5）SWAP A

（6）ADD A,R0

（7）ADD A,30H

（8）ADD A,♯30H

（9）ADDC A,30H

（10）SUBB A,30H

（11）SUBB A,♯30H

（12）DA A

（13）RL A

（14）RLC A

（15）CJNE A,♯30H,00H

（16）CJNE A,30H,00H

4. 指出以下哪些指令是不存在的,并改用其他指令(或 n 条指令)来实现预期的指令。

（1）MOV 20H,30H

（2）MOV R1,R2

（3）MOV @R3,20H

（4）MOV DPH,30H

（5）MOV C,PSW.1

（6）MOVX R2 @DPTR

（7）XCH R1,R2

5. 设 A＝83H,R0＝17H,(17H)＝34H,问执行以下指令后,A 等于多少。

```
ANL A,♯17H
ORL 17H,A
XRL A,@R0
CPL A
```

6. 若 SP＝26H,PC＝2346H,标号 LABEL 所在的地址为 3466H,问执行长调用指令 LCALL LABEL 后,堆栈指针和堆栈的内容发生什么变化? PC 的值等于什么?

7. 若已知 A＝76H,PSW＝81H,转移指令所在地址为 2080H,当执行以下指令后,程序是否发生转移? PC 值等于多少?

（1）JNZ 12H

（2）JNC 34H

（3）JB P,66H

（4）JBC AC,78H

（5）CJNE A,♯50H,9AH

（6）DJNZ PSW,0BCH

8. 若已知 40H 单元的内容为 08H,下列程序执行之后 40H 单元的内容变为多少?

```
MOV   R1,♯40H
MOV   A,@R1
RL    A
```

```
MOV  R0,A
RL   A
RL   A
ADD  A,R0
MOV  @R1,A
```

9. 试编写程序,将片外 8000H 开始的 16 个连续单元清"0"。

10. 按下面要求编程。

$$(51H) = \begin{cases} -1; & 若(50H) \leqslant 20 \\ 0; & 若 20 < (50H) < 40 \\ -1; & 若(50H) \geqslant 40 \end{cases}$$

11. 试编写查表程序求 0~8 范围内整数的平方。

12. 有一个 16 位无符号二进制原码数存放于 50H、51H 单元,编程实现全部二进制数左移一位。

13. 两个 16 位有符号二进制原码数分别存放于 30H、31H 单元和 40H、41H 单元,编写用子程序调用方式实现这两个有符号二进制原码数相乘的程序。

第 4 章　Keil C51 应用程序设计

4.1　Keil C51 程序设计的基本语法

Keil C51 是一种专为 8051 单片机设计的高级语言 C 编译器,支持符合 ANSI 标准的 C 语言进行程序设计,同时针对 8051 单片机自身特点作了一些特殊扩展。C 语言对语法的限制不太严格,用户在编写程序时有较大的自由,但它毕竟还是一种程序设计语言,与其他计算机语言一样,采用 C 语言进行程序设计时,仍需要遵从一定的语法规则。

4.1.1　Keil C51 程序的一般结构

与标准 C 语言相同,C51 程序由一个或多个函数构成,其中至少应包含一个主函数 main。程序执行时一定是从 main 函数开始,调用其他函数后又返回 main 函数,被调函数如果位于主调函数前面可以直接调用,否则要先说明后调用,这里函数与汇编语言中的子程序类似,函数之间也可以互相调用。C51 程序一般结构如下:

```
预处理命令              /* 用于包含头文件等 */
全局变量说明            /* 全局变量可被本程序的所有函数引用 */
函数 1 说明
…
函数 n 说明

/* 主函数 */
main() {
    局部变量说明;        /* 局部变量只能在所定义的函数内部引用 */
    执行语句;
    函数调用(形式参数表);
}

/* 其他函数定义 */
函数 1(形式参数说明) {
    局部变量说明;        /* 局部变量只能在所定义的函数内部引用 */
    执行语句;
    函数调用(形式参数表);
}
```

```
...
函数 n(形式参数说明) {
     局部变量说明;              /* 局部变量只能在所定义的函数内部引用 */
     执行语句;
     函数调用(形式参数表);
}
```

由此可见,C51程序是由函数所组成的,函数之间可以相互调用,但main()函数只能调用其他功能函数,不能被其他函数调用。其他功能函数可以是C51编译器提供的库函数,也可以由用户按实际需要自行编写。不管main()函数处于程序中的什么位置,程序总是从main()函数开始执行。编写C51程序时要注意如下几点:

(1) 函数以大括号"{"开始,以大括号"}"结束,包含在"{}"以内的部分称为函数体。大括号必须成对出现,如果一个函数内有多对大括号,则最外层大括号为函数体的范围。为使程序增加可读性,便于理解,可以采用缩进方式书写。

(2) C51程序没有行号,书写格式自由,一行内可以书写多条语句,一条语句也可以分写在多行上。

(3) 每条语句最后必须以一个分号";"结尾,分号是C51程序的必要组成部分。

(4) 每个变量必须先定义后引用。在函数内部定义的变量为局部变量,又称为内部变量,只有定义它的那个函数之内才能够使用。在函数外部定义的变量为全局变量,又称为外部变量,在定义它的那个程序文件中的函数都可以使用它。

(5) 对程序语句的注释必须放在双斜杠"//"之后,或者放在"/* … */"之内。

4.1.2 数据类型

C51数据类型可分为基本数据类型和复杂数据类型,复杂数据类型由基本数据类型构造而成。基本数据类型有char(字符型)、int(整型)、long(长整型)、float(浮点型)、*(指针型),Keil C51编译器除了支持以上基本数据类型之外,还支持以下扩充数据类型。

(1) bit 位类型。可定义一个位变量,但不能定义位指针,也不能定义位数组。

(2) sfr 特殊功能寄存器。可以定义8051单片机的所有内部8位特殊功能寄存器。sfr型数据占用一个内存单元,其取值范围是0~255。

(3) sfr16 16位特殊功能寄存器。它占用两个内存单元,取值范围是0~65 535,可以定义8051单片机内部16位特殊功能寄存器。

(4) sbit 可寻址位。可以定义8051单片机内部RAM中的可寻址位或特殊功能寄存器中的可寻址位。

例如,采用如下语句可以将8051单片机P0口地址定义为80H,将P0.1位定义为FLAG1。

```
sfr P0 = 80H;
sbit FLAG1 = P0 ^1;
```

表4.1所示为Keil C51编译器能够识别的数据类型。

表 4.1   Keil Cx51 编译器能够识别的数据类型

数据类型	长度	值域
unsigned char	单字节	0~255
signed char	单字节	−128~127
unsigned int	双字节	0~65 536
signed int	双字节	−32 768~32 767
unsigned long	四字节	0~4 294 967 295
signed long	四字节	−2 147 483 648~2 147 483 647
float	四字节	±1.175 494E−38~±3.402 823E+38
*	1~3 字节	对象的地址
bit	位	0 或 1
sfr	单字节	0~255
sfr16	双字节	0~65 535
sbit	可寻址位	0 或 1

4.1.3 常量、变量及其存储模式

常量包括整型常量(就是整型常数)、浮点型常量(有十进制表示形式和指数表示形式)、字符型常量(单引号内的字符,如'a')及字符串常量(双引号内的单个或多个字符,如"a","Hello")等。

变量是一种在程序执行过程中其值能不断变化的量。使用一个变量之前,必须先进行定义,用一个标识符作为变量名并指出它的数据类型和存储模式,以便编译系统为它分配相应的存储单元。在C51中对变量进行定义的格式如下:

[存储种类]数据类型 [存储器类型] 变量名表;

其中,"存储种类"和"存储器类型"是可选项。变量的存储种类有4种:自动(auto)、外部(extern)、静态(static)和寄存器(register)。定义变量时如果省略存储种类选项,则该变量将为自动(auto)变量。定义变量时除了需要说明其数据类型之外,Keil C51 编译器还允许说明变量的存储器类型,对于每个变量可以根据其存储器类型确定其存储空间,使之能够在8051 单片机系统内进行准确的地址定位。

表 4.2 所示为 Keil C51 编译器所能识别的存储器类型及其地址空间。

表 4.2   Keil C51 编译器所能识别的存储器类型及其地址空间

存储器类型	说明
data	低 128 字节片内 RAM,DATA 区(00H~7FH 地址空间),访问速度最快
bdata	可位寻址片内 RAM,BDATA 区(20H~2FH 地址空间),允许位与字节混合访问
idata	256 字节片内 RAM,IDATA 区(00H~FFH 地址空间),允许访问全部片内地址
pdata	分页寻址片外 RAM,PDATA 区(0000~FFFFH 地址空间),用 MOVX @Ri 指令访问
xdata	片外 RAM,XDATA 区(0000~FFFFH 地址空间),用 MOVX @DPTR 指令访问
code	ROM,CODE 区(0000~FFFFH 地址空间),用 MOVC @A+DPTR 指令访问

下面是一些变量定义的例子。

char data var1;   /* 在 DATA 区定义字符型变量 var1 */

```
int   idata var2;                           /* 在 IDATA 区定义整型变量 var2 */
char code text[] = "ENTER PARAMETER:";      /* 在 CODE 区定义字符串数组 text[] */
long xdata array [100];                     /* 在 XDATA 区定义长整型数组变量 array[100] */
extern float idata x,y,z;                   /* 在 IDATA 区定义外部浮点型变量 x,y,z */
char bdata flags;                           /* 在 BDATA 区定义字符型变量 flags */
sbit flag0 = flags ^ 0;                     /* 在 BDATA 区定义可位寻址变量 flag0 */
sfr P0 = ox80;                              /* 定义特殊功能寄存器 P0 */
```

定义变量时如果省略"存储器类型"选项,则按编译时所使用存储器模式 SMALL、COMPACT 或 LARGE 来规定默认存储器类型,确定变量的存储器空间,函数中不能采用寄存器传递的参数变量也保存在默认的存储器空间。表 4.3 所示为 Keil C51 编译器不同编译模式对应的存储器类型。

表 4.3 Keil C51 编译器不同编译模式对应的存储器类型

编 译 模 式	存储器类型
SMALL	DATA
COMPACT	PDATA
LARGE	XDATA

4.1.4 运算符与表达式

Keil C51 对数据有很强的表达能力,具有十分丰富的运算符。运算符就是完成某种特定运算的符号,表达式则是由运算符及运算对象所组成的具有特定含义的一个式子。在任意一个表达式的后面加一个分号";"就构成了一个表达式语句。由运算符和表达式可以组成 C51 程序的各种语句。

运算符按其在表达式中所起的作用,可分为赋值运算符、算术运算符、增量与减量运算符、关系运算符、逻辑运算符、位运算符、复合赋值运算符、逗号运算符、条件运算符、指针和地址运算符和强制类型转换运算符等。

1. 赋值运算符

在 C51 程序中,符号"="称为赋值运算符,它的作用是将一个数据的值赋给一个变量,利用赋值运算符将一个变量与一个表达式连接起来的式子称为赋值表达式,在赋值表达式的后面加一个分号";"便构成了赋值语句。在使用赋值运算符"="时应注意不要与关系运算符"=="相混淆。

2. 算术运算符

C 语言中的算术运算符有:+(加或取正值)运算符、-(减或取负值)运算符、*(乘)运算符、/(除)运算符、%(取余)运算符。

这些运算符中对于加、减和乘法符合一般的算术运算规则,除法运算有所不同,如果是两个整数相除,其结果为整数,舍去小数部分,如果是两个浮点数相除,其结果为浮点数。取余运算要求两个运算对象均为整型数据。

算术运算符将运算对象连接起来的式子即为算术表达式。在求一个算术表达式的值时,要按运算符的优先级别进行。算术运算符中取负值(-)的优先级最高,其次是乘法(*)、除法(/)和取余(%)运算符,加法(+)和减法(-)运算符的优先级最低。需要时可在算术表达式中采用圆括号来改变运算符的优先级,括号的优先级最高。

3. 增量和减量运算符

C51 中除了基本的加、减、乘、除运算符之外,还提供一种特殊的运算符:++(增量)运算符、--(减量)运算符。

增量和减量是 C51 中特有的一种运算符,它们的作用分别是对运算对象作加 1 和减 1 运算。增量运算符和减量运算符只能用于变量,不能用于常数或表达式,在使用中要注意运算符的位置。例如,++i 与 i++的意义完全不同,前者为在使用 i 之前先使 i 加 1,而后者则是在使用 i 之后再使 i 的值加 1。

4. 关系运算符

C 语言中有 6 种关系运算符:>(大于)、<(小于)、>=(大于等于)、<=(小于等于)、==(等于)、!=(不等于)。

前 4 种关系运算符具有相同的优先级,后两种关系运算符也具有相同的优先级;但前 4 种的优先级高于后 2 种。用关系运算符将两个表达式连接起来即成为关系表达式。

5. 逻辑运算符

C51 中有 3 种逻辑运算符:||(逻辑或)、&&(逻辑与)、!(逻辑非)。

逻辑运算符用来求某个条件式的逻辑值,用逻辑运算符将关系表达式或逻辑量连接起来就是逻辑表达式。

关系运算符和逻辑运算符通常用来判别某个条件是否满足,关系运算和逻辑运算的结果只有 0 和 1 两种值。当所指定的条件满足时结果为 1,条件不满足时结果为 0。

上面几种运算符的优先级为(由高至低):逻辑非→算术运算符→关系运算符→逻辑与→逻辑或。

6. 位运算符

C51 中共有 6 种位运算符:~(按位取反)、<<(左移)、>>(右移)、&(按位与)、^(按位异或)、|(按位或)。

位运算符的作用是按位对变量进行运算,并不改变参与运算的变量的值。若希望按位改变运算变量的值,则应利用相应的赋值运算。例如先用赋值语句 a=0xEA;将变量 a 赋值为 0xEA,接着对变量 a 进行移位操作 a<<2;其结果是将十六进制数 0xEA 左移 2 位,移空的 2 位补 0,移出的 2 位丢弃,移位的结果为 0xA8,而变量 a 的值在执行后仍为 0xEA。如果希望变量 a 在执行之后为移位操作的结果,则应采用语句 a=a<<2。另外位运算符不能用来对浮点型数据进行操作。

位运算符的优先级从高到低依次是:按位取反(~)→左移(<<)和右移(>>)→按位与(&)→按位异或(^)→按位或(|)。

7. 复合赋值运算符

在赋值运算符"="的前面加上其他运算符,就构成了所谓复合赋值运算符,C51 中共有 10 种复合赋值运算符:+=(加法赋值)、-=(减法赋值)、*=(乘法赋值)、/=(除法赋值)、%=(取模赋值)、<<=(左移位赋值)、>>=(右移位赋值)、&=(逻辑与赋值)、|=(逻辑或赋值)、^=(逻辑异或赋值)、~=(逻辑非赋值)。

复合赋值运算首先对变量进行某种运算,然后将运算的结果再赋给该变量。采用复合赋值运算符,可以使程序简化,同时还可以提高程序的编译效率。

8. 逗号运算符

在 C51 程序逗号","是一个特殊的运算符,可以用它将两个(或多个)表达式连接起来,称为逗号表达式。程序运行时对于逗号表达式的处理,是从左至右依次计算出各个表达式的值,而整个逗号表达式的值是最右边表达式(即表达式 n)的值。

在许多情况下,使用逗号表达式的目的只是为了分别得到各个表达式的值,而并不一定要得到和使用整个逗号表达式的值。另外还要注意,并不是在程序的任何地方出现的逗号,都可以认为是逗号运算符。有些函数中的参数也是用逗号来间隔的,例如库输出函数 printf("\n%d %d %d",a,b,c)中的"a,b,c"是函数的 3 个参数,而不是一个逗号表达式。

9. 条件运算符

条件运算符"?:"是 C51 中唯一的一个三目运算符,它要求有 3 个运算对象,用它可以将 3 个表达式连接构成一个条件表达式。条件表达式的一般形式如下:

逻辑表达式 ? 表达式 1: 表达式 2

其功能是首先计算逻辑表达式,当值为真(非 0 值)时,将表达式 1 的值作为整个条件表达式的值;当逻辑表达式的值为假(0 值)时,将表达式 2 的值作为整个条件表达式的值。例如:条件表达式 max=(a>b)? a:b 的执行结果是将 a 和 b 中较大者赋值给变量 max。另外,条件表达式中逻辑表达式的类型可以与表达式 1 和表达式 2 的类型不一样。

10. 指针和地址运算符

指针是 C51 中的一个十分重要概念,C51 中专门规定了一种指针类型的数据。变量的指针就是该变量的地址,还可以定义一个指向某个变量的指针变量。为了表示指针变量和它所指向的变量地址之间的关系,C51 提供了两个专门的运算符: *(取内容)、&(取地址)。

取内容和取地址运算的一般形式分别为

变量 = *指针变量
指针变量 = &目标变量

取内容运算的含义是将指针变量所指向的目标变量的值赋给左边的变量;取地址运算的含义是将目标变量的地址赋给左边的变量。需要注意的是,指针变量中只能存放地址(即指针型数据),不要将一个非指针类型的数据赋值给一个指针变量。例如下面的语句完成对指针变量赋值(地址值):

```
char data * p;              /*定义指针变量*/
p = 30H;                    /*给指针变量赋值,30H 为 8051 单片机片内 RAM 地址*/
```

11. C51 对存储器和特殊功能寄存器的访问

虽然可以采用指针变量来对存储器地址进行操作,由于 8051 单片机存储器结构自身的特点,仅用指针方式访问有时会感觉不太方便,C51 提供了另外一种访问方法,即利用库函数中的绝对地址访问头文件 absacc.h 来访问不同区域的存储器以及片外扩展 I/O 端口。在 absacc.h 头文件中进行了如下宏定义:

```
CBYTE[地址] (访问 CODE 区 char 型)
DBYTE[地址] (访问 DATA 区 char 型)
```

PBYTE[地址]（访问 PDATA 区或 I/O 端口 char 型）

XBYTE[地址]（访问 XDATA 区或 I/O 端口 char 型）

CWORD[地址]（访问 CODE 区 int 型）

DWORD[地址]（访问 DATA 区 int 型）

PWORD[地址]（访问 PDATA 区或 I/O 端口 int 型）

XWORD[地址]（访问 XDATA 区或 I/O 端口 int 型）

下面语句完成向片外扩展端口地址 7FFFH 写入一个字符型数据：

```
XBYTE[0x7FFF] = 0x80;
```

下面语句将 int 型数据 0x9988 送入外部 RAM 单元 0000H 和 0001H：

```
XWORD[0] = 0x9988;
```

如果采用如下语句定义一个 D/A 转换器端口地址：

```
#define DAC0832 XBYTE[0x7FFF];
```

那么程序文件中所有出现 DAC0832 的地方，就是对地址为 0x7FFFH 的外部 RAM 单元或 I/O 端口进行访问。

8051 单片机具有 100 多个品种，为了方便访问不同品种单片机内部特殊功能寄存器，C51 提供了多个相关头文件，如 reg51.h、reg52.h 等，在头文件中对单片机内部特殊功能寄存器及其有位名称的可寻址位进行了定义，编程时只要根据所采用的单片机，在程序文件开始处用文件包含处理命令 #include 将相关头文件包含进来，然后就可以直接引用特殊功能寄存器（注意必须采用大写字母），例如下面语句完成的 8051 定时方式寄存器 TMOD 的赋值：

```
#include <reg51.h>
TMOD = 0x20;
```

12. 强制类型转换运算符

C 语言中的圆括号"()"也可作为一种运算符使用，这就是强制类型转换运算符，它的作用是将表达式或变量的类型强制转换成为所指定的类型。在 C51 程序中进行算术运算时，需要注意数据类型的转换，数据类型转换分为隐式转换和显式转换。隐式转换是在对程序进行编译时由编译器自动处理的，并且只有基本数据类型（即 char、int、long 和 float）可以进行隐式转换。其他数据类型不能进行隐式转换，例如，我们不能把一个整型数利用隐式转换赋值给一个指针变量，在这种情况下就必须利用强制类型转换运算符来进行显式转换。强制类型转换运算符的一般使用形式为：

（类型）= 表达式

显式强制类型转换在给指针变量赋值时特别有用。例如，预先在 8051 单片机的片外数据存储器（xdata）中定义了一个字符型指针变量 px，如果想给这个指针变量赋一初值 0xB000，可以写成"px=(char xdata *)0xB000;"，这种方法特别适合于用标识符来存取绝对地址。

4.2　C51 程序的基本语句

4.2.1　表达式语句

C51 提供了十分丰富的程序控制语句。表达式语句是最基本的一种语句。在表达式的后边加一个分号";"就构成了表达式语句。表达式语句也可以仅由一个分号";"组成,这种语句称为空语句。空语句在程序设计中有时是很有用的,当程序在语法上需要有一个语句,但在语义上并不要求有具体的动作时,便可以采用空语句。

4.2.2　复合语句

复合语句是由若干条语句组合而成的一种语句,它是用一个大括号"{}"将若干条语句组合在一起而形成的一种功能块。复合语句不需要以分号";"结束,但它内部的各条单语句仍需以分号";"结束。复合语句的一般形式为:

```
{
    局部变量定义;
    语句 1;
    语句 2;
    …
    语句 n;
}
```

复合语句在执行时,其中各条单语句依次顺序执行。整个复合语句在语法上等价于一条单语句。复合语句允许嵌套,即在复合语句内部还可以包含别的复合语句。通常复合语句出现在函数中,实际上,函数的执行部分(即函数体)就是一个复合语句。复合语句中的单语句一般是可执行语句,也可以是变量定义语句。在复合语句内所定义的变量,称为该复合语句中的局部变量,它仅在当前这个复合语句中有效。

4.2.3　条件语句

条件语句又称为分支语句,它是用关键字 if 构成的。C51 提供了 3 种形式的条件语句。

1. 形式 1

```
if(条件表达式) 语句
```

其含义为:若条件表达式的结果为真(非 0 值),就执行后面的语句;反之若条件表达式的结果为假(0 值),就不执行后面的语句。这里的语句也可以是复合语句。

2. 形式 2

```
if(条件表达式) 语句 1
else   语句 2
```

其含义为:若条件表达式的结果为真(非 0 值),就执行语句 1;反之若条件表达式的结果为假(0 值),就执行语句 2。这里的语句 1 和语句 2 均可以是复合语句。

3. 形式 3

```
if (条件表达式 1)        语句 1
else if(条件式表达 2)     语句 2
else if(条件式表达 3)     语句 3
…                       …
else if(条件表达式 n)     语句 m
else                    语句 n
```

这种条件语句常用来实现多方向条件分支。

4.2.4　开关语句

开关语句也是一种用来实现多方向条件分支的语句。虽然采用条件语句也可以实现多方向条件分支,但是当分支较多时会使条件语句的嵌套层次太多,程序冗长,可读性降低。开关语句直接处理多分支选择,使程序结构清晰,使用方便。开关语句是用关键字 switch 构成的,它的一般形式如下:

```
switch (表达式)
{
 case   常量表达式 1 : 语句 1;
                      break;
 case   常量表达式 2 : 语句 2;
                      break;
 …             …
 case   常量表达式 n : 语句 n;
                      break;
 default: 语句 d
}
```

开关语句的执行过程是:将 switch 后面表达式的值与 case 后面各个常量表达式的值逐个进行比较,若遇到匹配时,就执行相应 case 后面的语句,然后执行 break 语句。break 语句又称间断语句,它的功能是中止当前语句的执行,使程序跳出 switch 语句。若无匹配的情况,则只执行语句 d。

4.2.5　循环语句

实际应用中很多地方需要用到循环控制,如对于某种操作需要反复进行多次等。在 C51 程序中用来构成循环控制的语句有: while 语句、do-while 语句、for 语句以及 goto 语句,分述如下。

采用 while 语句构成循环结构的一般形式如下:

```
while (条件表达式)  语句;
```

其意义为:当条件表达式的结果为真(非 0 值)时,程序就重复执行后面的语句,一直执行到条件表达式的结果变为假(0 值)时为止。这种循环结构是先检查条件表达式所给出的条件,再根据检查的结果决定是否执行后面的语句。如果条件表达式的结果一开始就为假,则后面的语句一次也不会被执行。这里的语句可以是复合语句。

采用 do-while 语句构成循环结构的一般形式如下：

do 语句 while(条件表达式);

这种循环结构的特点是先执行给定的循环体语句,然后再检查条件表达式的结果。当条件表达式的值为真(非 0 值)时,则重复执行循环体语句,直到条件表达式的值变为假(0 值)时为止。因此,用 do-while 语句构成的循环结构在任何条件下,循环体语句至少会被执行一次。

采用 for 语句构成循环结构的一般形式如下：

for ([初值设定表达式];[循环条件表达式];[更新表达式])　语句

for 语句的执行过程是：先计算出初值设定表达式的值作为循环控制变量的初值,再检查循环条件表达式的结果,当满足条件时就执行循环体语句并计算更新表达式,然后再根据更新表达式的计算结果来判断循环条件是否满足,一直进行到循环条件表达式的结果为假(0 值)时退出循环体。

4.2.6　goto、break、continue 语句

goto 语句是一个无条件转向语句,它的一般形式为：

goto 语句标号;

其中语句标号是一个带冒号":"的标识符。将 goto 语句和 if 语句一起使用,可以构成一个循环结构。但更常见的是在 C51 程序中采用 goto 语句来跳出多重循环,需要注意的是只能用 goto 语句从内层循环跳到外层循环,而不允许从外层循环跳到内层循环。

break 语句也可以用于跳出循环语句,它的一般形式为：

break;

对于多重循环的情况,break 语句只能跳出它所处的那一层循环,而不像 goto 语句可以直接从最内层循环中跳出来。由此可见,要退出多重循环时,采用 goto 语句比较方便。需要指出的是,break 语句只能用于开关语句和循环语句之中,它是一种具有特殊功能的无条件转移语句。

continue 是一种中断语句,它的功能是中断本次循环,它的一般形式为：

continue;

continue 语句通常和条件语句一起用在由 while、do-while 和 for 语句构成的循环结构中,它也是一种具有特殊功能的无条件转移语句,但与 break 语句不同,continue 语句并不跳出循环体,而只是根据循环控制条件确定是否继续执行循环语句。

4.2.7　返回语句

返回语句用于终止函数的执行,并控制程序返回到调用该函数时所处的位置。返回语句有两种形式：

(1) return(表达式);

(2) return;

如果 return 语句后边带有表达式,则要计算表达式的值,并将表达式的值作为该函数的返回值。若使用不带表达式的第 2 种形式,则被调用函数返回主调函数时,函数值不确定。一个函数的内部可以含有多个 return 语句,但程序仅执行其中的一个 return 语句而返回主调用函数。一个函数的内部也可以没有 return 语句,在这种情况下,当程序执行到最后一个界限符"}"处时,就自动返回主调函数。

4.3 函数

4.3.1 函数的定义与调用

从用户的角度来看,有两种函数:标准库函数和用户自定义函数。标准库函数是 Keil C51 编译器提供的,不需要用户进行定义,可以直接调用。用户自定义函数是用户根据自己需要编写的能实现特定功能的函数,它必须先进行定义之后才能调用。函数定义的一般形式为:

```
函数类型  函数名(形式参数表)
    {
        局部变量定义
        函数体语句
    }
```

其中:

① "函数类型"说明了自定义函数返回值的类型。

② "函数名"是用标识符表示的自定义函数名字。

③ "形式参数表"中列出的是在主调用函数与被调用函数之间传递数据的形式参数,形式参数的类型必须要加以说明。ANSI C 标准允许在形式参数表中对形式参数的类型进行说明。如果定义的是无参函数,可以没有形式参数表,但圆括号不能省略。

④ "局部变量定义"是对在函数内部使用的局部变量进行定义。

⑤ "函数体语句"是为完成该函数的特定功能而设置的各种语句。

C51 程序中函数是可以互相调用的。所谓函数调用就是在一个函数体中引用另外一个已经定义了的函数,前者称为主调函数,后者称为被调用函数。函数调用的一般形式为

函数名(实际参数表)

其中:

① "函数名"指出被调用的函数。

② "实际参数表"中可以包含多个实际参数,各个参数之间用逗号隔开。实际参数的作用是将它的值传递给被调用函数中的形式参数。需要注意的是,函数调用中的实际参数与函数定义中的形式参数必须在个数、类型及顺序上严格保持一致,以便将实际参数的值正确地传递给形式参数。否则在函数调用时会产生意想不到的结果。如果调用的是无参函数,则可以没有实际参数表,但圆括号不能省略。

在 C51 中可以采用 3 种方式完成函数的调用。

(1) 函数语句。在主调函数中将函数调用作为一条语句。这是无参调用,它不要求被

调函数返回一个确定的值,只要求它完成一定的操作。

(2) 函数表达式。在主调函数中将函数调用作为一个运算对象直接出现在表达式中,这种表达式称为函数表达式。这种函数调用方式通常要求被调函数返回一个确定的值。

(3) 函数参数。在主调函数中将函数调用作为另一个函数调用的实际参数。这种在调用一个函数的过程中又调用了另外一个函数的方式,称为嵌套函数调用。

与使用变量一样,在调用一个函数之前(包括标准库函数),必须对该函数的类型进行说明,即"先说明,后调用"。如果调用的是库函数,一般应在程序的开始处用预处理命令♯include 将有关函数说明的头文件包含进来。

如果调用的是用户自定义函数,而且该函数与调用它的主调函数在同一个文件中,一般应该在主调函数中对被调函数的类型进行说明。函数说明的一般形式为:

　　类型标识符　　被调用的函数名(形式参数表);

其中:

① "类型标识符"说明了函数返回值的类型。

② "形式参数表"中说明各个形式参数的类型。

需要注意的是,函数的定义与函数的说明是完全不同的,二者在书写形式上也不一样,函数定义时,被定义函数名的圆括号后面没有分号";",即函数定义还未结束,后面应接着写被定义的函数体部分。而函数说明结束时在圆括号的后面需要有一个分号";"作为结束标志。

4.3.2　中断服务函数与寄存器组定义

C51 编译器支持在 C 语言源程序中直接编写 8051 单片机的中断服务函数程序,一般形式为:

　　函数类型　　函数名(形式参数表) [interrupt n] [using m]

关键字 intrrupt 后面的 n 是中断号,n 的取值范围为 0～31。编译器从 8n+3 处产生中断向量,具体的中断号 n 和中断向量取决于 8051 系列单片机芯片型号,常用中断源和中断向量如表 4.4 所示。

表 4.4　常用中断号与中断向量

中断号 n	中　断　源	中断向量 8n+3
0	外部中断 0	0003H
1	定时器 0	000BH
2	外部中断 1	0013H
3	定时器 1	001BH
4	串行口	0023H

8051 系列单片机可以在片内 RAM 中使用 4 个不同的工作寄存器组,每个寄存器组中包含 8 个工作寄存器(R0～R7)。C51 编译器扩展了一个关键字 using,专门用来选择 8051 单片机中不同的工作寄存器组。using 后面的 m 是一个 0～3 的常整数,分别选中 4 个不同的工作寄存器组。在定义一个函数时 using 是一个选项,如果不用该选项,则由编译器自动选择一个寄存器组作绝对寄存器组访问。

编写 8051 单片机中断函数时应遵循以下规则:

(1) 中断函数不能进行参数传递,也没有返回值。因此建议在定义中断函数时将其定义为 void 类型,以明确说明没有返回值。

(2) 在任何情况下都不能直接调用中断函数,否则会产生编译错误。

(3) 如果在中断函数中调用了其他函数,则被调用函数所使用的寄存器组必须与中断函数相同,否则会产生不正确的结果,这一点必须引起足够的注意。

(4) C51 编译器从绝对地址 8n+3 处产生一个中断向量,其中 n 为中断号。该向量包含一个到中断函数入口地址的绝对跳转。

4.4 Keil C51 编译器对 ANSI C 的扩展

4.4.1 存储器类型与编译模式

8051 单片机的存储器空间可分为 3 种: 片内、外统一编址的程序存储器 ROM,片内数据存储器 RAM 和片外数据存储器 RAM。

C51 编译器对于 ROM 存储器提供存储器类型标识符 code,用户的应用程序代码以及各种表格常数定位在 CODE 空间。

数据存储器 RAM 用于存放各种变量,通常应尽可能将变量放在片内 RAM 中以加快操作速度,C51 编译器对片内 RAM 提供 3 种存储器类型标识符: data、idata 和 bdata。data 地址范围为 0x00~0x7f,位于 DATA 空间的变量以直接寻址方式操作,速度最快; idata 地址范围为 0x00~0xff,位于 IDATA 空间的变量以寄存器间接寻址方式操作,速度略慢于 DATA 空间; bdata 地址范围为 0x20~0x2f,位于 BDATA 空间的变量除了可以进行直接寻址或间接寻址操作之外,还可以进行位寻址操作。

片外数据 RAM 简称 XRAM,C51 提供两个存储器类型标识符: xdata 和 pdata。xdata 地址范围为 0x0000~0xffff,位于 XDATA 空间的变量以 MOVX @DPTR 方式寻址,可以操作整个 64KB 地址范围内的变量,但这种方式速度最慢。PDATA 空间又称为片外分页 XRAM 空间,它将地址 0x0000~0xffff 均匀地分成 256 页,每页的地址都为 0x00~0xff,位于 PDATA 空间的变量以 MOVX @R0、MOVX @R1 方式寻址。实际上 XRAM 空间并非全部用于存放变量,用户扩展的 I/O 接口也位于 XRAM 地址范围之内。有些新型 8051 单片机还提供片内 XRAM,其操作方式与传统 XRAM 相同,但一般要先对相应的特殊功能寄存器 SFR 进行配置之后才能使用。

一些新型 8051 单片机能够进行大容量存储器扩展,如 Philips 公司的 80C51Mx 系列可扩展高达 8MB 的 CODE 和 XDATA 存储器空间,Dallas 公司的 80C390 系列以及 Analog 公司的 Aduc8xx 系列采用 24 位的数据指针 DPTR 以邻接方式可扩展高达 16MB 的 CODE 和 XDATA 存储器空间。C51 编译器针对这种大容量扩展存储器定义了 far 和 const far 两种存储器类型,分别用以操作这种扩展的片外 RAM 和片外 ROM 空间。对于传统的 8051 单片机,如果它具有可以映像到 XDATA 的附加存储器空间,或者提供了一种地址扩展特殊功能寄存器(address extension SFR),则可以根据具体硬件电路通过修改配置文件 XBANKING. A51 来使用 far 和 const far 类型的变量。需要注意的是在使用 far 和 const far 存储器类型时必须采用 LX51 扩展连接定位器,同时还必须采用 OMF2 格式的目标文件。

表 4.5 所示为 Keil C51 编译器能够识别的存储器类型,定义变量时,可以采用上述存储器类型明确指出变量的存储器空间。

表 4.5　**Keil C51 编译器能够识别的存储器类型**

存储器类型	说　明
code	程序存储器(64KB)，用 MOVC @A＋DPTR 指令访问
data	直接寻址的片内数据存储器(128B)，访问速度最快
idata	片内数据存储器(256B)，允许访问全部片内 RAM 地址
bdata	可位寻址的片内数据存储器(16B)，允许位与字节混合访问
xdata	片外数据存储器(64KB)，用 MOVX @DPTR 指令访问
pdata	分页寻址的片外数据存储器(256B)，用 MOVX @R0，MOVX @R1 指令访问
far	高达 16MB 的扩展 RAM 和 ROM，专用芯片扩展访问(Philips 80C51Mx，DS80C390)或用户自定义子程序进行访问

如果定义变量时没有明确指出具体的存储器类型，则按 C51 编译器采用的编译模式来确定变量的默认存储器空间。Keil C51 编译器控制命令 SMALL、COMPACT、LARGE 对变量存储器空间的影响如下。

1. SMALL

所有变量都定义在 8051 单片机的片内 RAM 中，对这种变量的访问速度最快。另外，堆栈也必须位于片内 RAM 中，而堆栈的长度是很重要的，实际栈长取决于不同函数的嵌套深度。采用 SMALL 编译模式与定义变量时指定 data 存储器类型具有相同效果。

2. COMPACT

所有变量定义在分页寻址的片外 XRAM 中，每一页片外 XRAM 的长度为 256 字节。这时对变量的访问是通过寄存器间接寻址(MOVX @R0，MOVX @R1)进行的，变量的低 8 位地址由 R0 或 R1 确定，变量的高 8 位地址由 P2 口确定。采用这种模式时，必须适当改变配置文件 STARTUP. A51 中的参数 PDATASTART 和 PDATALEN；同时还必须对 μVision2 的 Options 选项中的 BL51 Locator 标签栏中的 Pdata 文本框中输入合适的地址参数，以确保 P2 口能输出所需要的高 8 位地址。采用 COMPACT 编译模式与定义变量时指定 pdata 存储器类型具有相同效果。

3. LARGE

所有变量定义在片外 XRAM 中(最大可达 64KB)，使用数据指针 DPTR 来间接访问变量(MOVX @DPTR)，这种编译模式对数据访问的效率最低，而且将增加程序的代码长度。采用 LARGE 编译模式与定义变量时指定 xdata 存储器类型具有相同效果。

4.4.2　关于 bit，sbit，sfr，sfr16 数据类型

Keil C51 编译器支持标准 C 语言的数据类型，另外还根据 8051 单片机的特点扩展了 bit、sbit、sfr、sfr16 数据类型。

1. bit

在 C51 程序中可以定义 bit 类型的变量、函数、函数参数及返回值。例如：

```
static bit done_flag = 0;              /* bit 类型变量 */
bit testfunc (                         /* bit 类型函数 */
    bit flag1,                         /* bit 类型函数参数 */
    bit flag2)
```

```
{
    …
    return (0);                          /* bit 类型返回值 */
}
```

所有 bit 类型的变量都被定位在 8051 片内 RAM 的可位寻址区。由于 8051 单片机的可位寻址区只有 16 字节,所以在某个范围内最多只能声明 128 个 bit 类型变量。声明 bit 类型变量时可以带有存储器类型 data、idata 或 bdata。对于 bit 类型变量有如下限制: 如果在函数中采用预处理命令♯pragma disable 禁止了中断,或者在函数声明时采用了关键字 using n 明确进行了寄存器组切换,则该函数不能返回 bit 类型的值,否则 C51 在进行编译时会产生编译错误; 另外不能定义 bit 类型指针,也不能定义 bit 类型数组。

2. sbit

关键字 sbit 用于定义可独立寻址访问的位变量,简称可位寻址变量。C51 编译器提供一个存储器类型 bdata,带有 bdata 存储器类型的变量定位在 8051 单片机片内 RAM 的可位寻址区,带有 bdata 存储器类型的变量可以进行字节寻址也可以进行位寻址,因此对 bdata 变量可用 sbit 指定其中任意位为可位寻址变量。需要注意的是,采用 bdata 及 sbit 所定义的变量都必须是全局变量,并且采用 sbit 定义可位寻址变量时要求基址对象的存储器类型为 bdata。例如,可先定义变量的数据类型和存储器类型如下:

```
int bdata ibase;                    /* 定义 ibase 为 bdata 整型变量 */
char bdata bary[4];                 /* 定义 bary[4]为 bdata 字符型数组 */
```

然后使用 sbit 定义可位寻址变量如下:

```
sbit mybit0 = ibase^0;              /* 定义 mybit0 为 ibase 的第 0 位 */
sbit mybit15 = ibase^15;            /* 定义 mybit15 为 ibase 的第 15 位 */
sbit Ary07 = bary[0]^7;             /* 定义 Ary07 为 bary[0]的第 7 位 */
sbit Ary37 = bary[3]^7;             /* 定义 Ary37 为 bary[3]的第 7 位 */
```

操作符"^"后面的数值范围取决于基址变量的数据类型,对于 char 型而言是 0~7,对于 int 型而言是 0~15,对于 long 型是 0~31。bdata 变量 ibase 和 bdata 数组 bary[4]可以进行字或字节寻址,sbit 变量可以直接操作可寻址位,例如:

```
ibase =-1;                          /* 字寻址,对 ibase 赋值为 -1 */
bary[3] = 'a';                      /* 字节寻址,对 bary[3]赋值为'a' */
Ary37 = 0;                          /* 清"0" bary[3]的第 7 位 */
mybit15 = 1;                        /* 置"1" ibase 的第 15 位 */
```

对于 bdata 变量可以向 data 变量一样处理,所不同的是 bdata 变量必须位于 8051 单片机的片内 RAM 的可位寻址区,其长度不能超过 16 字节。

sbit 还可以用于定义结构与联合,利用这一特点可以实现对 float 型数据指定 bit 变量,例如:

```
union lft {
    float mf;
    long ml;
};
```

```
bdata struct bad {
    char mc;
    union lft u;
} tcp;
sbit tcpf31 = tcp.u.ml ^ 31;              /* float 数据的第 31 位 */
sbit tcpm10 = tcp.mc ^ 0;
sbit tcpm17 = tcp.mc ^ 7;
```

采用 sbit 类型时需要指定一个变量作为基地址,再通过指定该基地址变量的 bit 位置来获得实际的物理 bit 地址。并不是所有类型变量的物理 bit 地址都与其逻辑 bit 地址相一致,物理上的 bit 0 对应第一个字节的 bit 0,物理上的 bit 8 对应第二个字节的 bit 0。对于 int 类型的数据,由于是按高字节在前的方式存储的,int 类型数据的 bit 0 应位于第二个字节的 bit 0,所以,采用 sbit 指定 int 类型数据 bit 0 时应使用物理上的 bit 8。

3. sfr

8051 单片机片内 RAM 中与 idata 空间相重叠的高 128 字节(地址范围 80～FFH)称为特殊功能寄存器(SFR)区,单片机内部集成功能的操作都是通过特殊功能寄存器来实现的。为了能够直接访问 8051 系列单片机内部特殊功能寄存器,C51 编译器扩充了关键字 sfr 和 sfr16,利用这种扩充关键字可以在 C51 源程序中直接定义 8051 单片机的特殊功能寄存器。定义方法如下:

```
sfr 特殊功能寄存器名 = 地址常数;
```

例如:

```
sfr P0 = 0x80;                    /* 定义 P0 寄存器,地址为 0x80 */
sfrSCON = 0x90;                   /* 定义串行口控制寄存器,地址为 0x90 */
```

这里需要注意的是,在关键字 sfr 后面必须跟一个标识符作为特殊功能寄存器名,名字可任意选取,但应符合一般习惯。等号后面必须是常数,不允许有带运算符的表达式。对于传统 8051 单片机地址常数的范围是 0x80～0xff,对于 Philips 80C51Mx 单片机地址常数的范围是 0x180～0x1ff。

4. sfr16

在一些新型 8051 单片机中,特殊功能寄存器经常组合成 16 位来使用。采用关键字 sfr16 可以定义这种 16 位的特殊功能寄存器。例如,对于 8052 单片机的定时器 T2,可采用如下的方法来定义:

```
sfr16 T2 = 0xCC;                  /* 定义 TIMER2,其地址为 T2L = 0xCC,T2H = 0xCD */
```

这里 T2 为特殊功能寄存器名,等号后面是它的低字节地址,其高字节地址必须在物理上直接位于低字节之后。这种定义方法适用于所有新一代 8051 单片机中新增加的特殊功能寄存器。

在 8051 单片机应用系统中经常需要访问特殊功能寄存器中的一些特定位,可以利用 C51 编译器提供的扩充关键字 sbit 定义特殊功能寄存器中的可位寻址对象。定义方法有如下 3 种。

(1) 方法一。

```
sbit 位变量名 = 位地址
```

这种方法将位的绝对地址赋给位变量,位地址必须位于 0x80～0xFF 范围内。例如:

```
sbit OV = 0xD2;
sbit CY = 0xD7;
```

（2）方法二。

sbit 位变量名 = 特殊功能寄存器名^位位置

当可寻址位位于特殊功能寄存器中时可采用这种方法,"位位置"是一个 0～7 范围内的常数。例如:

```
sfr PSW = 0xD0;
sbit OV = PSW^2;
sbit CY = PSW^7;
```

（3）方法三。

sbit 位变量名 = 字节地址^位位置

这种方法以一个常数(字节地址)作为基地址,该常数必须在 0x80H～0xFF 范围内。"位位置"是一个 0～7 范围内的常数。例如:

```
sbit OV = 0xD0^2;
sbit CY = 0xD0^7;
```

需要注意的是,用 sbit 定义的特殊功能寄存器中的可寻址位是一个独立的定义类(class),不能与其他位定义和位域互换。

4.4.3　一般指针与基于存储器的指针及其转换

Keil C51 编译器支持两种指针类型:一般指针和基于存储器的指针,一般指针需要占用 3 个字节,基于存储器的指针只需要 1～2 个字节,一般指针具有较好的兼容性但运行速度较慢,基于存储器的指针是 C51 编译器专门针对 8051 单片机存储器特点进行的扩展,它只适用于 8051 单片机,但具有较高的运行速度。

定义一般指针的方法与 ANSI C 相同,例如:

```
char  * sptr;           /* char 型指针 */
int   * numptr          /* int 型指针 */
```

一般指针在内存中占用 3 个字节,第一个字节存放该指针的存储器类型编码(由编译模式确定),第二和第三个字节分别存放该指针的高位和低位地址偏移量。存储器类型编码值如表 4.6 所示。

表 4.6　一般指针的存储器类型编码

存储器类型 1	idata/data/bdata	xdata	pdata	code
编码值	0x00	0x01	0xFE	0xFF

一般指针可用于存取任何变量而不必考虑变量在 8051 单片机存储器空间的位置,许多 C51 库函数采用了一般指针。函数可以利用一般指针来存取位于任何存储器空间的数据。

定义一般指针时可以在"＊"号后面带一个"存储器类型"选项,用以指定一般指针本身的存储器空间位置,例如:

```
char * xdata strptr;        /＊位于 xdata 空间的一般指针＊/
int * data numptr;          /＊位于 data 空间的一般指针    ＊/
long * idata varptr;        /＊位于 idata 空间的一般指针＊/
```

由于一般指针所指对象的存储器空间位置只有在运行期间才能确定,编译器在编译期间无法优化存储方式,必须生成一般代码以保证能对任意空间的对象进行存取,因此一般指针所产生的代码运行速度较慢,如果希望加快运行速度则应采用基于存储器的指针。

基于存储器的指针所指对象具有明确的存储器空间,长度可为 1 个字节(存储器类型为 idata、data、pdata)或 2 个字节(存储器类型为 code、xdata)。定义指针时如果在"＊"号前面增加一个"存储器类型"选项,该指针就被定义为基于存储器的指针。例如:

```
char data * str;            /＊指向 data 空间 char 型数据的指针＊/
int xdata * num;            /＊指向 xdata 空间 int 型数据的指针＊/
long code * pow;            /＊指向 code 空间 long 型数据的指针＊/
```

与一般指针类似,定义基于存储器的指针时还可以指定指针本身的存储器空间位置,即在"＊"号后面带一个"存储器类型"选项,例如:

```
char data * xdata str;      /＊指向 data 空间 char 型数据的指针,指针本身在 xdata 空间＊/
int xdata * data num;       /＊指向 xdata 空间 char 型数据的指针,指针本身在 data 空间＊/
long code * idata pow;      /＊指向 code 空间 long 型数据的指针,指针本身在 idata 空间＊/
```

基于存储器的指针长度比一般指针短,可以节省存储器空间,运行速度快,但它所指对象具有确定的存储器空间,缺乏兼容性。

一般指针与基于存储器的指针可以相互转换。在某些函数调用中进行参数传递时需要采用一般指针,例如 C51 的库函数 printf()、sprintf()、gets()等便是如此,当传递的参数是基于存储器的指针时,若不特别指明,C51 编译器会自动将其转换为一般指针。需要注意的是,如果采用基于存储器的指针作为自定义函数的参数,而程序中又没有给出该函数原型,则基于存储器的指针就自动转换为一般指针。假如在调用该函数时的确需要采用基于存储器的指针(其长度较短)作为传递参数,那么指针的自动转换就可能导致错误,为避免这类错误,应该在程序的开始处用预处理命令"＃include"将函数原型说明文件包含进来,或者直接给出函数原型声明。

4.4.4　C51 编译器对 ANSI C 函数定义的扩展

1. C51 编译器支持的函数定义一般形式

C51 编译器提供了几种对于 ANSI C 函数定义的扩展,可用于选择函数的编译模式、规定函数所使用的工作寄存器组、定义中断服务函数、指定再入方式等。在 C51 程序中进行函数定义的一般格式如下:

```
函数类型   函数名(形式参数表) [编译模式] [reentrant] [interrupt n] [using n]
{ 局部变量定义
  函数体语句
}
```

其中：

①"函数类型"说明了自定义函数返回值的类型。

②"函数名"是用标识符表示的自定义函数名字。

③"形式参数表"中列出了在主调用函数与被调用函数之间传递数据的形式参数,形式参数的类型必须要加以说明。如果定义无参函数,可以没有形式参数表,但圆括号不能省略。

④"局部变量定义"是对在函数内部使用的局部变量进行定义。

⑤"函数体语句"是为完成该函数的特定功能而设置的各种语句。

⑥"编译模式"选项是 C51 对 ANSI C 的扩展,可以是 SMALL、COMPACT 或 LARGE,用于指定函数中局部变量和参数的存储器空间。

⑦ reentrant 选项是 C51 对 ANSI C 的扩展,用于定义再入函数。

⑧ interrupt n 选项是 C51 对 ANSI C 的扩展,用于定义中断服务函数,其中 n 为中断号,可为 0～31,根据中断号可以决定中断服务程序的入口地址。

⑨ using n 选项是 C51 对 ANSI C 的扩展,其中 n 可以是 0～3,用于确定中断服务函数所使用的工作寄存器组。

2. 堆栈及函数的参数传递

函数在运行过程中需要使用堆栈,8051 单片机的堆栈必须位于片内 RAM 空间,其最大范围只有 256 个字节(对于一些新的扩展型 8051 单片机,C51 编译器可以使用其扩展堆栈区,扩展堆栈区最大可达几千个字节)。为了节省堆栈空间,C51 编译器采用一个固定的存储器区域来进行函数参数的传递,发生函数调用时,主调函数先将实际参数复制到该固定的存储器区域,然后再将程序流程控制交给被调函数,被调函数则从该固定的存储器区域取得所需要的参数进行操作。这样就只需要将函数的返回地址保存到堆栈区中。由于中断服务函数可能要进行工作寄存器组切换,因此需要采用较多的堆栈空间。

C51 编译器可以采用控制命令 REGPARMS 和 NOREGPARMS 来决定是否通过工作寄存器传递函数参数,在默认状态下,C51 编译器可以通过工作寄存器传递最多 3 个函数参数,这种方式可以提高程序执行效率。如果没有寄存器可用,则通过固定的存储器区域来传递函数的参数。

3. 函数的编译模式

不同类型 8051 单片机片内 RAM 空间大小不同,有些衍生产品只有 64 个字节的片内 RAM,因此在定义函数时要根据具体情况来决定应采用的编译模式,函数参数和局部变量都存放在由编译模式决定的默认存储器空间。可以根据需要对不同函数采用不同的编译模式,在 SMALL 编译模式下函数参数和局部变量被存放在 8051 的片内 RAM 空间,这种方式对数据的处理效率最高。但片内 RAM 空间有限,对于较大的程序若采用 SMALL 编译模式可能不能满足要求,这时就需要采用其他编译模式。下面例子对不同函数采用了不同的编译模式。

```
#pragma small                                       /* 默认编译模式为 SMALL */
extern int calc (char i,int b) large reentrant;     /* 采用 LARGE 编译模式 */
extern int func (int i,float f) large;              /* 采用 LARGE 编译模式 */
extern void * tcp (char xdata * xp,int ndx) small;  /* 采用 SMALL 编译模式 */
int mtest (int i,int y){                            /* 采用默认编译模式 */
    return (i * y + y * i + func(-1,4.75));
```

```
}
int large_func (int i,int k){ large                        /* 采用 LARGE 编译模式 */
    return (mtest (i,k) + 2);
}
```

4. 寄存器组切换

8051 单片机片内 RAM 中最低 32 个字节平均分为 4 组,每组 8 个字节都命名为 R0～R7,统称为工作寄存器组,这一特点对于编写中断服务函数或使用实时操作系统都十分有用。利用扩展关键字 using 可以在定义函数时规定所使用的工作寄存器组,只要在 using 后面跟一个数字 0～3,即可规定所使用的工作寄存器组。

需要注意的是,关键字 using 不能用在以寄存器返回一个值的函数中,并且要保证任何寄存器组的切换都只在仔细控制的区域内发生,如果不做到这一点将产生不正确的函数结果。另外带 using 属性的函数原则上不能返回 bit 类型的值。

8051 单片机复位时 PSW 的值为 0x00,因此在默认状态下所有非中断函数都将使用工作寄存器 0 区。C51 编译器可以通过控制命令 REGISTERBAN 为源程序中的所有函数指定一个默认的工作寄存器组,为此用户需要修改启动代码选择不同的寄存器组,然后采用控制命令 REGISTERBAN 来指定新的工作寄存器组。

在默认状态下 C51 编译器生成的代码将使用绝对寻址方式来访问工作寄存器 R0～R7,从而提高操作性能。绝对寄存器寻址方式可以通过编译控制命令 AREGS 或 NOARGES 来激活或禁止。采用了绝对寄存器的函数不能被另一个使用了不同工作寄存器组的函数所调用,否则会导致不可预知的结果。为了使函数对当前工作寄存器组不敏感,该函数必须采用控制命令 NOARGES 进行编译,这一点对于需要同时从主程序和使用了不同寄存器组的中断服务程序中调用的函数时十分有用。

特别需要注意的是,C51 编译器对函数之间使用的工作寄存器组是否匹配不作检查,因此使用了交替寄存器组的函数只能调用没有设定延时寄存器组的函数。

5. 中断函数

利用扩展关键字 interrupt 可以直接在 C51 程序中定义中断服务函数,在 interrupt 跟一个 0～31 的数字,用于规定中断源和中断入口。关键字 interrupt 对中断函数目标代码的影响如下:

(1) 在进入中断函数时,特殊功能寄存器 ACC、B、DPH、DPL、PSW 将被保存入栈。

(2) 如果不使用关键字 using 进行工作寄存器组切换,则将中断函数中所用到的全部工作寄存器都入栈保存。

(3) 函数退出之前所有的寄存器内容出栈恢复。

(4) 中断函数由 8051 单片机指令 RETI 结束。

(5) C51 编译器根据中断号自动生成中断函数入口向量地址。

6. 再入函数

利用 C51 编译器的扩展关键字 reentrant 可以定义一个再入函数,再入函数可以进行递归调用,或者被两个以上其他函数同时调用。通常在实时系统应用中,或中断函数与非中断函数需要共享一个函数时,应将该函数定义为再入函数。

再入函数可被递归调用,无论何时,包括中断服务函数在内的任何函数都可调用再入函数。与非再入函数的参数传递和局部变量的存储分配方法不同,C51 编译器为再入函数生成一个模拟栈,通过这个模拟栈来完成参数传递和存放局部变量。根据再入函数所采用的编译模式,模拟栈可以位于片内或片外存储器空间,SMALL 模式下再入栈位于 data 空间,COMPACT 模式下再入栈位于 pdata 空间,LARGE 模式下再入栈位于 xdata 空间。当程序中包含有多种存储器模式的再入函数时,C51 编译器为每种模式单独建立一个模拟栈并独立管理各自的栈指针。再入函数的局部变量及参数都被放在再入栈中,从而使再入函数可以进行递归调用。而非再入函数的局部变量被放在再入栈之外的暂存区内,如果对非再入函数进行递归调用,则上次调用时使用的局部变量数据将被覆盖。

Keil C51 编译器对于再入函数有如下规定:

(1) 再入函数不能传送 bit 类型的参数,也不能定义局部位变量,再入函数不能操作可位寻址变量。

(2) 与 PL/M51 兼容的 alien 函数不能具有 reentrant 属性,也不能调用再入函数。

(3) 再入函数可以同时具有其他属性,如 interrupt、using 等,还可以明确声明其存储器模式(SMALL、COMPACT、LARGE)。

(4) 在同一个程序中可以定义和使用不同存储器模式的再入函数,每个再入函数都必须具有合适的函数原型,原型中还应包含该函数的存储器模式。

(5) 在如函数的返回地址保存在 8051 单片机的硬件堆栈内,任意其他的 PUSH 和 POP 指令都会影响 8051 硬件堆栈。

(6) 不同存储器模式下的再入函数具有其自己的模拟再入栈以及再入栈指针,例如若在同一个模块内定义了 SMALL 和 LARGE 模式的再入函数,则 C51 编译器会同时生成对应的两种再入栈及其再入栈指针。

8051 单片机的常规栈总是位于内部数据 RAM 中而且是"向上生长"型的,而模拟再入栈是"向下生长"型的,如果编译时采用 SMALL 模式,常规栈和再入函数的模拟栈将都被放在内部 RAM 中,从而可使有限的内部数据存储器得到充分利用。模拟再入栈及其再入栈指针可以通过配置文件 STARTUP. A51 进行调整,使用再入函数时应根据需要对该配置文件进行适当修改。

4.5　C51 编译器的数据调用协议

4.5.1　数据在内存中的存储格式

bit 类型数据只有一位长度,不允许定义位指针和位数组。bit 对象始终位于 8051 单片机片内可位寻址数据存储器空间(20H～2FH),只要有可能 BL51 连接定位器将对位对象进行覆盖操作。

char 类型数据的长度为一个字节(8 位),可存放于 8051 单片机片内或片外数据存储器。

int 和 short 类型数据的长度为 2 个字节(16 位),可存放于 8051 单片机片内或片外数据存储器。数据存储时按高字节地址在前、低字节地址在后的顺序存放,例如,一个值为 0x1234 的 int 类型数据,在内存中的存储格式如下:

地址	+0	+1
内容	0x12	0x34

long 类型数据的长度为 4 个字节(32 位),可存放于 8051 单片机内部或外部数据存储器。数据存储时按高字节地址在前、低字节地址在后的顺序存放,例如,一个值为 0x12345678 的 long 类型数据,在内存中的存储格式如下:

地址	+0	+1	+2	+3
内容	0x12	0x34	0x56	0x78

float 类型数据的长度为 4 个字节(32 位),可存放于 8051 单片机内部或外部数据存储器。一个 float 类型数据的数值范围是 $(-1)^S \times 2^{E-127} \times (1.M)$。在内存中按 IEEE-754 标准单精度 32 位浮点数的格式存储:

地址	+0	+1	+2	+3
内容	SEEEEEEE	EMMMMMMM	MMMMMMMM	MMMMMMMM

其中:

① S 为符号位,0 表示正,1 表示负。

② E 为用原码表示的阶码,占用 8 位二进制数,存放在两个字节中,E 的取值范围是 1～254。注意,实际上以 2 为底的指数要用 E 的值减去偏移量 127,从而实际幂指数的取值范围为 -126～+127。

③ M 为尾数的小数部分,用 23 位二进制数表示,存放在 3 个字节中。尾数的整数部分永远为 1,因此不予保存,但它是隐含存在的。小数点位于隐含的整数位"1"的后面。

例如,一个值为 -12.5 的 float 类型数据,在内存中的存储格式如下:

地址	+0	+1	+2	+3
二进制内容	11000001	01001000	00000000	00000000
十六进制内容	0xC1	0x48	0x00	0x00

按上述规则很容易将用十六进制表示的数据 0xC1480000 转换为浮点数 -12.5。

一个浮点数的正常数值范围是:$(-1)^S \times 2^{E-127} \times (1.M)$,其中,E=0～255,S=±1。超过最大正常数值的浮点数就认为是无穷大,其阶码 E 为全 1(即 255),小数部分 M 为全 0,表示为

$$\pm\infty = (-1)^S \times 2^{128} \times (1.000...000) = \pm 2^{128}$$

对于阶码 E 为全 0,小数部分 M 也为全 0 的浮点数认为是 0,表示为

$$(-1)^S \times 2^{-127} \times (1.000...000) = \pm 2^{-127}$$

绝对值最小的正常浮点数为阶码 E 为 1,小数部分 M 为全 0 的数,表示为

$$(-1)^S \times 2^{-126} \times (1.000...000) = \pm 2^{-126}$$

除了正常数之外,界于 $+2^{-126} \sim +2^{-127}$ 以及 $-2^{-126} \sim -2^{-127}$ 范围内的数为非正常数。按 IEEE-754 标准,浮点数的数值如果在正常数值之外,即为溢出错误,用下面的二进制数表示:

非正常数： NaN＝0FFFFFFFFH

正无穷： ＋INF＝7F800000H

负无穷： －INF＝FF800000H

C51 编译器支持"基于存储器"的指针和"一般"指针。基于存储器类型 data、idata 和 pdata 的指针具有 1 个字节的长度，基于存储器类型 xdata 和 code 的指针具有 2 个字节的长度，一般指针具有 3 个字节的长度。在一般指针的 3 个字节中，第一个字节表示存储器类型，第二、第三个字节表示指针的地址偏移量，一般指针在内存中的存储格式如下：

地址	+0	+1	+2
内容	存储器类型	高字节地址偏移量	低字节地址偏移量

第一个字节中存储器类型的编码如下：

存储器类型	idata/data/bdata	xdata	pdata	code
编码值(8051)	0x00	0x01	0xFE	0xFF
编码值(8051Mx)	0x7F	0x00	0x00	0x80

采用一般指针时必须使用规定的存储器类型编码值，如果使用其他类型的值将导致不可预测的后果。

例如，将 xdata 类型的地址 0x1234 作为一般指针表示如下：

地址	+0	+1	+2
内容	0x01	0x12	0x34

4.5.2 目标代码的段管理

段是程序代码或数据对象的存储器单位，程序代码被放入代码段，数据对象被放入数据段。段又分为绝对段和再定位段，绝对段只能在汇编语言程序中指定，它包括代码和数据的绝对地址说明。绝对段在用连接定位器 BL51 进行连接时，已经分配的地址将不发生任何改变。再定位段是由 C51 编译器对 C51 源程序编译时所产生的，再定位段中代码或数据的存储器地址是浮动的，实际地址要由连接定位器 BL51 对程序模块进行连接时决定。再定位段可以保证在进行多模块程序连接时不会发生地址重叠现象。因此绝对段只是用于某些特殊场合，如访问某个固定的存储器 I/O 地址，或是提供某个中断向量的入口地址，而用 C51 编译器对 C51 源程序进行编译所产生的段都是再定位段。每一个再定位段都具有段名和存储器类型，绝对段则没有段名。下面介绍 C51 编译器对再定位段的管理方法。

为了适应不同要求和便于段管理，C51 编译器在对 C51 源程序进行编译时，将程序中每个数据对象都转换成大写形式保存，并放入到相应的段中。C51 编译器按表 4.7 规则将源程序中的函数名转换成目标文件中的符号名，BL51 在连接定位时将使用目标文件符号名。

表 4.7 C51 编译器的函数名转换规则

函 数 声 明	转换目标文件中的符号名	说 明
void func(void)...	FUNC	无参数传递或不含寄存器参数的函数名不做改变地转入目标文件中,函数名只简单地转换成大写形式
void func(char)...	_FUNC	带寄存器参数的函数名前面加上"_"前缀,表示这类函数包含有寄存器内的参数传递
void func (void) reentrant...	_? FUNC	再入函数在函数名前面加上"_?"前缀,表示该函数包含栈内的参数传递

完成函数名转换之后,C51 编译器按以下规则将不同的数据对象组合到不同的数据段中。

1. 全局变量

对于全局变量 C51 编译器按表 4.8 规则为每个模块生成各自的段名,具有相同存储器类型的全局变量被组合到同一个数据段中。每个明确定义了存储器类型的全局变量,都有一个单独的数据段。段名由两个问号中间加一个存储器类型符号及紧接着的模块名(modulname)组成,模块名是不带路经和扩展名的源文件名,常数和字符串被放入一个独立的段中。各段名表示在对应类型存储器空间的起始地址。

表 4.8 C51 编译器对全局变量的段名生成规则

段 名	存储器类型	说 明
?CO?modulname	code	可执行程序存储器中的常数段
?XD?modulname	xdata	xdata 型数据段(RAM 空间)
?DT?modulname	data	data 型数据段
?ID?modulname	idata	idata 型数据段
?BI?modulname	bit	bit 型数据段
?BA?modulname	bdata	bdata 型数据段
?PD?modulname	pdata	pdata 型数据段
?XC?modulname	const xdata	xdata 型数据段(const ROM 空间),需要用 OMF2 编译控制命令
?FC?modulname	const far	far 型常数段(const ROM 空间),需要用 OMF2 编译控制命令
?FD?modulname	far	far 型数据段(RAM 空间),需要用 OMF2 编译控制命令

2. 函数和局部全局变量

C51 编译器为各个模块中的每个函数生成一个以"?PR?function_name? modulname"为名的代码(CODE)段。例如,如果程序模块 SAMPLE. C 中包含有一个名为"ERROR_CHECK"的函数,则代码(CODE)段的名字为"?PR?ERROR_CHECK?SAMPLE"。

如果函数中包含有非寄存器传递的参数和无明确存储器类型声明的局部变量,C51 编译器除了生成该函数的代码段之外,还将生成一个字节类型的局部数据段(简称局部数据段)和一个位类型的局部数据段(简称局部位段)。局部位段用于存放在函数内部定义的可再定位的位类型变量和参数,局部数据段则用于存放除位类型以外的所有其他无明确存储器类型声明的局部变量和参数。对于已明确声明了存储器类型的函数局部变量,C51 编译器根据变量的存储器类型将其组合到与本模块对应的全局数据段中,但这些变量仍属于定义它们的函数中的局部变量。函数的局部段(包含函数代码段、局部数据段和局部位段)的命名规则与函数的存储器模式有关,如表 4.9 所示。

表 4.9　C51 编译器的局部段命名规则

存储器模式	局部段类型	段　描　述	段　　名	
SMALL	code	函数代码	? PR? function_name?	modul_name
	data	局部数据	? DT? function_name?	modul_name
	bit	局部位段	? BI? function_name?	modul_name
COMPAC	code	函数代码	? PR? function_name?	modul_name
	pdata	局部数据	? PD? function_name?	modul_name
	bit	局部位段	? BI? function_name?	modul_name
LARGE	code	函数代码	? PR? function_name?	modul_name
	xdata	局部数据	? XD? function_name?	modul_name
	bit	局部位段	? BI? function_name?	modul_name

C51 编译器为局部数据段和局部位段建立一个可覆盖标志 OVERLAYABLE,以便让连接定位器 BL51 在对目标程序进行连接定位时作覆盖分析之用。

C51 编译器允许通过寄存器传递最多 3 个参数,其他参数则需要通过固定的存储器区进行传递。对于通过固定存储器区进行参数传递的数据,按以下规则生成一个局部段:

局部数据段　　　?function_name? BYTE
局部位段　　　　?function_name? BIT

段名都表示该段的起始地址,例如,若函数 func1 需要通过固定的存储器区传递参数,则 bit 型参数将从地址"?FUNC1?BIT"开始传递,其他参数则从地址"?FUNC1?BYTE"开始传递。局部段名是全局共享的,因此它们的起始地址可被其他模块访问,从而为汇编语言程序调用 C51 函数提供了可能。

以上介绍的是 C51 编译器在对用户的 C51 源程序进行编译时,为实现多模块程序浮动连接而采用的段名管理方法。这些段名都包括在由连接定位器 BL51 所产生的 MAP 文件中,用户可以查看,以分析自己编写的 C51 源程序是否合理。

4.6　与汇编语言程序的接口

4.6.1　参数传递规则

C51 编译器能对 C51 源程序进行高效编译,生成高效简洁形式的代码,在绝大多数场合采用 C 语言编程即可完成预期的任务。尽管如此,有时仍需要采用一定的汇编语言编程,例如,对于某些特殊 I/O 接口地址的处理、中断向量地址的安排、提高程序代码的执行速度等。为此,C51 编译器提供了与汇编语言程序的接口规则,按此规则可以很方便地实现 C51 程序与汇编语言程序的相互调用。实际上 C51 程序与汇编语言程序的相互调用也可视为函数的调用,只是此时函数是采用不同语言编写的而已。

C51 程序函数和汇编语言函数在相互调用时,可利用 8051 单片机的工作寄存器最多传递 3 个参数,如表 4.10 所示。

表 4.10　参数传递的工作寄存器选择

传递的参数类型 传递的参数顺序	char 或单字节指针	int 或 2 字节指针	long 或 float	一般指针
第一个参数	R7	R6(高字节),R7(低字节)	R4~R7	R3(存储类型),R2(高字节),R1(低字节)
第二个参数	R5	R4(高字节),R5(低字节)	R4~R7	R3(存储类型),R2(高字节),R1(低字节)
第三个参数	R3	R2(高字节),R3(低字节)	无	R3(存储类型),R2(高字节),R1(低字节)

　　如果在调用时参数无寄存器可用,或是采用了编译控制命令 NOREGPARMS,则通过固定的存储器区域来传递参数,该存储器区域称为参数传递段,其地址空间取决于编译时所选择的存储器模式。例如:

```
func1(int a);                    //a 是第一个 int 型参数,在 R6,R7 中传递
func2(int b, int c, int * d);    //b 在 R6,R7 中传递,c 在 R4,R5 中传递
                                 // * d 在 R1,R2,R3 中传递
func3(long e, long f);           //e 在 R4,R5,R6,R7 中传递
                                 //f 只能在参数传递段中传递
func4(float g, char h);          //g 在 R4,R5,R6,R7 中传递
                                 //h 只能在参数传递段中传递
```

　　当 C51 程序与汇编语言程序需要相互调用,并且参数的传递发生在参数传递段时,如果传递的参数是 char、int、long 和 float 类型的数据,则参数传递段的首地址由"?functionname?BYTE"的公共符号(PUBLIC)确定,如果传递的参数是 bit 类型的数据,参数传递段的首地址由"?functionname?BIT"的公共符号(PUBLIC)确定。所有被传递的参数按顺序存放在以首地址开始递增的存储器区域内。参数传递段的存储器空间取决于所采用的编译模式,在 SMALL 模式下参数传递段位于片内 RAM 空间,在 COMPACT 和 LARGE 模式下参数传递段位于外部 RAM 空间。

　　函数返回值被放入 8051 单片机寄存器内,返回值所占用的工作寄存器如表 4.11 所示。

表 4.11　函数返回值所占用的工作寄存器

返回值类型	寄　存　器	说　　明
bit	进位 CY	返回值在进位标志 CY 中
(unsigned)char	R7	返回值在寄存器 R7 中
(unsigned)int	R6,R7	返回值高位在 R6 中,低位在 R7 中
(unsigned)long	R4~R7	返回值高位在 R4 中,低位在 R7 中
float	R4~R7	32 位 IEEE 格式,指数和符号位在 R7 中
一般指针	R3,R2,R1	R3 放存储器类型,高位在 R2 中,低位在 R1 中

　　在汇编语言子程序中,当前选择的工作寄存器组,以及特殊功能寄存器 ACC、B、DPTR 和 PSW 的值都可能改变,当从汇编语言程序调用 C 语言函数时,必须无条件地假定这些寄存器的内容已被破坏。

　　如果在连接定位时采用了覆盖过程,则每个汇编语言子程序都将包含一个单独的程序

段。这一点是必要的,因为在 BL51 连接定位器的覆盖分析中,函数之间的相互参考是通过子程序各自的段基准进行计算的。如果注意下面两点,汇编语言子程序的数据区也可以包含在覆盖分析中:

(1) 所有段名都必须以 C51 编译器所规定的方法来建立。

(2) 每个具有局部变量的汇编语言函数都必须指定自己的局部数据段,这个局部数据段可以用来为其他函数访问作参数传递用,并且参数的传递要按顺序进行。

在汇编语言函数程序中,对于 char、int、long 和 float 类型的数据,局部数据段应以 PUBLIC 符号"?_functionname?BYTE"作为首地址,并在数据段中先按被传递参数的顺序定义若干字节,然后再定义其他局部变量数据字节。例如,在 SMALL 编译模式下该数据段应按如下方式建立:

```
RSEG   ?DT?functionname? modulname         ; 定义局部数据段名
?_functionname? BYTE:                      ; 定义数据段首地址
     charVAL    DS    1                    ; 按参数的传递顺序定义字节
     intVAL     DS    2
     longVAL    DS    4
             …                             ; 定义其他局部变量字节
```

对于 bit 类型的数据,局部数据段应以 PUBLIC 符号"?_functionname? BIT"作为首地址,并按被传递参数的顺序先定义若干位,然后再定义其他局部变量位。例如:

```
RSEG   ?BI?functionname? modulname         ; 定义局部数据段名
?_functionname? BIT:                       ; 定义数据段首地址
     bitVAL1    DBIT    1                   ; 按参数的传递顺序定义位
     bitVAL2    DBIT    1
             …                             ; 定义其他局部变量位
```

这样定义的局部数据段可为其他函数访问作参数传递之用,所有参数都将按顺序逐个传递。

下面是一个在 SMALL 编译模式下,C 语言函数调用汇编语言函数的例子,可以清楚地了解参数的传递过程。

【例 4-1】 C51 源程序文件 C_CALL.C。

C51 源程序文件为 C_CALL.C,文件中定义了两个函数:主调函数 void C_call()和被用的外部函数 extern int afunc(int v_a,char v_b,bit v_c,long v_d,bit v_e)。被调函数在另一个模块文件 AFUNC.A51 中采用汇编语言编写,函数中有 5 个参数,函数调用时最多可利用 8051 单片机的工作寄存器传递 3 个参数,因此只有参数 v_a 在寄存器 R6、R7 中传递(高位在 R6,低位在 R7),参数 v_b 在 R5 中传递。而参数 v_c、v_d 和 v_e 将在参数传递段中传递。程序编译时采用了 SMALL 模式,参数传递段将位于 8051 单片机片内数据存储器 DATA 区。另外,函数 afunc()是 int 类型的函数,所以函数 afunc()的返回值在工作寄存器 R6(高位)、R7(低位)中。

```
# pragma code small                                          //指定编译模式
extern int afunc(int v_a,char v_b,bit v_c,long v_d,bit v_e); //说明被调函数
void C_call(){                                               //主调函数
     int v_a;char v_b;bit v_c;long v_d;bit v_e;              //局部变量
```

```
        int A_ret;
        A_ret = afunc(v_a,v_b,v_c,v_d,v_e);                    //函数调用
}
```

在被调用的汇编语言程序函数 afunc()中,将从 C51 程序函数 C_call()传递过来的 5 个参数: int v_a、char v_b、bit v_c、long v_d 和 bit v_e,分别放入局部变量 a、b、c、d 和 e 中,因此该汇编语言程序函数是包含有局部变量的。由于 C51 程序模块指定了 SMALL 编译模式,参数传递将在内部数据存储器 DATA 区域进行。汇编语言程序函数必须按 C51 编译器关于 SMALL 模式下段名规则建立相应的局部数据段,即对于需要利用工作寄存器进行参数传递的函数,函数名 afunc 前面要加一个下划线,还需要给出正确的参数传递段地址。

【例 4-2】　汇编语言程序文件 AFUNC.A51。

```
NAME                    AFUNC
?PR?_afunc?AFUNC        SEGMENT CODE                ;定义程序代码段
?DT?_afunc?AFUNC        SEGMENT DATA OVERLAYABLE     ;定义可覆盖局部数据段
?BI?_afunc?AFUNC        SEGMENT BIT OVERLAYABLE      ;定义可覆盖局部位段
                        PUBLIC  ?_afunc?BIT          ;公共符号定义
                        PUBLIC  ?_afunc?BYTE
                        PUBLIC  _afunc
                        RSEG  ?DT?_afunc?AFUNC       ;可覆盖局部数据段
?_afunc?BYTE:                                       ;起始地址
        v_a?040:   DS   2                           ;定义传递参数字节
        v_b?041:   DS   1
        v_d?043:   DS   4
              ORG  7
        a?045:     DS   2                           ;定义其他局部变量
        b?046:     DS   1
        d?048:     DS   4
    retval?050:    DS   2                           ;返回值
                        RSEG  ?BI?_afunc?AFUNC       ;可覆盖局部位段
?_afunc?BIT:                                        ;起始地址
        v_c?042:   DBIT  1                           ;定义传递数据位
        v_e?044:   DBIT  1
  ORG  2
        c?047:     DBIT  1                           ;定义其他局部变量位
        e?049:     DBIT  1
                        RSEG  ?PR?_afunc?AFUNC       ;程序代码段
_afunc:                                             ;起始地址
        USING  0
    MOV     a?045,R6                                ;a = v_a
    MOV     a?045 + 01H,R7
    MOV     b?046,R5                                ;b = v_b
    MOV     C,v_c?04                                ;c = v_c2
    MOV     c?047,C                                 ;d = v_d
    MOV     d?048 + 03H,v_d?043 + 03H
    MOV     d?048 + 02H,v_d?043 + 02H
    MOV     d?048 + 01H,v_d?043 + 01H
    MOV     d?048,v_d?043
    MOV     C,v_e?044                               ;e = v_e
```

```
MOV     e?049,C
MOV     R6,retval?050                            ;函数返回值高位
MOV     R7,retval?050 + 01H                      ;函数返回值低位
RET
END
```

C51 编译器提供了一个十分有用的编译控制命令 SRC,编写汇编语言函数之前先用 C51 编写相应函数,对该函数单独采用 SRC 命令进行编译,产生一个扩展名为 SRC 的汇编语言源文件,然后再对该 SRC 文件按需要进行必要的修改,可以很方便地写出汇编语言函数。用这种方法有两大优点:一是用 C51 编写函数,能有效提高开发效率;二是基本不用考虑 C51 函数名的转换、段的命名、参数传递等规则,而是直接在 SRC 文件上进行汇编语言代码修改,琐碎的工作都交由编译器完成,非常方便。

【例 4-3】 用编译控制命令 SRC 改写上面例 4-2 中的汇编语言函数 AFUNC()。

```
# pragma src(AFUNC.A51) small
int afunc(int v_a,char v_b,bit v_c,long v_d,bit v_e) {
    int a;char b;bit c;long d;bit e;
    int retval;
    a = v_a;b = v_b;c = v_c;d = v_d;e = v_e;
    return(retval);
}
```

需要注意的是,对模块文件 AFUNC.C 编译时,必须采用与模块文件 C_CALL.C 相同的编译模式,当调用有参函数时这一点十分重要。如果两个文件采用不同编译模式,它们将采用不同的存储器区域作为参数传递段空间,这将导致不能正确地进行参数传递。

4.6.2　C51 与汇编语言混合编程举例

采用 C51 与汇编语言混合编程,程序的主体部分用 C 语言编写,对执行时间具体硬件操作要求严格的部分用汇编语言编写,这种方法可以将 C 语言和汇编语言的优点结合起来。通常有以下几种混合编程方法。

1. C51 程序调用汇编语言函数

图 4.1 所示为通过 P1 端口驱动数码管的仿真电路图,例 4-4 是针对该电路图实现 C51 程序调用汇编语言函数例子。

【例 4-4】 C51 函数与汇编语言函数相互调用。新建一个项目,按 4.6.1 节所描述的规则分别编写出 C51 程序文件和汇编语言函数程序文件,并将它们同时加入到项目之中。

C51 程序文件如下:

```
# include < reg52.h>

extern void delay(unsigned char t);                //说明被调的汇编语言函数

main(){
    while(1){
        P1 = 0x00;                                 //从 P1 口点亮数码管
        delay(0x10);                               //短延时
        P1 = 0xff;                                 //从 P1 口熄灭数码管
```

```
        delay(0xff);                            //长延时
    }
}
```

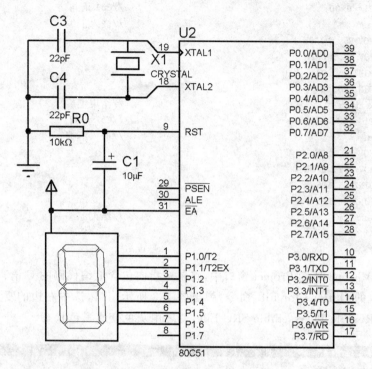

图 4.1　通过 P1 端口驱动数码管

汇编语言函数文件如下：

```
NAME            DELAY
?PR?_delay?DELAY SEGMENT CODE          ;定义程序代码段
PUBLIC  _delay
RSEG ?PR?_delay?DELAY
_delay: MOV A,R7                       ;延时参数通过 R7 传递
        MOV R6,A
LP3:    MOV R5,#0FFH
LP4:    DJNZ R5,LP4
        DJNZ R6,LP3
        RET
        END
```

图 4.2　混合编程项目窗口

将 C 语言模块文件和汇编语言模块文件同时加入到项目之中，如图 4.2 所示，最后对整个项目进行编译链接，生成可执行目标代码。

2. 在 C51 程序中嵌入汇编语言代码

在 C51 程序文件中嵌入汇编语言代码的一般步骤：

（1）通过预编译指令"♯pragna asm"和"♯pragma asm"在 C51 程序中插入汇编语言代码，将例 4-4 改写如下：

```
#include< reg52.h>
main(){
    while(1){
        P1 = 0x00;                          //C51 语句
#pragma asm                                 //嵌入汇编
        MOV R6,#010H
LP3:    MOV R5,#0FFH
LP4:    DJNZ R5,LP4
        DJNZ R6,LP3
#pragma endasm                              //结束汇编
        P1 = 0xff;                          //C51 语句
#pragma asm                                 //嵌入汇编
        MOV R6,#0FFH
LP5:    MOV R5,#0FFH
LP6:    DJNZ R5,LP6
        DJNZ R6,LP5
#pragma endasm                              //结束汇编
    }
}
```

(2) 在 μVision3 环境 Project 窗口中,将鼠标指向包含汇编代码的 C 语言文件并右击,选择右键菜单的 Options for File 命令,弹出图 4.3 所示窗口,选中右边的复选框 Generate Assembler SRC File 和 Assemble SRC File,使之由灰色变成黑色状态。

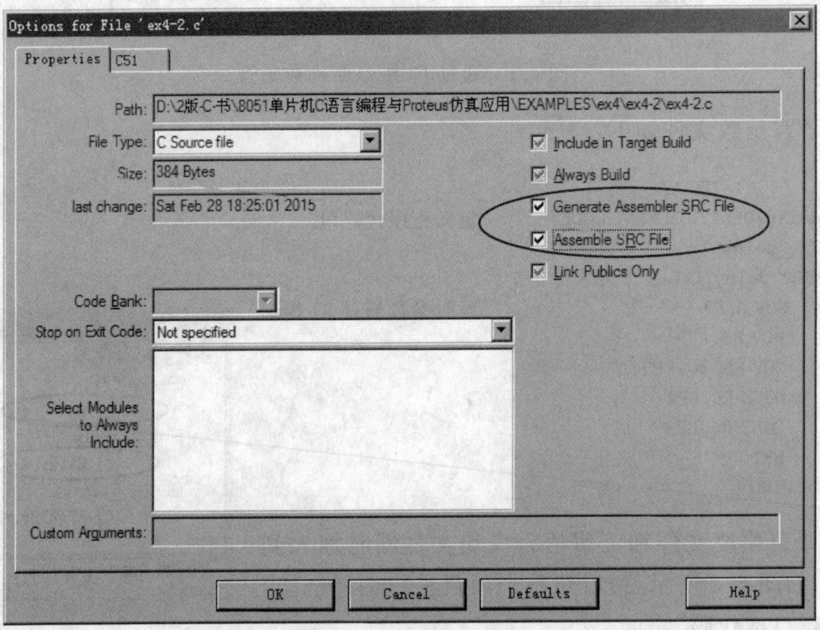

图 4.3　Options for File 窗口

注意,如果没有这一步,编译时将会出现错误"asm/endasm requires src-control to be active"而无法通过编译。

(3) 根据所选择的编译模式,把相应的库文件(SMALL 模式下库文件为 C51S. Lib,

COMPACT 模式下库文件为 C51C. Lib,LARGE 模式下库文件为 C51L. Lib)加入到当前项目中。

注意,如果没有这一步编译时会出现错误 UNRESOLVED EXTERNAL SYMBOL 而无法通过编译。

(4)编译链接,生成可执行目标代码。

4.7 绝对地址访问

在进行 8051 单片机应用系统程序设计时,用户十分关心如何直接操作系统的各个存储器地址空间。C51 程序经过编译之后产生的目标代码具有浮动地址,其绝对地址必须经过 BL51 连接定位后才能确定。为了能够在 C51 程序中直接对任意指定的存储器地址进行操作,可以采用扩展关键字"_at_"、指针、预定义宏以及连接定位控制命令,分别介绍如下。

4.7.1 采用扩展关键字"_at_"或指针定义变量的绝对地址

在 C 语言源程序中定义变量时,可以利用 C51 编译器提供的扩展关键字"_at_"来对指定变量的存储器空间绝对地址,一般格式如下:

[存储器类型]数据类型 标识符 _at_ 地址常数

其中,"存储器类型"为 idata、data、xdata 等 C51 编译器能够识别的所有类型,如果省略该选项,则按编译模式 SMALL、COMPACT 或 LARGE 规定的默认存储器类型确定变量的存储器空间;"数据类型"除了可用 int、long、float 等基本类型外,还可以采用数组、结构等复杂数据类型;标识符为要定义的变量名;地址常数规定了变量的绝对地址,它必须位于有效存储器空间之内。下面是几个采用关键字"at"进行变量的绝对地址定位的例子。

```
struct link {
  struct link idata * next;
  char code * test;
};
idata struct link list _at_ 0x40;        //结构变量 list 定位于 idata 空间地址 0x40
xdata char text[256] _at_ 0xE000;        //数组 array 定位于 xdata 空间地址 0xE000
xdata int i1 _at_ 0x8000;                //int 变量 i1 定位于 xdata 空间地址 0x8000
```

利用扩展关键字"_at_"定义的变量称为"绝对变量",对该变量的操作就是对指定存储器空间绝对地址的直接操作,因此不能对"绝对变量"进行初始化,对于函数和位(bit)类型变量不能采用这种方法进行绝对地址定位。采用关键字"_at_"所定义的绝对变量必须是全局变量,在函数内部不能采用"_at_"关键字指定局部变量的绝对地址。另外在 XDATA 空间定义全局变量的绝对地址时,还可以在变量前面加一个关键字 volatile,这样对该变量的访问就不会被 C51 编译器优化掉。

利用基于存储器的指针也可以指定变量的存储器绝对地址,其方法是先定义一个基于存储器的指针变量,然后对该变量赋以存储器绝对地址值,下面是几个利用基于存储器的指针进行变量的绝对地址定位的例子。

```
char xdata temp _at_ 0x4000;             /* 定义全局变量 temp,地址为 XDATA 空间 0x4000 */
void main(void) {
```

```
char xdata * xdp;          //定义一个指向 XDATA 存储器空间的指针
char data * dp;            //定义一个指向 DATA 存储器空间的指针
xdp = 0x2000;              //XDATA 指针赋值,指向 XDATA 存储器地址 0002h
temp = * xdp;              //读取 XDATA 空间地址 0x2000 的内容送往 0x4000 单元
 * xdp = 0xAA;             //将数据 0xAA 送往 XDATA 空间 0x2000 地址单元
dp = 0x30;                 //DATA 指针赋值,指向 DATA 存储器地址 30H
 * dp = 0xBB;              //将数据 0xBB 送往指定的 DATA 空间地址
}
```

4.7.2　采用预定义宏指定变量的绝对地址

Cx51 编译器的运行库中提供了如下一套预定义宏:

CBYTE	CWORD	FARRAY
DBYTE	DWORD	FCARRAY
PBYTE	PWORD	FCVAR
XBYTE	XWORD	FVAR

这些宏定义包含在头文件 ABSACC.H 中,在 C 语言源程序中可以利用这些宏来指定变量的绝对地址,例如:

```
# include < ABSACC.H >
char  c_var;
int   i_var;
XBYTE[0x12] = c_var;       //向 XDATA 存储器地址 0012H 写入数据 c_var
i_var = XWORD[0x100];      //从 XDATA 存储器地址 0200H 中读取数据并赋值给 i_var
```

上面第二条赋值语句中采用的是 XWORD[0x100],它是对地址"2 * 0x100"进行操作,该语句的意义是将字节地址 0x200 和 0x201 的内容取出来并赋值给 int 型变量 i_var,注意不要将 XWORD 与 XBYTE 混淆。如果将这条语句改成:

```
i_var = XWORD[0x100/2];
```

这样读取的就是 0x100 和 0x101 地址单元中的内容了。用户可以充分利用 C51 运行库中提供的预定义宏来进行绝对地址的直接操作。例如可以采用如下方法定义一个 D/A 转换接口地址,每向该地址写入一个数据即可完成一次 D/A 转换。

```
# include < ABSACC.H >
# define DAC0832 XBYTE[0x7fff]   //定义 DAC0832 端口地址
 DAC0832 = 0x80;                 //启动一次 D/A 转换
```

4.8　Keil C51 库函数

丰富的可直接调用的库函数是 Keil C51 的一个重要特征,正确而灵活地使用库函数可使程序代码简单,结构清晰,易于调试和维护。每个库函数都在相应头文件中给出了函数原型声明,用户如果需要使用库函数,必须在源程序的开始处采用预处理器命令 # include 将有关的头文件包含进来。如果省略了头文件,将不能保证函数的正确运行。下面简要介绍 Keil C51 编译器提供的库函数。

4.8.1 本征库函数

本征库函数是指编译时直接将固定的代码插入到当前行,而不是用汇编语言中的 ACALL 和 LCALL 指令来实现调用,从而大大提高函数的访问效率。非本征库函数则必须由 ACALL 和 LCALL 指令来实现调用。Keil C51 的本征库函数有 9 个,数量虽少,但非常有用,如表 4.12 所示。使用本征函数时,C51 源程序中必须包含预处理命令"# include <intrins. h>"。

表 4.12 本征库函数

函数名及定义	功 能 说 明
unsigned char _ crol _ (unsigned char val, unsigned char n)	将字符型数据 val 循环左移 n 位,相当于 RL 指令
unsigned int _irol_(unsigned int val, unsigned char n)	将整型数据 val 循环左移 n 位,相当于 RL 指令
unsigned long _ lrol _ (unsigned long val, unsigned char n);	将长整型数据 val 循环左移 n 位,相当于 RL 指令
unsigned char _ cror _ (unsigned char val, unsigned char n);	将字符型数据 val 循环右移 n 位,相当于 RR 指令
unsigned int _iror_(unsigned int val, unsigned char n);	将整型数据 val 循环右移 n 位,相当于 RR 指令
unsigned long _ lror _ (unsigned long val, unsigned char n);	将长整型数据 val 循环右移 n 位,相当于 RR 指令
bit _testbit_(bit x);	相当于 JBC bit 指令
unsigned char _chkfloat_(float ual);	测试并返回浮点数状态
void _nop_(void);	产生一个 NOP 指令

4.8.2 字符判断转换库函数

字符判断转换库函数的原型声明在头文件 CTYPE. H 中定义,表 4.13 给出了字符判断转换库函数的功能说明。

表 4.13 字符判断转换库函数

函数名及定义	功 能 说 明
bit isalpha(char c);	检查参数字符是否为英文字母,是则返回 1,否则返回 0
bit isalnum(char c);	检查参数字符是否为英文字母或数字字符,是则返回 1,否则返回 0
bit iscntrl(char c);	检查参数值是否为控制字符(值在 0x00～0x1f 范围内或等于 0x7f),是则返回 1,否则返回 0
bit isdigit(char c);	检查参数的值是否为十进制数字 0～9,是则返回 1,否则返回 0
bit isgraph(char c);	检查参数是否为可打印字符(不包括空格),可打印字符的值域为 0x21～0x7e,是则返回 1,否则返回 0
bit isprint(char c);	除了与 isgraph 相同之外,还接受空格符(0x20)
bit ispunct(char c);	检查字符参数是否为标点、空格或格式字符。如果是空格或是 32 个标点和格式字符之一(假定使用 ASCII 字符集中 128 个标准字符),则返回 1,否则返回 0

续表

函 数 名 及 定 义	功 能 说 明
bit islower(char c);	检查参数字符的值是否为小写英文字母,是则返回 1,否则返回 0
bit isupper(char c);	检查参数字符的值是否为大写英文字母,是则返回 1,否则返回 0
bit isspace(char c);	检查参数字符是否为下列之一：空格、制表符、回车、换行、垂直制表符和送纸(值为 0x09～0x0d,或为 0x20),是则返回 1,否则返回 0
bit isxdigit(char c);	检查参数字符是否为十六进制数字字符,是则返回 1,否则返回 0
char toint(char c);	将 ASCII 字符的 0～9、a～f(大小写无关)转换为十六进制数字,对于 ASCII 字符的 0～9,返回值为 0H～9H,对于 ASCII 字符的 a～f(大小写无关),返回值为 0AH～0FH
char tolower(char c);	将大写字符转换成小写形式,如果字符参数不在'A'～'Z'范围内,则该函数不起作用
char _tolower(char c);	将字符参数 c 与常数 0x20 逐位相或,从而将大写字符转换为小写字符
char toupper(char c);	将小写字符转换为大写形式,如果字符参数不在'a'～'z'范围内,则该函数不起作用
char _toupper(char c);	将字符参数 c 与常数 0xdf 逐位相与,从而将小写字符转换为大写字符
char toascii(char c);	该宏将任何字符型参数值缩小到有效的 ASCII 范围之内,即将参数值和 0x7f 相与从而去掉第 7 位以上的所有数位

4.8.3　输入输出库函数

　　输入输出库函数的原型声明在头文件 STDIO.H 中定义,通过 8051 系列单片机的串行口工作,如果希望支持其他 I/O 接口,只需要改动_getkey()和 putchar()函数,库中所有其他 I/O 支持函数都依赖于这两个函数模块,在使用 8051 系列单片机的串行口之前,应先对其进行初始化。例如,以 2400 波特率(12MHz 时钟频率)初始化串行口的语句如下:

```
SCON = 0x52;                    /* SCON 置初值 */
TMOD = 0x20;                    /* TMOD 置初值 */
TH1 = 0xf3;                     /* T1 置初值 */
TR1 = 1;                        /* 启动 T1 */
```

　　表 4.14 给出了输入输出库函数的功能说明。

表 4.14　输入输出库函数

函 数 名 及 定 义	功 能 说 明
char _getkey(void);	等待从 8051 串口读入一个字符并返回读入的字符,这个函数是改变整个输入端口机制时应做修改的唯一一个函数
char getchar(void);	使用_getkey 从串口读入字符,并将读入的字符马上传给 putchar 函数输出,其他与_getkey 函数相同
char * gets(char * s,int n);	该函数通过 getchar 从串口读入一个长度为 n 的字符串并存入由's'指向的数组。输入时一旦检测到换行符就结束字符输入。输入成功时返回传入的参数指针,失败时返回 NULL
char ungetchar(char c);	将输入字符回送输入缓冲区,因此下次 gets 或 getchar 可用该字符。成功时返回 char 型值 c,失败时返回 EOF,不能用 ungetchar 处理多个字符

续表

函数名及定义	功 能 说 明
char putchar(char c);	通过 8051 串行口输出字符,与函数_getkey 一样,这是改变整个输出机制所需修改的唯一一个函数
int printf (const char * fmstr [,argument]...);	以第一个参数指向字符串制定的格式通过 8051 串行口输出数值和字符串,返回值为实际输出的字符数
int sprintf(char * s,const char * fmstr [,argument] ...);	与 printf 的功能相似,但数据不是输出到串行口,而是通过一个指针 s,送入内存缓冲区,并以 ASCII 码的形式储存。参数 fmstr 与函数 printf 一致
int puts(const char * s);	利用 putchar 函数将字符串和换行符写入串行口,错误时返回 EOF,否则返回 0
int scanf (const char * fmstr [,argument]...);	在格式控制串的控制下,利用 getchar 函数从串行口读入数据,每遇到一个符合格式控制串 fmstr 规定的值,就将它按顺序存入由参数指针 argument 指向的存储单元。注意,每个参数都必须是指针。scanf 返回它所发现并转换的输入项数,若遇到错误则返回 EOF
int sscanf(char * s,const char * fmstr [,argument]...);	与 scanf 的输入方式相似,但字符串的输入不是通过串行口,而是通过指针 s 指向的数据缓冲区
void vprintf(const char * s,char * fmstr,char * argptr);	将格式化字符串和数据值输出到由指针 s 指向的内存缓冲区内。该函数似于 sprintf(),但它接受一个指向变量表的指针而不是变量表。返回值为实际写入到输出字符串中的字符数。格式控制字符串 fmstr 与 printf 函数一致
void vprintf(const char * s,char * fmstr,char * argptr);	将格式化字符串和数据值输出到由指针 s 指向的内存缓冲区内。该函数似于 sprintf(),但它接受一个指向变量表的指针而不是变量表。返回值为实际写入到输出字符串中的字符数。格式控制字符串 fmstr 与 printf 函数一致

4.8.4　字符串处理库函数

字符串处理库函数的原型声明包含在头文件 STRING.H 中,字符串函数通常接收指针串作为输入值。一个字符串应包括 2 个或多个字符,字符串的结尾以空字符表示。在函数 memcmp、memcpy、memchr、memccpy、memset 和 memmove 中,字符串的长度由调用者明确规定,这些函数可工作在任何模式。表 4.15 给出了字符串处理库函数的功能说明。

表 4.15　字符串处理库函数

函数名及定义	功 能 说 明
void * memchr(void * s1,char val,int len);	顺序搜索字符串 s1 的前 len 个字符以找出字符 val,成功时返回 s1 中指向 val 的指针,失败时返回 NULL
char memcmp(void * s1,void * s2,int len);	逐个字符比较串 s1 和 s2 的前 len 个字符,成功(相等)时返回 0,如果串 s1 大于或小于 s2,则相应地返回一个正数或一个负数
void * memcpy(void * dest,void * src, int len);	从 src 所指向的内存中复制 len 个字符到 dest 中,返回指向 dest 中最后一个字符的指针。如果 src 与 dest 发生交迭,则结果是不可预测的

续表

函数名及定义	功 能 说 明
void * memccpy (void * dest, void * src,char val,int len);	复制 src 中 len 个元素到 dest 中。如果实际复制了 len 个字符则返回 NULL。复制过程在复制完字符 val 后停止,此时返回指向 dest 中下一个元素的指针
void * memmove (void * dest, void * src,int len);	工作方式与 memcpy 相同,但复制的区域可以交叠
void memset (void * s, char val, int len);	用 val 来填充指针 s 中 len 个单元
void * strcat(char * s1,char * s2);	将串 s2 复制到 s1 的尾部。strcat 假定 s1 所定义的地址区域足以接受两个串。返回指向 s1 串中第一个字符的指针
char * strncat(char * s1, char * s2,int n);	复制串 s2 中 n 个字符到 s1 的尾部,如果 s2 比 n 短,则只复制 s2(包括串结束符)
char strcmp(char * s1,char * s2);	比较串 s1 和 s2,如果相等则返回 0,如果 s<s2,则返回一个负数,如果 s1>s2,则返回一个正数
char strncmp(char * s1,char * s2,int n);	比较串 s1 和 s2 中的前 n 个字符。返回值与 strcmp 相同
char * strcpy(char * s1,char * s2);	将串 s2,包括结束符,复制到 s1 中,返回指向 s1 中第一个字符的指针
char * strncpy(char * s1,char * s2,int n);	与 strcpy 相似,但它只复制 n 个字符。如果 s2 的长度小于 n,则 s1 串以 0 补齐到长度 n
int strlen(char * s1);	返回串 s1 中的字符个数,不包括结尾的空字符
char * strstr (const char * s1, char * s2);	搜索字符串 s2 第一次出现在 s1 中的位置,并返回一个指向第一次出现位置开始处的指针。如果字符串 s1 中不包括的字符串 s2,则返回一个空指针
char * strchr(char * s1,char c);	搜索 s1 串中第一个出现的字符 c,如果成功则返回指向该字符的指针,否则返回 NULL。被搜索的字符可以是串结束符,此时返回值是指向串结束符的指针
int strpos(char * s1,char c);	与 strchr 类似,但返回的是字符 c 在串 s1 中第一次出现的位置值,没有找到则返回—1,s1 串首字符的位置值是 0
char * strrchr(char * s1,char c);	搜索 s1 串中最后一个出现的字符 c,如果成功则返回指向该字符的指针,否则返回 NULL。被搜索的字符可以是串结束符
int strrpos(char * s1,char c);	与 strrchr 相似,但返回值是字符 c 在 s1 串中最后一次出现的位置值,没有找到则返回—1
int strspn(char * s1,char * set);	搜索 s1 串中第一个不包括在 set 串中的字符,返回值是 s1 中包括在 set 里的字符个数。如果 s1 中所有字符都包括在 set 里面,则返回 s1 的长度(不包括结束符)。如果 set 是空串则返回 0
int strcspn(char * s1,char * set);	与 strspn 相似,但它搜索的是 s1 串中第一个包含在 set 里的字符
char * strpbrk(char * s1,char * set);	与 strspn 相似,但返回指向搜索到的字符的指针,而不是个数,如果未找到,则返回 NULL
char * strrpbrk(char * s1,char * set);	与 strpbrk 相似,但它返回 s1 中指向找到的 set 字符集中最后一个字符的指针

4.8.5　类型转换及内存分配库函数

类型转换及内存分配库函数的原型声明包含在头文件 STDLIB.H 中,利用该库函数可以完成数据类型转换以及存储器分配操作。表 4.16 给出了类型转换及内存分配库函数的功能说明。

表 4.16　类型转换及内存分配库函数

函数名及定义	功 能 说 明
float atof(char * s1);	将字符串 s1 转换成浮点数值并返回它,输入串中必须包含与浮点值规定相符的数。该函数在遇到第一个不能构成数字的字符时,停止对输入字符串的读操作
long atoll(char * s1);	将字符串 s1 转换成一个长整型数值并返回它,输入串中必须包含与长整型数格式相符的字符串。该函数在遇到第一个不能构成数字的字符时,停止对输入字符串的读操作
int atoi(char * s1);	将串 s1 转换成整型数并返回它。输入串中必须包含与整型数格式相符的字符串。该函数在遇到第一个不能构成数字的字符时,停止对输入字符串的读操作
void * calloc (unsigned int n, unsigned int size);	为 n 个元素的数组分配内存空间,数组中每个元素的大小为 size,所分配的内存区域用 0 进行初始化。返回值为已分配的内存单元起始地址,如不成功则返回 0
void free(void xdata * p);	释放指针 p 所指向的存储器区域,如果 p 为 NULL,则该函数无效,p 必须是以前用 calloc、malloc 或 realloc 函数分配的存储器区域。调用 free 函数后,被释放的存储器区域就可以参加以后的分配
void init_mempool(void xdata * p,unsigned int size);	对可被函数 calloc、free、malloc 和 realloc 管理的存储器区域进行初始化,指针 p 表示存储区的首地址,size 表示存储区的大小
void * malloc(unsigned int size);	在内存中分配一个 size 字节大小的存储器空间,返回值为一个 size 大小对象所分配的内存指针。如果返回 NULL,则无足够的内存空间可用
void * realloc (void xdata * p, unsigned int size);	用于调整先前分配的存储器区域大小。参数 p 指示该存储区域的起始地址,参数 size 表示新分配存储器区域的大小。原存储器区域的内容被复制到新存储器区域中。如果新区域较大,多出的区域将不做初始化。realloc 返回指向新存储区的指针,如果返回 NULL,则无足够大的内存可用,这时将保持原存储区不变
int rand();	返回一个 0~32 767 范围内的伪随机数,对 rand 的相继调用将产生相同序列的随机数
void srand(int n);	用来将随机数发生器初始化成一个已知(或期望)值
unsigned long strtod(const char * s,char ** ptr);	将字符串 s 转换为一个浮点型数据并返回它,字符串前面的空格、/、tab 符被忽略
long strtol(const char * s,char ** ptr,unsigned char base);	将字符串 s 转换为一个 long 型数据并返回它,字符串前面的空格、/、tab 符被忽略
long strtoul(const char * s,char ** ptr,unsigned char base);	将字符串 s 转换为一个 unsigned long 型数据并返回它,溢出时则返回 ULONG_MAX。字符串前面的空格、/、tab 符被忽略

4.8.6 数学计算库函数

数学计算库函数的原型声明包含在头文件 MATH. H 中。表 4.17 给出了数学计算库函数的功能说明。

表 4.17 类型转换及内存分配库函数

函数名及定义	功 能 说 明

int abs(int val);
char cabs(char val);
float fabs(float val);
long labs(long val);
	abs 计算并返回 val 的绝对值,如果 val 为正,则不做改变就返回,如果为负,则返回相反数。其余 3 个函数除了变量和返回值类型不同之外,其他功能完全相同

float exp(float x);
float log(float x);
float log10(float x);
	exp 计算并返回浮点数 x 的指数函数
	log 计算并返回浮点数 x 的自然对数(自然对数以 e 为底,e=2.718 282)
	log10 计算并返回浮点数 x 以 10 为底 x 的对数

float sqrt(float x);	计算并返回 x 的正平方根

float cos(float x);
float sin(float x);
float tan(float x);
	cos 计算并返回 x 的余弦值
	sin 计算并返回 x 的正弦值
	tan 计算并返回 x 的正切值,所有函数的变量范围都是 $-\pi/2 \sim +\pi/2$,变量的值必须在 $\pm 65\,535$ 之间,否则产生一个 NaN 错误

float acos(float x);
float asin(float x);
float atan(float x);
float atan2(float y,float x);
	acos 计算并返回 x 的反余弦值
	asin 计算并返回 x 的反正弦值
	atan 计算并返回 x 的反正切值,它们的值域为 $-\pi/2 \sim +\pi/2$
	atan2 计算并返回 y/x 的反正切值,其值域为 $-\pi \sim +\pi$

float cosh(float x);
float sinh(float x);
float tanh(float x);
	cosh 计算并返回 x 的双曲余弦值
	sinh 计算并返回 x 的双曲正弦值
	tabh 计算并返回 x 的双曲正切值

float ceil(float x);	计算并返回一个不小于 x 的最小整数(作为浮点数)
float floor(float x);	计算并返回一个不大于 x 的最大整数(作为浮点数)
float modf(float x,float * ip);	将浮点数 x 分成整数和小数两部分,两者都含有与 x 相同的符号,整数部分放入 * ip,小数部分作为返回值
float pow(float x,float y);	计算并返回 x^y 的值,如果 x 不等于 0 而 y=0,则返回 1。当 x=0 且 y<=0 或当 x<0 且 y 不是整数时则返回 NaN

复习思考题

1. Keil C51 编译器除了支持基本数据类型之外,还支持哪些扩充数据类型?
2. Keil C51 编译器能够识别哪些存储器类型?
3. 说明以下变量所在的存储器空间:

```
char data var1;
int  idata var2;
char code text[] = "ENTER PARAMETER:";
long xdata array [100];
extern float idata x,y,z;
```

```
char bdata flags;
sbit flag0 = flags ^ 0;
sfr P0 = ox80;
```

4. 说明存储器类型 data、idata、bdata、xdata、pdata 和 code 所表示的地址范围。

5. C51 编译器的 3 种存储器模式 SMALL、COMPACT、LARGE 对变量定义有什么影响？

6. 说明 absacc.h 头文件中如下宏定义所访问变量的存储器区域和类型：

```
CBYTE[地址]
DBYTE[地址]
PBYTE[地址]
XBYTE[地址]
CWORD[地址]
DWORD[地址]
PWORD[地址]
XWORD[地址]
```

7. Keil C51 编译器所支持的中断函数一般形式是什么？

8. 编写中断服务函数时应遵循哪些规则？

9. Keil C51 编译器支持哪两种类型的指针？这两种指针有什么区别？

10. 说明以下指针所指向的存储器空间以及指针本身所在的存储器空间：

```
char data * xdata str;
int xdata * data num;
long code * idata pow;
```

11. C51 调用汇编语言函数时的参数传递规则是什么？函数的返回值如何存放？

12. 如何采用扩展关键字"_at_"指定变量存储器空间绝对地址？

13. 如何采用 C51 预定义宏 XBYTE 指定变量存储器空间绝对地址？

## 第 5 章

键盘与显示器接口技术

5.1 LED 显示器接口技术

发光二极管(Light Emitting Diode,LED)是单片机应用系统中简单而常用的输出设备,通常用来指示机器的状态或其他信息。它的优点是价格低,寿命长,对电压电流的要求低及容易实现多路等,因而在单片机应用系统中获得了广泛的应用。

LED 是近似于恒压的组件,导电时(发光)的正向压降一般约为 1.6V 或 2.4V;反向击穿电压一般≥5V。工作电流通常为 10～20mA 左右,故电路中需串联适当的限流电阻。发光强度基本上与正向电流成正比。发光效率和颜色取决于制造的材料,一般常用红色,偶尔也用黄色或绿色。多个 LED 可接成共阳极或共阴极形式,图 5.1 所示为 LED 共阳极连接,通过驱动器接到系统的并行输出口上,由 CPU 输出适当的代码来点亮或熄灭相应的 LED。

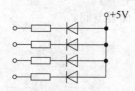

图 5.1 LED 的共阳极连接

发光二极管显示器驱动(点亮)的方法有 2 种。一种是静态驱动法,即给欲点亮的 LED 通以恒定的定流。这种驱动方法要有寄存器、译码器、驱动电路等逻辑部件。当需要显示的位数增加时,所需的逻辑部件及连线也相应增加,成本也增加。另一种是动态驱动方法,这种方法是给欲点亮的 LED 通以脉冲电流,此时 LED 的亮度是通断的平均亮度。为保证亮度,通过 LED 的脉冲电流应数倍于其额定电流值。利用动态驱动法可以减少需要的逻辑部件和连线,单片机应用系统中常采用动态驱动方法。

5.1.1 7段 LED 数码显示器

最常用的一种数码显示器是由 7 段条形的 LED 组成,如图 5.2 所示。点亮适当的字段,就可显示出不同的数字。此外不少 7 段数码显示器在右下角带有一个圆形的 LED 作小数点用,这样一共有 8 段,恰好适用于 8 位的并行系统。

图 5.2(a)为共阴极接法,公共阴极接地,当各段阳极上的电平为"1"时,该段点亮,电平为"0"时,段就熄灭;图 5.2(b)为共阳极接法,公共阳极接+5V 电源,当各段阴极上的电平为"0"时,该段就点亮,电平为"1"时,段就熄灭。图中 R 是限流电阻。图 5.2(c)为 7 段 LED 数码显示器内部段的排列。

为了在 7 段 LED 上显示不同的数字或字符,首先要把数字或字符转换成相应的段码

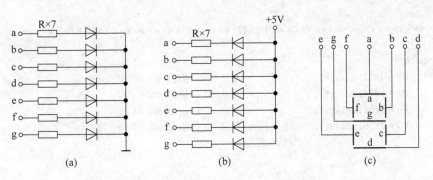

图 5.2 7 段 LED 数码显示器的连接

（又称字形码），由于电路接法不同，形成的段码也不相同，如表 5.1 所示。

表 5.1 7 段数码显示器的段码表

存储器地址	显示数字	D_7	D_6	D_5	D_4	D_3	D_2	D_1	D_0	共阴极接法段码（十六进制数）	共阳极接法段码（十六进制数）
		g	f	e	d	c	b	a			
SEG	0	0	0	1	1	1	1	1	1	3F	40
SEG+1	1	0	0	0	0	0	1	1	0	06	79
SEG+2	2	0	1	0	1	1	0	1	1	5B	24
SEG+3	3	0	1	0	0	1	1	1	1	4F	30
SEG+4	4	0	1	1	0	0	1	1	0	66	19
SEG+5	5	0	1	1	0	1	1	0	1	6D	12
SEG+6	6	0	1	1	1	1	1	0	1	7D	02
SEG+7	7	0	0	0	0	0	1	1	1	07	78
SEG+8	8	0	1	1	1	1	1	1	1	7F	00
SEG+9	9	0	1	1	0	0	1	1	1	67	18
SEG+10	A	0	1	1	1	0	1	1	1	77	08
SEG+11	B	0	1	1	1	1	1	0	0	7C	03
SEG+12	C	0	0	1	1	1	0	0	1	39	46
SEG+13	D	0	1	0	1	1	1	1	0	5E	21
SEG+14	E	0	1	1	1	1	0	0	1	79	06
SEG+15	F	0	1	1	1	0	0	0	1	71	0E

将显示数字或字符转换成段码的过程可以通过硬件译码或软件译码来实现。图 5.3 所示为采用硬件译码 BCD 数码显示器与 8051 单片机的接口电路，这种显示器内部集成了硬件段译码器，能自动将输入的 BCD 数转换成七段 LED 段码，直接点亮显示器的段。例 5-1 是采用 C51 编写的驱动程序，执行程序可以看到数码管循环显示数字"12345678"。

【例 5-1】 BCD 数码管 C51 驱动程序。

```
# include < reg52.h>
/****************** 延时函数 ******************/
void delay(){
    unsigned int i;
    for(i = 0;i < 35000;i++);
}
```

```
/ *********************** 主函数 *****************************/
main(){
    while(1){
        P0 = 0x12;delay();            //从 P0 口输出 BCD 码 12
        P0 = 0x34;delay();            //从 P0 口输出 BCD 码 34
        P0 = 0x56;delay();            //从 P0 口输出 BCD 码 56
        P0 = 0x78;delay();            //从 P0 口输出 BCD 码 78
    }
}
```

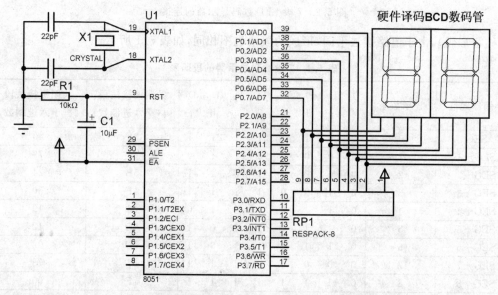

图 5.3   硬件译码 BCD 数码管与 8051 单片机接口

带有硬件译码器的 BCD 数码管驱动简单,但价格较高,如果要显示多位数字或字符,采用图 5.3 所示的接口无论从成本还是从耗电量来说都不太合适。为此可以采用普通 7 段 LED 数码管,根据数码管的连接方式排出表 5.1 所示的显示段码表,在驱动程序中利用软件查表方式进行译码。图 5.4 所示为单个 7 段 LED 数码管与 8051 单片机的接口电路,例 5-2 为 C51 驱动程序。

【例 5-2】   单个数码管软件译码 C51 驱动程序。

```
# include < reg52. h >
# define uchar unsigned char
# define uint unsigned int
uchar code SEG[ ] = {0x3f,0x06,0x5b,0x4f,0x66,        //段码表
                     0x6d,0x7d,0x07,0x7f,0x6f};
/ ********************* 延时函数 *****************************/
void delay(){
    uint i;
    for(i = 0;i < 35000;i++);
}
/ ********************* 主函数 *****************************/
```

```
main(){
    while(1){
        uchar i;
        for(i = 0;i < 10;i++){
            P0 = SEG[i];
            delay();
        }
    }
}
```

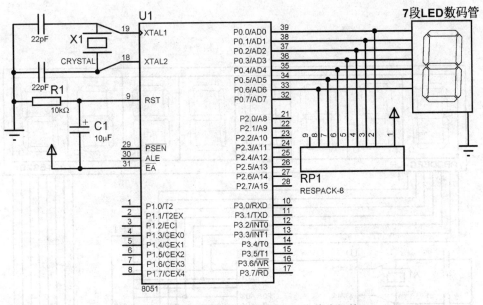

图 5.4　单个 7 段 LED 数码管与 8051 单片机接口

图 5.5 所示为多位 7 段 LED 数码管与 8051 单片机的接口电路,它采用了软件译码和动态扫描显示技术。设计思想是根据要显示的数字或字符去查表取得相应的段码。具体显示时,采用逐位扫描的方法控制哪一位数码管被点亮,在本接口中先从最左一位数码管开始,逐个左移,直至最后一个数码管显示完毕,然后重复上述过程,由于人眼的视觉暂留,看起来不会有闪动感觉。例 5-3 为多位数码管动态扫描 C51 驱动程序。

【例 5-3】　多位数码管动态扫描 C51 驱动程序。

```
# include < reg52.h >
# include < intrins.h >
# define uchar unsigned char
# define uint unsigned int
uchar code SEG[ ] = {0x3f,0x06,0x5b,0x4f,0x66,       //段码表
                0x6d,0x7d,0x07,0x7f,0x6f};
/ ********************* 延时函数 *************************** /
void delay(){
    uint i;
    for(i = 0;i < 1000;i++);
}
```

```
/*********************** 主函数 *************************/
main(){
    while(1){
        uchar i;
        P3 = 0x7f;
        for(i = 0;i < 8;i++){
            P3 = _crol_(P3,1);
            P0 = SEG[i];
            delay();
        }
    }
}
```

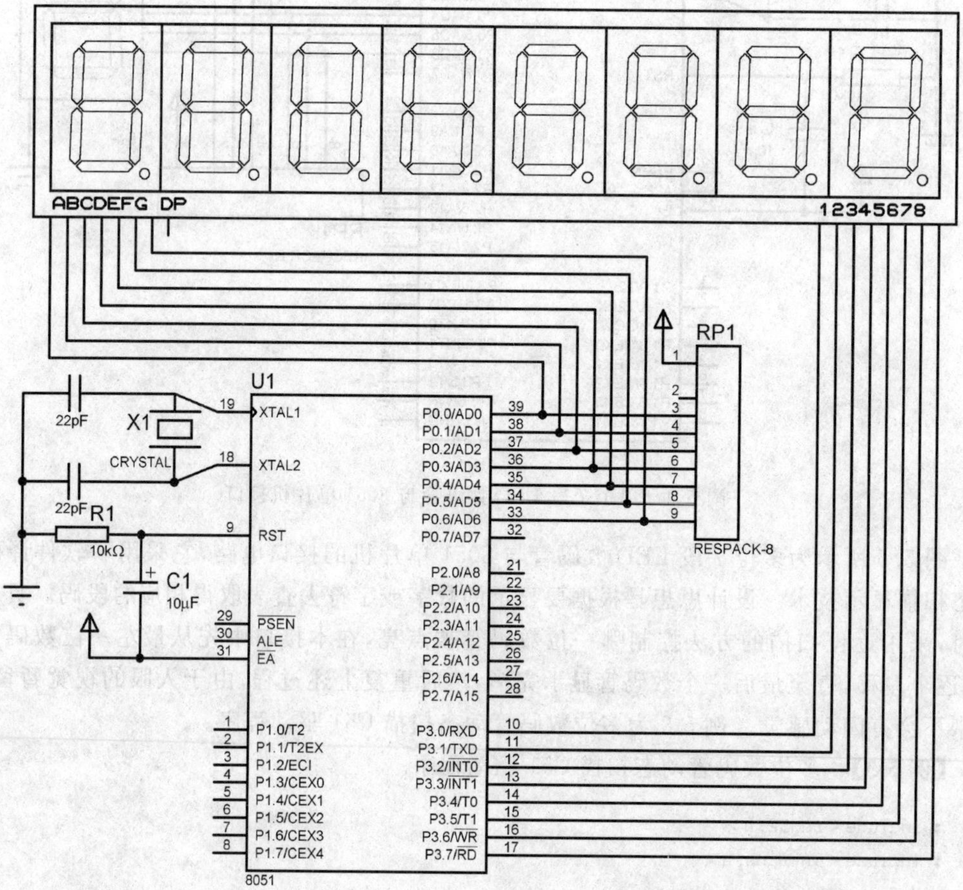

图 5.5 多位 7 段 LED 数码管与 8051 单片机接口

5.1.2 单个 74HC595 驱动多位 LED 数码管

74HC595 是一款漏极开路输出的 CMOS 移位寄存器,具有标准 SPI 串行接口,可以串行级联使用。74HC595 的引脚排列如图 5.6 所示。各引脚功能如表 5.2 所示。

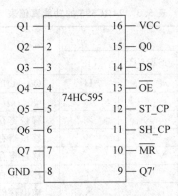

图 5.6 74HC595 的引脚排列

表 5.2 74HC595 的引脚功能

引　　脚	功　　能
DS	串行数据输入引脚
Q0～Q7	三态输出引脚
Q7′	串行数据输出引脚,用于级联
SH_CP	移位寄存器时钟输入端
ST_CP	存储寄存器时钟输入端
$\overline{MR}$	复位端
$\overline{OE}$	输出允许
VCC	电源端
GND	接地端

74HC595 与数据相关的引脚如下。

(1) DS:串行数据输入,接单片机的某个 I/O 引脚。

(2) Q0～Q7:8 位并行数据输出,可以直接控制 8 个 LED,或者是 LED 数码管的 8 个段端。

(3) Q7′:级联输出端,与下一个 74HC595 的 DS 相连,实现多个芯片之间的级联。

74HC595 与控制相关的引脚如下。

(1) SH_CP:时钟输入。上升沿时移位寄存器中的数据依次移动一位,即 Q0 中的数据移到 Q1 中,Q1 中的数据移到 Q2 中,以此类推;下降沿时移位寄存器中的数据保持不变。

(2) ST_CP:存储寄存器的时钟输入。上升沿时移位寄存器中的数据进入存储寄存器,下降沿时存储寄存器中的数据保持不变。应用时通常将 ST_CP 置为低电平,移位结束后再在 ST_CP 端产生一个正脉冲以更新显示数据。

(3) $\overline{MR}$:复位端。低电平时将移位寄存器中的数据清"0",通常将它直接连高电平(VCC)。

(4) $\overline{OE}$:输出允许,高电平时禁止输出(高阻态)。实际应用时可以将它直接连低电平(GND),也可以用单片机的一个引脚来控制它,以便产生闪烁和熄灭的效果。

74HC595 是串入并出、带有锁存功能的移位寄存器,在移位过程中,输出端的数据可以保持不变,这在串行传输速度慢的场合很有用处。74HC595 功能真值表如表 5.3 所示。

表 5.3 74HC595 的功能真值表

输入					输出
DS	SH_CP	$\overline{\text{MR}}$	ST_CP	$\overline{\text{OE}}$	
×	×	×	×	H	Q0～Q7 输出高阻
×	×	×	×	L	Q0～Q7 输出有效值
×	×	L	×	×	移位寄存器清"0"
L	↑	H	×	×	移位寄存器存储低电平
H	↑	H	×	×	移位寄存器存储高电平
×	↓	H	×	×	移位寄存器状态保持
×	×	×	↑	×	输出存储器锁存移位寄存器中的状态值
×	×	×	↓	×	输出存储器状态保持

74HC595 的使用方法很简单,使用时 MR 接高电平,OE 接低电平。从 DS 端输入数据,每输入一位,移位寄存器输入时钟 SH_CP 上升沿有效一次,直到 8 位数据输入完毕;然后,存储寄存器输入时钟 ST_CP 上升沿有效一次,输入的数据就被送到了输出端。通过 SH_CP 时钟上升沿将数据移入和通过 ST_CP 时钟上升沿将数据输出,是 2 个独立的过程,实际应用时互不干扰,在输出数据的同时可以移入数据。

图 5.7 所示为采用 74HC595 驱动 6 个 LED 数码管的原理图,用 8051 单片机的 P3.0、P3.1 和 P3.2 分别控制 74HC595 的 SH_CP、DS 和 ST_CP,将 MR 和 OE 分别接 VCC 和地。执行例 5-4 程序后可以看到数码管上显示数字"123456"。

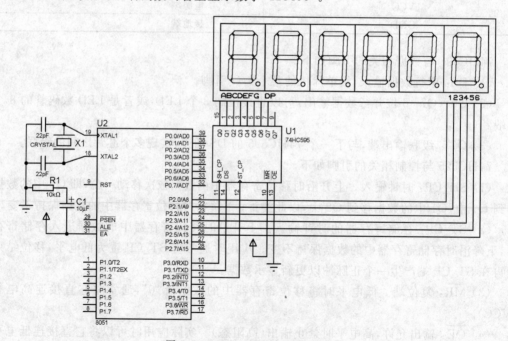

图 5.7 74HC595 驱动 LED 数码管

【例 5-4】 74HC595 驱动多位数码管的 C51 程序。

```
# include < reg51. h >
```

```c
#include <intrins.h>
#define uchar unsigned char
#define NOP _nop_()

sbit SH_CP  =  P3^0;
sbit DS     =  P3^1;
sbit ST_CP  =  P3^2;
uchar ledcode[] = {0x3F,0x06,0x5B,0x4F,0x66,0x6D,0x7D,0x07,0x7F,0x6F};
uchar ledbitselect[] = {0x0fe,0xfd,0xfb,0xf7,0xef,0xdf,0xbf,0x7f};
uchar i;
/*************************** 串行口初始化函数 ***************************/
void InitSerialPort(void){
  DS = 0;
  SH_CP = 0;
  ST_CP = 0;
}
/*************************** 延时函数 ***************************/
void delay(void){
    uchar jj;
    for(jj = 0;jj < 200;jj++);
    while(jj--);
}
/*************************** 串行数据输入函数 ***************************/
void SerialSendData(uchar dat){
  uchar ii;
  uchar DSta = dat;
  for(ii = 0;ii < 8;ii++){
    if(DSta&0x80)DS = 1;
        else DS = 0;
    DSta <<= 1;
    SH_CP = 0;
    NOP;NOP;NOP;NOP;
    SH_CP = 1;
    NOP;NOP;
  }
  ST_CP = 1;
  NOP;NOP;NOP;NOP;
  ST_CP = 0;
}
/*************************** 主函数 ***************************/
void main(){
  InitSerialPort();
  while(1){
      delay();
      delay();
      P2 = ledbitselect[i];
      SerialSendData(ledcode[i]);
      i = (i + 1) % 8;
  }
}
```

5.1.3　串行接口 8 位共阴极 LED 驱动器 MAX7219

MAX7219 是 MAXIM 公司生产的一种串行接口 7 段共阴极 LED 数码管显示驱动器,其片内包含有一个 BCD 码到 B 码的译码器、多路复用扫描电路、字段和字位驱动器以及存储每个数字的 8×8 RAM,每位数字都可以被寻址和更新,允许对每一位数字选择 B 码译码或不译码。采用三线串行方式与 MCU 接口,电路十分简单,只需要一个 10kΩ 左右的外接电阻来设置所有 LED 数码管的段电流。

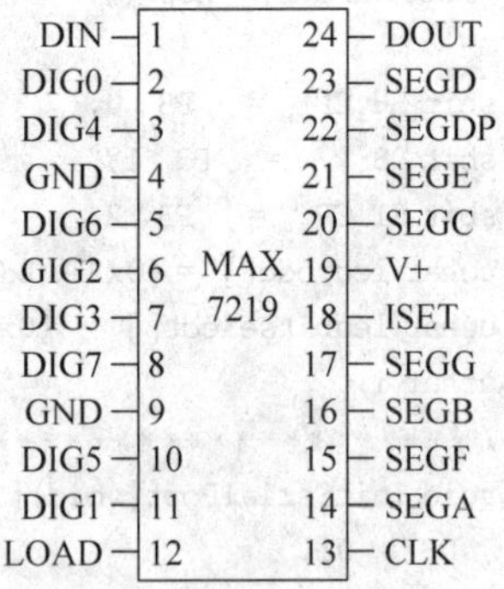

MAX7219 的引脚排列如图 5.8 所示。各引脚功能如表 5.4 所示。

```
        DIN  ─┤ 1      24 ├─ DOUT
       DIG0  ─┤ 2      23 ├─ SEGD
       DIG4  ─┤ 3      22 ├─ SEGDP
        GND  ─┤ 4      21 ├─ SEGE
       DIG6  ─┤ 5      20 ├─ SEGC
       GIG2  ─┤ 6 MAX  19 ├─ V+
       DIG3  ─┤ 7 7219 18 ├─ ISET
       DIG7  ─┤ 8      17 ├─ SEGG
        GND  ─┤ 9      16 ├─ SEGB
       DIG5  ─┤ 10     15 ├─ SEGF
       DIG1  ─┤ 11     14 ├─ SEGA
       LOAD  ─┤ 12     13 ├─ CLK
```

图 5.8　MAX7219 的引脚排列

表 5.4　MAX7219 的引脚功能

引　　脚	功　　能
DIN	串行数据输入。在 CLK 时钟的上升沿,串行数据被移入内部移位寄存器,移入时最高位(MSB)在前
DIG0～DIG7	8 根字位驱动引脚,它从 LED 显示器吸入电流
GND	地,两根 GND 引脚必须相连
CLK	时钟输入。它是串行数据输入时所需的移位脉冲。最高时钟频率为 10MHz,在 CLK 的上升沿串行数据被移入内部移位寄存器,在 CLK 的下降沿数据从 DOUT 移出
SEGa～g,dp	7 段和小数点驱动输出,它提供 LED 显示器源电流
ISET	通过一个 10kΩ 电阻 R_{SET} 接到 V+ 以设置峰值段电流
V+	+5V 电源电压
DOUT	串行数据输出。输入到 DIN 的数据经过 16.5 个时钟周期后,在 DOUT 端有效

MAX7219 采用串行数据传输方式,由 16 位数据包发送到 DIN 引脚的串行数据在每个 CLK 的上升沿被移入到内部 16 位移位寄存器中,然后在 LOAD 的上升沿将数据锁存到数字或控制寄存器中。LOAD 信号必须在第 16 个时钟上升沿同时或之后,但在下一个时钟上升沿之前变高,否则将会丢失数据。DIN 端的数据通过移位寄存器传送,并在 16.5 个时钟周期后出现在 DOUT 端。DOUT 端的数据在 CLK 的下降沿输出。串行数据以 16 位为一帧,其中 D15～D12 可以任意,D11～D8 为内部寄存器地址,D7～D0 为寄存器数据,格式如表 5.5 所示。

表 5.5　MAX7219 的串行数据格式

D15	D14	D13	D12	D11	D10	D9	D8	D7	D6	D5	D4	D3	D2	D1	D0
×	×	×	×			地址		MSB			数据				LSB

MAX7219 的数据传输时序如图 5.9 所示。

MAX7219 具有 14 个可寻址的内部数字和控制寄存器,8 个数字寄存器由一个片内 8×8 双端口 SRAM 实现,它们可以直接寻址,因此可以对单个数字进行更新,并且只要

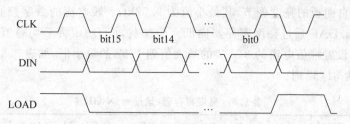

图 5.9　MAX7219 的数据传输时序

V＋超过 2V,数据就可以保留下去。控制寄存器有 5 个,分别为译码方式、显示亮度、扫描界限(扫描数位的个数)、停机和显示测试。另外还有一个空操作寄存器(NO-OP),在不改变显示或影响任一控制寄存器的条件下器件级联时,它允许数据从 DIN 传送到 DOUT。表 5.6 所示为 MAX7219 的内部寄存器及其地址。

表 5.6　MAX7219 的内部寄存器及其地址

寄　存　器	地址					
	D15～D12	D11	D10	D9	D8	十六进制代码
NO-OP	×	0	0	0	0	×0H
数字 0	×	0	0	0	1	×1H
数字 1	×	0	0	1	0	×2H
数字 2	×	0	0	1	1	×3H
数字 3	×	0	1	0	0	×4H
数字 4	×	0	1	0	1	×5H
数字 5	×	0	1	1	0	×6H
数字 6	×	0	1	1	1	×7H
数字 7	×	1	0	0	0	×8H
译码方式	×	1	0	0	1	×9H
亮度	×	1	0	1	0	×AH
扫描界限	×	1	0	1	1	×BH
停机	×	1	1	0	0	×CH
显示测试	×	1	1	1	1	×FH

下面以表格形式对 MAX7219 内部寄存器中不同数据所表示的含义说明如下。表 5.7 所示为译码方式寄存器中数据的含义,从表中可见,寄存器中的每一位与一个数字位相对应,逻辑高电平选择 B 码译码,而逻辑低电平则旁路译码。

表 5.7　译码方式寄存器(地址＝ ×9H)

含　　义	D7	D6	D5	D4	D3	D2	D1	D0	十六进制代码
7～0 位均不译码	0	0	0	0	0	0	0	0	00H
0 位译成 B 码,7～1 均不译码	0	0	0	0	0	0	0	1	01H
3～0 位译成 B 码,7～4 均不译码	0	0	0	0	1	1	1	1	0FH
7～0 位均译成 B 码	1	1	1	1	1	1	1	1	FFH

MAX7219 可用引脚 V＋和引脚 ISET 之间所接外部电阻 R_{SET} 来控制显示亮度。来自段驱动器的峰值电流通常为进入 ISET 电流的 100 倍。R_{SET} 既可为固定电阻,也可为可变

电阻,以提供来自面板的亮度调节,其最小值为 $9.52k\Omega$。段电流的数字控制由内部脉宽调制 DAC 控制,该 DAC 通过亮度寄存器向低 4 位加载,该 DAC 将平均峰值电流按 16 级比例设计,从 R_{SET} 设置峰值电流的 31/32 的最大值到 1/32 的最小值,如表 5.8 所示,最大亮度出现在占空比为 31/32 时。

表 5.8　亮度寄存器(地址 = ×AH)

占空比(亮度)	D7	D6	D5	D4	D3	D2	D1	D0	十六进制代码
1/32(最小亮度)	×	×	×	×	0	0	0	0	×0H
3/32	×	×	×	×	0	0	0	1	×1H
5/32	×	×	×	×	0	0	1	0	×2H
...		...	...						
29/32	×	×	×	×	1	1	1	0	×EH
31/32(最大亮度)	×	×	×	×	1	1	1	1	×FH

扫描界限寄存器用于设置所显示的数字位,可以是 1~8。通常以扫描速率为 1300Hz、8 位数字、多路方式显示。因为所扫描数字的多少会影响显示亮度,所以要注意调整。如果扫描界限寄存器被设置为 3 个数字或更少,各数字驱动器将消耗过量的功率。因此,R_{SET} 电阻的值必须按所显示数字的位数多少适当调整,以限制各个数字驱动器的功耗。表 5.9 所示为扫描界限寄存器中数据的含义。

表 5.9　扫描界限寄存器(地址 = ×BH)

显示数字位	D7	D6	D5	D4	D3	D2	D1	D0	十六进制代码
只显示第 0 位数字	×	×	×	×	×	0	0	0	×0H
显示第 0 位~第 1 位数字	×	×	×	×	×	0	0	1	×1H
显示第 0 位~第 2 位数字	×	×	×	×	×	0	1	0	×2H
...		...	...						
显示第 0 位~第 6 位数字	×	×	×	×	×	0	1	1	×6H
显示第 0 位~第 7 位数字	×	×	×	×	×	1	1	1	×7H

当 MAX7219 处于停机方式时,扫描振荡器停止工作,所有的段电流源被拉到地,而所有的位驱动器被拉到 V+,此时 LED 将不显示。在数字和控制寄存器中的数据保持不变。停机方式可用于节省功耗或使 LED 处于闪烁。MAX7219 退出停机方式的时间不到 $250\mu s$,在停机方式下显示驱动器还可以进行编程,停机方式可以被显示测试功能取消。表 5.10 所示为停机寄存器中数据的含义。

表 5.10　停机寄存器(地址 = ×CH)

工 作 方 式	D7	D6	D5	D4	D3	D2	D1	D0	十六进制代码
停机	×	×	×	×	×	×	×	0	×0H
正常	×	×	×	×	×	×	×	1	×1H

显示测试寄存器有两种工作方式:正常和显示测试。在显示测试方式下 8 位数字被扫描,占空比为 31/32,通过不考虑(但不改变)所有控制寄存器和数据寄存器(包括停机寄存器)内的控制字来接通所有的 LED 显示器。表 5.11 所示为显示测试寄存器中数据的含义。

表 5.11 显示测试寄存器(地址 = ×FH)

工作方式	D7	D6	D5	D4	D3	D2	D1	D0	十六进制代码
正常	×	×	×	×	×	×	×	0	×0H
显示测试	×	×	×	×	×	×	×	1	×1H

数字 0~7 寄存器受译码方式寄存器的控制:译码或不译码。数字寄存器可将 BCD 码译成 B 码(0~9、-、E、H、L、P),如表 5.12 所示。如果不译码,则数字寄存器中数据的 D6~D0 位分别对应 7 段 LED 显示器的 A~G 段,D7 位对应 LED 的小数点 DP,某一位数据为 1 则点亮与该位对应的 LED 段,数据为 0 则熄灭该段。

表 5.12 数字 0~7 寄存器(地址 = ×1H~×8H)

7 段字形	寄存器数据						点亮段							
	D7	D6~D4	D3	D2	D1	D0	DP	A	B	C	D	E	F	G
0	×		0	0	0	0	1	1	1	1	1	1	1	0
1	×		0	0	0	1	0	0	1	1	0	0	0	0
2	×		0	0	1	0	0	1	1	0	1	1	0	1
3	×		0	0	1	1	1	1	1	1	0	0	0	1
4	×		0	1	0	0	0	0	1	1	0	0	1	1
5	×		0	1	0	1	1	0	1	1	0	1	1	1
6	×		0	1	1	0	1	0	0	1	1	1	1	1
7	×		0	1	1	1	0	1	1	1	0	0	0	0
8	×		1	0	0	0	1	1	1	1	1	1	1	1
9	×		1	0	0	1	1	1	1	1	0	0	1	1
-	×		1	0	1	0	0	0	0	0	0	0	0	1
E	×		1	0	1	1	1	1	0	0	1	1	1	1
H	×		1	1	0	0	0	1	1	0	0	1	1	1
L	×		1	1	0	1	0	0	0	0	1	1	1	0
P	×		1	1	1	0	1	1	1	0	0	1	1	1
暗	×		1	1	1	1	0	0	0	0	0	0	0	0

注:小数点 DP 由 D7 位控制,D7=1 点亮小数点。

MAX7219 可以级联使用,这时需要用到空操作寄存器(NO-OP),空操作寄存器的地址为×0H。将所有级联器件的 LOAD 端连在一起,将 DOUT 端连接到相邻 MAX7219 的 DIN 端。例如将 4 个 MAX7219 级联使用,那么要对第 4 片 MAX7219 写入时,发送所需要的 16 位字,其后跟 3 个空操作代码(×0××),当 LOAD 变高时数据被锁存在所有器件中。前 3 个芯片接收空操作指令,而第 4 个芯片将接收预期的数据。

图 5.10 所示是 8031 单片机与 MAX7219 的一种接口,8051 的 P3.5 连到 MAX7219 的 DIN 端,P3.6 连到 LOAD 端,P3.7 连到 CLK 端,采用软件模拟方式产生 MAX7219 所需的工作时序。例 5-5 为 C51 驱动程序,程序执行后在 LED 上显示 8051 字样。

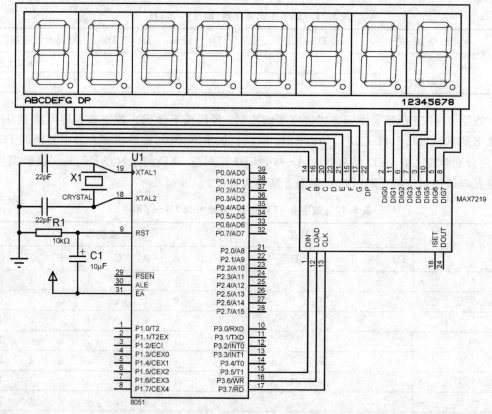

图 5.10　MAX7219 与 8031 单片机接口

【例 5-5】　MAX7219 的 C51 显示驱动程序。

```
#include <reg51.h>
#define uchar unsigned char
#define uint unsigned int
sbit DIN = 0xB5;
sbit LOAD = 0xB6;
sbit CLK = 0xB7;
uchar code LED_code_09[10] =                  //定义显示数字 0～9 数组
    {0x7E,0x30,0x6D,0x79,0x33,0x5B,0x5F,0x70,0x7F,0x7B};
uint code LED_code_L07[8] =                   //定义显示位置 L0～L3 数组
    {0x0100,0x0200,0x0300,0x0400,0x0500,0x0600,0x0700,0x0800};
/********************* 向 MAX7219 发送命令函数 ********************/
void sent_LED(uint n){
    uint i;
    i = (uchar)(n);
    CLK = 0;LOAD = 0;DIN = 0;
    for (i = 0x8000;i >= 0x0001;i = i >> 1){
        if ((n & i) == 0) DIN = 0;else DIN = 1;
        CLK = 1;CLK = 0;
    }
    LOAD = 1;
}
/********************* MAX7219 初始化函数 *********************/
void MAX7219_init(){
```

```
        sent_LED(0x0C01);                    //置 LED 为正常状态
        sent_LED(0x0A04);                    //置 LED 亮度为 9/32
        sent_LED(0x0B07);                    //置 LED 扫描范围 DIGIT0～7
        sent_LED(0x0900);                    //置 LED 显示为不译码方式
}
/ ************************ 清除 MAX7219 函数 **************************** /
void cls(){
        uint      i;
        for (i = 0x0100;i <= 0x0800;i += 0x0100) sent_LED(i);
}
/ ***************************** 数字显示函数 *************************** /
void disp_09(uchar H,uchar n){
        if((n & 0x80) == 0){
            sent_LED(LED_code_L07[ H ] | LED_code_09[ n ]);
        }
        else{
            sent_LED(LED_code_L07[ H ] | LED_code_09[ n & 0x7F ] | 0x80);
        }
}
/ ***************************** 主函数 ********************************* /
void main(){
        MAX7219_init();
        cls();
        disp_09(0x07,0xff);disp_09(0x06,0xff);
        disp_09(0x05,0x01);disp_09(0x04,0x05);
        disp_09(0x03,0x00);disp_09(0x02,0x08);
        disp_09(0x01,0xff);disp_09(0x00,0xff);
        while(1);
}
```

5.2　键盘接口技术

键盘是由一组按压式或触摸式开关构成的阵列,键盘的设置由应用系统具体功能来决定。键盘可分为编码式键盘和非编码式键盘。编码键盘能够由硬件自动提供与被按键对应的其他编码,它需要采用较多的硬件,价格较贵。非编码键盘仅提供行和列组成的矩阵,其硬件逻辑与按键编码不存在严格对应关系,而要由软件程序来确定。非编码键盘的硬件接口简单,但是要占用较多的 CPU 时间。

任何键盘接口均要解决下述 3 个主要问题。

1. 按键识别

决定是否有键被按下,如有,则识别键盘中与被按键对应的编码。

2. 反弹跳

当按键开关的触点闭合或断开到其稳定,会产生一个短暂的抖动和弹跳,如图 5.11(a)所示,这是机械式开关的一个共同性问题。消除由于键抖动和弹跳产生的干扰可采用硬件方法,也可采用软件延时的方法。通常在键数较少时采用硬件方法,如可采用图 5.11(b)所示的 R-S 触发器。当键数较多时则经常用软件延时的方法来反弹跳。对于按键前沿弹跳,可在检出有键按下后,先执行一个延时 20ms 的子程序,待弹跳消失后再次判断此按键是否仍然按下,如果是,则执行此按键的功能子程序;如果不是,则说明此次为按键弹跳,不执行按键功能子程序。对于后沿弹跳的处理与此类似。

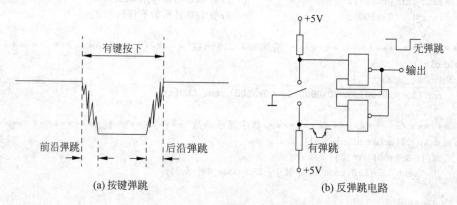

图 5.11　按键弹跳及反弹跳电路

3. 串键保护

由于操作不慎,可能会造成同时有几个键被按下,这种情况称为串键。有 3 种处理串键的技术:两键同时按下、n 键同时按下和 n 键锁定。

"两键同时按下"技术是在两个键同时按下时产生保护作用。最简单的办法是当只有一个键按下时才读取键值,最后仍被按下的是有效正确按键。另一种方法是当第一个按键未松开时,按第二个键不产生选通信号。

"n 键同时按下"技术或者不理会所有被按下的键,直至只剩下一个键按下时为止,或者将所有按键的信息都存入内部缓冲器中,然后逐个处理。

"n 键锁定"技术只处理一个键,任何其他按下的键不产生任何键值。

5.2.1　编码键盘接口技术

键盘接口的这些任务可用硬件或软件来完成,相应地出现了两大类键盘,即编码键盘和非编码键盘。编码键盘的基本任务是识别按键,提供按键读数。一个高质量的编码键盘应具有反弹跳,处理同时按键等功能。目前已有用 LSI 技术制成的专用编码键盘接口芯片。当按下某一按键时,该芯片能自动给出相应的编码信息,并可消除弹跳的影响,这样可使仪表设计者免除一部分软件编程,并可使 CPU 减轻用软件去扫描键盘的负担,提高 CPU 的利用率。

最简单的编码键盘接口采用普通的编码器。图 5.12(a)所示为采用 8-3 编码器(74148)作键盘编码器的静态编码键盘接口电路。每按一个键,在 A2、A1、A0 端输出相应的按键读数,真值表列于图 5.12(b)。这种编码键盘不进行扫描,因而称为静态式编码器,缺点是一个按键需用一条引线,当按键增多时,引线将很复杂。

图 5.13 所示为利用 8051 单片机 I/O 端口实现的独立式键盘接口,这是一种最简单的编码键盘结构,当有键按下时,从单片机相应端口引脚可以输入固定的电平值,采用查询方式工作,要判断是否有键按下,用位处理指令十分方便,例 5-6 为这种键盘的 C51 驱动程序,执行后可以看见接到 P0 口上的 LED 指示灯会随着按键压下而闪动。

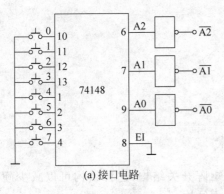

键	$\overline{A2}$	$\overline{A1}$	$\overline{A0}$
0	0	0	0
1	0	0	1
2	0	1	0
3	0	1	1
4	1	0	0
5	1	0	1
6	1	1	0
7	1	1	1

(a) 接口电路　　　　　　　　　　(b) 真值表

图 5.12　静态式编码键盘接口

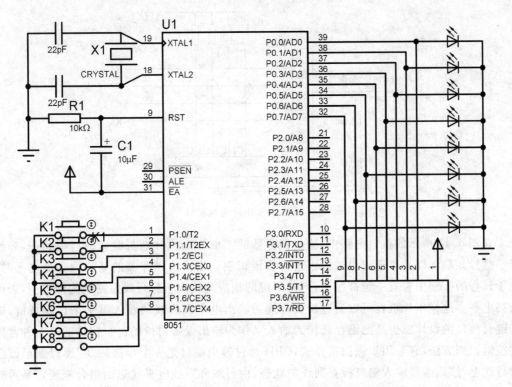

图 5.13　用单片机 I/O 端口实现的独立式键盘接口

【例 5-6】 用 I/O 端口实现的独立键盘 C51 驱动程序。

```
# include < reg52.h>
# define uchar unsigned char
# define uint unsigned int
void delay(){                      //延时
    unsigned int i;
    for(i = 0;i < 5000;i++);
}
void main(){
    uint temp;
    P1 = 0xff;
```

```
    while(1){
        temp = P1 & 0xff;
        P0 = temp;
        delay();
        P1 = 0xff;
    }
}
```

5.2.2 非编码键盘接口技术

非编码键盘大都采用按行、列排列的矩阵开关结构,这种结构可以减少硬件和连线。图 5.14 所示为 4×4 非编码矩阵键盘的基本结构。

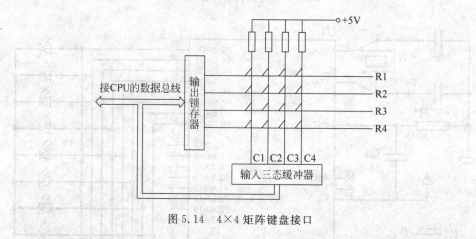

图 5.14 4×4 矩阵键盘接口

在图 5.14 所示的接口电路中,输出锁存器的 4 根输出线分别与键盘的行线相连,列线电平信号经输入缓冲器送入单片机以进行按键识别。当输出锁存器的某一位为低电平时,位于该行的按键中若有一键被按下,则按下键的相应列线由于与行线短路而为低电平,否则为高电平。这样单片机就可以通过检查行线的输出电平和列线的输入电平来识别按键,矩阵键盘接口的设计思想是把键盘既作为输入又作为输出设备对待的。行扫描法是一种常用的按键识别方法,它采用步进扫描方式,CPU 通过输出端口把一个步进的“0”逐行加至键盘的行线上,然后通过输入端口检查列线的状态,由行线和列线电平状态的组合来确定是否有键按下,并确定被按键所处的行、列位置。图 5.15 所示为 4×4 矩阵键盘的行扫描按键识别原理图。

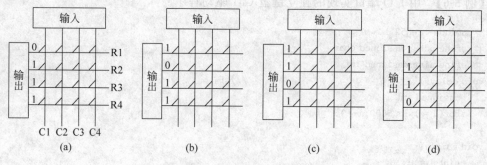

图 5.15 行扫描法按键识别

表 5.13 给出了识别图 5.15 中按键位置与各行、列之间的关系。其中，R1、R2、R3、R4 表示行，C1、C2、C3、C4 表示列。扫描第一行时，R1＝0，若读入的列值 C1＝0，则表明按键 K13 被压下；如果 C3＝0，则表明按键 K15 被压下。第一行扫描完毕后再扫描第二行，逐行 扫描至最后一行为止，即可识别出所有的按键。

表 5.13 键位与行列线关系表

行 \ 列	C1	C2	C3	C4
R1	K13	K14	K15	K16
R2	K9	K10	K11	K12
R3	K5	K6	K7	K8
R4	K1	K2	K3	K4

实际应用中经常采用单片机的 I/O 端口实现矩阵键盘及 LED 数码管显示接口功能，具体电路如图 5.16 所示。单片机 P3 口用于矩阵键盘接口，P3.0～P3.3 作为行扫描输出线，P3.4～P3.7 作为读列输入线；P0 口和 P2 口用于 LED 数码管显示接口，从 P0 口输出显示段码，P2 口输出显示数位。例 5-7 是对应于图 5.16 接口电路的 C51 驱动程序，程序执行后数码管上显示"01234567"，有键按下时，数码管上将显示相应的字符。

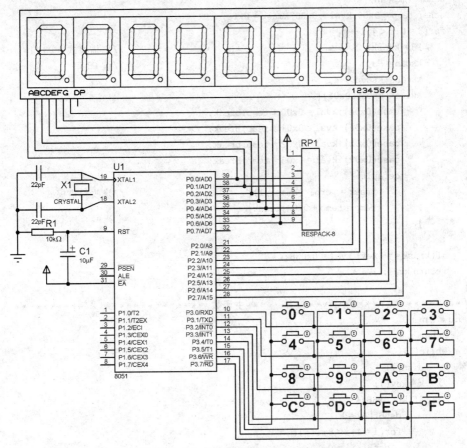

图 5.16 采用单片机 I/O 端口实现的键盘显示接口电路

【例 5-7】 对应于图 5.16 接口电路的 C51 驱动程序。

```c
# include < reg51.h >
# include < intrins.h >
# define uchar unsigned char
# define uint unsigned int
uchar dspBf[8] = {0,1,2,3,4,5,6,7};                          //显示缓冲区
uchar code SEG[] = {0x3f,0x06,0x5b,0x4f,0x66,0x6d,0x7d,0x07, //段码表
        0x7f,0x6f,0x77,0x7c,0x39,0x5e,0x79,0x71,0x00};
/ *************************** 数码管显示函数 *************************** /
void disp(){
    uchar i,dmask = 0xfe;
    for(i = 0;i < 8;i++){
        P2 = 0xff;                                           //熄灭所有 LED
        P0 = SEG[dspBf[i]];
        P2 = dmask;
        dmask = _crol_(dmask,1);                             //修改扫描模式
    }
}
/ *************************** 键盘扫描函数 *************************** /
uchar key(){
    uchar i,kscan;
    uchar temp = 0x00,kval = 0x00,kmask = 0xfe;
    for(i = 0;i < 4;i++){
        P3 = kmask;                                          //扫描模式→P3 口
        kscan = P3;                                          //读 P3 口
        kscan = kscan >> 4;
        switch(kscan&0x0f){
            case(0x0e):kval = 0x00 + temp;break;
            case(0x0d):kval = 0x01 + temp;break;
            case(0x0b):kval = 0x02 + temp;break;
            case(0x07):kval = 0x03 + temp;break;
            default:
                kmask = _crol_(kmask,1);                     //修改扫描模式
                temp = temp + 0x04;break;
        }
    }
    if(kmask == 0xef) kval = 0x088;
    return kval;
}
/ *************************** 主函数 *************************** /
void main(){
    uchar i,k;
    while(1){
        disp();
        k = key();
        if(k!= 0x88){
            dspBf[0] = k;
            for(i = 1;i < 8;i++){
              dspBf[i] = 0x10;
            }
```

```
        }
        disp();
    }
}
```

5.3 8279 可编程键盘/显示器芯片接口技术

为了少占用 CPU 的工作时间,目前已经出现了专供键盘及显示器接口用的可编程接口芯片,Intel 公司生产的 8279 可编程键盘/显示器接口芯片就是较为常见的一种。

5.3.1 8279 的引脚排列

图 5.17 所示为 8279 芯片的引脚排列,各引脚功能如表 5.14 所示。

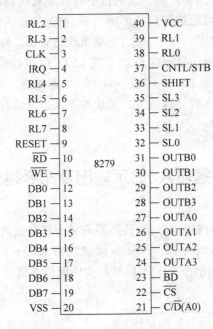

图 5.17 8279 引脚排列图

表 5.14 8279 的引脚功能

引　　脚	功　　能
VCC	＋5V 电源信号
VSS	地
DB0～DB7	双向数据总线
CLK	时钟输入,用于产生内部定时
RESET	复位信号
$\overline{\text{CS}}$	片选信号
C/$\overline{\text{D}}$(A0)	命令/数据区别信号,高电平为命令,低电平为数据
$\overline{\text{RD}}$	读信号
$\overline{\text{WR}}$	写信号

续表

引　　脚	功　　能
IRQ	中断请求输出
SL0～SL3	扫描输出
RL0～RL7	回馈输入
SHIFT	换挡输入
CNTL/STB	控制/选通输入
OUTA0～OUTA3	显示输出 A 口信号
OUTB0～OUTB3	显示输出 B 口信号
BD	显示消隐输出

8279 分为两个部分：键盘部分和显示部分。键盘部分能够提供 64 按键阵列（可扩展为128）的扫描接口，也可以接传感器阵列。键的按下可以是双键锁定或 N 键互锁。键盘输入经过反弹跳电路自动消除前后沿按键抖动影响之后，被选通送入一个 8 字符的 FIFO（先进先出栈）存储器。如果送入的字符多于 8 个，则溢出状态位置位。按键输入后将中断输出线升到高电平向 CPU 发中断申请。显示部分对 7 段 LED、白炽灯或其他器件提供显示接口。8279 有一个内部的 16×8 显示 RAM，组成一对 16×4 存储器。显示 RAM 可由 CPU 写入或读出。显示方式有从右进入的计算器方式和从左进入的电传打字方式。显示 RAM 每次读/写之后，其地址自动加 1。

5.3.2　8279 的数据输入、显示输出及命令格式

1. 数据输入

数据输入有 3 种方式，即键扫描方式、传感器扫描方式和选通输入方式。

采用键扫描方式时，扫描线为 SL0～SL3，回馈线为 RL0～RL7。每按下一个键，便由8279 自动编码，并送入先进先出栈 FIFO，同时产生中断请求信号 IRQ。键的编码格式为：

D7	D6	D5	D4	D3	D2	D1	D0
CNTL	SHIFT	扫描行序号			回馈线（列）序号		

如果芯片的控制脚 CNTL 和换挡脚 SHIFT 接地，则 D7 和 D6 均为"0"，例如被按下键的位置在第 2 行（扫描行序号为 010），且与第 4 列回馈线（列序号为 100）相交，则该键所对应的代码为 00010100，即 14H。

8279 的扫描输出有两种方式：译码扫描和编码扫描。所谓译码扫描，即 4 条扫描线在同一时刻只有一条是低电平，并且以一定的频率轮流更换。如果用户键盘的扫描线多于4 时，则可采用编码输出方式。此时 SL0～SL3 输出的是从 0000 至 1111 的二进制计数代码。在编码扫描时，扫描输出线不能直接用于键盘扫描，而必须经过低电平有效输出的译码器。例如将 SL0～SL2 输入到通用的 3-8 译码器（74LS138）即可得到直接可用的扫描线（由8279 内部逻辑所决定，不能直接用 4-16 译码器对 SL0～SL3 进行译码，即在编码扫描时SL3 仅用于显示器，而不能用于键扫描）。

暂存于 FIFO 中的按键代码，在 CPU 执行中断处理子程序时取出，数据从 FIFO 取走

后,中断请求信号 IRQ 将自动撤消。在中断子程序读取数据前,下一个键被按下,则该键代码自动进入 FIFO,FIFO 堆栈由 8 个 8 位的存储单元组成,它允许依次暂存 8 个键的代码。这个栈的特点是先进先出,因此由中断子程序读取的代码顺序与键被按下的次序相一致。在 FIFO 中的暂存数据多于 1 个时,只有在读完(每读一个数据则它从栈顶自动弹出)所有数据时,IRQ 信号才会撤消。虽然键的代码暂存于 8279 的内部堆栈,但 CPU 从栈内读取数据时只能用"输入"或"取数"指令而不能用"弹出"指令,因为 8279 芯片在微机系统中是作为 I/O 接口电路而设置的。

在传感器扫描方式工作时,将对开关列阵中每一个结点的通、断状态(传感器状态)进行扫描,并且当列阵(最多是 8×8 位)中的任何一位发生状态变化时,便自动产生中断信号 IRQ。此时,FIFO 的 8 个存储单元用于寄存传感器的现时状态,称状态存储器。其中存储器的地址编号与扫描线的顺序一致。中断处理子程序将状态存储器的内容读入 CPU,并与原有的状态比较后,便可由软件判断哪一个传感器的状态发生了变化。所以 8279 用来检测开关(传感器)的通断状态是非常方便的。

在选通输入方式工作时,RL0~RL7 与 8255 的选通并行输入端口的功能完全一样。此时,CNTL 端作为选通信号 STB 的输入端,STB 为高电平有效。

此外,在使用 8279 时,不必考虑按键的抖动和串键问题。由于在芯片内部已设置了消除触头抖动和串键的逻辑电路,这给使用带来了很大方便。

2. 显示输出

8279 内部设置了 16×8 显示数据存储器(RAM),每个单元寄存一个字符的 8 位显示代码。8 个输出端与存储单元各位的对应关系为:

D7	D6	D5	D4	D3	D2	D1	D0
A3	A2	A1	A0	B3	B2	B1	B0

A3~A0、B3~B0 分时送出 16 个(或 8 个)单元内存储的数据,并在 16 个或 8 个显示器上显示出来。

显示器的扫描信号与键盘输入扫描信号是公用的,当实际的数码显示器多于 4 个时,必须采用编码扫描输出,经过译码器后,方能用于显示器的扫描。

显示数据经过数据总线 D7~D0 及写信号 $\overline{WR}$(同时 $\overline{CS}=0$,$C/\overline{D}(A0)=0$),可以分别写入显示存储器的任何一个单元。一旦数据写入后,8279 的硬件便自动管理显示存储器的输出及同步扫描信号。因此,对操作者仅要求完成向显示存储器写入信息的操作。

8279 的显示管理电路亦可在多种方式下工作,如左端输入、右端输入、8 字符显示、16 字符显示等。各种方式的设置将在后面加以说明。8279 的工作方式是由各种控制命令决定的。CPU 通过数据总线向芯片传送命令时,应使 $\overline{WR}=0$、$\overline{CS}=0$ 及 $C/\overline{D}(A0)=1$。

8279 共有 8 条命令,分述如下。

(1) 键盘、显示器工作模式设置命令。

编码格式为:

D7	D6	D5	D4	D3	D2	D1	D0
0	0	0	D1	D0	K2	K1	K0

最高 3 位 000 是本命令的特征码(操作码)。D1、D0 用于决定显示方式,其定义如下:

D1	D0	显示管理方式
0	0	8 字符显示;左端输入
0	1	16 字符显示;左端输入
1	0	8 字符显示;右端输入
1	1	16 字符显示;右端输入

8279 可外接 8 位或 16 位的 7 段 LED 数码显示器,每一位显示器对应一个 8 位的显示 RAM 单元。显示 RAM 中的字符代码与扫描信号同步地依次送上输出线 A3～A0,B3～B0。当实际的数码显示器少于 8 时,也必须设置 8 字符或 16 字符显示模式之一。如果设置 16 字符显示,显示 RAM 中从"0"单元到"15"单元的内容同样依次轮流输出,而不管扫描线上是否有数码显示器存在。

左端输入方式是一种简单的显示模式,显示器的位置(最左边由 SL0 驱动的显示器为零号位置)编号与显示 RAM 的地址一一对应,即显示 RAM 中"0"地址的内容在"0"号(最左端)位置显示。CPU 依次从"0"地址或某一地址开始将字符代码写入显示 RAM。地址大于 15 时,再从 0 地址开始写入。写入过程如下:

	0	1		14	15	←显示 RAM 地址
第 1 次写入 X1	X1					

	0	1		14	15	←显示 RAM 地址
第 2 次写入 X2	X1	X2				

…

	0	1		14	15	←显示 RAM 地址
第 16 次写入 X16	X1	X2		X15	X16	

	0	1		14	15	←显示 RAM 地址
第 17 次写入 X17	X17	X2		X15	X16	

右端输入方式也是一种常用的显示方式,一般的电子计算器都采用这种方式。从右端输入信号与前者比较,一个重要的特点是显示 RAM 的地址与显示器的位置不是一一对应的,而是每写入一个字符,左移一位,显示器最左端的内容被移出丢失。写入过程如下:

	1	2		14	15	0	←显示 RAM 地址
第 1 次写入 X1						X1	

	2	3		15	0	1	←显示 RAM 地址
第 2 次写入 X2					X1	X2	

…

	0	1		13	14	15	←显示 RAM 地址
第 16 次写入 X16	X1	X2		X14	X15	X16	

	1	2		14	15	0	←显示 RAM 地址
第 17 次写入 X17	X17	X2		X15	X16	X17	

K2、K1、K0 用于设置键盘的工作方式,定义如下:

K2、K1、K0	数据输入及扫描方式
0 0 0	编码扫描,键盘输入,两键互锁
0 0 1	译码扫描,键盘输入,两键互锁
0 1 0	编码扫描,键盘输入,多键有效
0 1 1	译码扫描,键盘输入,多键有效
1 0 0	编码扫描,传感器列阵检测
1 0 1	译码扫描,传感器列阵检测
1 1 0	选通输入,编码扫描显示器
1 1 1	选通输入,译码扫描显示器

键盘扫描方式中,两键互锁是指当被按下键未释放前,第二键又被按下时,FIFO 堆栈仅接收第一键的代码,第二键作为无效键处理。如果两个键同时按下,则后释放的键为有效键,而先释放者作为无效键处理。多键有效方式是指当多个键同时按下,则所有键依扫描顺序被识别,其代码依次写入 FIFO 堆栈。虽然 8279 具有两种处理串键的方式,但通常选用两键互锁方式,以消除多余的被按下的键所带来的错误输入信息。

给 8279 加一个 RESET 信号将自动设置编码扫描,键盘输入(两键互锁),左端输入的 16 字符显示,该信号的作用等效于编码为 08H 的命令。

(2) 扫描频率设置命令。

编码格式为:

D7	D6	D5	D4	D3	D2	D1	D0
0	0	1	P4	P3	P2	P1	P0

最高 3 位 001 是本命令的特征码。P4P3P2P1P0 取值为 2~31,它是外接时钟的分频系数,它决定内部时钟频率。8279 在接到 RESET 信号后,如果不发送本命令,则分频系数取值 31。

(3) 读 FIFO 堆栈的命令。

编码格式为:

D7	D6	D5	D4	D3	D2	D1	D0
0	1	0	AI	×	A2	A1	A0

最高 3 位 010 是本命令的特征码。在读 FIFO 之前,CPU 必须先输出这条命令。8279 接收到本命令后,CPU 执行输入指令,从 FIFO 中读取数据。地址由 A2A1A0 决定,例如 A2A1A0=000,则输入指令执行的结果是将 FIFO 堆栈顶(或传感器阵列状态存储器)的数据读入 CPU 的累加器。AI 是自动增 1 标志,当 AI=1 时,每执行一次输入指令,地址 A2A1A0 自动加 1。显然,键盘输入数据时,每次只需从栈顶读取数据,故 AI 应取 0。如果数据输入方式为检测传感器阵列的状态,则 AI 应取 1,执行 8 次输入指令,依次把 FIFO 的内容读入 CPU。利用 AI 标志位可省去每次读取数据前都要设置读取地址的操作。

(4) 读显示 RAM 命令。

编码格式为:

D7	D6	D5	D4	D3	D2	D1	D0
0	1	1	AI	A3	A2	A1	A0

最高 3 位 011 是本命令的特征码。在读显示 RAM 中的数据之前,必须先输出这条命令,8279 接收到这条命令后,CPU 才能读取数据。A3A2A1A0 用于区别 16 个 RAM 地址,AI 是地址自动加"1"标志。

(5) 写显示 RAM 命令。

编码格式为:

D7	D6	D5	D4	D3	D2	D1	D0
1	0	0	AI	A3	A2	A1	A0

最高 3 位 100 是本命令的特征码。在将数据写入显示 RAM 之前,CPU 必须先输出这条命令。命令中的地址码 A3A2A1A0 决定 8279 芯片接收来自 CPU 的数据存放在显示 RAM 的哪个单元。AI 是地址自动增"1"标志。

(6) 显示屏蔽消隐命令。

编码格式为:

D7	D6	D5	D4	D3	D2	D1	D0
1	0	1	×	IWA	IWB	BLA	BLB

最高 3 位 101 是本命令的特征码。IWA 和 IWB 分别用以屏蔽 A 组和 B 组显示 RAM。在双 4 位显示器使用时,即 OUTA0～OUTA3 和 OUTB0～OUTB3 独立地作为两个半字节输出时,可改写显示 RAM 中的低半字而不影响高半字节的状态(若 IWA＝1),或者可改写高半字节而不影响低半字节(若 IWB＝1)。BLA 和 BLB 是消隐特征位,要消隐两组显示输出,必须使 BLA 和 BLB 同时为"1",要恢复显示时则使它们同时为"0"。

(7) 清除命令。

编码格式为:

D7	D6	D5	D4	D3	D2	D1	D0
1	1	0	CD2	CD1	CD0	CF	CA

最高 3 位 110 是本命令的特征码。CD2、CD1、CD0 用来设定清除显示 RAM 的方式,定义如下:

CD2	CD1	CD0	清除方式
	0	×	显示 RAM 所有单元均置"0"
1	1	0	显示 RAM 所有单元均置"20H"
	1	1	显示 RAM 所有单元均置"1"
0	×	×	不清除(CA＝0 时)

CF＝1,清除 FIFO 状态标志,FIFO 被置成空状态(无数据),并复位中断输出 IRQ。

CA 是总清的特征位,CA＝1,清除 FIFO 状态和显示 RAM(方式仍由 CD1、CD0 确定)。

清除显示 RAM 大约需 $160\mu s$,在此期间,CPU 不能向显示 RAM 写入数据。

(8) 中断结束/设置出错方式命令。

编码格式为:

D7	D6	D5	D4	D3	D2	D1	D0
1	1	1	E	×	×	×	×

最高 3 位 111 是本命令的特征码。在传感器工作方式中,该命令使 IRQ 输出线变为低电平(即中断结束),允许再次对 RAM 写入(在检测到传感器变化后,IRQ 可能已经变成高电平,这时禁止在复位前再次将信息写入 RAM)。在 N 键巡回工作方式中,若 E=1,在消颤期内如果有多键同时按下,则产生中断,并且阻止对 RAM 的写入。

除了上述 8 条命令之外,8279 还有一个状态字。状态字用来指出 FIFO 中的字符个数、出错信息以及能否对显示 RAM 进入写入操作。状态字格式如下:

D7							D0
DU	S/E	O	U	F	N2	N1	N0

N2N1N0 表示 FIFO 中数据的个数。

F=1 时,表示 FIFO 已满(存有 8 个键入数据)。在 FIFO 中没有输入字符时,CPU 读 FIFO,则置"1"U。当 FIFO 已满,又输入一个字符时发生溢出,置"1"O。

S/E 用于传感器扫描方式,几个传感器同时闭合时置"1"。

在清除命令执行期间 DU 为 1,此时对显示 RAM 写操作无效。

5.3.3 8279 的接口方法

图 5.18 所示为单片机 8051 与 8279 组成的键盘显示器接口电路,8051 的 P2.7(A15)接到 8279 的片选端$\overline{\text{CS}}$,P2.0(A8)接到 8279 的 C/$\overline{\text{D}}$(A0)端,因此该接口对用户来说只有 2 个口地址:命令口地址 7FFFH 和数据口地址 7EFFH。图中 8279 外接 4×4 矩阵键盘和 6 位共阴极 LED 数码管,采用编码扫描方式,译码器 74LS138 对扫描线 SL0~SL3 进行译码,译码输出一方面扫描矩阵键盘,同时作为 LED 数码管的位驱动。

例 5-8 为采用 C51 编写的 8279 应用程序。主程序先在 8051 单片机内部 RAM 中开辟一段显示缓冲区,并将显示字符写入其中,接着调用 8279 的初始化子程序,根据需要对 8279 进行初始化并开中断,然后不断循环调用 8279 显示更新子程序,将显示缓冲区中的内容显示到数码管上。有按键压下时将触发 8051 中断,通过 8279 中断服务程序读取键值,并将键值送入显示缓冲区。程序执行后数码管将显示"012345"字符,有键按下时,相应键将显示在第一个数码管上。

【例 5-8】 采用 C51 编写的 8279 应用程序。

```
# include < absacc.h >
# define uchar unsigned char
# define uint unsigned int

char data DisBuf[6] = {0,1,2,3,4,5};                    //显示缓冲区
```

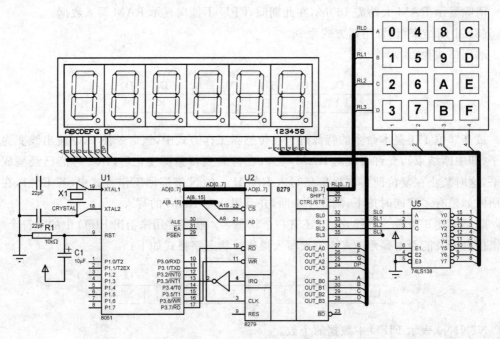

图 5.18　8051 单片机与 8279 组成的的键盘-显示器接口电路

```c
uchar code keyval[] = {0x00,0x01,0x02,0x03,0x08,0x09,0x0a,0x0b,    //键值表
                0x10,0x11,0x12,0x13,0x18,0x19,0x1a,0x1b};
uchar code SEG[] = {0x3f,0x06,0x5b,0x4f,0x66,0x6d,0x7d,0x07,        //段码表
        0x7f,0x6f,0x77,0x7c,0x39,0x5e,0x79,0x71,0x00};
/ ********************* 8279初始化函数 ********************* /
void KbDisInit() {
    XBYTE[0x7fff] = 0x00;                   //设置 8279 工作方式
    XBYTE[0x7fff] = 0xD1;                   //清除 8279
    while (XBYTE[0x7fff] & 0x80);           //等待清除结束
    XBYTE[0x7eff] = 0x34;                   //设置 8279 分频系数
}
/ ************************ 读键值函数 ************************ /
uchar ReadKey(){
    uchar i,j;
    if (XBYTE[0x7fff] & 0x07){              //判断是否有按键
        XBYTE[0x7fff] = 0x40;              //有键按下,写入读 FIFO 命令
    i = XBYTE[0x7eff];                      //获取键值
        j = 0;
        while (i!= keyval[j]){j++;}         //查键值表
        return(j + 1);
    }
    return (0);                             //无键按下
}
/ *************************** 显示函数 *************************** /
void Disp() {
    uchar i;
    XBYTE[0x7fff] = 0x90;                   //写显示 RAM 命令
```

```
    for (i = 0;i < 6;i++){
    XBYTE[0x7eff] = SEG[DisBuf[i]];          //显示缓冲区内容
    }
}
/ ************************* 填充显示缓冲区函数 ************************* /
void DspBf(){
    uchar i;
    for (i = 1;i < 6;i++){
        DisBuf[i] = 0x10;
    }
}
/ ************************* 无按键处理函数 ************************* /
void NoKey() {
;
}
/ ************************* 0 键处理函数 ************************* /
void k0() {
    DisBuf[0] = 0x00;   DspBf();
}
/ ************************* 1 键处理函数 ************************* /
void k1() {
    DisBuf[0] = 0x01;   DspBf();
}
/ ************************* 2 键处理函数 ************************* /
void k2() {
    DisBuf[0] = 0x02;   DspBf();
}
/ ************************* 3 键处理函数 ************************* /
void k3() {
    DisBuf[0] = 0x03;   DspBf();
}
/ ************************* 4 键处理函数 ************************* /
void k4() {
    DisBuf[0] = 0x04;   DspBf();
}


/ * k5,...其他按键处理函数可在此处插入 * /
code void (code * KeyProcTab[])() = {NoKey,k0,k1,k2,k3,k4,k5/ * ... * /};
/ ************************* 主函数 ************************* /
void main(){
    KbDisInit();                      //8279 初始化
    while(1){
        Disp();
        ( * KeyProcTab[ReadKey()])();      //根据不同按键的值查表散转
    }
}
```

5.4 LCD 液晶显示器接口技术

对于采用电池供电的便携式单片机应用系统,考虑到其低功耗的要求,常需要采用 LCD 液晶显示器。LCD 液晶显示器体积小,重量轻,功耗低,在仪器仪表中的应用十分广泛。

5.4.1 LCD 显示器的工作原理

LCD 是一种被动式显示器,它本身并不发光,只是调节光的亮度。目前常用的 LCD 是根据液晶的扭曲-向列效应原理制成的。这是一种电场效应,夹在两块导电玻璃电极之间的液晶经过一定处理后,其内部的分子呈 90°的扭曲,这种液晶具有旋光特性。当线性偏振光通过液晶层时,偏振面会旋转 90°。当给玻璃电极加上电压后,在电场的作用下液晶的扭曲结构消失,其旋光作用也随之消失,偏振光便可以直接通过。去掉电场后液晶分子后又恢复其扭曲结构。把这样的液晶放在两个偏振片之间,改变偏振片的相对位置(平行或正交)就可得到黑底白字或白底黑字的显示形式。

LCD 常采用交流驱动,通常采用异或门把显示控制信号和显示频率信号合并为交变的驱动信号,如图 5.19 所示。当显示控制电极上的波形与公共电极上的方波相位相反时,则为显示状态。显示控制信号由 C 端输入,高电平为显示状态。显示频率信号是一个方波。当异或门的 C 端为低电平时,输出端 B 的电位与 A 端相同,LCD 两端的电压为 0,LCD 不显示,当异或门的 C 端为高电平时,B 端的电位与 A 端相反,LCD 两端呈现交替变化的电压,LCD 显示。常用的扭曲-向列型 LCD,其驱动电压范围是 3~6V。由于 LCD 是容性负载,工作频率越高消耗的功率越大。而且显示频率升高,对比度会变差,当频率升高到临界高频以上时,LCD 就不能显示了,所以 LCD 宜采用低频工作。

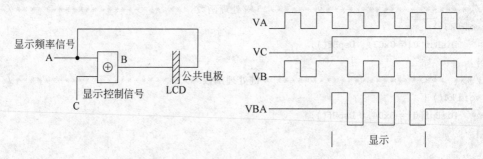

图 5.19 LCD 的基本驱动电路及波形

5.4.2 点阵字符型 LCD 显示模块

点阵字符型 LCD 显示模块能显示数字、字母、符号以及少量自定义图形符号如简单汉字等,因而在单片机应用系统中得到了广泛应用。点阵字符型 LCD 显示模块由 LCD 显示器、点阵驱动器和 LCD 控制器等组成,模块内集成有字符发生器和数据存储器,采用单一＋5V 电源供电。点阵字符型液晶显示模块在国际上已经规范化,所采用的控制器多为日立公司的 HD44780,也有采用其兼容电路如 SED1278(SEIKO、EPSON 公司产品)、KS0666(三星公司产品)等。表5.15给出了EPSON公司生产的EA-D系列各型号点阵字符型LCD显示模块的外部特性。

表 5.15　EA-D 系列点阵式 LCD 显示模块外部特性

名称	字符数	外部尺寸	视觉范围	字符点阵	字符尺寸	点的尺寸	速率
EA-D16015	16×1	80×36	64.5×13.8	5×7	3.07×6.56	0.55×0.75	1/16
EA-D16025	16×2	84×44	61.×15.8	5×7	2.96×5.56	0.56×0.66	1/16
EA-D20025	20×2	116×37	83.×18.6	5×7	3.20×5.55	0.60×0.65	1/16
EA-D20040	20×4	98×60	76.×25.2	5×7	3.01×4.84	0.57×0.57	1/16
EA-D24016	24×1	126×36	100.0×13.8	5×10	3.15×8.70	0.55×0.70	1/11
EA-D40016	40×1	182×33.5	154.4×15.8	5×10	3.15×8.70	0.55×0.70	1/11
EA-D40025	40×2	182×33.5	154.4×15.8	5×7	3.20×5.55	0.60×0.65	1/16

下面介绍 EPSON 公司生产的点阵字符型 LCD 显示模块与单片机系统的接口及应用。EA-D 系列点阵字符型液晶显示模块内部结构如图 5.20 所示。它由点阵式液晶显示面板、SED1278 控制器和 4 个列驱动器组成。SED1278 完成显示模块的时序控制,同时也可以驱动 16 行 40 列的点阵库。

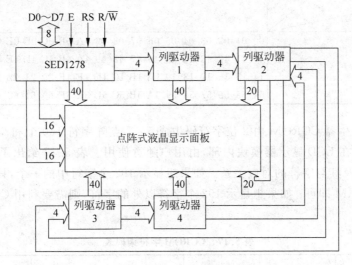

图 5.20　EPSON 公司的点阵字符型液晶显示模块内部结构

SED1278 控制器有 14 条引脚。

(1) VSS:地线输入端。

(2) VDD:+5V 电源输入端。

(3) VO:液晶显示面板亮度调节,通过 10~20kΩ 的电阻接到 +5V 和地之间起调节显示亮度的作用。

(4) RS:寄存器选择信号输入线,低电平选通指令寄存器,高电平选通数据寄存器。

(5) R/$\overline{\text{W}}$:读/写信号输入线,低电平为写入,高电平为读出。

(6) E:片选信号输入线,高电平有效。

(7) D0~D7:数据总线,可以选择 4 位总线或 8 位总线操作,选择 4 位总线操作时使用 D4~D7。

SED1278 的控制电路主要由指令寄存器(IR)、数据寄存器(DR)、忙标志(BF)、地址计数器(AC)、显示数据寄存器(DDRAM)、字符发生器 ROM(CGROM)、字符发生器 RAM(CGRAM)和时序发生电路所组成。

(1) 指令寄存器 IR 用于寄存各种指令码,只能写入,不能读出。

(2) 数据寄存器 DR 用于寄存显示数据,由内部操作自动写入 DDRAM 和 CGRAM,或寄存从 DDRAM 和 CGRAM 读出的数据。

(3) 忙标志 BF=1 时,表示正在进行内部操作,此时不能接收任何外部指令和数据。

(4) 地址计数器 AC 作为 DDRAM 或 CGRAM 的地址指针。如果地址码随指令写入 IR,则 IR 的地址码自动装入 AC,同时选择 DDRAM 或 CGRAM 单元。

(5) 显示数据寄存器 DDRAM 用于存储显示数据,DDRAM 的地址与显示屏幕的物理位置是一一对应的,当向数据寄存器某一地址单元写入一个字符的编码时,该字符就在对应的位置上显示出来。表 5.16 给出了 DDRAM 显示地址与显示屏物理位置的对应关系。

表 5.16 DDRAM 显示地址与显示屏物理位置关系

行号＼显示地址＼列号	1	2	3	4	5	6	7	8	9	10	11	12	13	14	15	16	17	18	19	20
1	00	01	02	03	04	05	06	07	08	09	0A	0B	0C	0D	0E	0F	10	11	12	13
2	40	41	42	43	44	45	46	47	48	49	4A	4B	4C	4D	4E	4F	50	51	52	53
3	14	15	16	17	18	19	1A	1B	1C	1D	1E	1F	20	21	22	23	24	25	26	27
4	54	55	56	57	58	59	5A	5B	5C	5D	5E	5F	60	61	62	63	64	65	66	67

(6) 字符发生器 CGROM 由 8 位字符码生成 5×7 点阵字符 160 个和 5×10 点阵字符 32 个,已经固化在 LCD 显示器模块内部,由用户随意使用。表 5.17 给出了 8 位字符编码的高、低位排列及其与字符的对应关系。如果想显示 192 个字符中的一个,只要把该字符的编码送入 DDRAM 即可;如果想显示 192 个字符以外的字符,则需要利用 CGRAM 自定义字符。

表 5.17 CGROM 字符编码表

低位＼高位	0010	0011	0100	0101	0110	0111	1010	1011	1100	1101	1110	1111
0000		0	@	P	\	p		—	タ	ミ	α	p
0001	!	1	A	Q	a	q	。	ヌ	チ	ム	a	q
0010	"	2	B	R	b	r	厂	イ	ツ	メ	β	θ
0011	#	3	C	S	c	s	」	ウ	テ	モ	ε	∞
0100	$	4	D	T	d	t	、	エ	ト	ヤ	μ	Ω
0101	%	5	E	U	e	u	。	オ	ナ	ユ	σ	O
0110	&	6	F	V	f	v	ラ	カ	ニ	ヨ	ρ	Σ
0111	,	7	G	W	g	w	ア	キ	ヌ	ラ	g	π
1000	(	8	H	X	h	x	イ	ク	ネ	リ	∫	X
1001	)	9	I	Y	i	y	ウ	ケ	ノ	ル	−1	Y

续表

高位 / 低位	0010	0011	0100	0101	0110	0111	1010	1011	1100	1101	1110	1111
1010	*	:	J	Z	j	z	エ	コ	ハ	レ	j	千
1011	+	;	K	[	k	〈	ォ	サ	ヒ	ロ	×	万
1100	,	<	L	¥	l	|	セ	シ	フ	ワ	Φ	⊕
1101	-	=	M	]	m	}	コ	ス	ヘ	ン	£	÷
1110	.	>	N	∧	n	→	ョ	セ	ホ	ハ	n	
1111	/	?	O	─	o	←	ツ	ソ	マ	ロ	○	■

字符发生器 CGRAM 是为用户创建自己的特殊字符设立的,它的容量为 64 字节,地址为 00H～3FH,但是作为自定义字符字模使用的仅是一个字节中的低 5 位,每个字节的高 3 位可作为数据存储器使用。若自定义字符为 5×7 点阵,可定义 8 个字符,若自定义字符为 5×10 点阵,则可定义 4 个字符,自定义字符的编码为 00H～07H。表 5.18 给出了自定义字符“上”,从表中可以看出,字符编码(DDRAM 中的数据)的 0～2 位等同于 CGRAM 地址的 3～5 位。CGRAM 地址的 0～2 位定义字符的行位置。CGRAM 中数据的 0～4 位决定字符形式,第 4 位是字符的最左端。CGRAM 的 5～7 位不用作显示字符,因此它可用作一般的数据 RAM。

表 5.18 CGRAM 自定义字符

字符编码(DDRAM 数据)									CGRAM 地址						字符形式(CGRAM 数据)							
7	6	5	4	3	2	1	0		5	4	3	2	1	0	7	6	5	4	3	2	1	0
									0	0	0	0	0	0	×	×	×	0	0	1	0	0
									0	0	0	0	0	1	×	×	×	0	0	1	0	0
									0	0	0	0	1	0	×	×	×	0	0	1	0	0
0	0	0	0	×	0	0	0		0	0	0	0	1	1	×	×	×	0	0	1	1	1
									0	0	0	1	0	0	×	×	×	0	0	1	0	0
									0	0	0	1	0	1	×	×	×	0	0	1	0	0
									0	0	0	1	1	0	×	×	×	1	1	1	1	1
									0	0	0	1	1	1	×	×	×	0	0	0	0	0

点阵字符型 LCD 显示模块的显示功能是由各种命令来实现的,共有 11 条命令。

1. 清显示命令

编码格式为:

RS	R/W	D7	D6	D5	D4	D3	D2	D1	D0
0	0	0	0	0	0	0	0	0	1

该命令把空格编码 20H 写入显示数据存储器的所有单元。

2. 光标返回命令

编码格式为:

RS	R/W	D7	D6	D5	D4	D3	D2	D1	D0
0	0	0	0	0	0	0	0	1	×

该命令把地址计数器中 DDRAM 地址清"0",如果显示屏上显示了字符,则光标移到起始位置。如果显示两行,则光标移到第一行第一个字符的位置,显示数据存储器的内容不变。

3. 设置输入方式命令

编码格式为:

RS	R/W	D7	D6	D5	D4	D3	D2	D1	D0
0	0	0	0	0	0	0	1	I/D	S

当一个字符编码被写入 DDRAM 或从 DDRAM 中读出时,若 I/D=1,则 DDRAM 地址加 1;若 I/D=0,则 DDRAM 地址减 1。地址加 1 时,光标右移;地址减 1 时,光标左移。对 CGRAM 的读/写操作和 DDRAM 一样,只是 CGRAM 与光标无关。当 S=1 时,整个显示屏向左(I/D=1)或向右(I/D=0)移动。在从 DDRAM 中读数、向 CGRAM 写数或从 CGRAM 中读数、S=0 这 3 种情况下,显示屏不移动。

4. 显示开/关控制命令

编码格式为:

RS	R/W	D7	D6	D5	D4	D3	D2	D1	D0
0	0	0	0	0	0	1	D	C	B

当 D=0 时,显示器关闭,显示数据存储器中的数据不变;当 D=1 时,显示器立即显示 DDRAM 中的数据。

当 C=0 时,不显示光标;当 C=1 时,显示光标。当选择字符为 5×7 点阵时,用第 8 行的第 5 个点显示光标。

当 B=1 时,显示闪烁光标,当时钟为 270kHz 时,在 379.2ms 内交换显示全黑点和字符,以实现字符闪烁。

5. 光标或显示屏移动命令

编码格式为:

RS	R/W	D7	D6	D5	D4	D3	D2	D1	D0
0	0	0	0	0	1	S/C	R/L	×	×

该命令使显示和光标向左或向右移位。对两行显示而言,光标从第一行的第 40 个字符位置移到第二行的首位。从第二行的第 40 个位置不能移位到清屏的起始位置,而是回到第二行的第一个位置。命令中 S/C 和 R/L 位的作用如下:

S/C	R/L	作用
0	0	光标左移,地址计数器减 1
0	1	光标右移,地址计数器加 1
1	0	显示屏左移,光标跟随显示屏移动
1	1	显示屏右移,光标跟随显示屏移动

6. 功能设置命令

编码格式为:

RS	R/W	D7	D6	D5	D4	D3	D2	D1	D0
0	0	0	0	1	IF	N	F	×	×

命令中的 IF 位用来设置接口数据长度,当 IF＝1 时,数据以 8 位长度(D7～D0)发送或接收,当 IF＝0 时,数据以 4 位长度(D7～D4)发送或接收。命令中的 N 和 F 位用来设置显示屏的行数和字符的点阵。设置方式如下:

N	F	显示行数	字符点阵	占空系数
0	0	1	5×7	1/16
0	1	1	5×10	1/11
1	0	2	5×7	1/16
1	1	2	5×7	1/16

对于 EA-D20040 来说一定要设置 N＝1,显示 2 行。

7. 设置 CGRAM 地址命令

编码格式为:

RS	R/W	D7	D6	D5	D4	D3	D2	D1	D0
0	0	0	1	A5	A4	A3	A2	A1	A0

该命令的功能是设置 CGRAM 的地址,命令执行后,单片机和 CGRAM 可连续进行数据交换。

8. 设置 DDRAM 地址命令

编码格式为:

RS	R/W	D7	D6	D5	D4	D3	D2	D1	D0
0	0	1	A6	A5	A4	A3	A2	A1	A0

该命令的功能是设置 DDRAM 的地址,命令执行后,单片机与 DDRAM 进行数据交换。

9. 读忙标志和地址命令

编码格式为:

RS	R/W	D7	D6	D5	D4	D3	D2	D1	D0
0	1	BF	A6	A5	A4	A3	A2	A1	A0

该命令的功能是读出忙标志 BF 的值。当读出的 BF＝1 时,则说明系统内部正在进行操作,不能接收下一条命令。在读出 BF 值的同时,CGRAM 和 DDRAM 所使用的地址计数器的值也被同时读出。

10. 向 CGRAM 或 DDRAM 写数据命令

编码格式为:

RS	R/W	D7	D6	D5	D4	D3	D2	D1	D0
1	0	D	D	D	D	D	D	D	D

该命令的功能是把二进制数 DDDDDDDD 写入 CGRAM 或 DDRAM 中,若先设置 CGRAM

的地址,则向 CGRAM 写入;若先设置 DDRAM 地址,则向 DDRAM 写入。

11. 从 CGRAM 或 DDRAM 读取数据命令

编码格式为:

RS	R/W	D7	D6	D5	D4	D3	D2	D1	D0
1	1	D	D	D	D	D	D	D	D

该命令的功能是将数据从用写数据命令建立的 CGRAM 或 DDRAM 地址指出的 RAM 中读出。在本命令之前的命令应是 CGRAM 或 DDRAM 地址建立命令、光标移位命令或是上次 CGRAM/DDRAM 数据读出命令,若是其他命令,读出的数据可能会出错。

在执行读数据或写数据命令之后,地址计数器会自动加 1 或减 1。一般是先执行一条地址建立命令或光标移位命令,再执行读数据命令,一旦一条读数据命令被执行后,就可连续执行数据读取命令,而不需要再执行其他命令了。

5.4.3 直接方式接口

图 5.21 所示为 16 字符×2 行的点阵字符型 LCD 显示模块与单片机 8051 接口电路。LCD 显示模块的 R/W 和 RS 信号由 8051 单片机的低 8 位地址线来控制,显示模块的 E 信号则由单片机的最高地址线 P2.7 和读 RD、写 WR 信号线组成的联合逻辑电路来控制,从而可得该接口电路的命令写入地址为 7FF0H,命令读取地址为 7FF1H,数据操作地址为 7FF2H,这种接口称为直接方式接口。

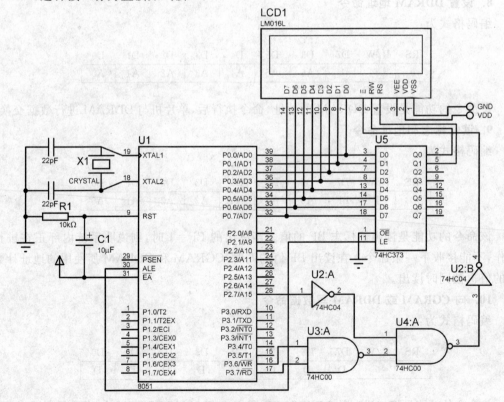

图 5.21 点阵字符型 LCD 显示模块与单片机的直接方式接口

例 5-9 列出了直接方式接口的 C51 驱动程序。进入主程序后首先调用 LCD 模块初始化子程序，初始化内容包括将功能设置(8 位字长、2 行、5×7 点阵)、清屏、设置输入方式和设置显示方式及光标等，需要注意的是每写入一条命令，都应先检查忙标志 BF，只有当 BF＝0 时才能执行下一条指令。接着调用自定义汉字字符子程序，该子程序中先设定 CGRAM 首地址，然后依次向 CGRAM 中写入各个自定义汉字的字模数据；接着设定显示字符在液晶屏上的位置，即 DDRAM 的地址，最后将要显示的字符代码分别写入 DDRAM，对于 CGROM 中的字符代码可以通过查表 5.17 得到，而自定义汉字字符的代码则为 00H～07H，本例只定义了 3 个字符"年"、"月"、"日"，它们的代码分别为 00H、01H 和 02H。

【例 5-9】 点阵字符型 LCD 模块直接方式接口的 C51 驱动程序。

```c
# include < reg51.h >
# include < intrins.h >
# define   uchar unsigned char
# define uint unsigned int
# define Busy   0x80                                        //忙判别位

char xdata Lcd1602CmdPort _at_ 0x7ff0;                      //LCD 命令口地址
char xdata Lcd1602StatusPort _at_ 0x7ff1;                   //LCD 状态口地址
char xdata Lcd1602WdataPort _at_ 0x7ff2;                    //LCD 数据口地址

code char exampl[] = "Hello Every Body";
code char examp2[] = {0x32,0x30,0x31,0x35,0x00,0x35,0x01,0x32,0x36,0x02};
code char Hzzimo[] = {0x08,0x0F,0x12,0x0F,0x0A,0x1F,0x02,0x00,    //"年"
                  0x0F,0x09,0x0F,0x09,0x0F,0x09,0x11,0x00,        //"月"
                  0x0F,0x09,0x09,0x0F,0x09,0x09,0x0F,0x00};       //"日"
/ ************************** 写控制字符函数 **************************** /
void LcdWriteCommand(uchar CMD,uchar AttribC){
    if (AttribC) while(Lcd1602StatusPort & Busy);          //检测忙信号
    Lcd1602CmdPort = CMD;
}
/ ************************** 当前位置写字符函数 ************************* /
void LcdWriteData(char dataW) {
    while(Lcd1602StatusPort & Busy);                       //检测忙信号
    Lcd1602WdataPort = dataW;
}
/ ************************** 显示光标定位函数 ************************* /
void LocateXY(char posx,char posy) {
    uchar temp;
    temp = posx & 0xf;
    posy &= 0x1;
    if (posy)temp |= 0x40;
    temp |= 0x80;
    LcdWriteCommand(temp,0);
}
/ ************************** 自定义汉字字符函数 ************************* /
void Hz(){
    uchar i;
    LcdWriteCommand(0x40,1);
    for (i = 0;i < 24;i++){
        LcdWriteData(Hzzimo[i]);
    }
```

```
    }
/ ************************** 单字符显示函数 **************************** /
void DispOneChar(uchar x,uchar y,uchar Wdata) {
    LocateXY(x,y);                                      //定位显示字符的x,y位置
    LcdWriteData(Wdata);                                //写字符
}
/ ************************** 显示字符串函数 ************************** /
void ePutstr(uchar x,uchar y,uchar j,uchar code * ptr){
    uchar i,l = 0;
    for (i = 0;i < j;i++){
        DispOneChar(x++,y,ptr[i]);
        if (x == 16){
            x = 0;y ^ = 1;
        }
    }
}
/ ************************** 5ms 延时函数 ************************** /
void Delay5Ms(void){
    uint i = 5552;
    while(i -- );
}
/ ************************** 400ms 延时函数 ************************** /
void Delay400Ms(void){
    uchar i = 5;
    uint j;
    while(i -- ){
        j = 7269;
        while(j -- );
    };
}
/ ************************** LCD 初始化函数 ************************** /
void LcdReset(void){
    LcdWriteCommand(0x38,0);              //显示模式设置(不检测忙信号)
        Delay5Ms();
    LcdWriteCommand(0x38,0);              //共 3 次
        Delay5Ms();
    LcdWriteCommand(0x38,0);
        Delay5Ms();
    LcdWriteCommand(0x38,1);              //显示模式设置(以后均检测忙信号)
    LcdWriteCommand(0x08,1);              //显示关闭
    LcdWriteCommand(0x01,1);              //显示清屏
    LcdWriteCommand(0x06,1);              //显示光标移动设置
    LcdWriteCommand(0x0c,1);              //显示开及光标设置
}
/ ************************** 主函数 ************************** /
void main(void){
    uchar temp;
    Delay400Ms();                        //启动时必需的延时,等待 LCD 进入工作状态
    LcdReset();                          //LCD 初始化
    temp = 32;
    Hz();
```

```
ePutstr(0,0,16,exampl);        //第一行从第 0 位开始显示 Hello Every Body
ePutstr(4,1,10,examp2);        //第二行从第 4 位开始显示 2015 年 5 月 26 日
while(1);
}
```

5.4.4　间接方式接口

点阵字符型 LCD 显示模块还可以采用间接控制方式与单片机进行接口,这种方式通过单片机的并行 I/O 端口引脚实现对 LCD 显示模块的间接控制。

图 5.22 给出了点阵字符型 LCD 显示模块与单片机间接方式接口的电路图,LCD 显示模块的 RS、R/W 和 E 信号分别由 8051 单片机的 P2.1、P2.2 和 P2.3 来控制。与直接方式不同,间接控制方式不是通过固定的接口地址,而是通过单片机 I/O 端口引脚来操作 LCD 显示模块,因此在编写驱动程序时要注意时序的配合。写操作时 E 信号的下降沿有效,工作时序上应先设置 RS、R/W 状态,再写入数据,然后产生 E 信号脉冲,最后复位 RS、R/W 状态。读操作时 E 信号的高电平有效,工作时序上应先设置 RS、R/W 状态,再设置 E 信号为高电平,再读取数据,然后将 E 信号设置为低电平,最后复位 RS、R/W 状态,程序编写时要特别注意工作时序的配合。例 5-10 列出了点阵字符型 LCD 模块间接方式接口的 C51 驱动程序。

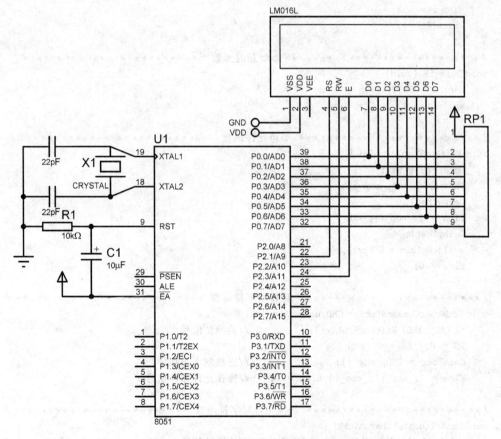

图 5.22　点阵字符型 LCD 显示模块与单片机的间接方式接口

【例 5-10】 点阵字符型 LCD 模块间接方式接口的 C51 驱动程序。

```c
#include <reg51.h>
#include <intrins.h>
#include <stdio.h>
#include <string.h>
#include <math.h>
#include <absacc.h>
#define   uchar unsigned char
#define uint unsigned int
#define DataPort P0                           //数据端口
#define Busy   0x80

sbit   RS   = P2^1;                           //LCD控制引脚定义
sbit   RW   = P2^2;
sbit   Elcm   = P2^3;

code char exampl[] = "Hello Every Body";
unsigned char tem1,t;
unsigned char c1 = 10;
/***************************** 1ms 延时函数 **************************** /
void Delay1Ms(void){
    uint i = 552;
    while(i--);
}
/***************************** 5ms 延时函数 **************************** /
void Delay5Ms(void){
    uint i = 5552;
    while(i--);
}
/*********************** 等待允许函数 **************************** /
void WaitForEnable(void) {
    DataPort = 0xff;
    RS = 0;RW = 1;_nop_();
    Delay1Ms();
    Elcm = 1;_nop_();_nop_();
    Delay1Ms();
    while(DataPort & Busy);
    Elcm = 0;
}
/*********************** 写控制字符函数 **************************** /
void LcdWriteCommand(uchar CMD,uchar AttribC) {
    if (AttribC) WaitForEnable();        //检测忙信号
    RS = 0;   RW = 0;_nop_();
    DataPort = CMD;_nop_();               //送控制字子程序
    Elcm = 1;_nop_();_nop_();Elcm = 0;    //操作允许脉冲信号
}
/*********************** 当前位置写字符函数 **************************** /
void LcdWriteData(char dataW) {
    WaitForEnable();                      //检测忙信号
    RS = 1;RW = 0;_nop_();
```

```c
    DataPort = dataW;_nop_();
    Elcm = 1;_nop_();_nop_();Elcm = 0;      //操作允许脉冲信号
}
/ *********************** 显示光标定位函数 *********************** /
void LocateXY(char posx,char posy) {
uchar temp;
    temp = posx & 0xf;
    posy &= 0x1;
    if (posy)temp |= 0x40;
    temp |= 0x80;
    LcdWriteCommand(temp,0);
}
/ *********************** 单字符显示函数 *********************** /
void DispOneChar(uchar x,uchar y,uchar Wdata) {
    LocateXY(x,y);                          //定位显示字符的 x,y 位置
    LcdWriteData(Wdata);                    //写字符
}
/ *********************** 显示字符串函数 *********************** /
void ePutstr(uchar x,uchar y,uchar j,uchar code * ptr){
    uchar i;
    for (i = 0;i < j;i++) {
        DispOneChar(x++,y,ptr[i]);
        if (x == 16){
            x = 0;y ^= 1;
        }
    }
}
/ *********************** LCD 初始化函数 *********************** /
void LcdReset(void) {
    LcdWriteCommand(0x38,0);                //显示模式设置(不检测忙信号)
        Delay5Ms();
    LcdWriteCommand(0x38,0);                //共 3 次
        Delay5Ms();
    LcdWriteCommand(0x38,0);
        Delay5Ms();
    LcdWriteCommand(0x38,1);                //显示模式设置(以后均检测忙信号)
    LcdWriteCommand(0x08,1);                //显示关闭
    LcdWriteCommand(0x01,1);                //显示清屏
    LcdWriteCommand(0x06,1);                //显示光标移动设置
    LcdWriteCommand(0x0c,1);                //显示开及光标设置
}
/ *********************** 400ms 延时函数 *********************** /
void Delay400Ms(void){
    uchar i = 5;
    uint j;
    while(i-- ){
        j = 7269;
        while(j-- );
    };
}
/ *********************** 主函数 *********************** /
```

```
void main(void){
    LcdReset();
    Delay400Ms();
    ePutstr(0,0,16,exampl);          //第一行从第 0 位开始显示 Hello Every Body
    while(1);
}
```

5.4.5 4 位数据总线接口

点阵字符型 LCD 显示模块以间接方式与单片机进行接口时,为了节省单片机的 I/O 端口,还可以采用 4 位数据总线,接口电路如图 5.23 所示。LCD 显示模块的 RS、RW 和 E 信号分别由单片机的 P2.0、P2.1 和 P2.2 控制,由于采用了 4 位数据总线,需要分两次向 LCD 传递数据。例 5-11 列出了点阵字符型 LCD 显示模块与单片机 4 位数据总线接口的 C51 驱动程序。

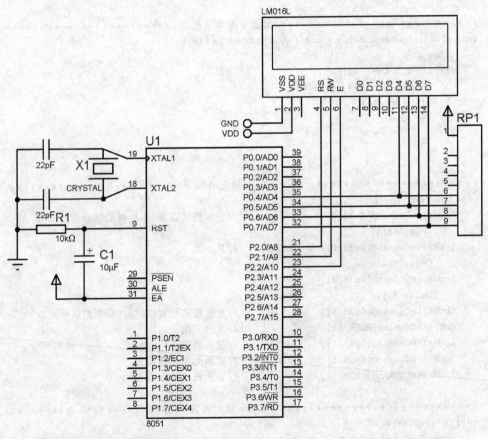

图 5.23 点阵字符型 LCD 显示模块与单片机的 4 位数据总线接口

【例 5-11】 点阵字符型 LCD 显示模块 4 位数据总线方式接口的 C51 驱动程序。

```
# include < STC15F2K. h>
# include < intrins. h>
# define   uchar unsigned char
# define uint unsigned int
```

```
sbit RS = P2 ^0;
sbit RW = P2 ^1;
sbit E  = P2 ^2;

code char examp1[ ] = {0x32,0x30,0x31,0x35,0x00,0x35,0x01,0x32,0x36,0x02};
code char Hzzimo[ ] = {0x08,0x0F,0x12,0x0F,0x0A,0x1F,0x02,0x00,      //"年"
                       0x0F,0x09,0x0F,0x09,0x0F,0x09,0x11,0x00,      //"月"
                       0x0F,0x09,0x09,0x0F,0x09,0x09,0x0F,0x00};     //"日"
/ *************************** 毫秒延时函数 *************************** /
void Delayms(){
    uchar i,j;
    i = 12;  j = 169;
    do{
        while ( -- j);
    } while ( -- i);
}
/ *************************** 延时函数 *************************** /
void Delay(uchar t){
    while( -- t) Delayms();
}
/ *************************** 写命令函数 *************************** /
void WriteCommand(uchar c){
 RS = 0;RW = 0;                                        //写指令
 E = 1;P0 = c;Delay(3);                                //写低 4 位
 E = 0;_nop_();
 E = 1;P0 = c << 4;Delay(3);                           //写高 4 位
 E = 0;
}
/ *************************** 写数据函数 *************************** /
void WriteData(uchar c){
 RS = 1;RW = 0;                                        //写数据
 E = 1;P0 = c;Delay(3);                                //写低 4 位
 E = 0;_nop_();
 E = 1;P0 = c << 4;Delay(3);                           //写高 4 位
 E = 0;
}
/ *************************** 显示光标定位函数 *************************** /
void LocateXY(char posx,char posy) {
uchar temp;
    temp = posx & 0xf;
    posy &= 0x1;
    if (posy)temp | = 0x40;
    temp | = 0x80;
    WriteCommand(temp);
}
/ *************************** 显示单个字符函数 *************************** /
void DispOneChar(uchar x,uchar y,uchar Wdata) {
    LocateXY(x,y);                          //定位显示字符的 x,y 位置
    WriteData(Wdata);                       //写字符
}
/ *************************** 显示字符串函数 *************************** /
void ePutstr(uchar x,uchar y,uchar j,uchar code * ptr){
    uchar i;
    for (i = 0;i < j;i++) {
        DispOneChar(x++,y,ptr[i]);
        if (x == 16){
            x = 0;y ^ = 1;
```

```
        }
     }
}
/ ************************** LCD 初始化函数 *************************** /
void InitLcd(){
  RS = 0;RW = 0;                           //写指令
  E = 1;P0 = 0x20;Delay(3);                //设置 4 位数据接口
  E = 0;
  WriteCommand(0x28);                      //显示方式
  WriteCommand(0x06);                      //显示光标移动设置
  WriteCommand(0x0c);                      //显示开及光标关设置
  WriteCommand(0x01);                      //清屏
}
/ ********************** 自定义汉字字符函数 *********************** /
void Hz(){
     uchar i;
     WriteCommand(0x40);
     for (i = 0;i < 24;i++){
          WriteData(Hzzimo[i]);
     }
}
/ ************************** 主函数 ***************************** /
void main(void){
  InitLcd();
  Delay(15);
  Hz();
  ePutstr(4,0,10,examp2);                  //第一行从第 4 位开始显示 2014 年 5 月 26 日
  ePutstr(0,1,16,"Lcd1602 test ok!");      //第二行从第 0 位开始显示英文字符
  while(1);
}
```

5.4.6 12864 点阵图形 LCD 显示模块

点阵字符型 LCD 显示模块只能显示英文字符和简单的汉字,要想显示较为复杂的汉字
或图形,就必须采用点阵图形 LCD 显示模块,本节介绍 12864 点阵图形 LCD 显示模块与单
片机的接口技术。12864LCD 显示模块内部控制器采用 KS0108 或 HD61202,图 5.24 所示
为其引脚排列。引脚功能如表 5.19 所示。

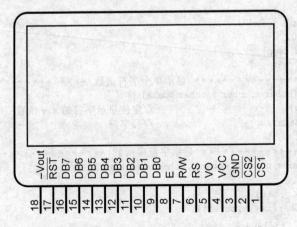

图 5.24 12864 点阵图形 LCD 显示模块引脚排列

表 5.19　12864 点阵图形 LCD 显示模块的引脚功能

引脚	符号	功 能	引脚	符号	功 能
1	$\overline{CS1}$	1：选择左边 64×64 点	7	RW	1：数据读取；0：数据写入
2	$\overline{CS2}$	1：选择右边 64×64 点	8	E	使能信号，负跳变有效
3	GND	地	9～16	DB0～DB7	数据信号
4	VCC	+5V 电源	17	$\overline{RST}$	复位，低电平有效
5	VO	显示驱动电源 0～5V	18	—Vout	LCD 驱动负电源
6	RS	1：数据输入；0：命令输入	有些模块 19、20 脚为空脚		

12864 点阵图形 LCD 内部存储器 DDRAM 与显示屏上的显示内容具有一一对应关系，用户只要将显示内容写入 12864 内部显示存储器 DDRAM 中，就能实现正确显示。12864 点阵图形 LCD 屏横向有 128 个点，纵向有 64 个点，分为左半屏和右半屏，DDRAM 与显示屏的对应关系如表 5.20 所示。

表 5.20　12864 LCD 内部 DDRAM 液晶显示屏的关系

	$\overline{CS1}$=1(左半屏)					$\overline{CS2}$=1(右半屏)					
Y=	0	1	…	62	63	0	1	…	62	63	行号
X=0	DB0 ↓ DB7	DB0 ↓ DB7	DB0 ↓ DB7	DB0 ↓ DB7	DB0 ↓ DB7	DB0 ↓ DB7	DB0 ↓ DB7	DB0 ↓ DB7	DB0 ↓ DB7	DB0 ↓ DB7	0 ↓ 7
X=1	DB0 ↓ DB7	DB0 ↓ DB7	DB0 ↓ DB7	DB0 ↓ DB7	DB0 ↓ DB7	DB0 ↓ DB7	DB0 ↓ DB7	DB0 ↓ DB7	DB0 ↓ DB7	DB0 ↓ DB7	8 ↓ 15
…	…	…	…	…	…	…	…	…	…	…	…
X=7	DB0 ↓ DB7	DB0 ↓ DB7	DB0 ↓ DB7	DB0 ↓ DB7	DB0 ↓ DB7	DB0 ↓ DB7	DB0 ↓ DB7	DB0 ↓ DB7	DB0 ↓ DB7	DB0 ↓ DB7	56 ↓ 63

在 12864 点阵图形 LCD 屏上显示图形或汉字时，可以利用字模提取软件获得图形或汉字的点阵代码。以"单"字 16×16 点阵显示为例，按纵向取模方式获得的字模点阵代码如下：

```
DB 000H,000H,000H,0F0H,052H,054H,050H,0F0H
DB 050H,054H,052H,0F0H,000H,000H,000H,000H
DB 000H,008H,008H,00BH,00AH,00AH,00AH,07FH
DB 00AH,00AH,00AH,00BH,008H,008H,000H,000H
```

字模点阵数据是纵向的，一个像素对应一个位。8 个像素对应一个字节，字节的位顺序是上低下高。例如从上到下 8 个点的状态是"＊-----＊-"（＊为黑点，-为白点），则转换的字模数据是 41H(01000001B)。显示时先输入汉字的上半部分 16 个数据，再输入下半部分 16 个数据。

12864 点阵图形 LCD 显示模块的指令功能比较简单，共有 8 条指令。

1. 读忙标志

编码格式为：

RS	R/W	E	D7	D6	D5	D4	D3	D2	D1	D0
0	1	1	BUSY	0	ON/OFF	RESET	0	0	0	0

其中 BUSY＝1,显示模块内部控制器忙,不能进行操作,只有 BUSY＝0 才允许进行操作。ON/OFF＝1,显示关闭；ON/OFF＝0,显示打开。RESET＝1,复位状态；RESET＝0,正常状态。在 BUSY 和 RESET 状态下,除读忙标志指令外,其他指令均不对液晶显示模块产生作用。

2. 写指令

编码格式为：

RS	R/W	E	D7	D6	D5	D4	D3	D2	D1	D0
0	0	下降沿				指令				

3. 写数据

编码格式为：

RS	R/W	E	D7	D6	D5	D4	D3	D2	D1	D0
1	0	下降沿				显示数据				

操作时每完成一个列地址,计数器自动加 1。

4. 显示开/关

编码格式为：

RS	R/W	D7	D6	D5	D4	D3	D2	D1	D0
0	0	0	0	1	1	1	1	1	D

其中 D＝1,显示 RAM 中的内容；DB0＝0,关闭显示。

5. 显示起始行

编码格式为：

RS	R/W	D7	D6	D5	D4	D3	D2	D1	D0
0	0	1	1		显示起始行(0～63)				

该指令规定显示屏上起始行对应 DDRAM 的行地址,有规律地改变显示起始行,可以实现显示滚屏的效果。

6. 页面地址

编码格式为：

RS	R/W	D7	D6	D5	D4	D3	D2	D1	D0
0	0	1	0	1	1	1	页面(0～7)		

DDRAM 共 64 行,分 8 页,每页 8 行。

7. 列地址

编码格式为：

RS	R/W	D7	D6	D5	D4	D3	D2	D1	D0
0	0	0	1	显示列地址(0~63)					

列地址计数器在每一次读/写数据后自动加1,每次操作后明确起始列的地址。设置了页面地址和列地址,就唯一确定了 DDRAM 中的一个单元,这样单片机就可以用读/写指令读出该单元中的内容或向该单元写进一个字节数据。

8. 读数据

编码格式为：

RS	R/W	D7	D6	D5	D4	D3	D2	D1	D0
1	1	显示数据							

该指令将 DDRAM 对应单元中的内容读出,然后列地址计数器自动加1。需要注意的是,进行读操作之前,必须有一次空读操作,紧接着再读才会读出所要求单元中的数据。

5.4.7　12864 LCD 与单片机的接口

单片机与 12864 图形 LCD 模块之间可以采用直接方式接口,也可以采用间接方式接口。

图 5.25 所示为采用间接方式实现的 8051 单片机与 12864 图形 LCD 模块的接口电路。LCD 模块的$\overline{CS1}$、CS2、RS、R/W 和 E 信号分别由 8051 单片机的 P2.0、P2.1、P2.2、P2.3 和 P2.4 来控制,由于间接控制方式需要通过单片机的端口引脚来操作液晶模块,因此在编写驱动程序时要特别注意时序的配合。例 5-12 给出了 12864 图形 LCD 模块间接方式接口的 C51 驱动程序。

【例 5-12】　12864 图形 LCD 模块的 C51 驱动程序。

```
# include < reg51.h >
# include < absacc.h >
# include < intrins.h >
# define uchar unsigned char
# define uint unsigned int
# define PORT P0

sbit CS1 = P2 ^ 0;
sbit CS2 = P2 ^ 1;
sbit RS = P2 ^ 2;
sbit RW = P2 ^ 3;
sbit E = P2 ^ 4;
sbit bflag = P0 ^ 7;

uchar code Num[ ] = {                      //字模点阵数据
0x00,0x00,0x00,0xF0,0x52,0x54,0x50,0xF0,   //单
0x50,0x54,0x52,0xF0,0x00,0x00,0x00,0x00,
```

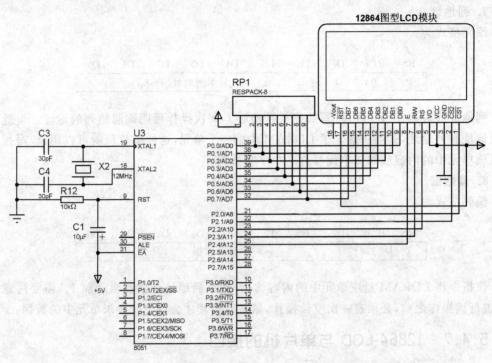

12864图型LCD模块

图 5.25　12864 图形 LCD 模块与单片机的间接方式接口

```
0x00,0x08,0x08,0x0B,0x0A,0x0A,0x0A,0x7F,
0x0A,0x0A,0x0A,0x0B,0x08,0x08,0x00,0x00,
0x00,0x00,0x00,0x00,0xFC,0x20,0x20,0x20,    //片
0x20,0x3E,0x20,0x20,0x20,0x30,0x20,0x00,
0x00,0x40,0x20,0x10,0x0F,0x01,0x01,0x01,
0x01,0x01,0x7F,0x00,0x00,0x00,0x00,0x00,
0x00,0x20,0x20,0xA0,0xFE,0xA0,0x20,0x00,    //机
0xFC,0x04,0x04,0xFE,0x04,0x00,0x00,0x00,
0x00,0x04,0x02,0x01,0x7F,0x40,0x21,0x10,
0x0F,0x00,0x00,0x3F,0x40,0x40,0x78,0x00,
0x00,0x00,0x00,0xFC,0x04,0x04,0xE4,0xA4,    //原
0xB4,0xAC,0xA4,0xA4,0xE4,0x06,0x04,0x00,
0x00,0x40,0x30,0x0F,0x20,0x10,0x0B,0x22,
0x42,0x3E,0x02,0x0A,0x13,0x30,0x00,0x00,
0x00,0x88,0x88,0xF8,0x88,0x88,0x00,0xFC,    //理
0x24,0x24,0xFC,0x24,0x24,0xFE,0x04,0x00,
0x00,0x10,0x30,0x1F,0x08,0x48,0x40,0x4B,
0x49,0x49,0x7F,0x49,0x49,0x6B,0x40,0x00,
0x00,0x00,0x00,0xC0,0xBE,0x90,0x90,0x90,    //与
0x90,0x90,0x90,0xD0,0x98,0x10,0x00,0x00,
0x00,0x04,0x04,0x04,0x04,0x04,0x04,0x04,
0x24,0x44,0x20,0x1F,0x00,0x00,0x00,0x00,
0x00,0x00,0x00,0xF8,0x08,0x88,0x08,0x2A,    //应
0x4C,0x88,0x08,0x08,0x08,0xCC,0x08,0x00,
0x00,0x40,0x30,0x0F,0x20,0x20,0x23,0x2C,
0x20,0x23,0x30,0x2C,0x23,0x30,0x20,0x00,
0x00,0x00,0x00,0xFC,0x24,0x24,0x24,0x24,    //用
```

```
0xFC,0x24,0x24,0x24,0xFE,0x04,0x00,0x00,
0x00,0x40,0x30,0x0F,0x02,0x02,0x02,0x02,
0x7F,0x02,0x22,0x42,0x3F,0x00,0x00,0x00
};
```

```
//清左半屏
void Left(){
    CS1 = 0;CS2 = 1;
}
//清右半屏
void Right(){
    CS1 = 1;CS2 = 0;
}
//判忙
void Busy_12864(){
    do{
        E = 0;RS = 0;RW = 1;
        PORT = 0xff;
        E = 1;E = 0;}while(bflag);
}
//命令写入
void Wreg(uchar c){
    Busy_12864();
    RS = 0;RW = 0;
    PORT = c;
    E = 1;  E = 0;
}
//数据写入
void Wdata(uchar c){
    Busy_12864();
    RS = 1;RW = 0;
    PORT = c;
    E = 1;  E = 0;
}
//设置显示初始页
void Pagefirst(uchar c){
    uchar i = c;
    c = i|0xb8;
    Busy_12864();
    Wreg(c);
}
//设置显示初始列
void Linefirst(uchar c){
    uchar i = c;
    c = i|0x40;
    Busy_12864();
    Wreg(c);
}
//清屏
void Ready_12864(){
    uint i,j;
```

```
        Left();
        Wreg(0x3f);
        Right();
        Wreg(0x3f);
        Left();
        for(i = 0;i < 8;i++){
            Pagefirst(i);
            Linefirst(0x00);
            for(j = 0;j < 64;j++){
                Wdata(0x00);
            }
        }
        Right();
        for(i = 0;i < 8;i++){
            Pagefirst(i);
            Linefirst(0x00);
            for(j = 0;j < 64;j++){
                Wdata(0x00);
            }
        }
    }
//16×16汉字显示,纵向取模,字节倒序
void Display(uchar * s,uchar page,uchar line){
    uchar i,j;
    Pagefirst(page);
    Linefirst(line);
    for(i = 0;i < 16;i++){
        Wdata( * s);s++;
    }
    Pagefirst(page + 1);
    Linefirst(line);
    for(j = 0;j < 16;j++){
        Wdata( * s);s++;
    }
}
//主函数
main(){
    Ready_12864();
    Left();
    Display(Num,0x03,0);
    Display(Num + 32,0x03,16);
    Display(Num + 64,0x03,32);
    Display(Num + 96,0x03,48);
    Right();
    Display(Num + 128,0x03,64);
    Display(Num + 160,0x03,80);
    Display(Num + 192,0x03,96);
    Display(Num + 224,0x03,112);
    while(1);
}
```

5.4.8 T6963C 点阵图形 LCD 显示模块

内置 T6963C 的点阵图形 LCD 是较为常用且品种较多的一类点阵图形液晶显示模块，T6963C 是日本东芝公司的产品，它最大的特点是具有硬件初始值设置功能，其初始化工作在加电时就已经基本完成，设计者开发软件的主要精力可以全部用于显示画面的设计上。T6963C 内置有 128 种 5×8 点阵的 ASCII 字符发生器 CGROM，并允许在显示存储器内开辟一个用户自定义的 8×8 点阵字模库 CGRAM。T6963C 可以管理 64KB 的显示存储器，它可以把显示存储器分成文本显示区、图形显示区以及自定义字符库区等。

图 5.26 所示为内置 T6963C 点阵图形 LCD 模块引脚排列，其功能如表 5.21 所示。

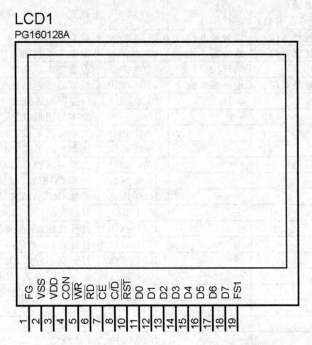

图 5.26 内置 T6963C 图形液晶模块引脚排列

表 5.21 内置 T6963C 图形液晶模块的引脚功能

引脚	功　能
FG	显示屏框夹外壳地接地
VSS	电源地
VDD	＋5V 电源
CON	对比度调节负电压输入
$\overline{WR}$	数据写入，低电平有效
$\overline{RD}$	数据读出，低电平有效
$\overline{CE}$	片选端，低电平有效
C/$\overline{D}$	通道选择端，C/$\overline{D}$=1 为命令通道，C/$\overline{D}$=0 为数据通道
$\overline{RST}$	复位信号，RST=1 为正常工作，RST=0 为初始化 T6963C，文本和图形的地址、文本和图形区域设定被保持
D0～D7	数据总线
FS1	字体选择：FS = 1，选择 6×8 点阵字体；FS=0，选择 8×8 点阵字体

T6963C 提供两种命令形式：带参数命令和无参数命令。带参数命令中的参数需要在命令编码之前输入，格式如下：

参数1　参数2　命令编码

无参数命令只要给出命令编码即可。表 5.22 给出了 T6963C 的全部命令编码。

表 5.22　T6963C 的命令编码

命令	参数1	参数2	编码	功能
寄存器设置	水平位置 （低7位有效）	垂直位置 （低5位有效）	0010 0001	设置光标位置
	偏置地址 （低5位有效）	00H	0010 0010	设置 CGRAM 偏置地址
	地址低8位	地址高8位	0010 0100	设置显示地址
显示区域设置	地址低8位	地址高8位	0100 0000	设置文本起始地址
	列	00H	0100 0001	设置文本区宽度
	地址低8位	地址高8位	0100 0010	设置图形起始地址
	列	00H	0100 0011	设置图形区宽度
模式设定	—	—	1000 x000	文本与图形以"或"关系合成显示
	—	—	1000 x001	文本与图形以"异或"关系合成显示
	—	—	1000 x010	文本与图形以"与"关系合成显示
	—	—	1000 x011	文本显示特征以双字节表示
	—	—	1000 0xxx	内部 CGROM 模式
模式设定			1000 1xxx	外部 CGRAM 模式
显示模式	—	—	1001 0000	显示关闭
	—	—	1001 xx10	打开光标，黑色关闭
	—	—	1001 xx11	打开光标，黑色显示
	—	—	1001 01xx	打开文本方式，关闭图形方式
	—	—	1001 10xx	关闭文本方式，打开图形方式
	—	—	1001 11xx	图形文本混合方式
光标形式	—	—	1010 0000	1 条线
	—	—	1010 0001	2 条线
			1010 0010	3 条线
			1010 0011	4 条线
			1010 0100	5 条线
			1010 0101	6 条线
			1010 0110	7 条线
			1010 0111	8 条线
数据自动读/写			1011 0000	数据自动写入设定
	—	—	1011 0001	数据自动读出设定
			1011 0000	自动复位
数据读/写	—	—	1100 0000	数据写入，地址自动增量
			1100 0001	数据读出，地址自动增量
			1100 0010	数据写入，地址自动减量
			1100 0011	数据读出，地址自动减量
			1100 0100	数据写入，地址保持不变
			1100 0101	数据读出，地址保持不变
屏幕读取	—	—	1110 0000	读取屏幕显示数据
屏幕复制	—	—	1110 1000	复制屏幕显示数据

续表

命令	参数 1	参数 2	编码	功能
	—	—	1111 0xxx	位清"0"
	—	—	1111 1xxx	位置"1"
	—	—	1111 x000	位 0
	—	—	1111 x001	位 1
位操作	—	—	1111 x010	位 2
	—	—	1111 x011	位 3
	—	—	1111 x100	位 4
	—	—	1111 x101	位 5
	—	—	1111 x110	位 6
	—	—	1111 x111	位 7

注：表中参数栏的"—"表示无参数。

T6963C 提供一个状态字,格式如下：

S7	S6	S5	S4	S3	S2	S1	S0

其中各位的含义如表 5.23 所示。

表 5.23　T6963C 状态字的含义

状 态 位	含 义
S0	命令读/写状态,S0＝1 为准备好,S0＝0 为忙
S1	数据读/写状态,S1＝1 为准备好,S1＝0 为忙
S2	数据自动读状态,S2＝1 为准备好,S2＝0 为忙
S3	数据自动写状态,S3＝1 为准备好,S3＝0 为忙
S4	未用
S5	控制器运行检测可能性,S5＝1 为可能,S5＝0 为不能
S6	屏幕读取/屏幕复制出错状态,S6＝1 为出错,S6＝0 为正确
S7	闪烁状态检测,S7＝1 为显示,S7＝0 为关闭

这些标识位各有各的应用场合,并非同时有效。CPU 在写命令一次读/写数据时,S0 和 S1 要同时有效,即"准备好"状态。当 CPU 采用自动读/写功能时,S2 或 S3 将取代 S0 和 S1 作为忙标志。S6 是考察 T6963C 屏幕读取和屏幕复制命令执行情况的标志位。S5 和 S7 表示控制器内部的运行状态,T6963C 应用时不会使用它们。对 T6963C 进行每一次软件操作之前都要判读忙标志,只有在不忙(即"准备好")状态下 CPU 对 T6963C 的操作才有效。T6963C 的读/写时序如图 5.27 所示。

5.4.9　T6963C LCD 与单片机的接口

图 5.28 所示为 T6963 点阵图形 LCD 模块与单片机的一种接口电路。LCD 模块的 C/$\overline{\text{D}}$、$\overline{\text{CE}}$、$\overline{\text{RD}}$和$\overline{\text{WR}}$信号分别由 8051 单片机的 P3.3、P3.5、P3.6 和 P3.7 来间接控制,由于需要通过单片机的端口引脚来操作 LCD 显示模块,因此在编写驱动程序时要特别注意时序的配合。例 5-13 给出了 T6963 图形 LCD 模块的 C51 驱动程序。

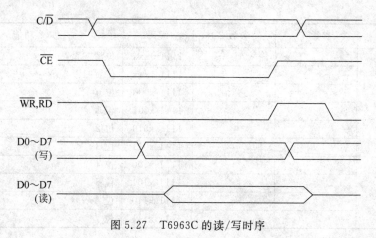

图 5.27　T6963C 的读/写时序

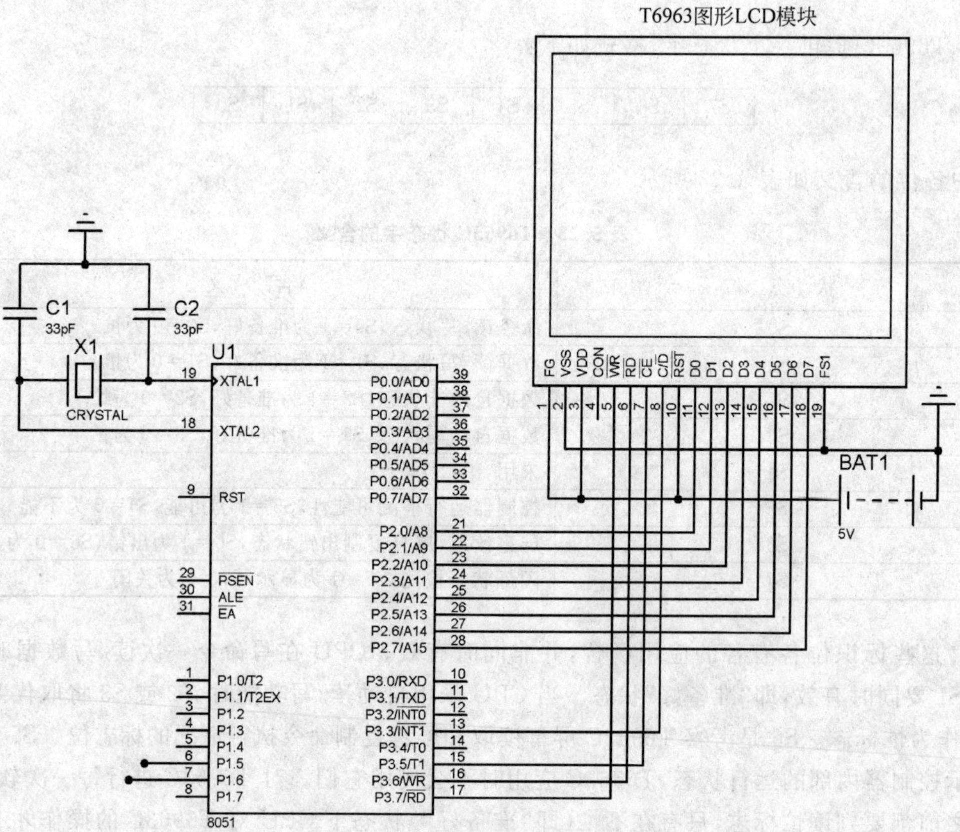

图 5.28　T6963 点阵图形 LCD 模块与单片机的接口电路

【例 5-13】　T6963 图形 LCD 模块的 C51 驱动程序。

```
# include < reg51. h >
# include < tg. h >
# define uchar unsigned char
# define uint unsigned int
# define High 1
```

```
#define Low 0

uchar data_display[12] = {0};
uchar Etable[] = {0x37,0x45,0x4c,0x43,0x4f,0x4d,0x45,0x00,0x35,
0x53,0x45,0x34,0x16,0x19,0x16,0x13,0x23};
Uchar code exprt1[11] =
    {0x80,0x82,0x00,0x84,0x86,0x00,0x88,0x8a,0x00,0x8c,0x8e};
Uchar code exprt3[11] =
    {0x81,0x83,0x00,0x85,0x87,0x00,0x89,0x8b,0x00,0x8d,0x8f};
uchar code exprt2[18] = {0x90,0x92,0x94,0x96,0x98,0x9a,0x9c,
0x9e,0xa0,0xa2,0xa4,0xa6,0xa8,0xaa,0xac,0xae,0xb0,0xb2};
uchar code exprt4[18] = {0x91,0x93,0x95,0x97,0x99,0x9b,0x9d,
0x9f,0xa1,0xa3,0xa5,0xa7,0xa9,0xab,0xad,0xaf,0xb1,0xb3};
uchar code exprt5[12] =
    {0xb4,0xb6,0xbc,0xbe,0xc0,0xc2,0xc4,0xc6,0xc8,0xca,0xcc,0xce};
uchar code exprt7[12] =
    {0xb5,0xb7,0xbd,0xbf,0xc1,0xc3,0xc5,0xc7,0xc9,0xcb,0xcd,0xcf};
uchar code exprt6[12] =
    {0xb8,0xba,0xbc,0xbe,0xc0,0xc2,0xc4,0xc6,0xc8,0xca,0xcc,0xce};
uchar code exprt8[12] =
    {0xb9,0xbb,0xbd,0xbf,0xc1,0xc3,0xc5,0xc7,0xc9,0xcb,0xcd,0xcf};
sbit cd = P3^3;
sbit ce = P3^5;
sbit rd = P3^6;
sbit wr = P3^7;
sbit cs = P1^7;
sbit sclk = P1^6;
sbit dout = P1^5;
sbit cs1 = P1^3;
/****************************** 延时函数 ******************************/
void Delay_nms(uchar n){
    uchar a;
  for(;n>0;n--){
     for(a=0;a<200;a++) {
       };
    };
}
/****************************** 检查 s0s1 函数 ******************************/
void Check_s0s1(void) {
    uchar temp = 0;
    ce = Low;
    while(1) {
        P2 = 0xff;
        cd = High;
        rd = Low;
        wr = High;
            rd = High;
            temp = P2;
    if((temp&0x03) == 0x03)  break;
    };
    ce = High;
```

```
}
/ **************************** 检查 s3 函数 **************************** /
void Check_s3(void) {
    uchar temp = 0;
    ce = Low;
    while(1) {
      P2 = 0xff;
      cd = High;
      rd = Low;
      wr = High;
       rd = High;
       temp = P2;
      if((temp&0x04) == 0x04)   break;
    };
    ce = High;
}
/ **************************** 命令写入函数 **************************** /
void Write_command(uchar command) {
        cd = High;
        ce = Low;
        wr = Low;
        P2 = command;
        wr = High;
}
/ **************************** 数据写入函数 **************************** /
void Write_data(uchar ucdata) {
        cd = Low;
        ce = Low;
        wr = Low;
        P2 = ucdata;
        wr = High;
}
/ **************************** 自动数据写入函数 **************************** /
void Auto_writedata(uchar * auto_pointer, uint length) {
        uint a;
        Check_s0s1();                          //状态检测
        Write_command(0xb0);                   //连续写入开始
        for(a = 0;a < length;a++) {
            Check_s3();                        //状态检测
            Write_data( * (auto_pointer + a));
        };
        Check_s0s1();                          //状态检测
        Write_command(0xb2);                   //连续写入结束
}
/ **************************** 单参数命令函数 **************************** /
void Single_parameter_cmd(uchar sdata, uchar command2) {
        Check_s0s1();
        Write_data(sdata);
        Check_s0s1();
        Write_command(command2);
}
```

```
/ ************************* 双参数命令函数 ************************* /
void Two_parameter_cmd(uchar tdata1,uchar tdata2,uchar command3) {
        Check_s0s1();
        Write_data(tdata1);
        Check_s0s1();
        Write_data(tdata2);
        Check_s0s1();
        Write_command(command3);
}
/ ************************* 清除 RAM 函数 ************************* /
void Clear_RAM(void) {
        uint cloop;
        Two_parameter_cmd(0x00,0x00,0x24);
        for(cloop = 0;cloop < 0x3000;cloop++)
        Single_parameter_cmd(0,0xc0);
}
/ ********************* T6963 初始化函数 ********************* /
void T6963c_initialize(void) {
        Clear_RAM();
        Two_parameter_cmd(0x00,0x00,0x40);        //设置文本起始位置
        Two_parameter_cmd(0x14,0x00,0x41);        //设置宽度
        Two_parameter_cmd(0x00,0x08,0x42);        //设置图形起始位置
        Two_parameter_cmd(0x14,0x00,0x43);        //设置宽度
        Check_s0s1();
        Write_command(0x80);                      //使用内部 ROM
        Check_s0s1();
        Write_command(0xa0);                      //光标大小
        Check_s0s1();
        Write_command(0x94);                      //开启文本显示
}
/ ************************* 设置 CGRAM 函数 ************************* /
void Set_CGRAM(void){
        Two_parameter_cmd(0x05,0x00,0x22);        //设置偏置寄存器
        Two_parameter_cmd(0x00,0x2c,0x24);        //设置访问地址
        Auto_writedata(Ctable,672);               //设置 CGRAM 字符内容
}
/ ************************* 文本显示函数 ************************* /
void Textdisplay(void) {
    uchar i = 0;
//英文显示
    Two_parameter_cmd(45,0x00,0x24);              //显示位置
        for(i = 0;i < 11;i++) {
            Single_parameter_cmd(Etable[i],0xc0);   //显示内容
            Delay_nms(40);
        }
        Two_parameter_cmd(87,0x00,0x24);
        for(i = 11;i < 16;i++) {
            Single_parameter_cmd(Etable[i],0xc0);
            Delay_nms(40);
        }
//中文显示
```

```
        Two_parameter_cmd(145,0x00,0x24);
        for(i = 0; i < 11; i++) {
            Single_parameter_cmd(exprt1[i],0xc0);
            Delay_nms(10);
        }
        Two_parameter_cmd(165,0x00,0x24);
        for(i = 0; i < 11; i++) {
            Single_parameter_cmd(exprt3[i],0xc0);
            Delay_nms(10);
        }
        Two_parameter_cmd(201,0x00,0x24);
        for(i = 0; i < 18; i++) {
            Single_parameter_cmd(exprt2[i],0xc0);
            Delay_nms(10);
        }
        Two_parameter_cmd(221,0x00,0x24);
        for(i = 0; i < 18; i++) {
            Single_parameter_cmd(exprt4[i],0xc0);
            Delay_nms(10);
        }
        Two_parameter_cmd(89,0x01,0x24);
        for(i = 0; i < 11; i++)
            Single_parameter_cmd(Etable[i],0xc0);
        Two_parameter_cmd(131,0x01,0x24);
        for(i = 11; i < 16; i++)
            Single_parameter_cmd(Etable[i],0xc0);
    //中文显示
        Two_parameter_cmd(189,0x01,0x24);
        for(i = 0; i < 11; i++)
            Single_parameter_cmd(exprt1[i],0xc0);
        Two_parameter_cmd(209,0x01,0x24);
        for(i = 0; i < 11; i++)
            Single_parameter_cmd(exprt3[i],0xc0);
        Two_parameter_cmd(245,0x01,0x24);
        for(i = 0; i < 18; i++)
            Single_parameter_cmd(exprt2[i],0xc0);
        Two_parameter_cmd(0x09,0x02,0x24);
        for(i = 0; i < 18; i++)
            Single_parameter_cmd(exprt4[i],0xc0);
}
/ *************************** 图形显示函数 *************************** /
void Graphic_display(void) {
        Two_parameter_cmd(0xa0,0x08,0x24);      //图形显示位置
        Auto_writedata(Graphic1,2400);          //图形显示内容
        Two_parameter_cmd(0xa0,0x12,0x24);
        Auto_writedata(Graphic1,2400);
        Two_parameter_cmd(0xc0,0x1a,0x24);      //向上滚动显示
        Auto_writedata(Graphic1,2400);
}
/ *********************** 文本右滚显示函数 *********************** /
void Textscroll_right(void) {
```

```
        uchar rloop = 0;
        for(rloop = 20;rloop > 0;rloop -- ) {
            Two_parameter_cmd(rloop,0x00,0x40);
            Delay_nms(250);
        }
}
/ ********************* 文本上滚显示函数 *************************** /
void Textscroll_up(void) {
    uchar uloop = 0;
        uint up_address;
        for(uloop = 0;uloop < 15;uloop++) {
            up_address = uloop * 20;
            Two_parameter_cmd(up_address&0x00ff,(up_address&0xff00)>> 8,0x40);
            Delay_nms(250);
        }
}
/ ********************* 图形左滚显示函数 *********************** /
void Graphic_scroll_left(void) {
    uint Glloop;
    for(Glloop = 0;Glloop < 40;Glloop++){      //滚动的页数
        Two_parameter_cmd(Glloop,0x08,0x42);
        Delay_nms(250);
    }
}
/ ********************* 主函数 *************************** /
main() {
  cs = High;
  cs1 = High;
  T6963c_initialize();
  Set_CGRAM();
  Textdisplay();
  Textscroll_up();
  Textscroll_right();
  Write_command(0x98);
  Graphic_display();
  Graphic_scroll_left();
  while(1);
}
```

复习思考题

1. 分别画出共阴极和共阳极的 7 段 LED 电路连接图,列出段码表。

2. 采用 8051 单片机 P1 口驱动 1 个共阴极 7 段 LED 数码管,循环显示数字 0~9,画出原理电路图,编写驱动程序。

3. 采用 8051 单片机 P1 口和 P3 口设计一个 8 位共阴极 7 段 LED 数码管动态显示接口,画出原理电路图,编写驱动程序。

4. 采用 8051 单片机和 74HC595 设计一个 8 位共阴极 7 段 LED 数码管显示接口,画出原理电路图,编写驱动程序。

5. 设计一个 8051 单片机与 MAX7219 实现的 8 位共阴极 7 段 LED 数码管显示接口,画出原理电路图,编写驱动程序。

6. 编码键盘与非编码键盘各有什么特点?

7. 键盘接口需要解决哪几个主要问题? 什么是按键弹跳? 如何解决按键弹跳的问题? 试画出硬件反弹跳电路和软件反弹跳流程。

8. 采用 8051 单片机 P1 口驱动 1 个共阴极 7 段 LED 数码管,P3 口连接 8 个独立按键,分别控制数码管显示数字 0~9,画出原理电路图,编写驱动程序。

9. 简述行扫描式非编码键盘的工作原理。

10. 利用单片机的 P1 口实现矩阵扫描键盘及 LED 数码管显示接口功能,画出原理电路图,编写驱动程序。

11. 简述键盘、显示器接口芯片 8279 各个主要组成模块的功能。

12. 采用 8051 单片机和 8279 芯片设计一个 4×4 行扫描式非编码键盘和共阴极数码管显示接口电路,要求实现按数字顺序排列的键值,有键按下时在数码管上显示相应键值,画出原理电路图,编写出 8279 初始化、显示器更新及键盘输入中断子程序。

13. 简述 LCD 显示器的工作原理。

14. 采用直接接口方式设计一个字符型 LCD 模块与 8051 单片机的接口电路,要求两行,第一行显示英文字符串 Hello World,第二行显示中文字符“上”、“中”、“下”,画出原理电路图,编写显示驱动程序。

15. 采用间接接口方式设计一个 12864 图形 LCD 模块与 8051 单片机的接口电路,要求第一行显示英文字符串“8051 MCU”,第二行显示中文字符“单片机 8051”,画出原理电路图,编写显示驱动程序。

16. 设计一个 T6963 图形 LCD 模块与 8051 单片机的接口电路,要求能够分屏显示英文、中文和图形,画出原理电路图,编写显示驱动程序。

第6章

CHAPTER 6

中 断 系 统

6.1 中断的概念

单片机与外部设备之间的数据交换可以采用两种方式,即查询方式和中断方式。查询方式传送数据也称为条件传送,主要用于解决外部设备与 CPU 之间的速度匹配问题。在这种传送方式中,不论是输入还是输出,都是以计算机为主动的一方。为了保证数据传送的正确性,单片机在传送数据之前,首先要查询外部设备是否处于"准备好"状态,对于输入操作,需要知道外设是否已把要输入的数据准备好了;对于输出操作,需要知道外设是否已把上一次单片机输出的数据处理完毕。只有通过查询确信外设已处于"准备好"状态,单片机才能发出访问外设的指令,实现数据交换。查询方式的优点是通用性好,可以用于各类外部设备和 CPU 之间的数据传送;缺点是需要有一个等待查询过程,CPU 在等待查询期间不能进行其他操作,从而导致单片机工作效率降低。

中断方式传送数据具有可以有效提高单片机工作效率,适合于实时控制系统等优点,因而更为常用。当 CPU 正在处理某件事情的时候,外部发生的某一事件(如电平的改变、脉冲边沿跳变、定时器/计数器溢出等)请求 CPU 迅速去处理,于是 CPU 暂时中断当前的工作,转去处理所发生的事件。处理完该事件以后,再回到原来被中断的地方,继续原来的工作。这样的过程称为中断。中断流程如图 6.1 所示。

单片机中实现中断功能的部件称为中断系统,也就是中断管理系统。产生中断的请求源称为中断源,中断源向 CPU 发出的请求称为中断申请,CPU 暂停当前的工作转去处理中断源事件称为中断响应,对整个事件的处理过程称为中断服务,事件处理完毕 CPU 返回被中断的地方称为中断返回。

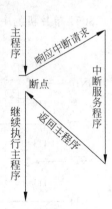

图 6.1 中断流程

与查询方式不同,中断方式是外设主动提出数据传送的请求,CPU 在收到这个请求以前,一直在执行主程序,只是在收到外设希望进行数据传送的请求之后,才中断原有主程序的执行,暂时去与外设交换数据,数据交换完毕立即返回主程序继续执行。中断方式完全消除了 CPU 在查询方式中的等待现象,大大提高了 CPU 的工作效率。中断方式的一个重要应用领域是实时控制。将从现场采集到的数据通过中断方式及时传送给 CPU,经过处理后就可立即做出响应,实现现场实时控制。

8051 单片机可以接受的中断申请一般不止一个,对于这些不止一个的中断源进行管理,就是中断系统的任务。这些任务一般包括以下几方面。

1. 开中断或关中断

中断的开放或关闭可以通过指令对相关特殊功能寄存器的操作来实现,这是 CPU 能否接受中断申请的关键,只有在开中断的情况下,才有可能接受中断源的申请。

2. 中断排队

8051 单片机是一个多中断源系统,在开中断的条件下,如果有若干个中断申请同时发生,就需要决定先对哪一个中断申请进行响应,这就是中断排队的问题,也就是要对各个中断源作一个优先级排序,单片机先响应优先级别高的中断申请。

3. 中断响应

单片机在响应了中断源的申请时,应使 CPU 从主程序转去执行中断服务子程序,同时要把断点地址送入堆栈进行保护,以便在执行完中断服务子程序后能返回到原来的断点继续执行主程序,断点地址入栈是由单片机内部硬件自动完成的,中断系统还要能确定各个被响应中断源的中断服务子程序的入口。

4. 中断撤除

在响应中断申请以后,返回主程序之前,中断申请应该撤除,否则就等于中断申请仍然存在,这将影响对其他中断申请的响应。8051 单片机内部硬件只能对一部分中断申请在响应之后自动撤除,这一点在使用中一定要注意。

6.2　中断系统结构与中断控制

8051 单片机的中断系统结构如图 6.2 所示。

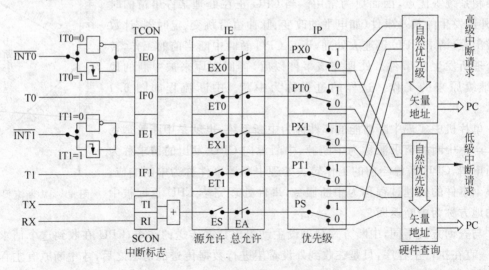

图 6.2　中断系统结构

从图 6.2 中可见,8051 单片机有 5 个中断请求源,4 个用于中断控制的寄存器 IE、IP、TCON 和 SCON,用来控制中断的类型、中断的开/关和各种中断源的优先级别。5 个中断源有 2 个中断优先级,每个中断源可编程为高优先级或低优先级中断,实现二级中断服务程序嵌套。

从面向用户的角度来看,8051 单片机的中断系统就是如下几个特殊功能寄存器:定时器控制寄存器 TCON;串行口控制寄存器 SCON;中断允许寄存器 IE;中断优先级寄存器 IP。

其中 TCON 和 SCON 只有一部分位是用于中断控制。通过对以上各特殊功能寄存器中相应位的置"1"或清"0",可实现各种中断控制功能。

8051 单片机是个多中断源系统,有 5 个中断源,即 2 个外部中断、2 个定时器/计数器中断和 1 个串行口中断。

两个外部中断源分别从 $\overline{INT0}$(P3.2)和 $\overline{INT1}$(P3.3)引脚输入,外部中断请求信号可以有两种方式,即电平触发方式和负边沿触发方式。若是电平触发方式,只要在 $\overline{INT0}$ 或 $\overline{INT1}$ 引脚上检测到低电平信号即为有效的中断申请。若是负边沿触发方式,则需在 $\overline{INT0}$ 或 $\overline{INT1}$ 引脚上检测到从"1"到"0"的负边沿跳变,才属于有效申请。

两个定时器/计数器中断是当 T0 或 T1 溢出(由全"1"进入全"0")时发出的中断申请,属于内部中断。

串行口中断也属于内部中断,它是在串行口每接收或发送完一组串行数据后自动发出的中断申请。

CPU 在检测到有效的中断申请后,使某些相应的标志位置"1",CPU 在下一个机器周期检测这些标志以决定是否要响应中断。这些标志位分别对应于特殊功能寄存器 TCON 和 SCON 的相应位。

1. 定时器控制寄存器 TCON

TCON 寄存器的地址为 88H,其中各位都可以位寻址,位地址为 88H~8FH。TCON 寄存器中与中断有关的各控制位分布如下:

D7	D6	D5	D4	D3	D2	D1	D0
TF1		TF0		IE1	IT1	IE0	IT0

其中各控制位的含义如下。

① IT0:选择外中断 $\overline{INT0}$ 的中断触发方式。IT0＝0 为电平触发方式,低电平有效。IT0＝1 为负边沿触发方式,$\overline{INT0}$ 脚上的负跳变有效。IT0 的状态可以用指令来置"1"或清"0"。

② IE0:外中断 $\overline{INT0}$ 的中断申请标志。当检测到 $\overline{INT0}$ 上存在有效中断申请时,由内部硬件使 IE0 置"1"。当 CPU 转向中断服务时,由内部硬件将 IE0 清"0"。

③ IT1:选择外中断 $\overline{INT1}$ 的触发方式,功能与 IT0 类似。

④ IE1:外部中断 $\overline{INT1}$ 的中断申请标志,功能与 IE0 相同。

⑤ TF0:定时器/计数器 T0 溢出中断申请标志。当 T0 溢出时,由内部硬件将 TF0 置"1",当 CPU 转向中断服务时,由内部硬件将 TF0 清"0"。

⑥ TF1:定时器 1 溢出中断申请标志,功能与 TF0 相同。

由此可见,外部中断和定时器/计数器溢出中断的申请标志,在 CPU 响应中断之后能够自动撤除。

2. 串行口控制寄存器 SCON

8051 单片机串行口的中断申请标志位于特殊功能寄存器 SCON 中,SCON 寄存器的地址为 98H,其中各位都可以位寻址,位地址为 98H~9FH。串行口的中断申请标志只占用 SCON 中的两位,分布如下:

D7	D6	D5	D4	D3	D2	D1	D0
						TI	RI

其中各控制位的含义如下。

① RI:接收中断标志,当接收完一帧串行数据后置"1",必须由软件清"0"。

② TI:发送中断标志。当发送完一帧串行数据后置"1",必须由软件清"0"。

串行口的中断申请标志是由 TI 和 RI 相或以后产生的,并且串行口中断申请在得到 CPU 响应之后不会自动撤除,必须通过软件程序撤除。

3. 中断允许寄存器 IE

8051 单片机中断的开放和关闭是由特殊功能寄存器 IE 来实现两级控制的。所谓两级控制是指在寄存器 IE 中有一个总允许位 EA,当 EA=0 时,就关闭所有的中断申请,CPU 不响应任何中断申请。而当 EA=1 时,对各中断源的申请是否开放,还要看各中断源的中断允许位的状态。

中断允许寄存器 IE 的地址为 A8H,其中各位都可以位寻址,位地址为 A8H~AFH。总允许位 EA 和各中断源允许位在 IE 寄存器中的分布如下:

D7	D6	D5	D4	D3	D2	D1	D0
EA			ES	ET1	EX1	ET0	EX0

其中各控制位的含义如下。

① EX0:外部中断 0($\overline{\text{INT0}}$)的中断允许位。EX0=1,允许中断;EX0=0,不允许中断。

② ET0:定时器/计数器 T0 的溢出中断允许位。ET0=1,允许中断;ET0=0,不允许中断。

③ EX1:外部中断 1($\overline{\text{INT1}}$)的中断允许位。EX1=1,允许外部中断 1 申请中断;EX1=0则不允许中断。

④ ET1:定时器/计数器 T1 的溢出中断允许位。ET1=1,允许 T1 溢出中断;ET1=0,则不允许 T1 溢出中断。

⑤ ES:串行口中断源允许位。ES=1,串行口开中断;ES=0,串行口关中断。

⑥ EA:中断总允许位。EA=0 时,CPU 关闭所有的中断申请,只有 EA=1 时,才能允许各个中断源的中断申请,但还要取决于各中断源中断允许控制位的状态。

8051 单片机在复位时,IE 各位的状态都为 0,所以 CPU 是处于关中断的状态。对于串行口来说,其中断请求在被响应之后,CPU 不能自动清除其中断标志,在这些情况下要注意用指令来实现中断的开放或关闭,以便进行各种中断处理。

4. 中断优先级寄存器 IP

8051 单片机的中断系统具有两个中断优先级,对于每一个中断请求源可编程为高优先级或低优先级中断,以实现两级中断嵌套。每个中断源的优先级别由特殊功能寄存器 IP 来管理。

IP 寄存器的地址为 B8H,其中各控制位是可以位寻址的,位地址为 B8H~BCH。IP 寄存器中各控制位分布如下:

D7	D6	D5	D4	D3	D2	D1	D0
			PS	PT1	PX1	PT0	PX0

其中各位的含义如下。

① PX0:外部中断$\overline{\text{INT0}}$中断优先级控制位。

② PT0:定时器/计数器 T0 中断优先级控制位。

③ PX1:外部中断$\overline{\text{INT1}}$中断优先级控制位。

④ PT1:定时器/计数器 T1 中断优级控制位。

⑤ PS:串行口中断优先级控制位。

IP 寄存器中若某一个控制位置"1",则相应的中断源就规定为高优先级中断;反之,若某一个控制位为"0",则相应的中断源就规定为低优先级中断。一个正在执行的低优先级中断服务程序能被高优先级中断源的中断申请所中断,形成中断嵌套,如图 6.3 所示。相同级别的中断源不能相互中断其服务程序,也不能被另一个低优先级的中断源所中断。若 CPU 正在执行高优先级的中断服务子程序,则不能被任何中断源所中断。

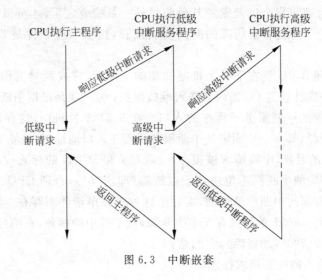

图 6.3　中断嵌套

6.3　中断响应

当有某个中断源请求中断,同时特殊功能寄存器 IE 中相应控制位处于置"1"状态,则 CPU 就可以响应中断。8051 单片机有 5 个中断源,但只有两个中断优先级,因此必然会有若干个中断源处于同样的中断优先级。当两个同样级别的中断申请同时到来时,CPU 应该如何响应呢? 在这种情况下,8051 单片机内部有一个固定的查寻次序,当出现同级中断申请时,就按这个次序来处理中断响应。8051 单片机的 5 个中断源及其同级内的优先级次序如表 6.1 所示。

表 6.1 8051 单片机的中断源

中 断 源	入 口 地 址	同级内的优先级顺序	说 明
外部中断 0	0003H	最高	来自 P3.2 引脚($\overline{INT0}$)的外部中断请求
定时器/计数器 T0	000BH	↑	定时器/计数器 T0 溢出中断请求
外部中断 1	0013H		来自 P3.3 引脚($\overline{INT1}$)的外部中断请求
定时器/计数器 T1	001BH		定时器/计数器 T1 溢出中断请求
串行口	0023H	最低	串行口完成一帧数据的发送或接收中断

表 6.1 给出的只是 8051 单片机的 5 个最基本中断源,不同型号单片机除了这 5 个基本中断源之外还有它们各自专有的中断源,如 8052 就还有一个定时器/计数器 T2 溢出中断,T2 的中断入口地址为 002BH。

8051 单片机在接收到中断申请以后,先把这些申请锁定在各自的中断标志位中,然后在下一个机器周期按表 6.1 规定的内部优先顺序和中断优先级分别来查询这些标志,并在一个机器周期之内完成检测和优先排队。响应中断的条件有如下 3 个。

(1) 必须没有同级或更高级别的中断正在得到响应,如果有,则必须等 CPU 为它们服务完毕,返回主程序并执行一条指令之后才能响应新的中断申请。

(2) 必须要等当前正在执行的指令执行完毕以后,CPU 才能响应新的中断申请。

(3) 若正在执行的指令是 RETI(中断返回)或是任何访问 IE 寄存器或 IP 寄存器的指令,则必须要在执行完该指令以及紧随其后的另外一条指令之后,才可以响应新的中断申请。在这种情况之下,响应中断所需的时间就会加长,这个响应条件是 8051 单片机所特有的。

若上述条件满足,CPU 就在下一个机器周期响应中断,完成两项工作:一项是把中断点的地址,即当前程序计数器 PC 的内容送入堆栈保护;另一项是根据中断的不同来源把程序的执行转移到相应的中断服务子程序的入口。在 8051 单片机中,这种转移关系是固定的,对于每一种中断源,都有一个固定的中断服务子程序入口地址,如表 6.1 所示。

CPU 响应中断的时候,中断请求被锁存在 TCON 和 SCON 的标志位。当某个中断请求得到响应之后,相应的中断标志位应该予以清除(即清"0"),否则 CPU 又会继续查询这些标志位而认为又有新的中断申请来到,实际上这种中断申请并不存在。因此就存在一个中断请求的撤除问题。8051 单片机有 5 个中断源,对于其中的两种,在响应之后,系统能通过硬件自动使标志位清"0"(即撤除),它们是:

(1) 定时器 0 或 1 的中断请求标志 TF0 或 TF1;

(2) 外部中断 0 或 1 的中断请求标志 IE0 或 IE1。

在这里需要注意的是外部中断。由于外部中断有两种触发方式,即低电平方式和负边沿方式。对于边沿触发方式比较简单,因为在清除了 IE0 或 IE1 以后必须再来一个负边沿信号,才可能使标志位重新置"1"。对于低电平触发方式则不同,若仅是由硬件清除了 IE0 或 IE1 标志,而加在$\overline{INT0}$或$\overline{INT1}$引脚上的低电平不撤销,则在下一个机器周期 CPU 检测外中断申请时会发现又有低电平信号加在外中断输入上,又会使 IE0 或 IE1 置"1",从而产生错误的结果。8051 单片机的中断系统没有对外的联络信号,即中断响应之后没有输出信号去通知外设结束中断申请,因此必须由用户自己来关心和处理这个问题。

对于串行口的中断请求标志 TI 和 RI,中断系统不予以自动撤除。在响应串行口中断之后要先测试这两个标志位,以决定是接收还是发送,故不能立即撤销。但在使用完毕之后应使之清"0",以结束这次中断申请。TI 和 RI 的清"0"操作可在中断服务子程序中用指令来实现。

8051 单片机在响应中断之前,必须对中断系统进行初始化,也就是对组成中断系统的若干个特殊功能寄存器中的各控制位赋值。中断系统的初始化一般需要完成以下操作:

(1) 开中断;

(2) 确定各中断源的优先级;

(3) 若是外部中断,应规定是低电平触发还是负边沿触发。

CPU 响应中断后将转到中断源的入口地址开始执行中断服务程序。8051 单片机的每个中断源都有其固定的入口地址,它们的处理过程也有所区别。一般情况下,中断处理包括两个部分:一是保护现场,二是为中断服务。

所谓保护现场,就是将需要在中断服程序中使用而又不希望破坏其中原来内容的工作寄存器压入堆栈中保护起来,等中断服务完成后再从堆栈中弹出以恢复原来的内容。通常需要保护的寄存器有 PSW、A 以及其他工作寄存器。

处理中断时要注意以下几点。

(1) 8051 各中断源的入口地址之间仅相隔 8 个单元,如果中断服务程序的长度超过 8 个地址单元时,应在中断入口地址处安排一条转移指令,转到其他有足够空余存储器单元的地址空间。

(2) 若在执行当前中断服务程序时需要禁止更高级中断源,则要用软件指令关闭中断,在中断返回之前再开放中断。

(3) 在保护和恢复现场时,为了不使现场信息受到破坏或造成混乱,保护现场之前应关中断,若需要允许高级中断,则应在保护现场之后再开中断。同样在恢复现场之前也应先关中断,恢复现场之后再开中断。

(4) 及时清除那些不能被硬件自动清"0"的中断请求标志,以免产生错误的中断。

(5) 编写中断服务函数。Keil C51 编译器中规定中断服务函数的格式如下:

void　函数名(void) [interrupt n] [using m]

其中:

① 关键字 intrrupt 后面的 n 是中断号,对于 8051 单片机 n 的取值范围为 0～4,编译器根据中断号自动计算出对应中断源的入口地址。

② 关键字 using 后面的 m 是该中断函数所使用的工作寄存器区,延时为当前工作寄存器区。

③ 特别需要注意的是,中断服务函数既没有返回值,也没有调用参数,因此任何时候中断服务函数都不能被其他函数调用。

最后,说明一下中断的响应时间问题,CPU 并不是在任何情况下都对中断请求立即响应,不同情况下中断响应的时间有所不同,下面以外部中断为例来进行说明。

外部中断请求在每个机器周期的 S5P2 期间,经过反向后锁存到 IE0 或 IE1 标志中,CPU 在下一个机器周期才会查询这些标志,这时如果满足响应中断的条件,CPU 响应中断时,需要执行一条两个机器周期的调用指令,以转到相应的中断服务程序入口。这样,从外部中断请求有效到开始执行中断服务程序的第一条指令,至少需要 3 个机器周期。

如果在申请中断时,CPU 正在执行最长的指令(如乘、除指令),则额外等待时间增加

3个机器周期；若正在执行中断返回(RETI)或访问 IE、IP 寄存器的指令,则额外等待时间又要增加两个机器周期。综合估算,若系统中只有一个中断源,则中断响应时间为 3~8 个机器周期。

6.4　中断系统应用举例

6.4.1　中断源扩展

8051 单片机只有两个外部中断源$\overline{INT0}$和$\overline{INT1}$,当实际应用中需要多个外部中断源时,可采用硬件请求和软件查询相结合的办法进行扩展,把多个中断源通过"或非"门接到外部中断输入端,同时又连到某个 I/O 端口,这样每个中断源都能引起中断,然后在中断服务程序中通过查询 I/O 端口的状态来区分是哪个中断源引起的中断。若有多个中断源同时发出中断请求,则查询的次序就决定了同一优先级中断里的优先级。

利用中断加查询扩展中断源。Proteus 仿真电路如图 6.4 所示,3 个转换开关 SW1~SW3 通过一个或非门连到 8051 的外中断输入引脚$\overline{INT0}$,按键 B1 连到 8051 的外中断输入引脚$\overline{INT1}$。SW1~SW3 的初始位置接地,当 SW1~SW3 中无论哪个转换到高电平时都会使$\overline{INT0}$引脚电平变低,向 CPU 提出中断申请,究竟是哪个转换开关提出中断申请,可以在$\overline{INT0}$中断服务程序中通过查询 P1.0、P1.2、P1.4 的逻辑电平获知,同时单片机通过 P1.1、P1.3、P1.5 输出高电平点亮相应的 LED 指示灯。当按键 B1 按下(接地)时,将触发外部中断$\overline{INT1}$,在$\overline{INT1}$中断服务程序中向 P1 口输出低电平,熄灭所有 LED 指示灯。

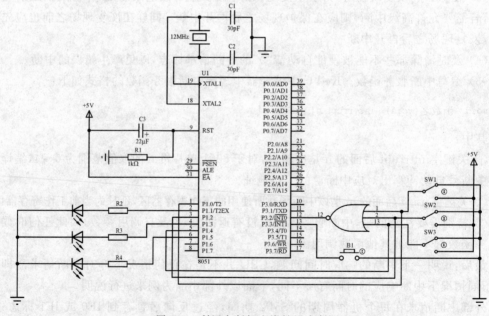

图 6.4　利用中断加查询扩展中断源

【例 6-1】　中断源扩展的 C51 源程序清单。

```
# include<reg52.h>
# define uchar unsigned char
```

```
#define uint unsigned int

sbit K1 = P1 ^ 0;
sbit K2 = P1 ^ 2;
sbit K3 = P1 ^ 4;
sbit L1 = P1 ^ 1;
sbit L2 = P1 ^ 3;
sbit L3 = P1 ^ 5;
/ ***** INT0 中断服务函数 ***** /
void int0() interrupt 0 {
    if(K1 == 1) L1 = 1;
    if(K2 == 1) L2 = 1;
    if(K3 == 1) L3 = 1;
}
/ ***** INT1 中断服务函数 ***** /
void int1() interrupt 2 {
    P1& = 0x55;
}
/ ***** 主函数 ***** /
void main(){
    P1& = 0x55;
    IE = 0x85;TCON = 0x05;
    while(1);
}
```

上面这个例子比较简单,不需要保护现场,在实际应用时如果中断服务程序较复杂,需要采用多个工作寄存器时,一定要注意现场的保护和恢复。

6.4.2　中断嵌套

8051 单片机的中断系统具有两个优先级,每个中断源都可以设置为高、低优先级别,多个中断同时发生时,CPU 根据优先级别的高低分先后进行响应,并执行相应的中断服务程序。一个正在执行的低优先级中断服务程序能被高优先级中断源的中断申请所中断,形成中断嵌套。相同级别的中断源不能相互中断,也不能被另一个低优先级的中断源所中断。若 CPU 正在执行高优先级的中断服务子程序,则不能被任何中断源所中断。

高、低优先级中断服务程序嵌套,Proteus 仿真电路如图 6.5 所示。在 8051 单片机外部中断 INT0、INT1 端分别通过两个按键接地,单片机的 P0、P1、P2 口分别接 3 个共阳极 LED 数码管。将 INT1 设置为高优先级,INT0 设置为低优先级,负边沿触发。

主程序在开中断后进入循环状态,通过 P0 口循环显示 1～8 字符,此时无论按下"低优先级"或"高优先级"按键,主程序都会被中断,进入中断服务程序,通过 P2 或 P1 口显示 1～8 字符。

如果先按下"低优先级"按键,则 P0 口的显示将停在某一数字,进入低优先级中断服务程序,通过 P2 口显示 1～8 字符;在 P2 口显示结束前按下"高优先级"按键,则 P2 口的显示将停在某一数字,进入高优先级中断服务程序,通过 P1 口显示 1～8 字符,高优先级中断服务程序结束后,先返回到低优先级中断服务程序继续执行,即 P2 口从刚才暂停的数字继续显示,P2 口显示结束后返回到主程序执行,即 P0 口从刚才暂停的数字继续循环显示。

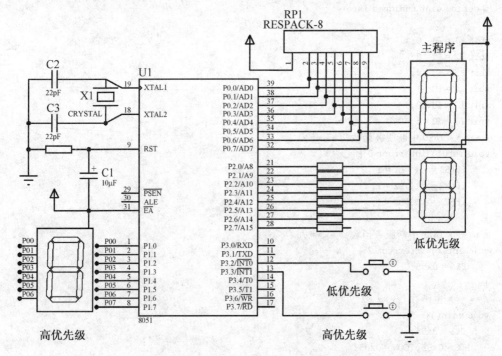

图 6.5 高、低优先级中断服务程序嵌套

【例 6-2】 中断服务嵌套的 C51 源程序清单。

```
#include<reg52.h>
#define uchar unsigned char
#define uint unsigned int

uchar seg[] = {0xC0,0xF9,0xA4,0xB0,0x99,0x92,0x82,0xF8,0x80};//LED 段码表

sbit K1 = P3^2;                                       //定义按键
sbit K2 = P3^3;
/ ************************* 延时函数 ************************* /
void delay(){
    uint j;
    for(j = 0;j<31000;j++);
}
/ ************************* INT0 中断服务函数 ************************* /
void int0() interrupt 0 using 1{
    uchar i;
    for(i = 1;i<9;i++){
        P2 = seg[i];delay();                          //循环显示 1~8
    }
    P2 = 0xFF;
}
/ ************************* INT1 中断服务函数 ************************* /
void int1() interrupt 2   using 2{
    uchar i;
    for(i = 1;i<9;i++){
```

```
            P1 = seg[i];delay();                                //循环显示 1~8
        }
        P1 = 0xFF;
}
/ ***************************** 主函数 ***************************** /
void main(){
    uchar i;
    IE = 0x85;TCON = 0x05;PX1 = 1;                               //开中断,设置 INT1 为高优先级
    while(1){
        for(i = 1;i < 9;i++){
            P0 = seg[i];delay();                                //循环显示 1~8
        }
    }
}
```

复习思考题

1. 什么叫中断?常见的中断类型有哪几种?单片机的中断系统要完成哪些任务?

2. 8051 单片机的中断系统由哪几个特殊功能寄存器组成?

3. 8051 单片机有几个中断源?试写出它们的内部优先级顺序以及各自的中断服务子程序入口地址。

4. 8051 单片机有哪些中断标志位?它们位于哪些特殊功能寄存器中?各中断标志是怎样产生的?

5. 简述 8051 单片机中断响应全过程。

6. 用适当指令实现将 $\overline{\text{INT1}}$ 设为脉冲下降沿触发的高优先级中断源。

7. 试编程实现将 $\overline{\text{INT1}}$ 设为高优先级中断,且为电平触发方式,T0 设为低优先级中断计数器,串行口中断为高优先级中断,其余中断源设为禁止状态。

8. 8051 单片机中,哪些中断标志可以在响应后自动撤除?哪些需要用户撤除?如何撤除?

9. 用中断加查询方式对 8051 单片机的外部中断源 $\overline{\text{INT0}}$ 进行扩展,使之能分别对 4 个按键输入的低电平信号做出响应。

## 第 7 章

定时器/计数器

8051 单片机内部有两个 16 位可编程定时器/计数器,记为 T0 和 T1,8052 单片机内除了 T0 和 T1 之外,还有第三个 16 位的定时器/计数器,记为 T2。它们的工作方式可以通过指令对相应的特殊功能寄存器编程来设定,或作定时器用,或作外部事件计数器用。

定时器/计数器在硬件上由双字节加法计数器 TH 和 TL 组成。作定时器使用时,计数脉冲由单片机内部振荡器提供,计数频率为 $f_{osc}/12$,每个机器周期加 1。作计数器使用时,计数脉冲由 P3 口的 P3.4(或 P3.5),即 T0(或 T1)引脚输入,外部脉冲的下降沿触发计数,计数器在每个机器周期的 S5P2 期间采样外部脉冲,若一个周期的采样值为 1,下一个周期的采样值为 0,则计数器加 1,故识别一个从 0 到 1 的跳变需要两个机器周期,所以对外部计数脉冲的最高计数频率为 $f_{osc}/24$,同时还要求外部脉冲的高低电平保持时间均要大于一个机器周期。

7.1 定时器/计数器的工作方式与控制

8051 单片机定时器/计数器的工作方式由特殊功能寄存器 TMOD 编程决定,定时器/计数器的启动运行由特殊功能寄存器 TCON 编程控制。无论用作定时器还是用作计数器,每当产生溢出时,都会向 CPU 发出中断申请。

方式控制寄存器 TMOD 的地址为 89H,控制字格式如下:

D7	D6	D5	D4	D3	D2	D1	D0
GATE	C/$\overline{T}$	M1	M0	GATE	C/$\overline{T}$	M1	M0
T1方式字段				T0方式字段			

其中,低 4 位为 T0 的控制字,高 4 位为 T1 的控制字。各控制位的含义如下。

① GATE 为门控位。它对定时器/计数器的启动起辅助控制作用。GATE=1 时,定时器/计数器的计数受外部引脚 P3.2($\overline{INT0}$)或 P3.3($\overline{INT1}$)输入电平的控制,此时,只有当 P3 口的 P3.2(或 P3.3)引脚,即 $\overline{INT0}$(或 $\overline{INT1}$)上的电平为 1 才能启动计数;GATE=0 时,定时器/计数器的运行不受外部引脚输入电平的控制。

② C/$\overline{T}$ 为方式选择位。C/$\overline{T}$=0 为定时器方式,采用单片机内部振荡脉冲的 12 分频信号作为计数脉冲,若采用 12MHz 的晶振,则计数频率为 1MHz,从计数值便可计算出定时时间。C/$\overline{T}$=1 为计数器方式,采用外部引脚(T0 使用 P3.4,T1 使用 P3.5)的输入脉冲

作为计数脉冲,当 T0(或 T1)上的输入信号发生从高到低的负跳变时,计数器加 1。最高计数频率为单片机晶振频率的 1/24。

③ M1、M0 两位的状态确定定时器/计数器的工作方式,详见表 7.1。

表 7.1 定时器/计数器的方式选择

M1	M0	工 作 方 式
0	0	方式 0,为 13 位定时器/计数器
0	1	方式 1,为 16 位定时器/计数器
1	0	方式 2,为自动重装常数的 8 位定时器/计数器
1	1	方式 3,仅适用于 T0,分成两个 8 位定时器/计数器

运行控制寄存器 TCON 的地址为 88H,格式如下:

D7	D6	D5	D4	D3	D2	D1	D0
TF1	TR1	TF0	TR0	IE1	IT1	IE0	IT0

各控制位的含义如下。

① TF1 为定时器/计数器 T1 的溢出标志位。当 T1 被允许计数以后,T1 从初值开始加 1 计数,计数器的最高位产生溢出时置"1"TF1,并向 CPU 申请中断,当 CPU 响应中断时,由硬件清"0"TF1。TF1 也可由软件查询清"0"。

② TR1 为定时器/计数器的运行控制位,由软件置位和复位。当方式控制寄存器 TMOD 中的 GATE 位为 0,且 TR1 为 1 时允许 T1 计数,TR1 为 0 时禁止 T1 计数。当 GATE 为 1 时,仅当 TR1 为 1 且 $\overline{\text{INT1}}$(P3.2)输入为高电平时才允许 T1 计数,当 TR1 为 0 或 $\overline{\text{INT1}}$ 输入为低电平时都禁止 T1 计数。

③ TR0 为定时器 T0 的运行控制位,其功能与 TR1 类似。

④ TF0 为定时器 T0 的溢出标志位,其功能与 TF1 类似。

运行控制寄存器 TCON 的低 4 位与外部中断有关,已在第 6 章中介绍,这里不再赘述。定时器/计数器的内部结构相同,下面以定时器/计数器 T1 为例介绍其工作方式。

1. 方式 0 和方式 1

方式 0 为 13 位定时器/计数器,由 TL1 的低 5 位和 TH1 的 8 位构成,方式 1 为 16 位定时器/计数器,TL1 和 TH1 均为 8 位。图 7.1 所示为 T1 工作于方式 0 和方式 1 时的逻辑结构示意图。图中 TL1 在加 1 计数溢出时向 TH1 进位,当 TH1 加 1 计数溢出时置"1"溢出中断标志 TF1。$C/\overline{T}=0$ 时,电子开关打在上面,振荡器的 12 分频信号($f_{\text{osc}}/12$)作为计数信号,此时 T1 作定时器用。$C/\overline{T}=1$ 时,电子开关打在下面,计数脉冲为 T1(P3.5)引脚上的外部输入脉冲,当 P3.5 发生由高到低的负跳变时,计数器加 1,这时 T1 作外部事件计数器用。由于检测到一次负跳变需要两个机器周期,所以最高的外部计数脉冲频率不能超过单片机振荡器频率的 1/24。

GATE=0 时,A 点电位为常"1",B 点电位取决于 TR1 的状态。TR1=1 时,B 点为高电平,电子开关闭合,计数脉冲加到 T1,允许 T1 计数;TR1=0 时,B 点为低电平,电子开关断开,禁止 T1 计数。当 GATE=1 时,A 点电位由 $\overline{\text{INT1}}$(P3.3)输入电平确定,仅当 $\overline{\text{INT1}}$ 输入为高电平且 TR1=1 时,B 点才是高电平,使电子开关闭合,允许 T1 计数。

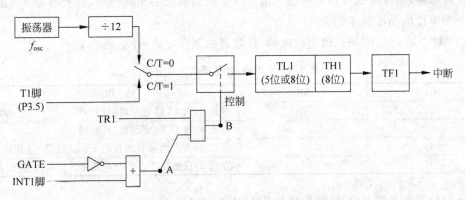

图 7.1   定时器/计数器 T1 方式 0 和方式 1 的逻辑结构

2. 方式 2

方式 2 为自动恢复初值,即常数自动重装入的 8 位定时器/计数器。定时器 T1 工作于方式 2 的逻辑结构如图 7.2 所示。TL1 作为 8 位计数器,TH1 作为常数缓冲器。当 TL1 计数器溢出时,在置"1"溢出中断标志 TF1 的同时,将 TH1 中的初始计数值重新装入 TL1,使 TL1 从初始值开始重新计数。

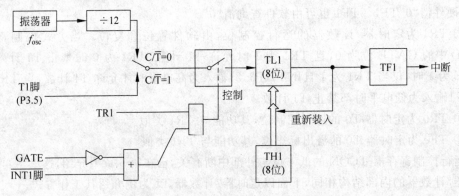

图 7.2   定时器/计数器 T1 方式 2 的逻辑结构

3. 方式 3

方式 3 是为了增加一个附加的 8 位定时器/计数器而提供的,它使 8051 单片机具有 3 个定时器/计数器。方式 3 只适用于 T0,一般情况下,当定时器/计数器 T1 用作串行口波特率发生器时,定时器 T0 才定义为方式 3,以增加一个 8 位计数器。当 T0 定义为方式 3 时,T1 可定义为方式 0、方式 1 和方式 2。

定时器/计数器 T0 分为两个独立的 8 位计数器 TL0 和 TH0,此时 T0 的逻辑关系结构如图 7.3 所示。这时 TL0 使用状态控制位 C/$\overline{\text{T}}$、GATE、TR0、$\overline{\text{INT0}}$,而 TH0 被固定为一个 8 位定时器(此时不能用作外部计数方式),并使用定时器/计数器 T1 的状态控制位 TR1 和 TF1,同时占用 T1 的中断源。

定时器/计数器 T1 没有工作方式 3,若将 T1 设置为方式 3 将导致 T1 立即停止计数,即保持住原有的计数值,其作用相当于使 TR1=0。

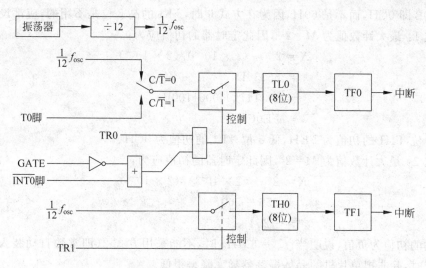

图 7.3　定时器/计数器 T0 方式 3 的逻辑结构

7.2　定时器/计数器应用举例

8051 单片机的定时器/计数器是可编程的,在进行定时或计数操作之前要进行初始化编程。通常 8051 单片机定时器/计数器的初始化编程包括如下几个步骤:

(1) 确定工作方式,即给方式控制寄存器 TMOD 写入控制字。

(2) 计算定时器/计数器初值,并将初值写入寄存器 TL 和 TH。

(3) 根据需要对中断控制寄存器 IE 置初值,决定是否开放定时器中断。

(4) 使运行控制寄存器 TCON 中的 TR0 或 TR1 置"1",启动定时器/计数器。

在初始化过程中,要设置定时或计数的初始值,这时需要进行计算。由于计数器是加法计数,并在溢出时产生中断,因此初始值不能是所需要的计数模值,而是要从最大计数值减去计数模值所得才是应当设置的计数初始值。假设计数器的最大计数值为 M(根据不同工作方式,M 可以是 2^{13}、2^{16} 或 2^8),则计算初值 X 的公式如下:

$$计数方式:X = M - 要求的计数值 \tag{7-1}$$

$$定时方式:X = M - \frac{要求的定时值}{12/f_{osc}} \tag{7-2}$$

7.2.1　初值和最大定时时间计算

【例 7-1】　假设单片机的晶振频率 $f_{osc} = 6\text{MHz}$,现要求产生 1ms 的定时,试分别计算定时器 T1 在方式 0、方式 1 和方式 2 时的初值。

解　方式 0:最大计数值为 $M = 2^{13}$,因此定时器的初值应为:

$$X = 2^{13} - (1 \times 10^{-3})/(12/(6 \times 10^6))$$
$$= 7692\text{D}$$
$$= 1111000001100\text{B}$$

其中高 8 位为 TH1 的初值,即 F0H,低 5 位为 TL1 的初值,注意,这里 TL1 的初值应为

00001100B 即 0CH,而不是 60H,因为在方式 0 时,TL1 的高 3 位是不用的,应都设为 0。

方式 1:最大计数值为 $M = 2^{16}$,因此定时器的初值应为:

$$X = 2^{16} - (1 \times 10^{-3})/(2 \times 10^{-6})$$
$$= 65036D$$
$$= 1111111000001100B$$
$$= FE0CH$$

此时高 8 位 TH1 的初值为 FEH,低 8 位 TL1 的初值为 0CH。

方式 2:最大计数值为 $M = 2^8$,因此定时器的初值应为:

$$X = 2^8 - (1 \times 10^{-3})/(2 \times 10^{-6})$$
$$= 256 - 500$$
$$= -254$$

计算得到的初值为负值,说明当 $f_{osc} = 6\text{MHz}$ 时,不能采用方式 2(即常数自动装入)来产生 1ms 的定时,除非把单片机的晶体振荡器频率降得很低。

【例 7-2】 假设单片机的晶振频率 $f_{osc} = 6\text{MHz}$,试计算 T0 在方式 0 和方式 1 下的最大定时时间。

解 T0 最大定时时间对应于加法计数器 TH0 和 TL0 的各位全为 1,即 TH0=0FFH,TL0=0FFH,若定时器 T0 工作在方式 0,则最大定时值为:

$$T_{max} = 2^{13} \times 12/(6 \times 10^6 \text{Hz}) = 16.384\text{ms}$$

若工作在方式 1,则最大定时值为:

$$T_{max} = 2^{16} \times 12/(6 \times 10^6 \text{Hz}) = 131.072\text{ms}$$

若要增大定时值,可以采用降低单片机晶振频率的方法,但这会降低单片机的运行速度,而且定时误差也会加大,故不是最好的方法,而采用软件硬件结合的方法则效果较高。

7.2.2 定时器方式应用

使用定时器时首先要根据单片机的晶振频率和实际需要确定合适的定时器工作方式,当晶振频率为 6MHz,可以分别计算出定时器在方式 0 下最大定时时间为 16.384ms,在方式 1 下最大定时时间为 131.072ms,在方式 2 下最大定时时间为 $512\mu s$,如果需要的定时时间大于上述最大定时值,则需要采用中断的方式来扩展定时时间。

【例 7-3】 设 8051 单片机的晶振频率为 6MHz,利用 T0 中断扩展方式产生 1s 定时,当 1s 定时时间到,从 P1.0 输出一个低电平点亮发光二极管。Proteus 仿真电路如图 7.4 所示。

本例可以选用方式 1,每隔 100ms 中断一次,中断 10 次即为 1s。定时初值计算如下:

$$X = 2^{16} - (100 \times 10^{-3})/(2 \times 10^{-6}) = 15536D = 3CB0H$$

因此,TH0 = 3CH,TL0 = B0H。

C51 程序清单如下。

```
include < reg52. h >
# define uchar unsigned char
# define uint unsigned int
uchar i = 10;                        //定义中断次数
sbit L1 = P1 ^ 0;                    //定义 LED
sbit L2 = P1 ^ 7;
```

```
/ ***************************** T0 中断服务函数 **************************** /
void t0() interrupt 1 using 1{
    TH0 = 0x3c;TL0 = 0xb0;                  //重装 T0 初值
    if(i-- != 0)L2 = ~L2;
    else {
        L1 = 0;TR0 = 0;
    }
}
/ *************************** 主函数 **************************** /
void main(){
    TMOD = 0x01;TH0 = 0x3c;TL0 = 0xb0;      //设置 T0 工作方式,装入 T0 初值
    IE = 0x82;TR0 = 1;                       //开中断,启动 T0
    while(1);                                //等待中断
}
```

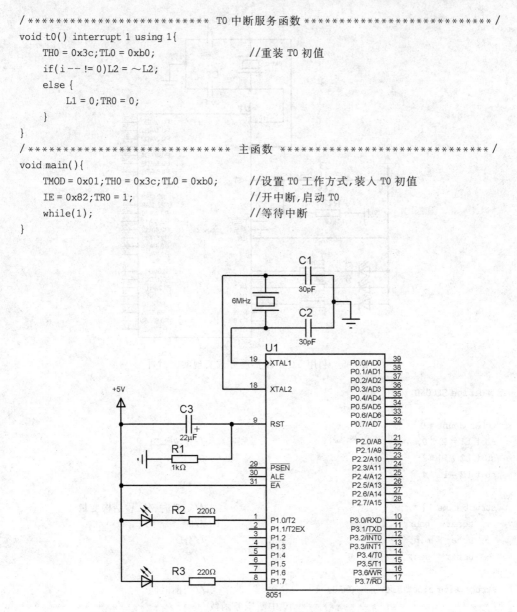

图 7.4　利用 T0 中断扩展方式产生 1s 定时

【例 7-4】　设 8051 单片机的晶振频率为 6MHz,编写利用 T0 实现实时时钟的程序。

本例实际上是例 7-3 的扩充,仍然采用中断扩展方式实现 1s 定时。将内存单元 30H、31H、32H 分别作为时、分、秒单元,每当定时 1s 时,秒单元内容加 1,同时秒指示灯闪;满 60s,则分单元加 1,同时分指示灯闪;满 60min,则时单元加 1,同时,时指示灯闪;满 24h 后将时单元清"0",同时熄灭所有指示灯。Proteus 仿真电路如图 7.5 所示。

C51 程序清单如下。

```
# include < reg52.h >
# define uchar unsigned char
# define uint unsigned int
```

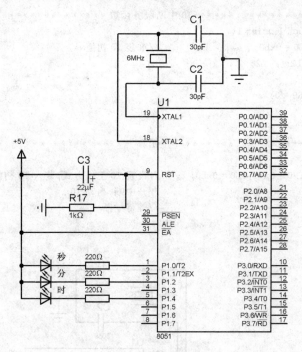

图 7.5 利用 T0 中断扩展方式实现实时时钟

```c
#define SECOND   10

uchar count = 0;
sbit L1 = P1 ^ 0;                           //定义 LED
sbit L2 = P1 ^ 2;
sbit L3 = P1 ^ 4;


struct time   {                             //定义时、分、秒结构变量
    uchar    hour;                          //时
    uchar    min;                           //分
    uchar    sec;                           //秒
};
struct time clocktime _at_ 0x30;            //当前时间
/ ***************************** T0 中断服务函数 ***************************** /
timer0() interrupt 1 using 2{
    TH0 = 0x3c; TL0 = 0xb0;                 //重装 T0 初值
    if(++count == SECOND) {                 //每中断 10 次为 1 秒
    count = 0; L1 = ~L1;
        if(++clocktime. sec == 60) {        //60 秒为 1 分
        clocktime. sec = 0; L2 = ~L2;
        if(++clocktime. min == 60) {        //60 分为 1 小时
            clocktime. min = 0; L3 = ~L3;
            if(++clocktime. hour == 24) {   //24 小时为 1 天
                clocktime. hour = 0; P1 = 0x00;
            }
            }
        }
```

```
    }
}
/ ****************************** 主函数 ****************************** /
void main(){
    TMOD = 0x01;TH0 = 0x3c;TL0 = 0xb0;            //设置 T0 工作方式,装入 T0 初值
    IE = 0x82;TR0 = 1;                            //开中断,启动 T0
    while(1);                                     //等待中断
}
```

【例 7-5】 设 8051 单片机的晶振频率为 6MHz,编写利用 T0 定时中断在 P1.0 引脚上产生周期为 4ms 方波的程序。Proteus 仿真电路如图 7.6 所示,在 P1.0 引脚上接一个模拟示波器,执行如下程序后即可看到周期为 4ms 的方波。

C51 程序清单如下:

```
# include < reg52.h >
sbit L1 = P1 ^ 0;                                //定义 LED
/ *********************** T0 中断服务函数 *********************** /
timer0() interrupt 1 using 2{
    TH0 = 0xfc;TL0 = 0x18;                        //重装 T0 初值
    L1 = ~L1;
}
/ ****************************** 主函数 ****************************** /
void main(){
    TMOD = 0x01;TH0 = 0xfc;TL0 = 0x18;            //设置 T0 工作方式,装入 T0 初值
    IE = 0x82;TR0 = 1;                            //开中断,启动 T0
    while(1);                                     //等待中断
}
```

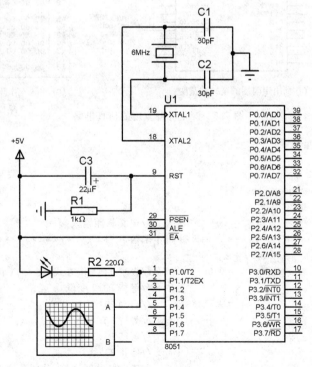

图 7.6 利用定时器产生方波

【例 7-6】 测量脉冲宽度。当特殊功能寄存器 TMOD 和 TCON 中的 GATE＝1、TR1＝1,且只有$\overline{INT1}$引脚上出现高电平的时候,T1 才被允许计数,利用这一特点可以测量加在 P3.3(即$\overline{INT1}$引脚)上的正脉冲宽度。测量时,先将 T1 设置为定时方式,GATE 设为1,并在$\overline{INT1}$引脚为"0"时将 TR1 置"1",这样当$\overline{INT1}$引脚变为"1"时将启动 T1;当$\overline{INT1}$引脚再次变为"0"时将停止 T1,此时 T1 的定时值就是被测正脉冲的宽度。若将定时初值设为 0,当单片机晶振频率为 12MHz 时,能测量的最大脉冲宽度为 65.536 ms。

Proteus 仿真电路如图 7.7(a)所示,执行如下程序后暂停,选择 Debug 下拉菜单 8051 CPU Internal(IDATA)Memory 选项,可以看到片内 RAM 单元 30H 和 31H 中内容随外加脉冲宽度而变化,如图 7.7(b)所示。

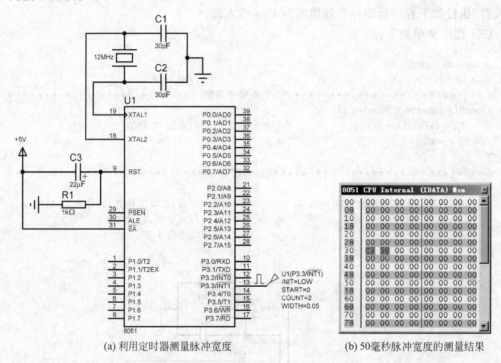

(a) 利用定时器测量脉冲宽度　　　　　　(b) 50毫秒脉冲宽度的测量结果

图 7.7　测量脉冲宽度的仿真电路

C51 程序清单如下。

```
# include< reg52. h>
# define uchar unsigned char
uchar Me[2] _at_ 0x30;
sbit Mp = P3 ^3;                          //定义脉冲输入端
/ *************************** 主函数 *************************** /
void main(){
    TMOD = 0x90;TH1 = 0x00;TL1 = 0x00;    //设置 T1 工作方式,装入 T1 初值
    while(Mp);                            //等待 P3.3 变低
    TR1 = 1;                              //启动 T1
    while(!Mp);                           //等待 P3.3 变高
    while(Mp);                            //等待 P3.3 再次变低
    TR1 = 0;                              //停止 T1
    Me[0] = TH1;                          //读取脉冲宽度值;分别存放于 30H 和 31H 中
```

```
        Me[1] = TL1;
        while(1);
}
```

7.2.3 计数器方式应用

采用计数器方式工作时,外部计数脉冲从 T0 或 T1 引脚输入,计数脉冲的最高计数频率为单片机晶振频率的 1/24,同时还要求计数脉冲的高低电平保持时间均大于一个机器周期,外部脉冲的下降沿触发计数,当加法计数器累加到工作方式确定的最大计数值时,再来一个外部脉冲将导致计数器溢出。

【例 7-7】 将 T0 设置为外部脉冲计数方式,在 P3.4(T0)引脚上外接一个单脉冲发生器,每按一次单脉冲按钮,T0 计数一个脉冲,同时将计数值送往 P1 口,从 P1.0~P1.7 外接的 LED 发光二极管可以看到所计数值。Proteus 仿真电路如图 7.8 所示。

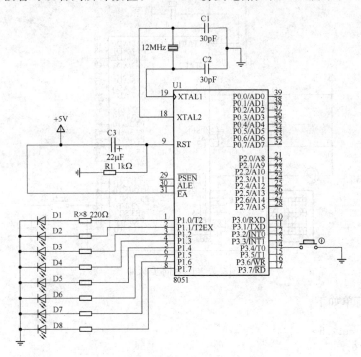

图 7.8 T0 作为外部计数器应用

C51 程序清单如下。

```c
#include <reg52.h>

/*********************** 主函数 ***********************/
void main(){
    TMOD = 0x05;TH0 = 0x00;TL0 = 0x00;      //设置 T0 工作方式,装入 T0 初值
    TR0 = 1;                                //启动 T0,开始计数
    while(1){
        P1 = TL0;                           //将记数结果送 P1 口
    }
}
```

【例 7-8】 要求当 P3.4(T0)引脚上的电平发生负跳变时,从 P1.0 输出一个 $500\mu s$ 的同步脉冲。可以先将 T0 设置为方式 2,外部计数方式,计数初值设为 FFH,当 P3.4 引脚上的电平发生负跳变时,T0 计数器加 1,同时 T1 发生溢出使 TF0 标志置位;然后将 T0 改变为 $500\mu s$ 定时工作方式,并使 P1.0 输出由 1 变为 0。当 T0 定时时间到,产生溢出,使 P1.0 恢复输出高电平,同时 T0 恢复外部计数工作方式。

Proteus 仿真电路如图 7.9 所示。将 P1.0 和 P3.4 引脚分别接到模拟示波器的 A、B 输入端,每次按下按钮时,可以看到 P1.0 输出的同步脉冲信号。

若单片机晶振频率为 6MHz,T0 的定时初值应为:

$$X = 2^8 - (500 \times 10^{-6})/(2 \times 10^{-6}) = 6D = 06H$$

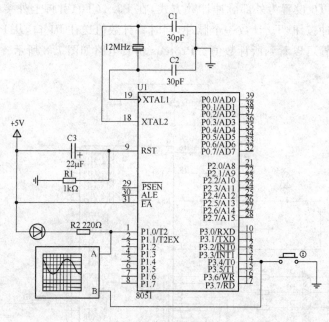

图 7.9 产生同步脉冲

C51 程序清单如下。

```c
#include<reg52.h>
sbit L = P1^0;
/****************************** 主函数 ******************************/
void main(){
    while(1){
        TMOD = 0x06;TH0 = 0xff;TL0 = 0xff;    //设置 T0 为 8 位计数方式,装入初值
        TR0 = 1;                              //启动 T0,开始计数
        while(!TF0);                          //查询 T0 溢出标志
        TF0 = 0;TR0 = 0;                      //停止计数
        TMOD = 0x02;TH0 = 0x06;TL0 = 0x06;    //改变 T0 为 8 位定时方式,装入初值
            L = 0;TR0 = 1;                    //P1.0 输出低电平,启动 T0 定时 500μs
        while(!TF0);                          //查询 T0 溢出标志
        TF0 = 0;L = 1;TR0 = 1;                //P1.0 输出高电平,停止 T0
    }
}
```

7.3 利用定时器产生音乐

声音的频谱范围约在几十到几千赫兹,利用单片机定时器的定时中断功能,可以从一个 I/O 口线上形成一定频率的脉冲,经过滤波和功率放大,接上喇叭就能发出一定频率的声音,若再利用延时程序控制输出脉冲的频率来改变音调,即可实现音乐发生器功能。

要让单片机产生音频脉冲,必须计算出某一音频的周期,在将此周期除以 2 得到半周期,利用定时器对此半周期进行定时,每当定时时间到,将某个 I/O 口线上的电平取反,从而在 I/O 口线上得到所需要的音频脉冲。产生音频的定时器初值计算公式如下:

$$t = 2^k - \frac{f_{osc}/12}{2 \times F_r} \tag{7-3}$$

式中,k 的值根据单片机工作方式确定,可为 13(方式 0)、16(方式 1)、8(方式 2);f_{osc} 为单片机晶振频率;F_r 为希望产生的音频。

例如,中音 DO 的频率为 523Hz,若单片机晶振频率为 12MHz,定时器 T0 设置为工作方式 1,按式(7-3)计算得定时器初值为 64 580;高音 DO 的频率为 1047Hz,计算得定时器初值为 65 058。表 7.2 所示为单片机晶振频率为 12MHz 时,C 调各音符频率与定时器初值对照表。

表 7.2 C 调各音符频率与定时器初值对照表($f_{osc} =$ 12MHz)

音符	频率/Hz	定时器初值 t	音符	频率/Hz	定时器初值 t
低 1 DO	220	63 263	♯4 FA♯	622	64 732
♯1 DO♯	233	63 390	中 5 SO	659	64 777
低 2 RE	247	63 512	♯5 SO♯	698	64 820
♯2 RE♯	262	63 628	中 6 LA	740	64 860
低 3 ME	277	63 731	♯6 LA♯	784	64 898
低 4 FA	294	63 835	中 7 SI	831	64 934
♯4 FA♯	311	63 928	高 1 DO	880	64 968
低 5 SO	330	64 021	♯1 DO♯	932	64 994
♯5 SO♯	349	64 103	高 2 RE	988	65 030
低 6 LA	370	64 185	♯2 RE♯	1046	65 058
♯6 LA♯	392	64 260	高 3 ME	1109	65 085
低 7 SI	415	64 331	高 4 FA	1175	65 110
中 1 DO	440	64 400	♯4 FA♯	1245	65 134
♯1 DO♯	466	64 463	高 5 SO	1318	65 157
中 2 RE	494	64 524	♯5 SO♯	1397	65 178
♯2 RE♯	523	64 580	高 6 LA	1480	65 198
中 3 ME	554	64 633	♯6 LA♯	1568	65 217
中 4 FA	587	64 684	高 7 SI	1661	65 235

一段音乐中除音符之外,还需要节拍,可以通过延时方式来产生不同的节拍。如果 1 拍为 0.4s,则 1/4 拍为 0.1s,只要设定延时时间就可以求得节拍时间。例如一段延时程序

DELAY 为 1/4 拍,则 1 拍只要调用 4 次 DELAY 程序,以此类推。表 7.3 所示为 1/4 和 1/8 节拍的设定。

表 7.3 1/4 和 1/8 节拍的设定(f_{osc} = 12MHz)

1/4 节拍		1/8 节拍	
曲调值	延时时间/ms	曲调值	延时时间/ms
4/4	125	4/4	62
3/4	187	3/4	94
2/4	250	2/4	125

编写音乐程序时,先把乐谱的音符找出,确定定时器初值,再根据节拍确定延时时间。每个音符使用 1 字节,字节的高 4 位存放音符的高低,低 4 位存放音符的节拍。将音符对应的定时器初值表放在 TABLE1 处,音符节拍码表放在 TABLE 处。

"生日快乐"乐谱如下:

|5 5 6 5|1 7 -||5 5 6 5|2 1 -|5 5 5 3|1 7 6|4 4 3 1|2 1 -|

按照上述原理可以编写出"生日快乐"乐曲的 C51 程序,Proteus 仿真电路如图 7.10 所示。单击 Play 按钮执行程序,将从音箱中听到"生日快乐"乐曲。

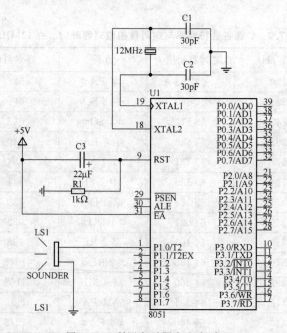

图 7.10 利用定时器产生音乐

【例 7-9】 "生日快乐"C51 程序清单如下。

```
# include < reg52.h >
# include < intrins.h >
# define uchar unsigned char
# define uint unsigned int

sbit BEEP = P1 ^ 0;                        //定义喇叭输出端口
```

```
uchar tick,tl,th;                              //定义节拍和 T0 初值变量

uchar TABLE[] = {                              //音符节拍码表
        0x82,0x01,0x81,0x94,0x84,0xB4,0xA4,0x04,
        0x82,0x01,0x81,0x94,0x84,0xC4,0xB4,0x04,
        0x82,0x01,0x81,0xF4,0xD4,0xB4,0xA4,0x94,
        0xE2,0x01,0xE1,0xD4,0xB4,0xC4,0xB4,0x04,
        0x82,0x01,0x81,0x94,0x84,0xB4,0xA4,0x04,
        0x82,0x01,0x81,0x94,0x84,0xC4,0xB4,0x04,
        0x82,0x01,0x81,0xF4,0xD4,0xB4,0xA4,0x94,
        0xE2,0x01,0xE1,0xD4,0xB4,0xC4,0xB4,0x04,
        0x00};

uchar TABLE1[] = {                             //音符对应的定时器初值表
        0xfb,0x04,0xfb,0x90,0xfc,0x09,0xfc,0x44,
        0xfc,0xac,0xfd,0x09,0xfd,0x34,0xfd,0x82,
        0xfd,0xc8,0xfe,0x06,0xfe,0x22,0xfe,0x56,
        0xfe,0x85,0xfe,0x9a,0xfe,0xc1};
/ ***************************** T0 中断服务函数 ************************* /
timer0() interrupt 1 using 1{
    TL0 = tl;TH0 = th;                         //重装定时初值
    BEEP = ~BEEP;                              //喇叭输出端口电平取反
}
/ ***************************** 基本单位延时函数 ************************* /
void delay1(){
    uint i;
    for(i = 0;i < 20000;i++);
}
/ ***************************** 节拍延时函数 ************************* /
void delay(tt){
    uchar i;
    for(i = 0;i < = tt;i++) delay1();
}
/ ******************* ********** 主函数 ***************************** /
void main(){
    uchar t,t1,k = 0;                          //定义临时变量
    while(1){
        TMOD = 0x01;IE = 0x82;                 //定义 T0 工作方式,开中断
        while(TABLE[k]!= 0){                   //判断取得的音符节拍码是否为结束码
            tick = (TABLE[k])&0x0f;            //不是,则取节拍码
            t = (_crol_(TABLE[k],4))&0x0f;     //取音符码
            if(t!= 0){                         //判断取得的音符码是否为 0
                t1 = --t * 2 + 1;              //不是,根据取得的音符码计算 T0 初值
                t = t * 2;
                tl = TL0 = TABLE1[t1];
                th = TH0 = TABLE1[t];
                TR0 = 1;                       //启动 T0
            }
            else TR0 = 0;                      //取得的音符码为 0,则停止 T0
            delay(tick);                       //根据取得的节拍码延时
            k++;
```

```
        }
        TR0 = 0;                                //取得结束码,则停止 T0
    }
}
```

复习思考题

1. 8051 单片机中与定时器相关的特殊功能寄存器有哪几个,它们的功能各是什么?

2. 8051 单片机的晶振频率为 6MHz,若要求定时值分别为 0.1ms 和 10ms,定时器 0 工作在方式 0、方式 1 和方式 2 时,其定时器初值各应是多少?

3. 8051 单片机的晶振频率为 12MHz,试用定时器中断方式编程实现从 P1.0 引脚输出周期为 2ms 方波。

4. 8051 单片机的晶振频率为 12MHz,试用查询定时器溢出标志方式编程实现从 P1.0 引脚输出周期为 2ms 方波。

5. 设 8051 单片机的晶振频率为 12MHz,试编程输出频率为 100Hz,占空比为 2:10 的矩形波。

6. 利用 8051 单片机的定时器测量某正单脉冲宽度,采用何种工作方式可以获得最大的量程? 若单片机的晶振频率为 6MHz,那么最大允许的脉冲宽度是多少?

7. 参照例 7-9 编写两段音乐程序,用按键分别控制两段音乐的播放。

串　行　口

8.1　串行通信

单片机在与外部设备或其他计算机之间交换信息时,通常采用并行通信和串行通信方式。并行通信是指数据的各位同时进行传送(例如,数据和地址总线),其优点是传送速度快,缺点是有多少位数据就需要多少根传输线,在数据位数较多,传送距离较远时就不宜采用。串行通信是指数据一位一位地按顺序传送,其突出优点是只需一根传输线,特别适宜于远距离传输,缺点是传送速度较慢。

串行通信又分为异步传送和同步传送。异步传送时,数据在线路上是以一个字(或称字符)为单位传送的,各个字符之间可以是接连传送,也可以是间断传送,这完全由发送方根据需要来决定。另外,在异步传送时,发送方和接收方各用自己的时钟源来控制发送和接收。在异步通信时,对字符必须规定一定的格式,以利于接收方能判别何时有字符送来,以及何时是一个新字符的开始。异步通信字符格式如图 8.1 所示。

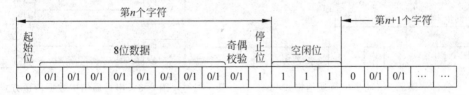

图 8.1　异步通信字符格式

一个字符由 4 个部分组成:起始位、数据位、奇偶校验位和停止位。起始位为"0"信号,用来通知接收设备一个新的字符开始来到。线路在不传送数据时应保持为"1",接收端不断检测线路的状态,若连续为"1"以后又检测到一个"0",就知道又发来了一个新的字符。起始位还被用来同步接收端的时钟,以保证以后的接收能正确进行。

起始位后面紧跟的是数据位,它可以是 5 位、6 位、7 位或 8 位。串行通信的速度与数据的位数成比例,因此要根据需要来确定数据的位数。奇偶校验位只占一位,如果规定不用奇偶校验位,则这一位就省去。也可不用奇偶校验而加一些其他的控制位,例如,用来确定这个字符所代表信息的性质(是地址还是数据等),这时也可能使用多于 1 位的附加位。

停止位用来表征字符的结束,它一定是"1",停止位可以是 1 位或 2 位。接收端收到停止位时,就表示一个字符结束。同时也为接收下一个字符做好准备。若停止位以后不是紧接着传送下一个字符,则让线路上保持为"1"。图 8.1 表示的是第 n 个字符与第 $n+1$ 个字符之间不是紧接着传送的情形,两个字符之间存在空闲位"1",线路处于等待状态。存在空闲位是异步传送的特征之一。

在串行通信中有个重要指标叫波特率。它定义为每秒钟传送二进制数码的位数,以位/秒为单位,在异步通信中,波特率为每秒传送的字符数和每个字符位数的乘积。例如每秒传送的速率为 120 字符/秒,而每个字符又包含 10 位,(1 位起始位,7 位数据位,1 位奇偶校验位,1 位停止位),则波特率为:

$$120 \text{ 字符/秒} \times 10 \text{ 位/字符} = 1200 \text{ 位/秒} = 1200 \text{ 波特}$$

一般异步通信的波特率在 50～9600 波特范围内。波特率与时钟频率不是一回事,时钟频率比波特率要高得多,通常高达 16 倍或 64 倍。由于异步通信双方各用自己的时钟源,采用较高频率的时钟,在一位数据内就有 16 或 64 个时钟,捕捉正确的信号就可以得到保证,若时钟频率就是波特率,则频率稍有偏差就会产生接收错误。

因此在异步通信中,收发两方必须事先规定两件事:一是字符格式,即规定字符各部分所占的位数是否采用奇偶校验,以及校验的方式(偶校验还是奇校验);二是采用的波特率,以及时钟频率与波特率之间的比例关系。

串行通信中还有一种同步传送方式,它是一种连续的数据块传送方式,如图 8.2 所示。在通信开始后,发送端连续发送字符,接收端也连续接收字符,字符与字符之间没有间隙,因此通信的效率高,同步字符的插入可以是单同步字符,或者是双同步字符,然后是连续的数据块。另外,同步传送时接收方和发送方都要求时钟和波特率一致,为了保证接收正确,发送方除传送数据外,还要同时传送时钟信号。

在进行串行通信时,数据在两个站之间传送,如图 8.3 所示。若采用两根传输线,称为全双工方式;若只采用一根传输线,则称为半双工方式。

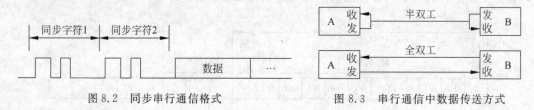

图 8.2　同步串行通信格式　　　　图 8.3　串行通信中数据传送方式

8.2　串行口的工作方式与控制

8051 单片机内部有一个可编程的全双工串行接口,它在物理上分为两个独立的发送缓冲器和接收缓冲器 SBUF,这两个缓冲器占用一个特殊功能寄存器,地址为 99H,该寄存器究竟是发送缓冲器还是接收缓冲器工作是靠软件指令来决定的。对外有两根独立的收、发信号线 RXD(P3.0)和 TXD(P3.1),因此可以同时接收和发送数据,实现全双工传送,使用串行口时可以用定时器 T1 或 T2 作为波特率发生器。

8051 的串行口通过两个特殊功能寄存器 SCON 和 PCON 来进行控制,分别介绍如下。

1. 通过 SCON 控制

串行口控制寄存器 SCON(地址为 98H):这个特殊功能寄存器包含有串行口的工作方

式选择位、接收发送控制位及串行口的状态标志,格式如下。

D7	D6	D5	D4	D3	D2	D1	D0
SM0	SM1	SM2	REN	TB8	RB8	TI	RI

SM0 和 SM1 为串行口的工作方式选择位,详见表8.1。

表 8.1 串行口工作方式

SM0	SM1	工 作 方 式
0	0	方式0,移位寄存器方式(用于 I/O 口扩展)
0	1	方式1,8位 UART,波特率可变(T1溢出率/n)
1	0	方式2,9位 UART,波特率为 $f_{osc}/64$ 或 $f_{osc}/32$
1	1	方式3,9位 UART,波特率可变(T1溢出率/n)

表中,n 为16或32,取决于特殊功能寄存器 PCON 中 SMOD 位的值,SMOD=1 时,n=16;SMOD=0 时,n=32。UART 表示通用异步收发器。

8051 单片机的串行口有4种工作方式。

(1) 方式0:为移位寄存器输入输出方式。串行数据从 RXD 线输入或输出,而 TXD 线专用于输出时钟脉冲给外部移位寄存器。这种方式主要用于进行 I/O 口的扩展,输出时将片内发送缓冲器中的内容串行地移入外部的移位寄存器,输入时将外部移位寄存器中的内容移入片内接收缓冲器,波特率固定为 $f_{osc}/12$。

(2) 方式1:为8位异步接收发送。一帧数据有10位,包括1位起始位(0),8位数据位和1位停止位(1)。串行口电路在发送时能自动插入起始位和停止位,在接收时,停止位进入 SCON 中的 D2 位。方式1的传送波特率是可变的,由定时器1的溢出率决定。

(3) 方式2:为9位异步接收发送。一帧数据包括有11位,除了1位起始位、8位数据位、1位停止位之外,还可以插入第9位数据,字符格式如图8.4所示。

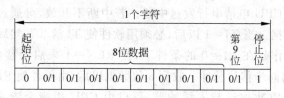

图 8.4 字符格式

发送时,第9位数据的值可通过 SCON 中的 TB8 指定为"0"或"1",用一些附加的指令可使这一位作奇偶校验位。接收时,第9位数据进入特殊功能寄存器 SCON 中的 D2 位。方式2的波特率为 $f_{osc}/64$ 或 $f_{osc}/32$。

(4) 方式3:也是9位异步接收发送。一帧数据有11位,工作方式与方式2相同,只是传送时的波特率受定时器1的控制,即波特率可变。

SCON 寄存器中另外各控制位的意义如下:

(1) SM2 为允许在方式2和方式3时进行多机通信的控制位。若允许多机通信,则应使 SM2=1,然后根据收到的第9位数据值来决定从机是否接收主机的信号;当 SM2=0 时,禁止多机通信。

（2）REN 为允许串行接收位。由软件置位以允许接收。由软件清"0"来禁止接收。

（3）TB8 为方式 2 和方式 3 时发送的第 9 位数据，需要由软件置位或复位。

（4）RB8 为方式 2 和方式 3 时接收到的第 9 位数据。在方式 1，若 SM2＝0，则 RB8 是接收到的停止位；在方式 0，不使用 RB8。

（5）TI 为发送中断标志。由硬件在方式 0 串行发送第 8 位结束时置"1"，或在其他方式串行发送停止位的开始时置"1"。该位必须由软件清"0"。

（6）RI 为接收中断标志。由硬件在方式 0 接收到第 8 位结束时置"1"，或在其他方式串行接收到停止位的中间时置"1"。该位必须由软件清"0"。

2. 通过 PCON 控制

特殊功能寄存器 PCON（地址为 87H）：在 PCON 寄存器中，只有一位与串行口工作有关。其格式如下。

D7	D6	D5	D4	D3	D2	D1	D0
Smod							

串行口工作于方式 1、方式 2 和方式 3 时，数据传送的波特率与 2^{Smod} 成正比，也就是说，当 Smod＝1 时，将使串行口传送的波特率加倍。

下面对串行口 4 种工作方式下数据的发送和接收做稍微详细的介绍。

（1）方式 0：串行口以方式 0 工作时，可外接移位寄存器（如 74LS164，74LS165）来扩展 I/O 口，也可外接同步输入输出设备，用同步的方式串行输入或输出数据。在方式 0 时，串行口相当于一个并入串出（发送）或串入并出（接收）的移位寄存器，数据传送时的波特率是不变的，固定为 $f_{\text{osc}}/12$，数据由 RXD(P3.0)端输入，同步移位脉冲由 TXD(P3.1)端输出。发送或接收的是 8 位数据，低位在前。发送或接收完 8 位数据时，置"1"中断标志 TI 或 RI。

方式 0 的发送操作是在 TI＝0 的情况下，由一根写发送缓冲器 SBUF 的指令启动，然后在 RXD 线上发出 8 位数据，同时在 TXD 线上发出同步移位脉冲。8 位数据发送完后由硬件置位 TI，同时向 CPU 申请串行发送中断。若中断不开放，可通过查询 TI 的状态来确定是否发送完一组数据。当 TI＝1 以后，必须用软件使 TI 清"0"，然后再发送下一组数据。

方式 0 的接收操作是在 RI＝0 的条件下，使 REN＝1 来启动接收过程。接收数据由 RXD 输入，TXD 输出同步移位脉冲。收到 8 位数据以后，由硬件使 RI＝1，发出串行口中断申请。RI＝1 表示接收数据已装入缓冲器，可以由 CPU 用指令读入到累加器 A 或其他 RAM 单元。RI 也必须由软件清"0"，以准备接收下一组数据。

在方式 0 下，SCON 寄存器中的 SM2、RB8、TB8 都不起什么作用，一般将它们都设置为"0"。

（2）方式 1：方式 1 采用 8 位异步通信方式，一帧数据有 10 位，其中起始位和停止位各占 1 位。方式 1 的发送也是在发送中断标志 TI＝0 时由一条写发送缓冲器的指令开始的。启动发送后，串行口能自动地插入一位起始位(0)，在字符结束前插入一位停止位(1)，然后在发送移位脉冲的作用下，依次由 TXD 线发出数据，一个字符 10 位数据发送完毕后，自动维持 TXD 线上的信号为 1。在 8 位数据发完，也即是在停止位开始时，使 TI 置"1"，用以通知 CPU 可以发送下一个字符。

方式 1 发送时的定时信号，也就是发送移位脉冲，是由定时器 1 产生的溢出信号经过

16 或 32 分频（取决于 Smod 之值）而取得的，因此方式 1 的波特率是可变的。

方式 1 在接收时，数据从 RXD 线上输入。当 SCON 寄存器中的 REN 置"1"后，接收器从检测到有效的起始位开始接收一帧数据信息。无信号时 RXD 线的状态保持为 1，当检测到由 1 到 0 的变化时，即认为收到一个字符的起始位，开始接收过程。在接收移位脉冲的控制下，把接收到的数据一位一位地移入接收移位寄存器，直到 9 位数据（8 位信号，1 位停止位）全部收齐。

在接收操作时，定时信号有两种，一种是接收移位脉冲，它的频率与波特率相同，也是由定时器 1 的溢出信号经过 16 或 32 分频得到的。另一种是接收字符的检测脉冲，它的频率是接收移位脉冲的 16 倍。即在一位数据期间有 16 个检测脉冲，并以其中的第 7、8、9 三个脉冲作为真正对接收信号的采样脉冲。对这三次采样结果采用三中取二的原则来决定所检测到的值。采用这种措施的目的在于抑制干扰，由于采样信号总是在接收位的中间位置，这样既可以避开信号两端的边沿失真，也可以防止由于收发时钟频率不完全一致而带来的接收错误。

在 9 位数据（8 位有效数据，1 位停止位）收齐之后，还必须满足以下两个条件，这次接收才真正有效：

① RI＝0；

② SM2＝0 或者接收到的停止位为 1。

在满足这两个条件时，则将接收移位寄存器中的 8 位数据转存入串行口寄存器 SBUF，收到的停止位则进入 RB8，并使接收中断标志 RI 置"1"。若这两个条件不满足，则这一次收到数据就不装入 SBUF，这实际上就相当于丢失了一帧数据，因为串行口马上又开始寻找下一位起始位准备下一帧数据了。事实上这两个有效接收的条件对于方式 1 来说是很容易满足的。这两个条件真正起作用是在方式 2 和方式 3 中。

（3）方式 2 和方式 3：这两种方式都是 9 位异步接收，发送方式，操作过程完全一样，一帧数据有 11 位，其中起始位和停止位各占 1 位。所不同的只是波特率，方式 2 的波特率只有两种：$f_{osc}/64$ 或 $f_{osc}/32$，而方式 3 的波特率是可以由用户设定的。下面以方式 2 为例来说明。

方式 2 的发送包括 9 位有效数据，必须在启动发送前把第 9 位数据装入 TB8，这第 9 位数据起什么作用串行口不作规定，完全由用户来安排。因此，它可以是奇偶验位，也可以是其他控制位。

准备好 TB8 以后，就可以用一根以 SBUF 为目的地址的指令启动发送过程。串行口能自动把 TB8 取出，并装入到第 9 位数据的位置，再逐一发送出去。发送完毕，使 TI＝1。这些过程和方式 1 是相同的。

方式 2 的接收与方式 1 也基本相似。不同之处是要接收 9 位有效数据。在方式 1 时，是把停止位当作第 9 位数据来处理的，而在方式 2（或方式 3）中存在真正的第 9 位数据。因此，现在有效接收数据的条件为

① RI＝0；

② SM2＝0 或接收到的第 9 位数据为 1。

第一个条件是提供"接收缓冲器空"的信息，即用户已把 SBUF 中上次收到的数据读走，故可以再次写入。第二个条件则提供了某种机会来控制串行接收，若第 9 位是一般的奇

偶校验位,则可令 SM2＝0,以保证可靠的接收。若第 9 位数据参与对接收的控制,则可令 SM2＝1,然后依据所置的第 9 位数据来决定接收是否有效。

若这两个条件成立,接收到的第 9 位数据进入 RB8,而前 8 位数据进入 SBUF 以准备让 CPU 读取,并且置位 RI。若以上条件不成立,则这次接收无效,也不置位 RI。

特别需要指出的是,在方式 1、方式 2 和方式 3 的整个接收过程中,保证 REN＝1 是一个先决条件。只有当 REN＝1 时才能对 RXD 上的信号进行检测。

在串行通信中波特率是一个重要指标,波特率反映了串行通信的速率。8051 单片机串行口 4 种工作方式对应着 3 种波特率。

对于方式 0,波特率是固定的,为单片机振荡频率 f_{osc} 的 1/12。

对于方式 2,波特率由下式计算:

$$波特率 = \frac{2^{Smod}}{64} \times f_{osc} \tag{8-1}$$

式中,Smod 为 PCON 寄存器中的 D7 位,f_{osc} 为单片机的振荡频率。

对于方式 1 和方式 3,波特率都由定时器 1 的溢出率决定,计算公式如下:

$$波特率 = \frac{2^{Smod}}{32} \times \frac{f_{osc}}{12} \left(\frac{1}{2^k - 定时器\ T1\ 初值} \right) \tag{8-2}$$

式中,Smod 为 PCON 寄存器中的 D7 位;f_{osc} 为单片机的振荡频率;k 取决于定时器 T1 的工作方式,方式 0 时 $k=13$,方式 1 时 $k=16$,方式 2 和方式 3 时 $k=8$。

8.3　串行口应用举例

8.3.1　串口/并口转换

8051 单片机的串行口有 4 种工作方式,其中方式 0 是移位寄存器方式,通常可以在串行口外面接一个移位寄存器,实现串口/并口转换,这种方式可以用于 I/O 端口的扩展。

【例 8-1】　在单片机的串行口外接一个串入并出 8 位移位寄存器 74LS164,实现串口到并口的转换。数据从 RXD 端输出,移位脉冲从 TXD 端输出,波特率固定为单片机工作频率的 1/12。Proteus 仿真电路如图 8.5 所示,执行如下程序后将看到 LED 指示灯轮流点亮。

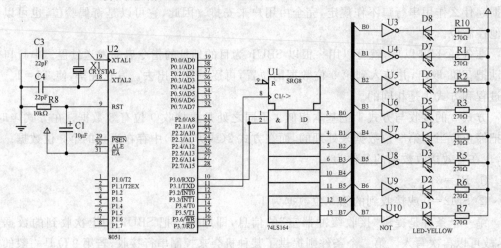

图 8.5　利用串行口外接移位寄存器实现串/并转换

C51 源程序清单如下。

```
# include < reg52.h>
# define uchar unsigned char
# define uint unsigned int
uchar Dat[8] = {0x01,0x02,0x04,0x08,0x10,0x20,0x40,0x80};
/ *************************** 延时函数 **************************** /
void delay(){
    uint j;
    for(j = 0;j < 32000;j++);
}
/ *************************** 主函数 **************************** /
void main(){
    uchar i;
    while(1){
        SCON = 0x00;                    //设置串行口工作方式 0
        for(i = 0;i < 8;i++){
            SBUF = Dat[i];              //发送数据
            while(!TI);                //检查发送完标志位
            TI = 0;
            delay();
        }
    }
}
```

【例 8-2】 在单片机的串行口外接一个并入串出 8 位移位寄存器 74LS165，实现并口到串口的转换。外部 8 位并行数据通过移位寄存器 74LS165 进入单片机的串行口，然后再送往 P0 口点亮 LED 指示灯。Proteus 仿真电路如图 8.6 所示，执行以下程序后，改变拨动开关 DIPSWC_8 的状态，可以看到 LED 指示灯会随之变化。

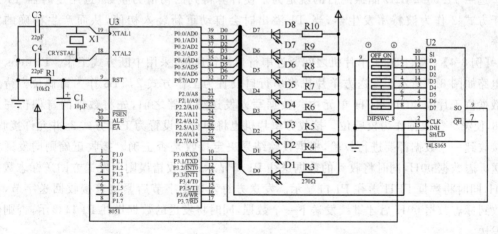

图 8.6 利用串行口外接移位寄存器实现并/串转换

C51 源程序清单如下。

```
# include < reg52.h>
# define uchar unsigned char
# define uint unsigned int
```

```
sbit shft = P1 ^ 0;
/ ***************************** 延时函数 **************************** /
void delay(){
    uint j;
    for(j = 0;j < 32000;j++);
}
/ ***************************** 主函数 **************************** /
void main(){
    while(1){
        shft = 0;
        shft = 1;
        SCON = 0x10;                        //设置串行口工作方式 0
        while(!RI);                         //检查接收标志位
        P0 = SBUF;
        RI = 0;
        delay();
    }
}
```

8.3.2 单片机之间的通信

8051 单片机串行口主要用来进行通信,下面举几个单片机之间通信应用的例子。

【例 8-3】 已知 8051 的串行口采用方式 1 进行通信,晶振频率为 11.0592MHz,选用定时器 T1 作为波特率发生器,T1 工作于方式 2,要求通信的波特率为 9600,计算 T1 的初值。

解 设 Smod＝0,根据式(8-2),计算 T1 的初值如下:

$$X = 2^8 - \frac{11.0592 \times 10^6}{9600 \times 32 \times 12} = 253 = \text{FDH}$$

选用 11.0592MHz 晶振的目的就是为了使计算得到的初值为整数,选用定时器 T1 工作于方式 2 作为波特率发生器,当 T1 溢出时会自动重新装入初值,从而产生精确的波特率。

【例 8-4】 两台 8051 单片机之间通过串行口进行通信,采用中断方式工作。Proteus 仿真电路如图 8.7 所示。发送方单片机将串行口设置为工作方式 2,TB8 作为奇偶位。待发送数据位于片内 40H～4FH 单元中。数据写入发送缓冲器之前,先将数据的奇偶位写入TB8,使第 9 位数据作为校验位。接收方单片机也将串行口设置为工作方式 2,并允许接收,每接收到一个数据都要进行校验,根据校验结果决定接收是否正确。接收正确则向发送方回送标志数据 00H,同时将收到的数据送往 P1 口显示;接收错误则向发送方回送标志数据FFH,同时将数据 FFH 送往 P1 口显示。发送方每发送 1 字节后紧接着接收回送字节,只有收到标志数据 00H 后才继续发送下一个数据,同时将发送的数据送往 P1 口显示,否则停止发送。

发送方 C51 程序清单如下。

```
# include < reg52. h >
# define uchar unsigned char
# define uint unsigned int
uchar i = 0;
```

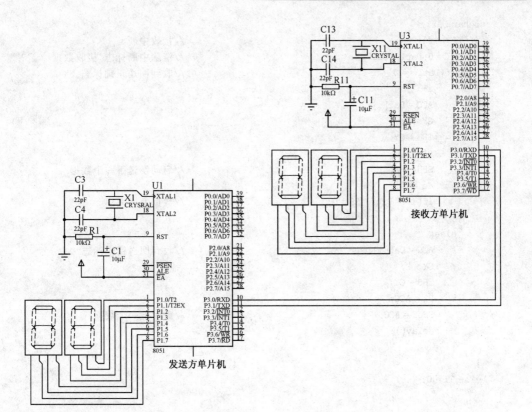

图 8.7 两台单片机通过串行口进行通信

```
uchar Dat[] = {0x00,0x01,0x02,0x03,0x04,0x05,0x06,0x07,    //待发送数据
        0x08,0x09,0x0a,0x0b,0x0c,0x0d,0x0e,0x0f};
/ ***************************** 延时函数 ***************************** /
void delay(){
    uint j;
    for(j = 0;j < 31000;j++);
}
/ ***************************** 主函数 ***************************** /
void main(){
    TMOD = 0x20;                            //将 T1 设为工作方式 2
    TH1 = TL1 = 0xf3;PCON = 0x80;           //fosc = 6MHz 时, BD = 2400
    TR1 = 1;                                //启动 T1
    SCON = 0xd0;                            //串行口设为工作方式 3,允许接收
    ES = 1;EA = 1;                          //开中断
    ACC = Dat[i];
    CY = P;
    TB8 = CY;
    P1 = ACC;
    SBUF = ACC;                             //发送数据
    delay();
    while(1);
}
/ *********************** 发送中断服务函数 *********************** /
void trs() interrupt 4 using 1 {
```

```
    uchar Dat1;
    if(TI == 0){                                    //接收中断
        RI = 0;Dat1 = SBUF;                         //清除中断标志,接收数据
        if(Dat1 == 0){                              //收到回送正确标志
            i++;
            ACC = Dat[i];
            CY = P;
            TB8 = CY;
            P1 = ACC;
            SBUF = ACC;                             //启动发送下一个数据
            delay();
            if(i == 0x0f) ES = 0;                   //数据发送完毕
        }
        else{
            ACC = Dat[i];                           //收到回送错误标志
            CY = P;
            TB8 = CY;
            P1 = ACC;
            SBUF = ACC;                             //重发上一个数据
            delay();
        }
    }
    else TI = 0;
}
```

接收方 C51 程序清单如下。

```
#include <reg52.h>
#include <intrins.h>
#define uchar unsigned char
#define uint unsigned int
uchar i = 0;
uchar Dat[16] _at_ 0x40;
/ ****************************** 主函数 ****************************** /
void main(){
    TMOD = 0x20;                                    //将 T1 设为工作方式 2
    TH1 = TL1 = 0xf3;PCON = 0x80;                   //fosc = 6MHz 时,BD = 2400
    TR1 = 1;                                        //启动 T1
    SCON = 0xd0;                                    //串行口设为工作方式 3,允许接收
    ES = 1;EA = 1;                                  //开中断
    while(1);
}
/ ********************** 接收中断服务函数 ********************** /
void res() interrupt 4 using 1 {
    uchar Dat1;
    if(TI == 0){                                    //接收中断
        RI = 0;ACC = SBUF;Dat1 = ACC;               //清除中断标志,接收数据
        if((P == 0&RB8 == 0)|(P == 1&RB8 == 1)){    //判断奇偶标志
            Dat[i] = Dat1;                          //奇偶校验正确,存储数据
            P1 = _crol_(Dat1,4);
            i++;
```

```
            SBUF = 0x00;                          //回送正确标志
            if(i == 0x10) ES = 0;                 //数据接收完毕,禁止串行口中断
        }
        else{
            SBUF = 0xff;                           //奇偶校验错误,回送错误标志
        }
    }
    else TI = 0;
}
```

实际应用中经常需要多个微处理器协调工作,由于 8051 单片机具有多机通信功能,利用这一特点很容易组成各种多机系统,典型的主-从多机通信系统如图 8.8 所示。

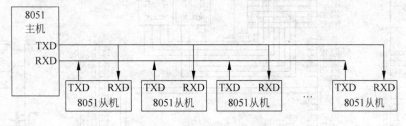

图 8.8　典型多机通信系统

一台 8051 作为主机,主机的 TXD 端与其他从机 8051 的 RXD 端相连,主机的 RXD 端与其他从机 8051 的 TXD 端相连,主机发送的信息可以被各个从机接收,而各个从机发送的信息只能被主机接收,由主机决定与哪个从机进行通信。

在多机系统中,要保证主机与从机之间可靠的通信,必须要让通信接口具有识别功能,8051 单片机串行口控制寄存器 SCON 中的控制位 SM2 正是为了满足这一要求而设置的。当串行口以方式 2 或方式 3 工作时,发送或接收的每一帧信息都是 11 位,其中除了包含 SBUF 寄存器传送的 8 位数据之外,还包含一个可编程的第 9 位数据 TB8 或 RB8。主机可以通过对 TB8 赋予 1 或 0,来区别发送的是地址帧还是数据帧。

根据串行口接收有效条件可知,若从机的 SCON 控制位 SM2 为 1,则当接收的是地址帧时,接收数据将被装入 SBUF 并将 RI 标志置"1",向 CPU 发出中断请求;若接收的是数据帧时,则不会产生中断标志,信息将被丢弃。若从机的 SCON 控制位 SM2 为 0,则无论主机发送的是地址帧还是数据帧,接收数据都会被装入 SBUF 并置"1"标志位 RI,向 CPU 发出中断请求。因此可以规定如下通信规则:

(1) 置"1"所有从机的 SM2 位,使之处于只能接收地址帧的状态。

(2) 主机发送地址帧,其中包含 8 位地址信息,第 9 位为 1,进行从机寻址。

(3) 从机接收到地址帧后,将 8 位地址信息与其自身地址值相比较,若相同则清"0"控制位 SM2;若不同则保持控制位 SM2 为 1。

(4) 主机从第 2 帧开始发送数据帧,其中第 9 位为 0。对于已经被寻址的从机,因其 SM2 为 0,故可以接收主机发来的数据信息,而对于其他从机,因其 SM2 为 1,将对主机发来的数据信息不予理睬,直到发来一个新的地址帧。

(5) 若主机需要与其他从机联系,可再次发送地址帧来进行从机寻址,而先前被寻址过的从机在分析出主机发来的地址帧是对其他从机寻址时,恢复其自身的 SM2 为 1,对主机

随后发来的数据帧信息不予理睬。

【例 8-5】　本例是一个简单的单片机多机通信系统,一台 8051 作为主机,另外两台 8051 作为从机,通信规则如前所述。发往从机 1 的数据位于主机片内 RAM 从 51H 开始的单元中,发往从机 2 的数据位于主机片内 RAM 从 61H 开始的单元中,数据块长度位于 50H 单元。Proteus 仿真电路如图 8.9 所示,主机端按键 K1、K2 分别用于设定从机 1 和从机 2 地址,按下 K1 键实现与从机 1 通信,按下 K2 键实现与从机 2 通信。从机将接收到的数据通过 P0 口显示。

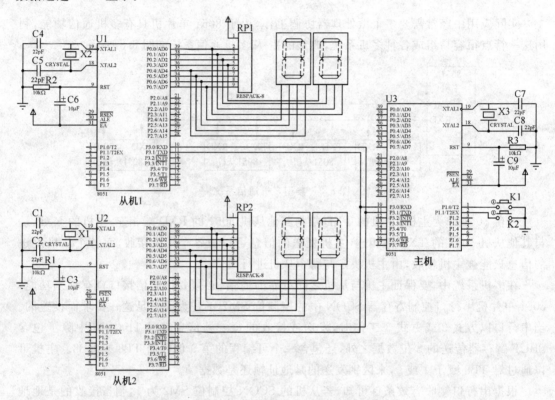

图 8.9　主-从方式多机通信系统

主机采用查询方式发送,每进行一次发送都要判断从机应答,若应答错误则重发,全部数据发送完毕,最后发送校验和。从机采用中断方式接收,首先接收地址并判断是否与本机地址一致,一致则清"0"从机的 SM2 控制位,以便继续接收后续数据;否则保持从机的 SM2 控制位为 1,放弃接收后续数据。全部数据接收完毕后进行校验和判断,根据校验结果设置接收正确与否的标志。

主机发送 C51 程序清单如下。

```c
#include<reg52.h>
#define uchar unsigned char
#define uint unsigned int
uchar addr,Sum;
uchar bdata flagBase _at_ 0x20;
uchar Dat1[] = {0x01,0x02,0x03};
uchar Dat2[] = {0x01,0x02,0x03};
```

```
sbit K1 = P1 ^ 0;
sbit K2 = P1 ^ 1;
sbit F = flagBase ^ 7;
/ *************************** 数据发送函数 **************************** /
uchar trs(){
    uchar Dat3, Dat4, DatNum, * ptr;
    SCON = 0xd8;                                    //设置串行口工作方式
    TMOD = 0x20;                                    //将 T1 设为工作方式 2
    TH1 = TL1 = 0xfd; PCON = 0x00;                  //设置波特率
    TR1 = 1;                                        //启动 T1
    DatNum = 0x03;                                  //数据块长度
    do{
        SBUF = addr;                               //发送从机地址
        while(!TI);                                //等待发送完
            TI = 0;
        while(!RI);                                //等待从机应答
            RI = 0;
        Dat3 = SBUF;                               //接收应答
    }while(Dat3!= 0);                              //应答错误,重发
    TB8 = 0;
    do{
        SBUF = DatNum;                             //发送数据块长度
        while(!TI);                                //等待发送完
            TI = 0;
        while(!RI);                                //等待从机应答
            RI = 0;
        Dat3 = SBUF;                               //接收应答
    }while(Dat3!= 0);                              //应答错误,重发
    if(F == 1) ptr = Dat1;
    if(F == 0) ptr = Dat2;
    while(DatNum > 0){                             //等待发送完
        do{
            Dat4 = * ptr;                          //取发送数据
            SBUF = Dat4;
            while(!TI);                            //等待发送完
                TI = 0;
            while(!RI);                            //等待从机应答
                RI = 0;
            Dat3 = SBUF;                           //接收应答
        }while(Dat3!= 0);                          //应答错误,重发
        ptr++;
        Sum = Sum + Dat4;                          //计算数据校验和
        DatNum -- ;
    }
    SBUF = Sum;                                    //发送校验和
    while(!TI);                                    //等待发送完
        TI = 0;
    while(!RI);                                    //等待从机应答
        RI = 0;
    Dat3 = SBUF;                                   //接收应答
    if(Dat3 == 0) return 0;                        //应答正确,返回 0
```

```
        else return 1;                                  //应答错误,返回 1
    }
/ ***************************** K1 键处理函数 ****************************** /
void SET_NM1(){                                         //K1 键按下,设定从机 1 地址
    addr = 0x01;Sum = 0x00;
    F = 1;
    Dat1[0]++;Dat1[1]++;Dat1[2]++;
    trs();
    F = 0;
}
/ ***************************** K2 键处理函数 ****************************** /
void SET_NM2(){                                         //K2 键按下,设定从机 2 地址
    addr = 0x02;Sum = 0x00;
    Dat2[0]++;Dat2[1]++;Dat2[2]++;
    trs();
}
/ ***************************** 主函数 ****************************** /
void main(){
    while(1){
        if(K1 == 0) SET_NM1();                          //判断 K1 键是否按下
        if(K2 == 0) SET_NM2();                          //判断 K2 键是否按下
    }
}
```

从机 1 与从机 2 接收源程序基本相同,只是本机地址不同。下面仅给出从机 1 接收数据的 C51 程序清单。

```
# include < reg52. h >
# define uchar unsigned char
# define uint unsigned int
uchar bdata flagBase _at_ 0x20;
uchar Dat1[3];
uchar j = 0;
uchar Sum = 0;
uchar DatNum = 0;
sbit F = flagBase ^ 7;
sbit F1 = flagBase ^ 6;
/ ***************************** 延时函数 ****************************** /
void delay(){
    uint j;
    for(j = 0;j < 41000;j++);
}
/ ***************************** 主函数 ****************************** /
void main(){
    uchar i;
    SCON = 0xf0;                                        //设置串行口工作方式
    TMOD = 0x20;                                        //将 T1 设为工作方式 2
    TH1 = TL1 = 0xfd;PCON = 0x00;                       //设置波特率
    TR1 = 1;ES = 1;EA = 1;                              //启动 T1,开中断
    F = 0;
    do{                                                 //循环显示接收到的数据
```

```
        for(i = 0;i < 0x03;i++){
            P0 = Dat1[i];delay();
        }
    } while(F == 0);
    P0 = 0xff;while(1);
}
/ ************************* 串行口中断服务函数 ************************* /
void res() interrupt 4 using 1 {
    uchar Dat;
    if(TI == 0){                                    //接收中断
        RI = 0;                                     //清除中断标志,接收数据
        if(RB8 == 1){
            Dat = SBUF;                             //接收从机地址
            if(Dat!= 0x01) return;                  //判断是否与本机地址相符
            SM2 = 0;F1 = 1;   SBUF = 0x00;
            return;
        }
        if(F1 == 1){
            DatNum = SBUF;                          //接收数据块长度
            F1 = 0;SBUF = 0x00;
            return;
        }
        if(DatNum == 0){
            Dat = SBUF;                             //接收校验和
            if((Dat ^ Sum)!= 0){                    //校验和错误
                SBUF = 0xff;F = 1;
                return;
            }
            SBUF = 0x00;F = 0;SM2 = 1;              //校验和正确
            Sum = 0;j = 0;
            return;
        }
        Dat1[j] = SBUF;                             //接收数据
        Sum = Sum + Dat1[j];                        //数据累加
        SBUF = 0x00;
        j++;DatNum -- ;
        return;
    }
    else TI = 0;
    return;
}
```

8.3.3 单片机与 PC 之间的通信

在许多应用场合,需要利用 PC 与单片机组成多机系统,本节介绍 PC 与单片机之间的通信技术及应用编程。PC 内通常都装有一个 RS-232 异步通信适配器板,其主要器件为可编程的 UART 芯片如 8250 等,从而使 PC 有能力与其他具有标准 RS-232 串行通信接口的计算机设备进行通信。8051 单片机本身具有一个全双工的串行口,但单片机的串行口为 TTL 电平,需要外接一个 TTL-RS-232 电平转换器才能够与 PC 的 RS-232 串行口连接,组成一个简单可行的通信接口。

　　下面先介绍一下 RS-232 串行通信标准,它除了物理指标外,还包括按位串行传送的电气指标。图 8.10 为 RS-232 以位串行方式传送数据的格式,数据从最低有效位开始连续传送,以奇偶校验位结束。RS-232 标准接口并不限于 ASCII 数据,还可有 5～8 个数据位后加一位奇偶校验位的传送方式。在电气性能方面,RS-232 标准采用负逻辑,逻辑"1"电平在 −5～−15V 范围内,逻辑"0"电平则在 +5～+15V 范围内。它要求 RS-232 接收器必须能识别低至 +3V 的信号作为逻辑"0",而识别高至 −3V 的信号作为逻辑"1",这意味着有 2V 的噪声容限。RS-232 标准的主要电气特性如表 8.2 所示。

图 8.10　RS-232 串行数据传送格式

表 8.2　RS-232 电气特性

参　　数	数　　值
最大电缆长度	15m
最大数据传输速率	20kb/s
驱动器输出电压(开路)	±25V(最大)
驱动器输出电压(满载)	±5～±15V(最大)
驱动器输出电阻	300Ω(最小)
驱动器输出短路电流	±500mA
接收器输入电阻	3～7kΩ
接收器输入门限电压值	−3～+3V(最大)
接收器输入电压	−25～+25V(最大)

　　由于 RS-232 的逻辑电平与 TTL 电平不兼容,为了与 TTL 电平的 80C51 单片机器件连接,必须进行电平转换。美国 MAXIM 公司生产的 MAX232 系列 RS-232 收发器是目前应用较为普遍的串行口电平转换器件,如图 8.11 所示为 MAX232 芯片的引脚排列和典型工作电路。芯片内部包含两个收发器,采用"电荷泵"技术,利用 4 个外接电容 C1～C4(通常取值为 1μF)就可以在单 +5V 电源供电的条件下,将输入的 +5V 电压转换为 RS-232 输出所需要的 ±12V 电压,在实际应用中,由于器件对电源噪声很敏感,因此必须在电源 VCC 与地之间加一个去耦电容 C5(通常取值为 0.1μF)。收发器在短距离(电缆电容量<1000P)通信时,通信速率最高可达 120kb/s。

　　完整的 RS-232 接口有 25 根线,其中 15 根线组成主信道,另外一些为未定义和供辅信道使用的线,一般情况下辅信道极少使用。大多数计算机和终端设备仅需要使用 25 根信号线中的 3～5 根线就可工作。对于标准系统,则需要使用 8 根信号线。图 8.12 给出了使用 RS-232 标准通信接口和简单通信接口的两种系统结构,其中"发送数据"(TXD)和"接收数据"(RXD)是最重要的两个数据传输线,另外"地"(GND)也是必不可少的。

　　PC 内部的异步串行通信适配器主要特点如下:

　　(1) 波特率范围大,适配器允许以 50～519 200b/s 的波特率进行通信。

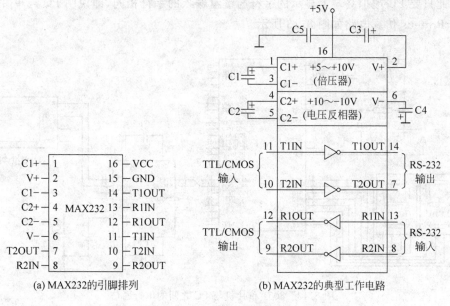

(a) MAX232的引脚排列 　　　　(b) MAX232的典型工作电路

图 8.11　MAX232 的引脚排列和典型工作电路

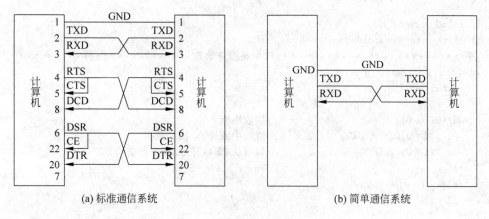

(a) 标准通信系统 　　　　(b) 简单通信系统

图 8.12　RS-232 数据通信系统的结构

（2）具有优先级的中断系统提供对发送、接收的控制以及错误、线路状态的检测中断。

（3）可编程设置串行通信数据长度（5～8 位）、奇偶校验位、停止位位数（1/1.5/2 位）。

（4）具有全双缓冲机构，不需要精确的同步。

（5）独立的接收器时钟输入。

（6）内部的各个寄存器都有独立的端口地址，不会引起误操作，可靠性高。

　　下面给出一个利用 Proteus 软件提供的虚拟终端实现 PC 与单片机通信的例子，虚拟终端模拟了 PC 内部异步串行通信适配器主要特性，使用十分简单方便，可以通过 Windows 图形界面完成各种设置。但是在实际应用中则需要在 PC 端通信软件中对 PC 内部异步串行通信适配器进行初始化编程。

　　【例 8-6】 8051 单片机与 PC 之间的串行通信。本例的功能为将 PC 键盘输入的数据发送给单片机，单片机收到数据后以 ASCII 码形式从 P1 口显示接收数据，同时再回送给

PC,因此只要 PC 虚拟终端上显示的字符与键盘输入的字符相同,即说明 PC 与单片机通信正常。Proteus 仿真电路如图 8.13 所示。

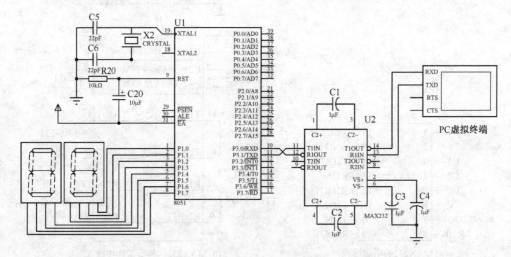

图 8.13 8051 单片机与 PC 之间的串行通信

单片机 C51 程序清单如下。

```
# include < reg52. h>
# define uchar unsigned char
/ ************************* 串行口中断服务函数 ************************* /
void trs() interrupt 4 using 1 {
    uchar Dat1;
    EA = 0;
    if(TI == 0){                       //接收中断
        RI = 0;Dat1 = SBUF;            //清除中断标志,接收数据
        P1 = Dat1;SBUF = Dat1;         //数据从 P1 口显示,同时回送给 PC
    }
    else TI = 0;
    EA = 1;
}
/ ************************ 主函数 **************************** /
void main(){
    SCON = 0x50;                       //设置串行口工作方式
    TMOD = 0x20;                       //将 T1 设为工作方式 2
    TH1 = TL1 = 0xf3;PCON = 0x80;      //fosc = 12MHz 时,BD = 4800
    TR1 = 1;                           //启动 T1
    ES = 1;EA = 1;                     //开中断
    while(1);                          //等待串行口中断
}
```

8.3.4 修改底层函数实现 printf()重新定向

Keil C51 库函数中提供了两个输入输出的函数 scanf()和 printf(),它们通过底层函数 _getkey()和 putchar()起作用,底层函数默认使用单片机的串行口,用户可以直接应用 scanf()和 printf()函数通过串行口实现输入输出等人机交互功能。

【例8-7】 利用输入输出库函数 scanf() 和 printf() 通过串行口实现人机交互功能。

```
# include <reg51.h>              /* 预处理命令 */
# include <stdio.h>
void main() {                    /* 主函数 */
    char a;                      /* 主函数的内部变量类型说明 */
    SCON = 0x52;                 /* 8051 单片机串行口初始化 */
    TMOD = 0x20;
    TCON = 0x69;
    TH1 = 0x0F3;
    while(1){                    /* 利用 scanf() 和 printf() 通过串行口实现人机交互 */
    printf (" \n Please input \n ");
    scanf (" % c",&a);
        }
}                                /* 主程序结束 */
```

用户可以根据需要适当修改底层函数 putchar()，使之通过其他 I/O 接口（例如液晶显示器 LCD 接口等）来完成输出功能。例8-8 是一个修改 putchar() 函数，实现 printf() 通过 LCD 显示输出的例子。该例包含两个文件，主程序 main.c 文件和液晶显示 LCD.h 文件。主程序中对 Keil C51 提供的底层函数 putchar() 进行了修改，通过调用 LCD.h 文件中的功能函数实现光标定位和数据输出，然后就可以直接使用 printf() 函数在 LCD 上显示输出了。原理电路如图 8.14 所示。

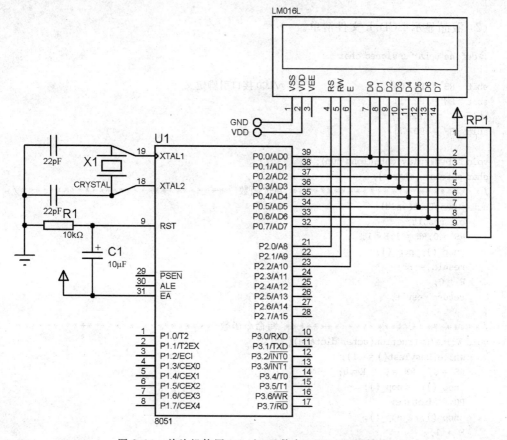

图 8.14 单片机使用 printf() 函数在 LCD 上显示输出

【例 8-8】 修改底层函数 putchar()实现 printf()在 LCD 上输出。

(1) 主程序 main. c 文件清单。

```c
# include < reg51. h>
# include < intrins. h>
# include < stdio. h>
# include < LCD. h>
/ ******************************** 主函数 ******************************** /
void main(void){
    LcdInitiate();                       / * 调用液晶初始化函数 * /
    WriteAddress(0x00);                  / * 调用光标定位函数 * /
    printf("Hello Everybody\n");         / * LCD 显示输出英文字符 * /
    printf("Pai =   % .4f",3.1415);      / * LCD 显示输出数字 * /
    while(1);
}
/ **************************** 修改底层函数 **************************** /
char putchar (char c){
    if (c == '\n'){
        WriteAddress(0x40);              / * LCD 光标定位 * /
    }
    else{
        WriteData(c);                    / * LCD 输出数据 * /
    }
    return (c);
}
```

(2) 液晶显示 LCD. h 文件清单。

```c
# define uchar unsigned char

sbit  RS  = P2 ^ 0;                  //LCD 接口引脚定义
sbit  RW  = P2 ^ 1;
sbit  E   = P2 ^ 2;
sbit  BF  = P0 ^ 7;

void LCD_display_data(long num);
char putchar (char c);
/ ************************** 判忙函数 ************************** /
uchar BusyTest(void){
    bit result;
    RS = 0;RW = 1;E = 1;
    _nop_();_nop_();
    result = BF;
    E = 0;
    return result;
}
/ ************************** 写命令函数 ************************** /
void WriteInstruction(uchar dictate){
    while(BusyTest() == 1);
    RS = 0;  RW = 0;  E = 0;
    _nop_();  _nop_();
    P0 = dictate;
    _nop_();  _nop_();
    E = 1;
```

```
        _nop_();   _nop_();
        E = 0;
}
/ *********************** 指定显示位置函数 *********************** /
void WriteAddress(uchar x){
        WriteInstruction(x | 0x80);
}
/ *********************** 写数据函数 *********************** /
void WriteData(uchar y){
        while(BusyTest() == 1);
        RS = 1;   RW = 0;   E  = 0;
        P0 = y;
        _nop_();_nop_();
        E = 1;
        _nop_();   _nop_();
        E = 0;
}
/ *********************** 初始化函数 *********************** /
void LcdInitiate(void){
        WriteInstruction(0x38);
        WriteInstruction(0x0c);             //显示开,无光标,光标不闪烁
        WriteInstruction(0x06);             //光标右移,字符不移动
        WriteInstruction(0x01);             //清屏幕
}
```

复习思考题

1. 8051 单片机与串行口相关的特殊功能寄存器有哪几个? 说明它们各位的功能意义。

2. 什么叫波特率? 它反映的是什么? 它与时钟频率是相同的吗? 当串行口每分传送 3600 个字符时,计算其传送波特率。

3. 8051 单片机的串行口有哪几种工作方式? 各有什么特点和功能?

4. 已知异步串行通信的字符格式为 1 个起始位、8 个 ASCII 码数据位、1 个奇偶校验位、2 个停止位组成,已知字符"T"的 ASCII 码为 54H,请画出传送字符"T"的帧格式。

5. 设 8051 单片机的串行口工作于方式 1,现要求用定时器 T1 以方式 2 作波特率发生器,产生 9600 的波特率,若已知 Smod=1,TH1=FDH,TL1=FDH,试计算此时的晶振频率为多少?

6. 试设计一个发送程序,将片内 RAM 20H~2FH 中的数据从串行口输出,要求将串行口定义为工作方式 2,TB8 作为奇偶校验位。

7. 设 8051 单片机双机通信系统按工作方式 3 实现全双工通信,若发送数据区的首址为内部 RAM 30H~3FH 单元,接收数据的首址为 40H 单元,两个 8051 单片机的晶振均为 6MHz,通信波特率为 1200b/s,第 9 数据位作奇偶校验位,以中断方式传送数据,试编写双机通信发送和接收程序。

8. 修改底层函数_getkey()和 putchar(),实现通过矩阵键盘输入和 LCD 显示输出功能。设计并画出原理电路图,编写 C51 驱动程序。

第 9 章　模数与数模转换接口技术

9.1　转换器的主要技术指标

模数转换器(Analog Digital Converter,ADC)的主要技术指标如下。

1. 分辨率(Resolution)

分辨率反映转换器所能分辨的被测量最小值。通常用输出二进制代码的位数来表示。例如分辨率为 8 位的 ADC,模拟电压的变化范围被分成 2^8-1 级(255 级),而分辨率为 10 位的 ADC,模拟电压的变化范围被分成 $2^{10}-1$ 级(1023 级)。因此,同样范围的模拟电压,用 10 位 ADC 所能测量的被测量最小值要比用 8 位 ADC 小得多。

2. 精度(Precision)

精度是指转换结果相对于实际值的偏差,有绝对精度和相对精度两种表示方法。绝对精度用二进制最低位(LSB)的倍数来表示,如 $\pm(1/2)$LSB、±1LSB 等。相对精度用绝对精度除以满量程值的百分数来表示,如 $\pm0.05\%$ 等。

应当指出,分辨率与精度是两个不同的概念。同样分辨率的 ADC 其精度可能不同。例如 ADC0804 与 AD570,分辨率均为 8 位,但 ADC0804 的精度为 ±1LSB,而 AD570 的精度为 ±2LSB。因此,分辨率高但精度不一定高,而精度高则分辨率必然也高。

3. 量程(满刻度范围——Full Scale Range)

量程是指输入模拟电压的变化范围。例如某转换器具有 10V 的单极性范围或 $-5\sim+5$V 的双极性范围。则它们的量程都为 10V。应当指出,满刻度只是个名义值,实际上转换器的最大输出值总是比满刻度值小 $1/2^n$,n 为转换器的位数。这是因为模拟量的 0 值是 2^n 个转换状态中的一个,在 0 值以上只有 2^n-1 个梯级。但按通常习惯,转换器的模拟量范围总是用满刻度表示。例如 12 位的 ADC,其满刻度值为 10V,而实际的最大输出值为

$$10-10\times\frac{1}{2^{12}}=10\times\frac{4095}{4096}=9.9976V$$

4. 线性度误差(Linerarity Error)

理想的转换器特性应该是线性的,即模拟量输入与数字量输出成线性关系。线性度误差是指转换器实际的模拟数字转换关系与理想的直线关系不同而出现的误差,通常用多少 LSB 表示。

5. 转换时间(Conversion Time)

从发出启动转换开始直至获得稳定的二进代码所需的时间称为转换时间,转换时间

与转换器工作原理及其位数有关,同种工作原理的转换器,通常位数越多,其转换时间越长。

数模转换器(Digital Analog Converter,DAC)的主要技术指标与模数转换器基本相同,只是转换时间的概念略有不同,DAC 的转换时间又叫建立时间,它是指当输入的二进制代码从最小值突然跳变至最大值时,其模拟输出电压相应的满度跳跃并达到稳定所需的时间。一般而言,DAC 的转换时间比 ADC 要短得多。

9.2 数模转换器接口技术

数模转换器的功能是将数字量转换为与其成比例的模拟电压或电流信号,输出到仪表外部进行各种控制。本节主要介绍 DAC 芯片的使用方法及其与单片机的接口技术。DAC 芯片种类繁多,有通用廉价的 DAC 芯片,也有高速、高精度及高分辨率的 DAC 芯片,表 9.1 给出了几种常用 DAC 芯片的特点及性能。

表 9.1　几种常用 DAC 芯片的特点及性能

芯片	位数	建立时间 (转换时间)/ns	非线性误差/%	工作电压/V	基准电压/V	功耗/mW	与 TTL 兼容
DAC0832	8	1000	0.2～0.05	+5～+15	-10～+10	20	是
AD7524	8	500	0.1	+5～+15	-10～+10	20	是
AD7520	10	500	0.2～0.05	+5～+15	-25～+25	20	是
AD561	10	250	0.05～0.025	VCC+5～+16 VEE-10～-16	—	正电源 8～10 负电源 12～14	是
AD7521	12	500	0.2～0.05	+5～+15	-25～+25	20	是
DAC1210	12	1000	0.05	+5～+15	-10～+10	20	是

各种类型的 DAC 芯片都具有数字量输入端和模拟量输出端及基准电压端。数字输入端有以下几种类型:无数据锁存器;带单数据锁存器;带双数据锁存器;可接收串行数字输入。第一种在与单片机接口时,要外加锁存器,第二种和第三种可直接与单片机接口,第四种与单片机接口十分简单,接收数据较慢,适用于远距离现场控制的场合。模拟量输出有两种方式:电压输出及电流输出。电压输出的 DAC 芯片相当于一个电压源,其内阻很小,选用这种芯片时,与它匹配的负载电阻应较大。电流输出的芯片相当于电流源,其内阻较大,选用这种芯片时,负载电阻不可太大。

在实际应用中,常选用电流输出的 DAC 芯片实现电压输出,如图 9.1 所示。图(a)为反相输出,输出电压为 $V_{OUT}=-iR$,图(b)为同相输出,输出电压为 $V_{OUT}=-iR\times\left(1+\dfrac{R_2}{R_1}\right)$。上述两种电路均是单极性输出,如 0～+5V、0～+10V。在实际应用中有时需要双极性输出,如 ±5V、±10V,这时可采用如图 9.1(c)所示的电路。图中 $R_3=R_4=2R_2$,输出电压 V_{OUT} 与基准电压 V_{REF} 及第一级运放 A_1 输出电压 V_1 的关系是 $V_{OUT}=-(2V_1+V_{REF})$,V_{REF} 通常就是芯片的电源电压或基准电压,其极性可正可负。

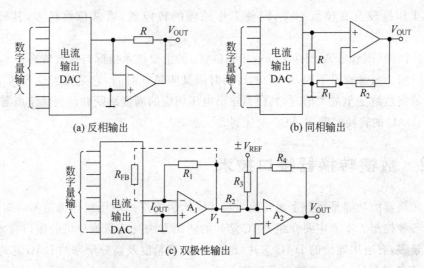

(a) 反相输出   (b) 同相输出

(c) 双极性输出

图 9.1　将电流型 DAC 芯片连接成电压输出方式

9.2.1　无内部锁存器的 DAC 接口方法

无内部数据锁存器的 DAC 芯片,尤其是分辨率高于 8 位的 DAC 芯片,在设计与 8 位单片机接口时,要外加数据锁存器。图 9.2 所示是一种 10 位 DAC 的接口电路。在 10 位 DAC 芯片与 8 位单片机之间接入两个锁存器,锁存器 A 锁存 10 位数据中的低 8 位,锁存器 B 锁存高 2 位。单片机分两次输出数据,先输出低 8 位数据到锁存器 A(地址为 002CH),后输出高 2 位数据到锁存器 B(地址为 002DH)。

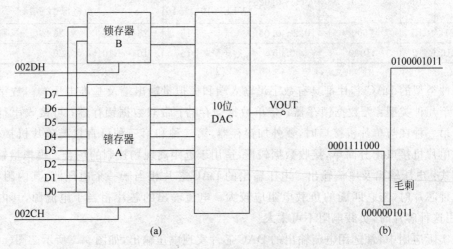

图 9.2　10 位 DAC 接口

这种接口在输出低 8 位数据和高 2 位数据之间,会产生"毛刺"现象,如图 9.2(b)所示。假设两个锁存器原来的数据为 0001111000,现在要求转换的数据为 0100001011,新数据分两次输出,第一次输出低 8 位,这时 DAC 将把新的 8 位数据的与原来数据的高 2 位一起组成 0000001011 转换成输出电压,而该电压是不需要的,即所谓"毛刺"。

避免产生毛刺的方法之一是采用双组缓冲器结构,如图 9.3 所示。单片机先把低 8 位数据选通输入锁存器 1(地址为 6000H)中,然后将高 2 位数据选通输入锁存器 3(地址为 6001H)中,并同时选通锁存器 2(地址为 6001H),使锁存器 2 与锁存器 3 组成 10 位锁存器向 DAC 同时送入 10 位数据,由 DAC 转换成输出电压。

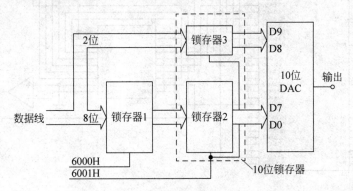

图 9.3 采用双组缓冲器的 10 位 DAC 接口

9.2.2 DAC0832 与 8051 单片机的接口方法

DAC0832 是典型的带内部双缓数据缓冲器的 8 位 D/A 芯片,其逻辑结构如图 9.4 所示。当 ILE 端为高电平,$\overline{CS}$ 与 $\overline{WR1}$ 同时为低电平时,使得 $\overline{LE1}=1$;当 $\overline{WR1}$ 变为高电平时,输入寄存器便将输入数据锁存。当 $\overline{XFER}$ 与 $\overline{WR2}$ 同时为低电平时,使得 $\overline{LE2}=1$,DAC 寄存器的输出随寄存器的输入变化,$\overline{WR2}$ 上升沿将输入寄存器的信息锁存在该寄存器中。RFB 为外部运算放大器提供的反馈电阻。VREF 端是由外电路为芯片提供一个 +10V 到 −10V 的基准电源。IOUT1 和 IOUT2 是电流输出端,两者之和为常数。

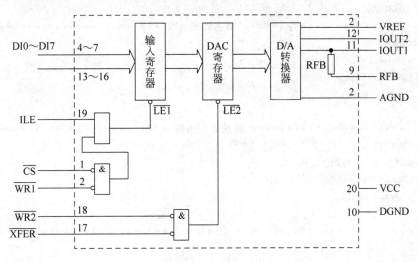

图 9.4 DAC0832 逻辑框图

图 9.5 所示为 DAC0832 与 8051 单片机组成的 D/A 转换接口 Proteus 仿真电路,其中 DAC0832 工作于单缓冲器方式,它的 ILE 接 +5V,$\overline{CS}$ 和 $\overline{XFER}$ 相连后由 8051 的 P2.7 控制,$\overline{WR1}$ 和 $\overline{WR2}$ 相连后由 8051 的 $\overline{WR}$ 控制。例 9-1 为采用 C51 编写的驱动程序,程序执行后 DAC 将产生输出电压驱动直流电机运转,通过"加速"和"减速"按键调节 DAC 输出不同

电压,可使直流电机以不同速度运转。

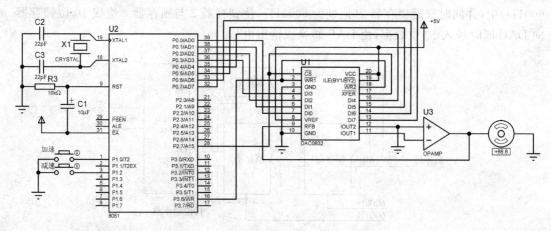

图 9.5　DAC0832 与 8051 单片机的接口

【例 9-1】　采用 DAC 输出驱动直流电机的 C51 程序。

```c
# include < reg52. h >
# include < absacc. h >
# define uchar unsigned char
# define uint unsigned int
# define DAC0832 0x7fff                          //定义 DAC0832 地址
sbit K1 = P1 ^ 0;                                //定义按键
sbit K2 = P1 ^ 2;
uchar Dval = 0x20;
uint i = 0x8000;
/ ************************* 加速处理函数 ************************* /
void INCDAC(){
    Dval = Dval + 0x10;
    if(Dval > = 0xe0)
        Dval = 0xe0;
    }
/ ************************* 减速处理函数 ************************* /
void DECDAC(){
    Dval = Dval - 0x10;
    if(Dval < = 0x20)
        Dval = 0x20;
    }
/ ************************* 主函数 ************************* /
main(){
    while(1){
        XBYTE[DAC0832] = Dval;                   //启动 DAC0832
        if(K1 == 0){                             //判断加速键是否按下
            while(i -- );                        //延时反弹跳
            if(K1 == 0) INCDAC();                //加速
            i = 0x8000;
        }
```

```
        if(K2 == 0){                        //判断减速键是否按下
            while(i--);                     //延时反弹跳
            if(K2 == 0) DECDAC();           //减速
            i = 0x8000;
        }
    }
}
```

图 9.6 所示为具有两路模拟量输出的 DAC0832 与 8051 单片机的接口。两片 DAC0832 工作于双缓冲器方式以实现两路同步输出。图中两片 DAC0832 的 $\overline{CS}$ 分别连到 8051 的 P2.0 和 P2.0,两片 DAC0832 的 XFER 都连到 P2.7,两片的 $\overline{WR1}$ 和 $\overline{WR2}$ 都连到 $\overline{WR}$,这样两片 DAC0832 的数据输入锁存器分别被编址为 0FEFFH 和 0FFFFH,而它们的 DAC 寄存器地址都是 7FFFH。下面例 9-2 是采用 C51 编写的驱动程序,执行后可以同时使两路 DAC 产生不同输出电压驱动直流电机,也可以利用这两路模拟量输出分别控制 CRT 显示器的 x、y 偏转,实现特殊要求的显示。

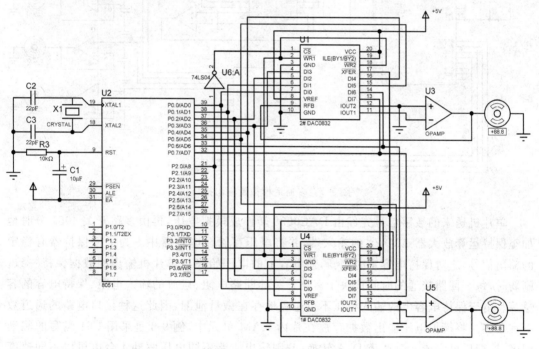

图 9.6 两路 DAC0832 与 8051 的接口

【例 9-2】 两路 DAC 同步输出的 C51 驱动程序。

```
# include <reg52.h>
# include <absacc.h>
# define uchar unsigned char
# define DAC1 0xfeff                        //定义 DAC1 的数据地址
# define DAC2 0xffff                        //定义 DAC2 的数据地址
# define DAC  0x7fff                        //定义 DAC 输出地址
uchar Dval1 = 0x20;
uchar Dval2 = 0xf0;
```

```
/ ****************************** 主函数 ****************************** /
main(){
    XBYTE[DAC1] = Dval1;                      //给 DAC1 送数据 x
    XBYTE[DAC2] = Dval2;                      //给 DAC2 送数据 y
    XBYTE[DAC] = Dval2;                       //同时启动 DAC1 和 DAC2
    while(1);
}
```

如果要设计具有多路模拟量输出的 DAC 接口,可以仿照图 9.6 的方法,采用多个 DAC 与单片机接口。也可以采用多路输出复用一个 DAC 芯片的设计方法。图 9.7 所示为一种 4 通道模拟量输出共享一个 DAC0832 芯片的接口电路。

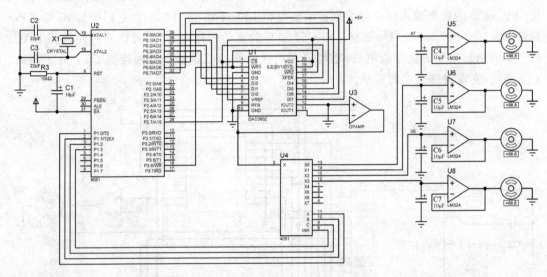

图 9.7　多通道模拟量输出接口

单片机送来的数字信号先经由 DAC0832 转换成模拟电压,再由多路开关 4051 分时地 加至保持运算放大器 LM324 的输入端,并将电压存储在电容器中。为了使保持器有稳定 的输出信号,应对保持电容定时刷新,使电容上的电压始终与单片机输出的数据保持一致。 刷新时,每一回路接通的时间取决于多路开关的断路电阻、运放的输入电阻、保持电容的容 量等。由于保持电容上的输入电压不可避免地存在微量泄漏,因此这种接口电路的通道数 不宜太多。将模拟电压输出数据存放在片内 RAM 单元中,例 9-3 是采用 C51 编写的驱动 程序,执行后可完成 4 个通道 D/A 转换,分别输出 4 路不同电压驱动 4 台电机以不同速度 旋转。

【例 9-3】　利用 1 片 DAC 输出 4 路不同电压的 C51 驱动程序。

```
# include < reg52. h>
# include < absacc. h>
# define uchar unsigned char
# define uint unsigned int
# define DAC   0x7fff                        //定义 DAC 输出地址
uchar Dval[] = {0x50,0x80,0xc0,0xf0};
/ ****************************** 延时函数 ****************************** /
void delay(){
```

```
    uint i;
    for(i = 0;i < 35000;i++);
}
/ ****************************** 主函数 ****************************** /
main(){
    uchar * ptr,j,DP;
    while(1){
        ptr = Dval;DP = 0x00;
        for(j = 0;j < 4;j++){          //4个通道
            P1 = DP;                    //选通多路开关
            XBYTE[DAC] = * ptr;         //启动 DAC
            delay();
            ptr++;DP++;
        }
    }
}
```

9.2.3　DAC1208 与 8051 单片机的接口方法

DAC0832 是 8 位分辨率的 D/A 芯片,它与 8 位单片机接口容易,但有时会显得分辨率不够,下面介绍一种带内部锁存器的 12 位分辨率 DAC 芯片 DAC1208,图 9.8 所示为 DAC1208 的逻辑结构框图。

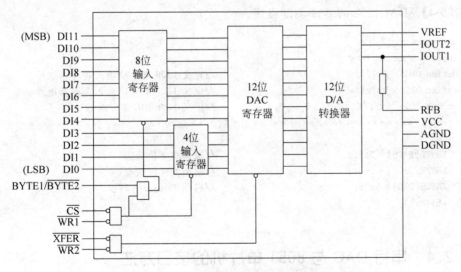

图 9.8　DAC1208 的逻辑结构框图

与 DAC0832 相似,DAC1208 也是双缓冲器结构,输入控制线与 DAC0832 也很相似,$\overline{CS}$和$\overline{WR1}$用来控制输入寄存器,$\overline{XFER}$和$\overline{WR2}$用来控制 DAC 寄存器,但增加了一条控制线 BYTE1/$\overline{BYTE2}$,用来区分输入 8 位寄存器和 4 位寄存器,当 BYTE1/$\overline{BYTE2}$=1 时,两个寄存器都被选中,BYTE1/$\overline{BYTE2}$=0 时,只选中 4 位输入寄存器。DAC1208 与 8051 单片机的接口示于图 9.9,DAC1208 的$\overline{CS}$端接 8051 的 P2.7,DAC1208 的 BYTE1/$\overline{BYTE2}$端接 8051 的 P2.0,因此 DAC1208 的 8 位输入寄存器地址为 7FFFH,4 位输入寄存器地址为 7EFFH;8051 的 P2.7 反向后接 DAC1208 的$\overline{XFER}$端,因此 DAC1208 的 DAC 寄存器地址

为 FFFFH。DAC1208 采用双缓冲器工作方式,送数时应先送高 8 位数据 DI11～DI4,再送低 4 位数据 DI3～DI0,送完 12 位数据后再打开 DAC 寄存器,设 12 位数据存放在内部 RAM 区的 40H 和 41H 单元中,高 8 位存于 40H,低 4 位存于 41H,下面例 9-4 是采用 C51 编写的驱动程序,执行后可完成一次 12 位 D/A 转换,并利用 DAC1208 输出电压驱动直流电机。

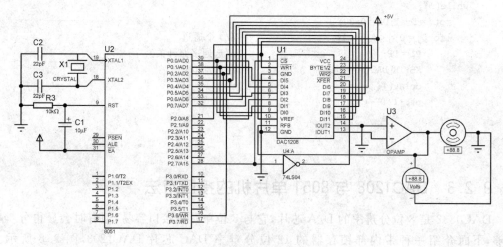

图 9.9   DAC1208 与单片机 8051 接口

【例 9-4】 DAC1208 的 C51 驱动程序。

```
# include <reg52.h>
# include <absacc.h>
# define DAC8   0x7fff                    //定义 1208 高 8 位输入寄存器地址
# define DAC4   0x7eff                    //定义 1208 低 4 位输入寄存器地址
# define DAC    0xffff                    //定义 1208 DAC 寄存器地址
/ ********************** 主函数 ********************** /
main(){
    XBYTE[DAC8] = 0xff;                    //输出高 8 位数据
    XBYTE[DAC4] = 0x0f;                    //输出低 4 位数据
    XBYTE[DAC] = 0x0f;                     //启动 12 位 D/A 转换
    while(1);
}
```

9.2.4   串行 DAC 与 8051 单片机的接口方法

并行 DAC 转换时间短,反应速度快,但芯片引脚多,体积较大,与单片机的接口电路较复杂。因此在一些对 DAC 转换时间没有太高要求的场合,可以选用串行 DAC 芯片,其转换时间虽然比并行 DAC 稍长,但芯片引脚少,与单片机的接口电路简单,而且体积小,价格低。美国 TI 公司推出的 TLC5615 是一种串行 10 位 DAC 芯片,只需要 3 根串行总线就可以完成 10 位数据的输入,易于和单片机接口。TLC5615 采用单 5V 电源工作,高阻抗基准输入端,上电时内部自动复位,最大功耗为 1.75mW,转换速率快,更新率为 1.21MHz。

图 9.10 所示为 TLC5615 的内部功能框图,主要组成部分包括:10 位 DAC 电路;一个 16 位移位寄存器(分为高 4 位虚拟位、10 位数据位、低 2 位填充位),接收串行二进制数,并

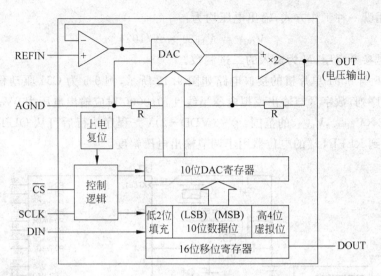

图 9.10　TLC5615 的内部功能框图

且有一个级联的数据输出端 DOUT；并行输入输出的 10 位
DAC 寄存器，为 10 位 DAC 电路提供待转换的二进制数据；
电压跟随器为参考电压端 REFIN 提供很高的输入阻抗，大
约 10MΩ；×2 电路提供最大值为 2 倍于 REFIN 的输出；
上电复位电路和控制电路。

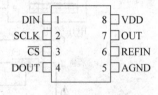

图 9.11 给出了 TLC5615 的引脚分布，各引脚功能如
表 9.2 所示。

图 9.11　TLC5615 的引脚分布

表 9.2　TLC5615 的引脚功能

引　　脚	功　　能
DIN	串行数据输入端
SCLK	串行时钟输入端
$\overline{CS}$	片选端,低电平有效
DOUT	用于级联时的串行数据输出端
VDD	正电源端,通常取+5V
OUT	DAC 模拟电压输出端
REFIN	基准电压输入端 2V～(VDD−2V)
AGND	模拟地

　　TLC5615 具有 12 位数据序列和 16 位数据序列两种工作方式。单片 TLC5615 工作时
采用 12 位数据序列,在$\overline{CS}$为低电平期间,由时钟信号 SCLK 控制串行数据 DIN 向 16 位移
位寄存器依次输入 10 位有效数据位和低 2 位填充位(填充位数据任意),高位在前,低位在
后,需要 12 个 SCLK 时钟完成一次数据传输。

　　多片 TLC5615 以级联方式(本片的 DOUT 接到下一片的 DIN)工作时采用 16 位数据
序列,在$\overline{CS}$为低电平期间,由时钟信号 SCLK 控制串行数据 DIN 向 16 位移位寄存器依次输
入高 4 位虚拟位、10 位有效数据位和低 2 位填充位(填充位数据任意),高位在前,低位在
后,由于增加了高 4 位虚拟位,所以需要 16 个 SCLK 时钟完成一次数据传输。

无论采用哪一种工作方式,输出电压均为:

$$V_{OUT} = V_{REFIN} \times N/1024$$

其中,V_{REFIN}是参考电压,N为输入的二进制数。

TLC5615 与 8051 单片机的接口电路如图 9.12 所示,例 9-5 为 C51 驱动程序。本例采用 12 位数据序列,数字量与输出模拟电压呈线性,0x0000 对应输出电压为 0V;0x0ffc 对应输出电压为 $2 \times V_{REFIN}$,V_{REFIN} 的范围:0~(VDD-2)V。程序执行后可从 OUT 端输出锯齿波电压,连接到 REFIN 端的电位器用于调节输出电压幅度。

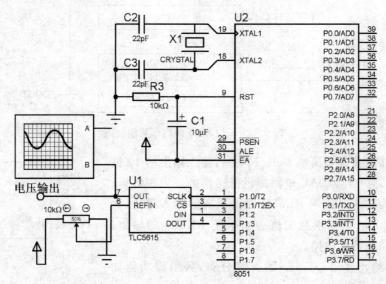

图 9.12 TLC5615 与单片机的接口电路

【例 9-5】 TLC5615 的 C51 驱动程序。

```c
# include "reg51.h"
# define uint unsigned int
# define uchar unsigned char


/ ******************************** 引脚定义 **************************** /
sbit SCLK = P1 ^ 0;
sbit CS   = P1 ^ 1;
sbit DAT  = P1 ^ 2;
uint k,DACdata;                    //定义需要转换的数字量,改变它的值,得到不同的模拟电压
/ ************************* D/A 转换函数 *************************** /
void DA_Conver(uint DAValue){
    uchar i;
    DAValue << = 4;
    CS =   0;                      //选中 TLC5615 芯片
    SCLK = 0;
//12 个时钟周期内,前 10 个时钟为 10 位 D/A 数据,后两个时钟为填充位
    for(i = 0;i < 12;i++) {
        DAT = (bit)(DAValue & 0x8000);
        SCLK = 1;
        DAValue << = 1;
```

```
                SCLK = 0;
            }
            CS = 1;                    //CS 上升和下降沿只在 SCLK 为低时才有效
            SCLK = 0;
}
/ ********************************* 主函数 ********************************* /
void main(){
        DACdata = 0;                   //准备 D/A 转换数据
        while(1){
            DACdata = k << 2;
            k++;
            DA_Conver(DACdata);        //启动 D/A 转换
            if(k == 0x3ff) k = 0;
        }
}
```

9.2.5　利用 DAC 接口实现波形发生器

　　利用 DAC 接口输出的模拟量(电压或电流)可以在许多场合得到应用。本节介绍 DAC 接口的一种应用——波形发生器,可以在 8051 单片机的控制下,产生三角波、锯齿波、方波以及正弦波,各种波形所采用的硬件接口都是一样的,由于控制程序不同而产生不同的波形。采用 9.2.2 节图 9.5 所示硬件接口,DAC0832 的地址为 7FFFH,工作于单缓冲器方式,执行一次对 DAC0832 的写入操作即可完成一次 D/A 转换。8051 单片机的累加器 A 从 0 开始循环增量,每增量一次向 DAC0832 写入一个数据,得到一个输出电压,这样可以获得一个正向的阶梯波,如图 9.13 所示。

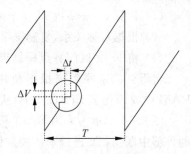

图 9.13　正向阶梯波

　　DAC0832 的分辨率为 8 位,如其满度电压为 5V,则一个阶梯的幅度为:

$$\Delta V = \frac{5V}{2^8} = \frac{5V}{256} = 19.5 \text{mV}$$

　　由图 9.13 可见,由于每一个阶梯波较小,总体看来就是一个锯齿波。如果要改变波形的周期,可采用软件延时的方法来实现,在延时子程序中改变延时时间的长短,即可改变输出波形的周期。用这种方法来产生波形,其频率是较低的。要想提高频率,可通过改进程序,减少执行时间,但效果有限,根本的办法还得靠改进硬件电路。

　　如果想获得任意起始电压和终止电压的波形,则需要确定起始电压和终止电压所对应的数字量。程序中从起始电压对应的数字量开始输出,当达到终止电压对应的数字量时返回,如此反复。

　　如果将正向锯齿波与负向锯齿波组合起来就可以获得三角波。

　　方波信号也是波形发生器中常用的一种信号,通过调整延时时间可得到不同占空比的矩形波,如图 9.14 所示为占空比为 $T_1/(T_1 + T_2)$ 的矩形波,改变延时值使 $T_1 = T_2$ 即得到方波。

　　利用 DAC 接口实现正弦波发生器时,先要对正弦波形模拟电压进行离散化。如图 9.15

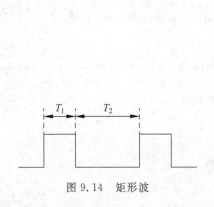

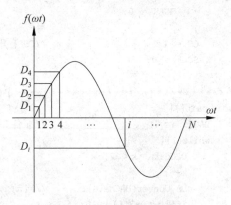

图 9.14 矩形波　　　　　　　　图 9.15 正弦波形的离散化

所示,对于一个正弦波取 N 等分离散点,按定义计算出对应于 1、2、$3\cdots N$ 各离散点的数据值 D_1、D_2、$D_3\cdots D_N$ 制成一个正弦表。因为正弦波在半周期内是以极值点为中心对称,而且正负波形为互补关系,故在制正弦表时只需进行 $1/4$ 周期,即取 $0\sim\pi/2$ 的数值,步骤如下:

(1) 计算 $0\sim\pi/2$ 内 $N/4$ 个离散的正弦值;

(2) 根据对称关系,复制 $\pi/2\sim\pi$ 内的值;

(3) 将 $0\sim\pi$ 区间各点根据求补即得 $\pi\sim2\pi$ 内各值。

将得到的这些数据根据所用 DAC 的位数进行量化,得到相应的数字值,依次存入 RAM 中或固化于 EPROM 中,从而得到一个全周期的正弦编码表。

图 9.16 所示为采用 DAC0832 实现的波形发生器电路,为了识别按键,对 8051 单片机的外部中断 INT0 进行了扩展。例 9-6 是采用 C51 编写的波形发生器驱动程序,执行后可通过不同按键产生阶梯波、三角波、方波和正弦波。

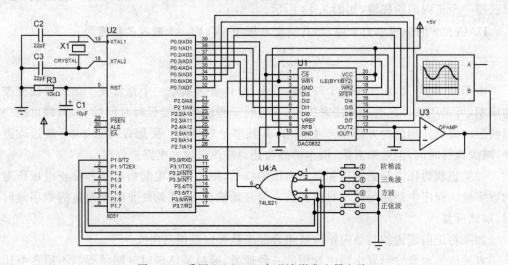

图 9.16 采用 DAC0832 实现波形发生器电路

【例 9-6】 采用 DAC0832 实现波形发生器的 C51 程序。

```
# include < reg52.h >
```

```c
#include <absacc.h>
#define uchar unsigned char
#define uint unsigned int
#define DAC  0x7fff                                    //定义 DAC 端口地址

uchar code SINTAB[] = {0x7F,0x89,0x94,0x9F,0xAA,0xB4,0xBE,0xC8,0xD1,0xD9,
                       0xE0,0xE7,0xED,0xF2,0xF7,0xFA,0xFC,0xFE,0xFF};
uchar bdata Tbase = 0x20;
sbit KST = Tbase^0;                                    //阶梯波标志
sbit KTRI = Tbase^1;                                   //三角波标志
sbit KSQ = Tbase^2;                                    //方波标志
sbit KSIN = Tbase^3;                                   //正弦波标志
sbit K1 = P1^0;                                        //阶梯波键
sbit K2 = P1^2;                                        //三角波键
sbit K3 = P1^4;                                        //方波键
sbit K4 = P1^6;                                        //正弦波键
/************************** 延时函数 **************************/
void delay(){
    uchar i;
    for(i = 0;i < 0xff;i++);
}
/************************** 阶梯波函数 **************************/
void st(){
    uchar i = 0;
    while(KST){
        XBYTE[DAC] = i++;                              //启动 DAC
    }
}
/************************** 三角波函数 **************************/
void tri(){
    uchar i = 0;
    XBYTE[DAC] = i;                                    //启动 DAC
    do{
        XBYTE[DAC] = i;                                //上升沿
        i++;
    }while(i < 0xff);
    do{
        XBYTE[DAC] = i;                                //下降沿
        i--;
    }while(i > 0x0);
}
/************************** 方波函数 **************************/
void sq(){
    XBYTE[DAC] = 0x00;                                 //启动 DAC
    delay();
    XBYTE[DAC] = 0xff;
    delay();
}
/************************** 正弦波函数 **************************/
void sin(){
    uchar i;
```

```
        for(i = 0;i < 18;i++) XBYTE[DAC] = SINTAB[i];        //第一个 1/4 周期
        for(i = 18;i > 0;i--) XBYTE[DAC] = SINTAB[i];        //第二个 1/4 周期
        for(i = 0;i < 18;i++) XBYTE[DAC] = ~SINTAB[i];       //第三个 1/4 周期
        for(i = 18;i > 0;i--) XBYTE[DAC] = ~SINTAB[i];       //第四个 1/4 周期
}
/ *************************** 主函数 *************************** /
main(){
    EX0 = 1;IT0 = 1;EA = 1;
    while(1){
        if(KST == 1) st();
        if(KTRI == 1) tri();
        if(KSQ == 1) sq();
        if(KSIN == 1) sin();
    }
}
/ *********************** INT0 中断服务函数 *********************** /
int0() interrupt 0 using 1{
    if(K1 == 0){                                    //判阶梯波键是否按下
        Tbase = 0;
        KST = 1;
    }
    if(K2 == 0){                                    //判三角波键是否按下
        Tbase = 0;
        KTRI = 1;
    }
    if(K3 == 0){                                    //判方波键是否按下
        Tbase = 0;
        KSQ = 1;
    }
    if(K4 == 0){                                    //判正弦波键是否按下
        Tbase = 0;
        KSIN = 1;
    }
}
```

采用程序软件控制 DAC 可以做成任意波形发生器,凡是用数学公式可以表达的曲线,或无法用数学公式表达但可以画出来的曲线,都可以用计算机在 DAC 接口上复制出来。

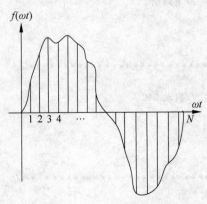

图 9.17 任意波形的离散化

图 9.17 所示为一个任意波形的离散化。离散时取的采样点越多,数值量化的位数越多,则用 DAC 复现的波形精度越高。当然这时会在复现速度和内存方面付出代价。在程序控制下的波形发生器可以对波形的幅值标度和时间轴标度进行扩展或压缩,以及对数转换,因而应用十分方便。以上各种波形发生器的原理都是基于 DAC 的电压输出与其数字输入量成正比的关系。在前面讨论的各种输出波形都是把 DAC 的标准电压 V_m 作为一个不变的固定值,如果把标准电压 V_m 作为另一个 DAC 的输出电压,则 V_m 也成为可

程控的了,这样又增加一份软件控制的灵活性。采用这种方法可组成调制型 DAC(modulated DAC),简称为 MDAC。

图 9.18 所示为 MDAC 的原理框图。CPU 是整个仪器的核心,工作前,CPU 将欲输出的波形预先从 EPROM 波形存储表中将波形数据送入 RAM,通过锁存器 2 及 DAC2 用数据设定输出 DAC1 所需要的参考电压 V_{m1}。通过可程控频率源产生顺序地址发生器所需要的步进触发脉冲频率 f_k,从而可对 RAM 区循环寻址,所需的波形即可经锁存器 1 及 DAC1 输出。本仪器还可通过 RS-232C 或 GP-IB 总线接口与外部通信。

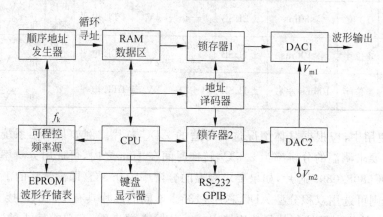

图 9.18 MDAC 任意波形发生器原理框图

9.3 模数转换器 ADC 接口技术

模数转换器(Analog Digital Converter,ADC)的功能是将输入模拟量转换为与其成比例的数字量,它是单片机应用系统的一种重要组成器件。按其工作原理,有比较式 ADC、积分式 ADC 以及电荷平衡(电压-频率转换)式 ADC 等。表 9.3 为几种常用 ADC 芯片的特点和性能,表中带 * 号的为积分型 ADC 芯片,其余均为比较式 ADC 芯片。

表 9.3 几种常用 A/D 芯片的特点和性能

芯片型号	分辨率	转换时间	转换误差	模拟输入范围	数字输出电平	外部时钟	工作电压	基准电压(VREF)
ADC0801,0802,0803,0804	8 位	$100\mu s$	$\pm 1/2 \sim$ $\pm 1LSB$	$0 \sim +5V$	TTL电平	可以不要	单电源 +5V	可不外接或 VREF 为 1/2 量程值
ADC0808、0809、	8 位	$100\mu s$	$\pm 1/2 \sim$ $\pm 1LSB$	$0 \sim +5V$	TTL电平	要	单电源 +5V	VREF(+)≤VCC VREF(+)≥0
ADC1210	12 位或 10 位	$100\mu s$(12 位) $30\mu s$(10 位)	$\pm 1/2LSB$	$0 \sim +5V$ $0 \sim +10V$ $-5 \sim +5V$	CMOS电平(由VREF 决定)	要	$+5 \sim$ $\pm 15V$	+5V 或 +15V

续表

芯片型号	分辨率	转换时间	转换误差	模拟输入范围	数字输出电平	外部时钟	工作电压	基准电压（VREF）
AD574	12位或8位	$25\mu s$	± 1LSB	$0\sim +10$V $0\sim +20$V $-5\sim +5$V $-10\sim +10$V	TTL电平	不要	± 15V或± 12V和$+5$V	不需外供
*7109	12位	$\geqslant 30$ms	± 2LSB	$-4\sim +4$V	TTL电平	可以不要	$+5$V和-5V	VREF为1/2量程值
*14433	3位半	$\geqslant 100$ms	± 1LSB	$-0.2\sim +0.2$V $-2\sim +2$V	TTL电平	可以不要	$+5$V和-5V	VREF为量程值
*7135	4位半	100ms左右	± 1LSB	$-2\sim +2$V	TTL电平	要	$+5$和-5V	VREF为1/2量程值

在实际使用中，应根据具体情况选用合适的 ADC 芯片。例如某测温系统的输入范围为 $0\sim 500$℃，要求测温的分辨率为 2.5℃，转换时间在 1ms 之内，可选用分辨率为 8 位的逐次比较式 ADC0808/0809 芯片，如果要求测温的分辨率为 0.5℃（即满量程的 1/1000），转换时间为 0.5s，则可选用双积分型 ADC 芯片 7135。不同的芯片具有不同的连接方式，其中最主要的是输入、输出以及控制信号的连接方式。从输入端来看，有单端输入的，也有差动输入的。差动输入有利于克服共模干扰。输入信号的极性有单极性和双极性输入，这由极性控制端的接法决定。从输出方式来看，主要有两种：

(1) 数据输出寄存器具有可控的三态门。此时芯片输出线允许和 CPU 的数据总线直接相连，并在转换结束后利用读信号 $\overline{RD}$ 控制三态门将数据送上总线。

(2) 不具备可控的三态门，输出寄存器直接与芯片引脚相连，此时芯片的输出线必须通过输入缓冲器连至 CPU 的数据总线。

ADC 芯片的启动转换信号有电平和脉冲两种形式。设计时应特别注意，对要求用电平启动转换的芯片，如果在转换过程中撤去电平信号，芯片将停止转换而得到错误的结果。

ADC 转换完成后，将发出结束信号，以示主机可以从转换器读取数据。结束信号也用来向 CPU 发出中断申请，CPU 响应中断后，在中断服务子程序中读取数据，也可用延时等待和查询转换是否结束的方法来读取数据。

9.3.1　比较式 ADC0809 与 8051 单片机的接口方法

图 9.19(a)所示为阶梯波比较式 ADC 的工作原理。转换开始时，计数器复位，DAC 的输出为 $V_d=0$。若输入电压 V_i 为正，则比较器输出 V_c 为正，与门打开，计数器对时钟脉冲进行计数，DAC 输出即随计数脉冲的增加而增加，如图 9.19(b)所示，当 $V_d>V_i$ 时，比较器输出变负，与门关闭，停止计数。计数器的计数值正比于输入电压，完成了从输入模拟量——电压到计数器的计数值——数字量的转换。

ADC0809 是一种较为常用的 8 路模拟量输入，8 位数字量输出的逐次比较式 ADC 芯片，图 9.20 为 ADC0809 的原理结构框图。芯片的主要部分是一个 8 位的逐次比较式 A/D 转换器。为了能实现 8 路模拟信号的分时采集，在芯片内部设置了多路模拟开关及通道地

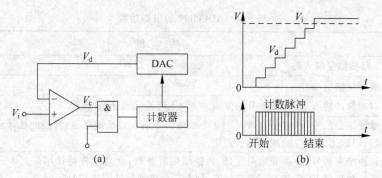

图 9.19　阶梯波比较式 ADC 工作原理

址锁存和译码电路,因此能对多路模拟信号进行分时采集和转换。转换后的数据送入三态
输出锁存缓冲器。ADC0808/0809 的最大不可调误差为 ±1LSB,典型时钟频率为 640kHz,
时钟信号应由外部提供。每一个通道的转换时间约为 $100\mu s$。图 9.21 为 ADC0809 的引脚
排列图,各引脚的功能如表 9.4 所示。

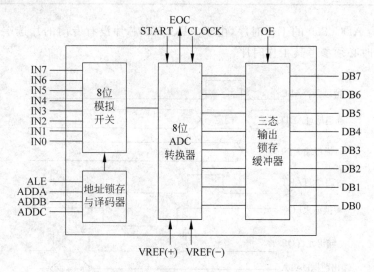

图 9.20　ADC0809 的原理结构框图

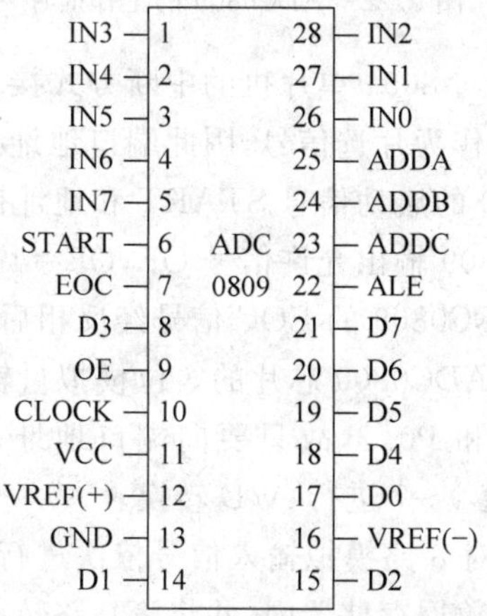

IN3 — 1	28 — IN2
IN4 — 2	27 — IN1
IN5 — 3	26 — IN0
IN6 — 4	25 — ADDA
IN7 — 5	24 — ADDB
START — 6　ADC	23 — ADDC
EOC — 7　0809	22 — ALE
D3 — 8	21 — D7
OE — 9	20 — D6
CLOCK — 10	19 — D5
VCC — 11	18 — D4
VREF(+) — 12	17 — D0
GND — 13	16 — VREF(−)
D1 — 14	15 — D2

图 9.21　ADC0809 的引脚排列图

表 9.4　ADC0809 的引脚功能

引脚	功　　能
IN0～IN7	8 路模拟量输入端
D0～D7	数字量输出端
START	启动脉冲输入端,脉冲上升沿复位 0809,下降沿启动 A/D 转换
ALE	地址锁存信号,高电平有效时把 3 个地址信号送入地址锁存器,并经地址译码得到地址输出,用以选择相应的模拟输入通道
EOC	转换结束信号,转换开始时变低,转换结束时变高,变高时将转换结果打入三态输出锁存器。如果将 EOC 和 START 相连,加上一个启动脉冲则连续进行转换
OE	输出允许信号输入端
CLOCK	时钟输入信号,最高允许值为 640kHz
VREF(＋)	正基准电压输入端
VREF(－)	负基准电压输入端。通常将 VREF(＋)接＋5V,VREF(－)接地
VCC	电源电压,可从＋5～＋15V

图 9.22 为 ADC0809 的工作时序,由于 ADC0809 芯片没有专门的片选端,因此在设计与单片机接口时必须参考其工作时序。

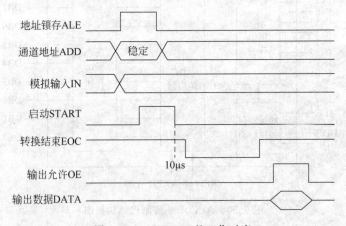

图 9.22　ADC0809 的工作时序

图 9.23 所示为 ADC0809 与 8051 单片机的中断方式接口电路。采用线选法规定其端口地址,用单片机的 P2.7 引脚作为片选信号,因此端口地址为 7FFFH。片选信号和 $\overline{WR}$ 信号一起经或非门产生 ADC0809 的启动信号 START 和地址锁存信号 ALE;片选信号和 $\overline{RD}$ 信号一起经或非门产生 ADC0809 输出允许信号 OE,OE＝1 时选通三态门使输出锁存器中的转换结果送入数据总线。ADC0809 的 EOC 信号经反相后接到 8051 的 $\overline{INT1}$ 引脚用于产生转换完成的中断请求信号。ADC0809 芯片的 3 位模拟量输入通道地址码输入端 A、B、C 分别接到 8051 的 P0.0、P0.1 和 P0.2,故只要向端口地址 7FFFH 分别写入数据 00H～07H,即可启动模拟量输入通道 0～7 进行 A/D 转换。

例 9-7 为中断工作方式下对 8 路模拟输入信号依次进行 A/D 转换的 C51 程序,8 路输入信号的转换结果存储在内部数据存储器内,并将第 0 路转换结果送到 P1 口显示。

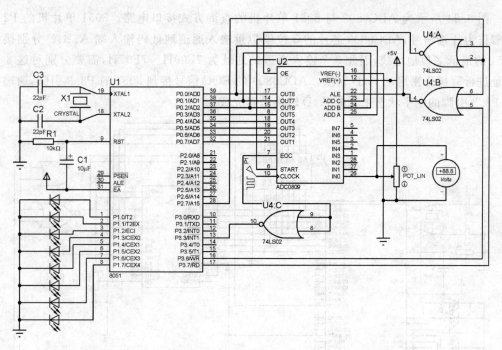

图 9.23 ADC0809 与单片机 8051 的中断方式接口电路

【例 9-7】 中断方式下 8 路模拟量输入的 A/D 转换 C51 程序。

```c
#include <reg52.h>
#include <absacc.h>
#define uchar unsigned char
#define ADC  0x7fff                          //定义 ADC0809 端口地址

uchar data ADCDat[8] _at_ 0x30;
uchar i = 0;
/****************************** 主函数 ******************************/
main(){
    EX1 = 1; IT1 = 1; EA = 1;
    XBYTE[ADC] = i;                          //启动 ADC0809 第 0 通道
    while(1){
        P1 = ADCDat[0];                      //0 通道转换结果送 P1 口显示
    }
}
/********************** INT1 中断服务函数 **********************/
int1() interrupt 2 using 1{
    ADCDat[i] = XBYTE[ADC];                  //读取 ADC0809 转换结果
    i++;
    XBYTE[ADC] = i;                          //启动 ADC0809 下一通道
    if(i == 8){
        i = 0;
        XBYTE[ADC] = i;                      //重新启动 ADC0809 第 0 通道
    }
}
```

图 9.24 所示为 ADC0809 与 8051 单片机的查询方式接口电路。8051 单片机的 P2.7 引脚作为片选信号，ADC0809 芯片的 3 位模拟量输入通道地址码输入端 A、B、C 分别接到 8051 的最低 3 位地址线，因此 8 个输入通道的地址为 7F00H～7F07H，需要分别对这 8 个地址进行写操作来启动 A/D 转换。ADC0809 的 EOC 信号接到 8051 的 P3.3 引脚，通过查询 P3.3 引脚的电平状态来判断 A/D 转换是否完成。

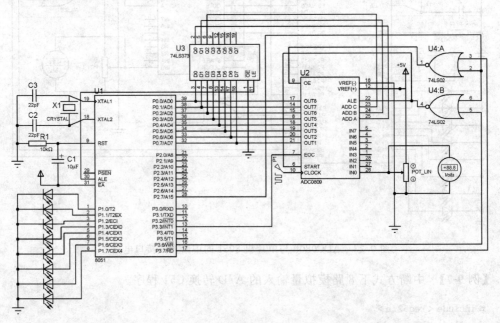

图 9.24　ADC0809 与单片机 8051 的查询方式接口电路

例 9-8 为查询工作方式对 8 路模拟量输入信号依次进行 A/D 转换的 C51 程序，执行后启动 8 路模拟输入通道进行 A/D 转换，8 路转换结果存储在内部数据存储器内，并将第 0 路转换结果送到 P1 口显示。

【例 9-8】　查询方式下 8 路模拟输入 A/D 转换 C51 程序。

```
# include < reg52. h >
# include < absacc. h >
# define uchar unsigned char
# define uint unsigned int

uchar data ADCDat[8] _at_ 0x30;
uchar i = 0;
uint ADC = 0x7f00;                          //定义 ADC0809 通道 0 地址
sbit EOC = P3 ^ 3;
/ *********************** 读取 ADC 结果函数 *********************** /
void ADCread(){
    ADCDat[i] = XBYTE[ADC];                 //读取 ADC0809 转换结果
    ADC++ ; i++;
    XBYTE[ADC] = i;                         //启动 ADC0809 下一通道
    if(i == 8){
        i = 0; ADC = 0x7f00;
        XBYTE[ADC] = i;                     //重新启动 ADC0809 第 0 通道
```

```
    }
}
/ ***************************** 主函数 ***************************** /
main(){
    XBYTE[ADC] = 0x00;                      //启动 ADC0809 第 0 通道
    while(1){
        if(EOC == 1) ADCread();             //根据 EOC 查询状态,读取 ADC 结果
        P1 = ADCDat[0];                     //0 通道转换数据送 P1 口显示
    }
}
```

9.3.2　积分式 ADC7135 与 8051 单片机的接口方法

有些单片机应用系统,要求能在工业现场使用,由于现场通常存在很强的干扰,如大功率电机的磁场等,而被测信号往往是很微弱的直流信号,如果不能有效地抑制干扰,则测量结果很可能会失去意义。这时就可考虑采用积分式的 ADC 了。下面先介绍双积分式 ADC 的工作原理,如图 9.25 所示。

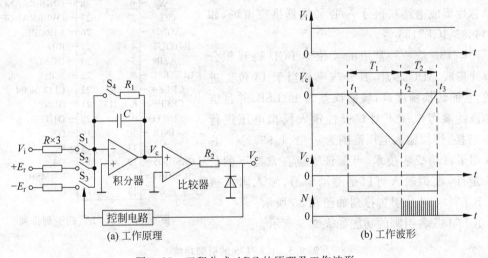

(a) 工作原理　　　　　　　　　　　　　　　　　　(b) 工作波形

图 9.25　双积分式 ADC 的原理及工作波形

工作过程分为三个阶段:

(1) 准备期:开关 S_1、S_2、S_3 断开,S_4 接通,积分电容 C 被短路,输出为 0。

(2) 采样期:开关 S_2、S_3、S_4 断开,S_1 闭合,积分器对输入模拟电压 $+V_i$ 进行积分,积分时间固定为 T_1,在采样期结束的 t_2 时刻,积分器输出电压为:

$$V_c = -\frac{1}{RC}\int_{t_1}^{t_2} V_i dt = -\frac{T_1}{RC}\overline{V_i} \tag{9-1}$$

式中,$\overline{V_i} = \dfrac{1}{T_1}\displaystyle\int_{t_1}^{t_2} V_i dt$ 为被测模拟电压在 T_1 时间内的平均值。

(3) 比较期:从 t_2 时刻开始,开关 S_1、S_2、S_4 断开,S_3 闭合,将与被测模拟电压极性相反的标准电压 $-E_r$ 接到积分器的输入端(若被测模拟电压为 $-V_i$,则 S_1、S_3、S_4 断开,S_2 闭合,将 $+E_r$ 接到积分器的输入端),使积分器进行反向积分。当积分器的输出回到 0 时,比较器的输出发生跳变。设在 t_3 时刻积分器回 0,此时有:

$$0 = V_c - \frac{1}{RC}\int_{t_2}^{t_3}(-E_r)\,dt = V_c + \frac{T_2}{RC}E_r \qquad (9\text{-}2)$$

式中，$T_2 = t_3 - t_2$ 为比较周期。

将式(9-1)代入式(9-2)，得：

$$T_2 = \frac{T_1}{E_r}\overline{V_i} \qquad (9\text{-}3)$$

在 T_2 周期内对一个周期为 τ 的时钟脉冲进行计数，得：

$$T_2 = N\tau \qquad (9\text{-}4)$$

$$N = \frac{T_2}{\tau} = \frac{T_1}{\tau \times E_r}\overline{V_i} \qquad (9\text{-}5)$$

由于 T_1、E_r、τ 都是恒定值，从而计数值 N 就正比于被测模拟电压值，实现了 A/D 转换。双积分式 ADC 的采样周期 T_1 通常设计成对称干扰信号周期的整数倍，以期对干扰信号有足够大的抑制能力，例如将 T_1 设计为工频信号的整数倍，将对工频干扰有非常高的抑制能力。

随着大规模集成电路工艺的发展，目前已有多种单芯片集成电路双积分 A/D 转换器供应市场，如 MC14433、ICL7135 等。

ICL7135 是一种常用的 4 位半 BCD 码双积分型单片集成 ADC 芯片，其分辨率相当于 14 位二进制数，它的转换精度高，转换误差为 ±1LSB，并且能在单极性参考电压下对双极性输入模拟电压进行 A/D 转换，模拟输入电压范围为 0～±1.9999V。芯片采用了自动校零技术，可保证零点在常温下的长期稳定性，模拟输入可以是差动信号，输入阻抗极高。ICL7135 芯片引脚排列如图 9.26 所示。

ICL7135 各引脚的功能如表 9.5 所示。

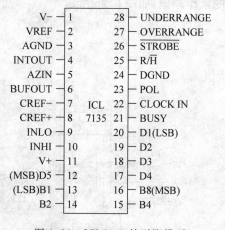

图 9.26　ICL7135 的引脚排列

表 9.5　ICL7135 的引脚功能

引　脚	功　能
V-	负电源端
VREF	外接基准电压输入端
AGND	模拟地
INTOUT	积分器输出，外接积分电容 C_{INT} 端
AZIN	外接调零电容 C_{AZ} 端
BUFOUT	缓冲器输出，外接积分电阻 R_{INT} 端
CREF-、CREF+	外接基准电压电容 C_{REF} 端，电容值可取 $1\mu F$
INLO、INHI	被测模拟电压(低、高)差分输入端，单端输入时 INLO 与通常模拟地连在一起
V+	正电源端
D5～D1	位扫描选通信号输出端，其中 D5 对应万位，其余依次为千、百、十、个位
B8～B1	BCD 码输出端，其中 B8 为最高位，B1 为最低位
UNDERRANGE	欠量程标志输出端，当输入信号小于量程的 9% 时，该端输出高电平

续表

引　脚	功　能
OVERRANGE	过量程标志输出端,当输入信号超过转换器计数范围(19999)时,该端输出高电平
$\overline{\text{STROBE}}$	选通脉冲输出端,A/D转换结束后,该端输出5个负脉冲,分别选通从高位到低位的 BCD码输出。STROBE也可作为中断请求信号,向主机申请中断
R/$\overline{\text{H}}$	A/D转换启动控制端,该端接高电平时,7135连续自动转换;该端接低电平时,转换 结束后保持转换结果
DGND	数字地
POL	极性输出端,输入信号为正时输出高电平,输入信号为负输出低电平
CLOCK IN	时钟输入端,输入信号为双极性时,时钟最高频率为125kHz,这时转换速率为3次/秒左 右。如果输入信号为单极性,时钟频率可增加到1MHz,这时转换速率为25次/秒左右
BUSY	输出状态信号端,积分器在对输入信号积分过程中,BUSY输出高电平(转换正在进 行),积分器反向积分过零后,BUSY输出低电平(转换已经结束)

ICL7135芯片工作时需要外接积分电阻、电容以及调零电容。积分电阻 R_{INT} 的计算公式为:

$$R_{\text{INT}} = \text{满度电压}\,/20\mu\text{A}$$

积分电容 C_{INT} 的计算公式为:

$$C_{\text{INT}} = \frac{10\,000 \times (1/f_{\text{osc}}) \times 20\mu\text{A}}{\text{积分器输出摆幅}}$$

如果电源电压取±5V,电路的模拟地端接0V,则积分器输出摆幅取±4V较合适。调零电容 C_{AZ} 可取 $1\mu\text{F}$。为了使7135工作于最佳状态,获得最好的性能,必须注意外接元器件的选择。

图9.27所示为ICL7135的输出时序图。

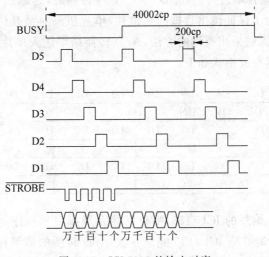

图9.27　ICL7135的输出时序

ICL7135转换结果输出是动态的,因此必须通过并行接口才能与单片机连接。图9.28所示为ICL7135与单片机8051的接口电路。图中74LS157为4位2选1的数据多路开关,74LS157的 $\overline{\text{A}}/\text{B}$ 端输入为低电平时,1A、2A、3A输入信息在1Y、2Y、3Y输出;$\overline{\text{A}}/\text{B}$ 端为高电平时,1B、2B、3B 输入信息在 1Y、2Y、3Y 输出。因此,当 7135 的高位选通信号 D5 输出为高电平时,万位数据 B1 和极性、过量程、欠量程标志输入到 8051 单片机的 P0.0～P0.3,当 D5 为低电平时,7135 的 B8、B4、B2、B1 输出低位转换结果的 BCD 码,此时 BCD 码数据线 B8、B4、B2、B1 输入到 8051 单片机的 P0.0～P0.3。

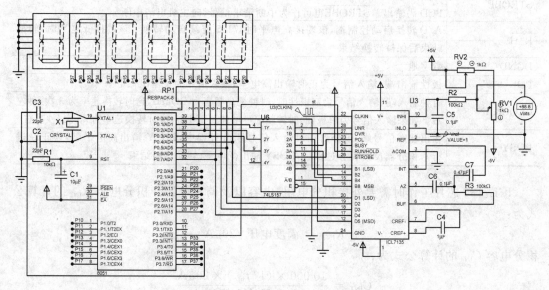

图 9.28　ICL7135 与单片机 8051 的接口电路

ICL7135 的时钟频率为 125kHz,每秒进行 3 次 A/D 转换。ICL7135 的数据输出选通脉冲线 STROBE 接到单片机外部中断 INT0 端,当 ICL7135 完成一次 A/D 转换以后,产生 5 个数据选通脉冲,分别将各位的 BCD 码结果和标志 D1～D5 打入 8051 的 P0 口。由于 ICL7135 的 A/D 转换是自动进行的,完成一次 A/D 转换后,选通脉冲的产生和 8051 中断的开放是不同步的。为了保证读出数据的完整性,单片机只对最高位(万位)的中断请求做出响应,低位数据的输入则采用查询的方法,A/D 转换结果送入单片机片内 RAM 的 20H,21H 和 22H 单元,数据存放格式如下:

D7	D6	D5	D4	D3	D2	D1	D0
POL	OV	UN		万	位		

D7	D6	D5	D4	D3	D2	D1	D0
千	位			百	位		

D7	D6	D5	D4	D3	D2	D1	D0
十	位			个	位		

例 9-9 为采用 C51 编写的 ICL7135 A/D 转换及数据显示程序。主程序完成开中断等初始化工作后,进入查询等待 ICL7135 完成一次 A/D 转换的结果标志。中断服务程序读取一次完整的 A/D 转换结果后,置"1"标志位 PSW.5,主程序通过查询该标志位的状态,将 BCD 码结果数据通过单片机的 I/O 端口送到数码管显示。

【例 9-9】 ICL7135A/D 转换及数据显示 C51 程序。

```
#include<reg52.h>
```

```c
# include < absacc. h >
# include < intrins. h >
# define uchar unsigned char
# define uint unsigned int
uchar data ADCDat[3] _at_ 0x20;
uchar bdata ADCbase _at_ 0x2f;
sbit ADC = ADCbase ^5;
sbit COM = P3 ^3;
/ *************************** 数据显示函数 *************************** /
void Tran(){
    uchar Dat;
    Dat = ADCDat[0];
    if((Dat&0x40) == 0x40){
        P1 = 0xFF;P2 = 0xFF;P3| = 0xF0;
        return;
    }
    if((Dat&0x20) == 0x20){
        P1 = 0x00;P2 = 0x00;P3& = 0x0F;
        return;
    }
    if((Dat&0x80) == 0x80) COM = 0;
        else COM = 1;
    Dat = _crol_(ADCDat[0],4);
    Dat = Dat&0xf0;P3& = 0x0f;P3| = Dat;
    P1 = ADCDat[1];P2 = ADCDat[2];
    return;
}
/ *************************** 主函数 *************************** /
void main(){
    P0 = 0x0FF;TCON = 0x01;IE = 0x81;        //初始化,开中断
    while(1){
        if(ADC == 1){                       //查询 ICL7135 A/D 转换完成标志
            ADC = 0;Tran();                 //显示 A/D 转换结果数据
        }
    }
}
/ ******************** ICL7135 中断服务程序 ******************** /
void int0() interrupt 0 using 1{
    uchar Dat1;
    IE = 0x00;                              //关中断
    Dat1 = P0;                              //读取 A/D 转换结果的万位数据
    if((Dat1&0xf0) == 0){                   //判断 D5
        Dat1 = _crol_((Dat1&0x0f),4);
        ADCDat[0] = (Dat1&0xe0)|(_crol_(Dat1,4))&0x01;
        do Dat1 = P0;                       //读取 A/D 转换结果的千位数据
            while((Dat1&0x80) == 0);
        ADCDat[1] = _crol_((Dat1&0x0f),4);
        do Dat1 = P0;                       //读取 A/D 转换结果的百位数据
            while((Dat1&0x40) == 0);
        Dat1 = Dat1&0x0f;
        ADCDat[1] = ADCDat[1]|Dat1;
```

```
        do Dat1 = P0;                         //读取 A/D 转换结果的十位数据
          while((Dat1&0x20) == 0);
        ADCDat[2] = _crol_((Dat1&0x0f),4);
        do Dat1 = P0;                         //读取 A/D 转换结果的个位数据
          while((Dat1&0x10) == 0);
        Dat1 = Dat1&0x0f;
        ADCDat[2] = ADCDat[2]|Dat1;
        ADC = 1;
    }
    IE = 0x81;                                //开中断
}
```

为了提高双积分式 ADC 的分辨率,增加显示位数,必须要增加在比较期内的计数值,而采用延长比较期的办法必然会降低 A/D 转换速度。为了解决这个矛盾,出现了多重积分式 ADC。下面简单介绍三积分式 ADC 的工作原理。它的特点是比较期由两段斜坡组成,当积分器输出电压接近 0 点时,突然换接数值较小的基准电压,从而降低了积分器输出电压的斜率,延长积分器回 0 的时间,使比较周期延长以获得更多的计数值,从而提高了分辨率。而积分器在输出电压较高时,接入数值较大的基准电压,积分速度快,因而转换速度也快。

图 9.29 所示为三积分式 ADC 的工作原理及波形图。系统中有两个比较器,比较器 1 的比较电平为 0 电平,比较器 2 的比较电平为 V',同时有两个基准电压 E_r 和 $E_r/2^m$。工作过程如下。

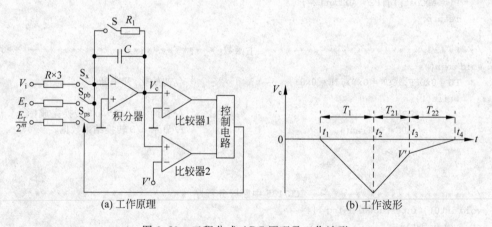

(a) 工作原理 (b) 工作波形

图 9.29 三积分式 ADC 原理及工作波形

(1) 采样期:S_x 接通,S_{pb}、S_{ps} 断开,积分器对被测电压 V_i 积分,积分周期恒定为 T_1;

(2) 比较期 I:S_{pb} 接通,S_x、S_{ps} 断开,积分器对极性与 V_i 相反的基准电压 E_r 进行积分,由于 E_r 数值较大,故积分速度较快,积分周期为 T_{21};

(3) 比较期 II:当积分器输出达到比较器 2 的比较电平 V' 时,通过控制电路使开关 S_{ps} 接通,S_{pb}、S_x 断开,积分器对 $E_r/2^m$ 积分。由于基准电压减小,因而积分速度按比例降低。当积分器输出电压达到零伏时,比较器 1 动作,通过控制电路使所有开关断开,积分器停止积分,一次 A/D 转换结束。

因为比较期 II 的基准电压减小了 2^m 倍,因此如果在两个比较期内计数脉冲频率保持不变,则在比较期Ⅰ内的计数值应乘以 2^m 后才能与比较期Ⅱ内的计数值相加。为此可采用如图 9.30 所示的计数器结构。

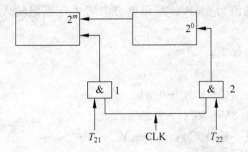

图 9.30 三积分式 ADC 中的计数器

在比较期Ⅰ内,与门1打开,计数器从 2^m 位开始计数;在比较期Ⅱ内,与门2开,计数器从 2^0 位开始计数。若在比较期Ⅰ内计得 N_1 个钟脉冲,比较期Ⅱ内计得 N_2 个时钟脉冲,则在整个比较期内计数器的计数值为:

$$N = 2^m \times N_1 + N_2 \tag{9-6}$$

在一个 A/D 转换周期内,积分器的输出电压从零开始又回到零,即积分电容器上的电荷保持平衡,没有积累。设积分放大器是理想的,则存在下列关系式:

$$\frac{|V_i|}{R} \times T_1 = \frac{E_r}{R} T_{21} + \frac{E_r}{2^m} \times \frac{1}{R} \times T_{22} \tag{9-7}$$

且

$$T_{21} = N_1 \times T \tag{9-8}$$

$$T_{22} = (N_2 + \alpha) \times T \tag{9-9}$$

式中,T 为时钟周期,α 是量化误差。由于 T_{22} 是由积分器输出电压过零时刻决定的,与计数脉冲不同步,因而存在量化误差。将式(9-8)和式(9-9)代入式(9-7)后,得:

$$|V_i| \times T_1 = E_r \times N_1 \times T + \frac{E_r}{2^m}(N_2 + \alpha) \times T$$

$$= \frac{E_r}{2^m}(N_1 \times 2^m + N_2 + \alpha) \times T \tag{9-10}$$

将式(9-6)代入式(9-10)得:

$$|V_i| \times T_1 = \frac{E_r}{2^m}(N + \alpha) \times T \tag{9-11}$$

即

$$|V_i| \approx \frac{E_r}{2^m} \times \frac{T}{T_1} \times N \tag{9-12}$$

式(9-12)是三积分式 ADC 的基本关系式,被测电压 V_i 与计数值 N 成正比。由式(9-6)可知,三积分式 ADC 的计数值比双积分式要大得多,可极大程度地提高 ADC 的分辨率。

9.3.3　串行 ADC 与 8051 单片机的接口方法

前面介绍了比较式和积分式的 ADC 接口技术,它们都属于并行接口方式,电路结构较为复杂,为了简化接口电路,许多半导体厂商推出了串行接口的 ADC 芯片,美国 TI 公司推出的 TLC549 就是一种常用的低功耗 8 位串行 ADC 芯片。TLC549 具有 4MHz 片内系统时钟和软、硬件控制电路,转换时间最长 $17\mu s$,最高转换速率为 40 000 次/秒,总失调误差最大为 ± 0.5LSB,典型功耗值为 6mW。采用差分参考电压高阻输入,抗干扰,可按比例量程校准转换范围。

TLC549 的极限参数如下:

① 电源电压:6.5V。

② 输入电压范围:0.3V~VCC+0.3V。

③ 输出电压范围:0.3V~VCC+0.3V。

④ 峰值输入电流(任一输入端):± 10mA。

⑤ 总峰值输入电流(所有输入端):± 30mA。

⑥ 工作温度:0~70℃。

图 9.31 所示为 TLC549 的内部框图和引脚排列,各引脚功能如表 9.6 所示。

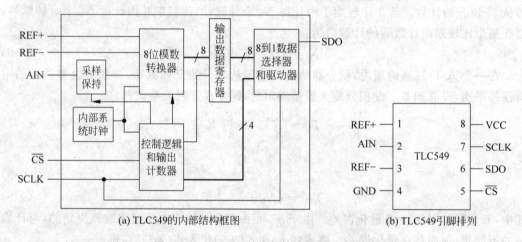

(a) TLC549的内部结构框图   (b) TLC549引脚排列

图 9.31　TLC549 的内部结构框图引脚排列

表 9.6　TLC549 的引脚功能

引　　脚	功　　能
REF+、REF−	基准电压正、负端
AIN	模拟量串行输入端
GND	接地端
$\overline{CS}$	片选端,低电平有效
SDO	数字量输出端
SCLK	时钟信号端
VCC	电源端

TLC549 的工作时序如图 9.32 所示。当$\overline{CS}$为高时,数据输出端(SDO)处于高阻状态,此时 SCLK 不起作用。这种$\overline{CS}$控制作用允许在同时使用多片 TLC549 时共用 SCLK,以减少多路 A/D 并用时的 I/O 控制端口。通常情况下$\overline{CS}$应为低。

图 9.33 所示为 TLC549 与单片机 8051 的接口电路。用单片机的 I/O 端口 P3.0、P3.1、P3.2 模拟 TLC549 的 SCLK、$\overline{CS}$、SDO 工作时序,当$\overline{CS}$为高电平时,SDO 为高阻状态。

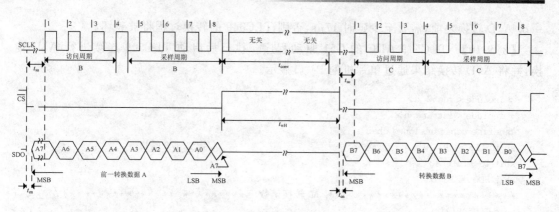

图 9.32 TLC549 的工作时序

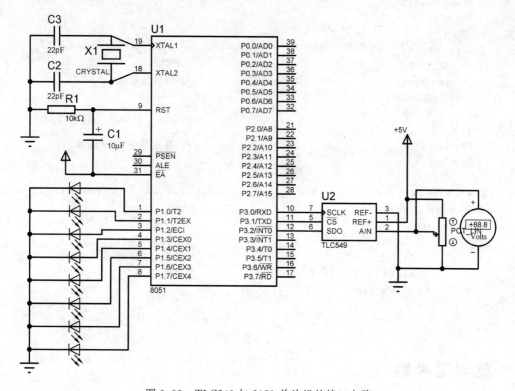

图 9.33 TLC549 与 8051 单片机的接口电路

转换开始之前,$\overline{CS}$必须为低电平,以确保完成转换。8051 单片机的 P3.0 引脚产生总计 8 个时钟脉冲,以提供 TLC549 的 SCLK 引脚输入。当$\overline{CS}$为低电平时,最先出现在 SDO 引脚上的信号为转换值最高位。8051 单片机通过 P3.3 引脚从 TLC549 的 SDO 端连续移位读取转换数据。最初 4 个时钟脉冲的下降沿分别移出上一次转换值的第 6、5、4、3 位,其中第 4 个时钟脉冲下降沿启动 A/D 采样,采样 TLS549 模拟输入信号的当前转换值。后续 3 个时钟脉冲送给 SCLK 引脚,分别在下降沿把上一次转换值的第 2、1、0 位移出。在第 8 个时钟脉冲下降沿,芯片的采样/保持功能开始保持操作,并持续到下一次第 4 个时钟的下降沿。A/D 转换周期由 TLC549 的内部振荡器定时,不受外部时钟的约束。一次 A/D 转换完成需要 17μs。在转换过程中,单片机给$\overline{CS}$一个高电平,SDO 将返回高阻状态,进入下一次 A/D 转换之前,需要至少延时 $17\mu s$,否则 TLC549 的转换过程将被破坏。

【例 9-10】 TLC549 ADC 的 C51 驱动程序。执行后启动 TLC549 连续进行 A/D 转换,并将 A/D 转换结果通过单片机的 P1 口显示。

```c
# include < reg52. h >
# include < intrins. h >
# define uchar unsigned char
sbit SCLK = P3 ^ 0;                              //定义 I/O 端口
sbit CS = P3 ^ 1;
sbit SDO = P3 ^ 2;
/ *********************** AD 转换函数 *********************** /
void TLC549(){
    uchar Dat, i;
    Dat = 0;
    CS = 0;
    for(i = 0; i < 8; i++){
        SCLK = 1;
        Dat << = 1;                              //获得转换数据
        if(SDO) Dat| = 1;
        SCLK = 0;
    }
    CS = 1;                                      //转换数据送 P1 口显示
    P1 = Dat;
}
/ *********************** 主函数 *********************** /
void main(){
    uchar i;
        while(1){
        TLC549();                                //启动 A/D 转换
        for(i = 0; i < 200; i++)                  //延时
            _nop_();
        }
}
```

复习思考题

1. ADC 和 DAC 的主要技术指标有哪些? ADC 的分辨率和精度是一样的吗?

2. 多于 8 位的 DAC 与 8 位微处理器接口时为什么要采用双组缓冲器结构? 结合图 9.2 分析 DAC 输出产生"毛刺"的原因及消除的方法。

3. 在 8051 单片机外部扩展一片数模转换器 DAC0832,利用 DAC0832 的输出控制 4 台直流电机运转,要求每台电机的转速各不相同。画出硬件原理电路图,写出相应的程序。

4. 在 8051 单片机外部扩展一片数模转换器 DAC0832,利用 DAC0832 的输出产生阶梯波,要求阶梯波的台阶电压 $\Delta V = 39mV$,波形的起始电压为 2V,终止电压为 5V。画出硬件原理电路图,写出相应的程序。

5. 试利用上题的原理电路,编写一个梯形波程序。

6. 在 8051 单片机外部扩展一片串行 D/A 转换器 TLC5615,画出硬件原理电路图,写出相应的程序。

7. 分析比较式 ADC 的工作原理。

8. 在 8051 单片机外部扩展一片模数转换器 ADC0809,其接口地址为 7FFFH,画出硬件原理电路图,分别编写以查询方式和中断方式工作的 A/D 转换程序。

9. 分析双积分式 ADC 的工作原理。

10. 设计一个用单片机 8051 和 ICL7135 芯片实现的双积分 ADC 接口,并编写出 A/D 转换程序。

11. 分析三积分式 ADC 的工作原理并说明这种 ADC 有何优点。

12. 在 8051 单片机外部扩展一片 A/D 转换器 TLC549,画出硬件原理电路图,写出相应的程序。

第 10 章
CHAPTER 10

单片机系统扩展

虽然 8051 单片机芯片内部集成了诸如定时器、串行口等功能部件,但是在应用系统中,很多时候会发现片内资源不够用,这时就需要在单片机芯片外部扩展必要的存储器以及其他一些 I/O 端口,才能满足实际需要。8051 单片机没有专门的外部地址、数据和控制总线,而是利用 P0、P2 和 P3 口的第二功能来实现外部三总线的,而且一旦进行了外部扩展,则 P0 和 P2 口就不能再用作输入输出端口了。所谓总线,就是连接系统中各扩展部件的一组公共信号线,地址总线用于传送单片机外部地址信号,以便进行存储器单元或 I/O 端口的选择。地址总线是单向的,只能由单片机向外发送信息。地址总线的数目决定了可直接访问的存储器单元数目。8051 单片机可以通过 P0 和 P2 口形成 16 根外部地址总线,因此 8051 外部存储器扩展可达 2^{16} 个地址单元,即 64KB。

10.1　程序存储器扩展

8051 单片机的程序存储器与数据存储器的物理地址空间是相互独立的,单片机芯片外部最大可扩展 64KB 的程序存储器,片外程序存储器与单片机的连接方法如下:

(1) 地址线。

程序存储器的低 8 位地址线(A0~A7)与 P0 口外接锁存器的输出端相连,程序存储器的高 8 位地址线(A8~A15)与 P2 口(P2.0~P2.7)直接相连。由于 8051 单片机的 P0 口分时输出低 8 位地址和 8 位数据,因此 P0 口必须外加一个地址锁存器,并由单片机输出的地址锁存允许信号 ALE 的下降沿将低 8 位地址锁存到锁存器中,而单片机的 P2 口在进行外部扩展时仅用作高 8 位地址,故不用外加锁存器。

(2) 数据线。

程序存储器的 8 位数据线直接与 P0 口(P0.0~P0.7)相连。

(3) 控制线。

程序存储器的输出使能端$\overline{OE}$与单片机的$\overline{PSEN}$引脚相连。单片机的地址锁存允许信号 ALE 通常与 P0 口外部地址锁存器的锁存控制端 G 相连。

图 10.1 所示为在 8051 单片机外部扩展一片 8KB 程序存储器 2764 的连接图。图中采用三态输出 8D 锁存器 74LS373 作为 P0 口外部地址锁存器,其三态控制端$\overline{OE}$接地,保证输出常通,锁存控制端 G 与单片机的 ALE 端相连,2764 的片选端$\overline{CE}$接地,输出使能端$\overline{OE}$受

单片机PSEN端的控制。2764 的存储容量为 8KB,需要 13 根地址线,其中低 8 位地址线连到单片机 P0 口外部锁存器的输出端,高 5 位地址线直接连到单片机 P2 口;8 位数据线直接连到单片机的 P0 口;按这种连法 2764 所占用的地址空间为 0000H~1FFFH。

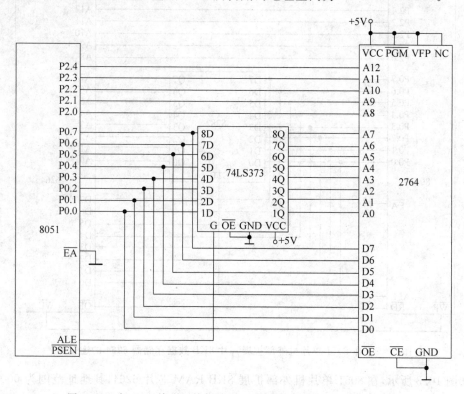

图 10.1　在 8051 单片机外部扩展 8KB 程序存储器 2764 的连接图

10.2　数据存储器扩展

8051 单片机的片内数据存储器容量一般只有 128 字节(8051)~256 字节(8052),当数据量较大时就需要在片外进行数据存储器扩展,最大片外扩展数据存储器容量可达 64KB。

扩展片外数据存储器时地址和数据总线连接方法与扩展外部程序存储器相同,但控制总线的连接有所不同:数据存储器的读允许端OE与单片机的RD端相连,数据存储器的写允许端WE与单片机的WR端相连,单片机 ALE 端的连接与程序存储器相同。

图 10.2 所示为在 8051 单片机外部扩展一片 8KB 数据存储器 6264 的连接图,图中8282 的功能与 74LS373 相同。6264 的存储容量为 8KB,其地址线和数据线与单片机的连接方法与 2764 相同,其占用的地址空间为 0000H~1FFFH。

从 8051 单片机外部程序存储器和数据存储器的扩展方法可以看到,外部程序存储器的读选通由单片机的PSEN控制,而数据存储器的读和写选通则由单片机的RD和WR控制,因此虽然 8051 采用"哈佛"式存储器结构,即程序存储器和数据存储器具有相同的逻辑地址空间,但在物理上它们是完全独立的,并且各自具有不同的控制信号,这些信号由执行不同的指令来自动产生,从而可以保证在访问不同存储器地址空间时不会发生混淆。

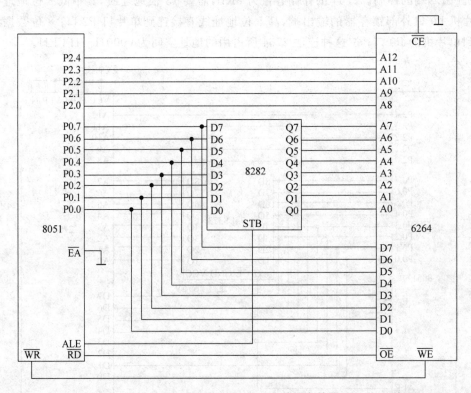

图 10.2   在 8051 单片机外部扩展一片 8KB 数据存储器 6264 的连接图

如图 10.3 所示,在 8051 单片机外部扩展 8KB RAM 芯片 6264,其地址范围为 0000H~1FFFH,例 10-1 是采用 C51 编写的将 ROM 中从 0000H 地址开始的内容转存到外部 RAM 中的应用程序。单步运行程序,可以清楚地看到 8051 单片机"哈佛"式结构存储器的工作过程。执行程序后暂停,通过下拉菜单打开 Memory Contents U3,可以看到图 10.4 所示存储器内容,已经将单片机片内 ROM 中的内容传送到了片外 RAM 存储器 6264 中。

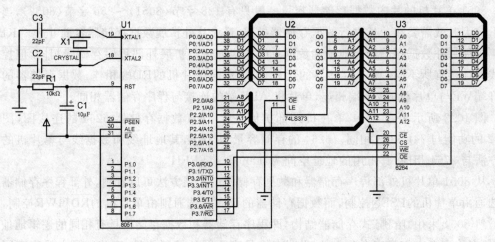

图 10.3   在 8051 单片机外部扩展 8KB RAM 芯片 6264

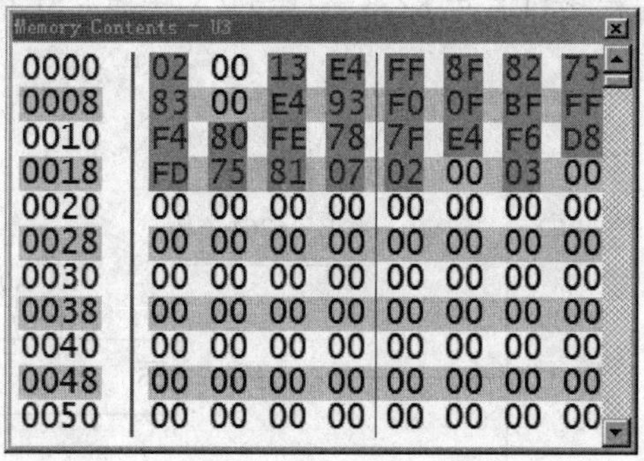

图 10.4 程序执行后 6264 中的内容

【例 10-1】 C51 源程序清单。

```c
# include < reg52. h>
# include < absacc. h>
# define uchar unsigned char

void main(){
    uchar i;
    for(i = 0;i < 0xff;i++)
        XBYTE[ i] = CBYTE[ i];
    while(1);
}
```

10.3 并行 I/O 端口扩展

8051 单片机提供 4 个 8 位的并行 I/O 端口 P0～P3,单片机进行系统扩展时,必须用 P0 和 P2 口作为外部地址和数据总线,此时就只有 P1 口和 P3 口的一部分口线可以作为并行 I/O 端口使用。如果应用系统需要较多的 I/O 端口,就需要进行外部并行 I/O 端口扩展。

外部并行 I/O 端口扩展需要占用片外数据存储器地址空间,总共 16 根地址线,单片机 P2 口提供高 8 位地址,P0 口提供低 8 位地址。为了唯一地选中某一个外部存储器单元或外部 I/O 端口,首先要选出该存储器芯片或 I/O 接口芯片,这称为片选;其次是选出该芯片的某一个存储单元或 I/O 接口芯片的片内寄存器,这称为字选。常用的选址方法有线选法和地址译码法,分别介绍如下。

1. 线选法

所谓线选法就是利用单片机的一根空闲高位地址线(通常采用 P2 的某根口线)选中一个外部扩展芯片。选中某个芯片工作时,应将对应芯片的片选信号端设为低电平,其他未被选中芯片的片选信号端设为高电平,从而保证只选中指定的芯片工作。在扩展少量外部存储器和 I/O 端口时采用这种方法,其优点是不需要地址译码器,可以节省器件,降低成本。缺点是可寻址的器件数目受到限制,而且地址空间不连续,这些都会给系统程序设计带来不便。

图 10.5 所示为采用线选法进行外部扩展的连接图。图中在 8051 外部扩展了一片 8KB

数据存储器 6264、一片可编程接口芯片 8255、一片 D/A 转换芯片 0832,分别采用 P2.5、P2.6 和 P2.7 作为它们的片选信号。

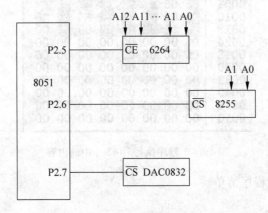

图 10.5　采用线选法进行外部扩展的连接图

RAM 芯片 6264 的容量为 8KB,需要 13 根地址线作为字选,因此其片选信号只能用 P2.5 以上的高位地址线,可以按如下方式计算 6264 的地址范围。

高 8 位地址变化范围:P2.7　P2.6　P2.5　P2.4　P2.3　P2.2　P2.1　P2.0
　　　　　　　　　　　1　　　1　　　0　　　×　　　×　　　×　　　×　　　×
低 8 位地址变化范围:P0.7　P0.6　P0.5　P0.4　P0.3　P0.2　P0.1　P0.0
　　　　　　　　　　　×　　　×　　　×　　　×　　　×　　　×　　　×　　　×

其中最高 3 根地址线的状态固定为 110,其余 13 根地址线的状态为×,表示可以从 0 变为 1,由此可计算出 6264 的地址范围为:C000H～DFFFH。

8255 是一种具有 3 个 I/O 端口的可编程接口芯片,它除了需要用 $\overline{CS}$ 端来作为片选之外,还需要用 A1、A0 端来选择不同的端口。8255 的片选端 $\overline{CS}$ 接到 8051 的 P2.6;A0、A1 端分别接到最低两位地址线,可以按如下方式计算 8255 的地址范围。

高 8 位地址变化范围:P2.7　P2.6　P2.5　P2.4　P2.3　P2.2　P2.1　P2.0
　　　　　　　　　　　1　　　0　　　1　　　1　　　1　　　1　　　1　　　1
低 8 位地址变化范围:P0.7　P0.6　P0.5　P0.4　P0.3　P0.2　P0.1　P0.0
　　　　　　　　　　　1　　　1　　　1　　　1　　　1　　　1　　　×　　　×

由此可得 8255 的地址范围为:BFFCH～BFFFH。

D/A 转换芯片 0832 只有一个片选端 $\overline{CS}$,当 $\overline{CS}$ 为低电平时选中 0832 工作。0832 的片选端 $\overline{CS}$ 接到 8051 的 P2.7,可以按如下方式计算 0832 的地址。

高 8 位地址变化范围:P2.7　P2.6　P2.5　P2.4　P2.3　P2.2　P2.1　P2.0
　　　　　　　　　　　0　　　1　　　1　　　1　　　1　　　1　　　1　　　1
低 8 位地址变化范围:P0.7　P0.6　P0.5　P0.4　P0.3　P0.2　P0.1　P0.0
　　　　　　　　　　　1　　　1　　　1　　　1　　　1　　　1　　　1　　　1

由此可得 0832 的地址为:7FFFH。

2. 地址译码法

对于 RAM 容量较大和 I/O 端口较多的单片机应用系统进行外部扩展,当芯片所需要的片选信号多于可利用的空闲高位地址线时,就需要采用地址译码法。地址译码法必须采用地址译码器,常用的地址译码器有 3-8 译码器 74LS138、双 2-4 译码器 74LS139 等,图 10.6 为 74LS138 的引脚排列,表 10.1 所示为 74LS138 的真值表。

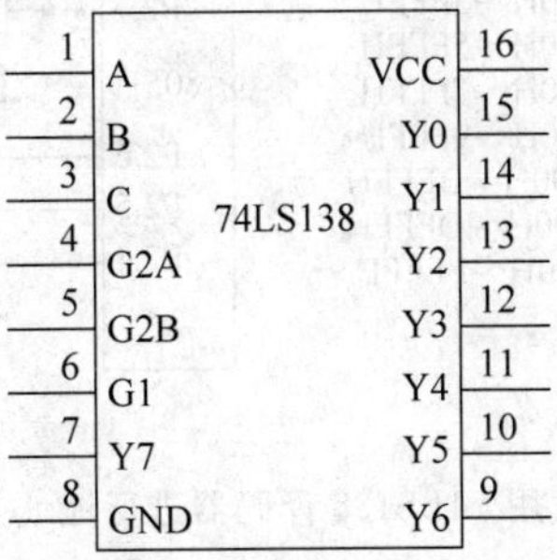

图 10.6 74LS138 的引脚排列

表 10.1 74LS138 真值表

译码器输入						译码器输出
G1	G2A	G2B	C	B	A	Y0~Y7
			0	0	0	Y0=0
			0	0	1	Y1=0
			0	1	0	Y2=0
1	0	0	0	1	1	Y3=0
			1	0	0	Y4=0
			1	0	1	Y5=0
			1	1	0	Y6=0
			1	1	1	Y7=0
0	×	×				
×	1	×	×	×	×	Y0~Y7 全为 1
×	×	1				

　　8051 单片机可以分别寻址 64KB 外部程序存储器和 64KB 外部数据存储器,可以利用适当的地址译码器将 64KB 的地址空间划分为若干段,然后将划分得到的地址空间段分配给需要外扩的芯片。根据表 10.1 可知,将 138 译码器的 G1 接+5V,G2A、G2B 接地,将单片机的最高三根地址线 P2.7、P2.6、P2.5 分别接到 138 的 C、B、A 端,利用 138 的输出端作为外扩芯片的片选端,再将单片机其余 13 根地址线 P2.4~P2.0,P0.7~P0.0 作为外扩芯片的字选地址,就可以实现将 64KB 地址分成 8KB×8 段,如图 10.7(a)所示,此时 138 译码器每个输出端的地址范围都是 8KB。

　　在单片机的 P2.7 引脚上接一个非门,将 64KB 地址分成 32KB×2 段,再利用译码器 138 将 32KB 地址分成 4KB×8 段,如图 10.7(b)所示,译码器 138 每个输出端的地址范围都是 4KB。

　　图 10.8 所示为采用地址译码法在单片机外部扩展一片 8KB 数据存储器 6264、一片 I/O 芯片 8255、一片定时计数器芯片 8253、一片 D/A 转换器芯片 0832 的例子,各个外扩芯片的地址编码如表 10.2 所示。其中 D/A 转换芯片 0832 的片选端接到 138 译码器的 Y3,

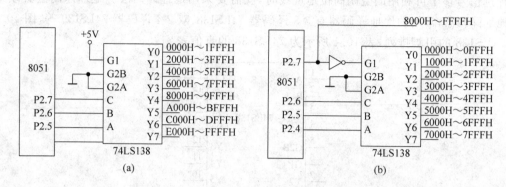

图 10.7　用 74LS138 译码器进行地址空间分配

地址范围是 6000H～7FFFH,通常用最高地址 7FFFH 作为片选地址,对于 8255 和 8253 也是如此。

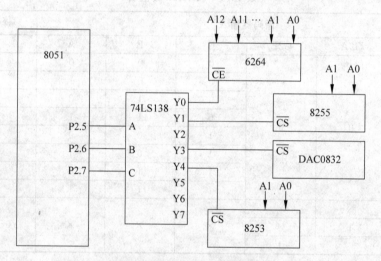

图 10.8　采用地址译码法进行外部扩展的连接图

表 10.2　图 10.8 的地址编码

外 部 器 件	片内字节地址数	地 址 编 码
6264	8KB	0000H～1FFFFH
8255	4bit	3FFCH～3FFFH
0832	1bit	7FFFH
8253	4bit	9FFCH～9FFFH

　　Intel 8155 是一种常用的可编程并行 I/O 扩展接口芯片,其内部集成有 256B 的静态 RAM,二个可编程的 8 位并行端口 PA、PB,一个可编程的 6 位并行接口 PC,一个 14 位的定时计数器。图 10.9 所示为 Intel 8155 的引脚排列和内部逻辑结构。

　　Intel 8155 芯片各引脚的功能如表 10.3 所示。

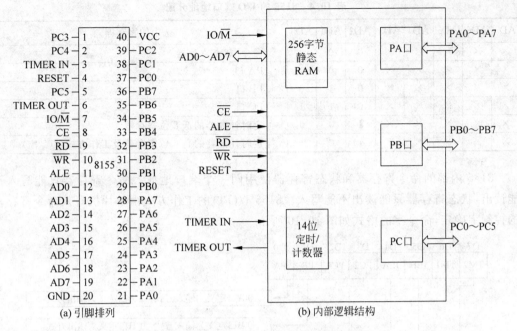

图 10.9 Intel 8155 的引脚排列和内部逻辑结构

表 10.3 Intel 8155 的引脚功能

引　　脚	功　　能
RESET	复位信号,高电平有效。5μs 左右的正脉冲即可将 8155 复位,把 PA、PB 和 PC 口均初始化为输入方式
AD0～AD7	地址数据线,通常与单片机的 P0 口相连
ALE	地址锁存信号,通常与单片机的 ALE 相连
$\overline{CE}$	片选端,低电平有效
IO/$\overline{M}$	片内 RAM/IO 选择信号,IO/$\overline{M}$=0 选中 8155 片内 RAM,此时 AD0～AD7 输出 8155 片内 RAM 地址;IO/$\overline{M}$=1 选中 8155 的 PA、PB、PC 端口、命令/状态寄存器、定时计数器,此时 AD0～AD7 输出 I/O 端口地址
$\overline{RD}$	读选通信号,低电平有效
$\overline{WR}$	写选通信号,低电平有效
TIMER IN	定时计数器的输入端
TIMER OUT	定时计数器的输出端
PA0～PA7	PA 端口引脚
PB0～PB7	PB 端口引脚
PC0～PC5	PC 端口引脚
VCC	正电源端,通常取+5V
GND	模拟地

当 Intel 8155 芯片的 IO/$\overline{M}$=1 时其 I/O 端口地址分配如表 10.4 所示。

表 10.4　8155 的 I/O 端口地址分配

AD7	AD6	AD5	AD4	AD3	AD2	AD1	AD0	选中的寄存器
×	×	×	×	×	0	0	0	命令/状态寄存器
×	×	×	×	×	0	0	1	PA 口
×	×	×	×	×	0	1	0	PB 口
×	×	×	×	×	0	1	1	PC 口
×	×	×	×	×	1	0	0	定时计数器的低 8 位寄存器
×	×	×	×	×	1	0	1	定时计数器的高 6 位寄存器及工作方式字(2 位)

　　8155 内部的命令寄存器和状态寄存器使用同一个端口地址。命令寄存器只能写入不能读出,状态寄存器只能读出不能写入。8155 I/O 口的工作方式由单片机写入命令寄存器的控制字确定,命令字的格式如图 10.10 所示。

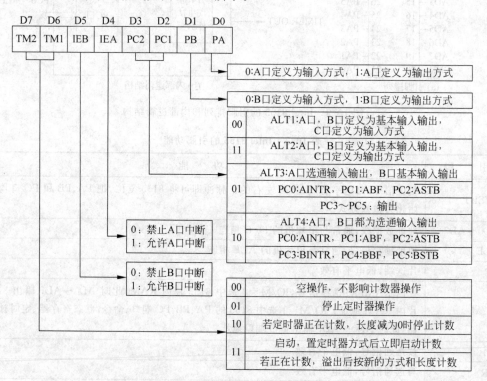

图 10.10　8155 命令字的格式

　　命令字的低 4 位定义 PA、PB 和 PC 口的工作方式,其中 D4、D5 位用于设定 PA、PB 口以选通输入输出方式工作时是否允许申请中断,D6、D7 位为定时计数器的运行控制位。

　　8155 I/O 口的工作方式如下:

　　(1) 当 8155 编程为 ALT1、ALT2 时,PA、PB、PC 口均工作于基本输入输出方式。

　　(2) 当 8155 编程为 ALT3 时,PA 口定义为选通输入输出方式,PB 口定义为基本输入输出方式。

　　(3) 当 8155 编程为 ALT4 时,PA 和 PB 口均定义为选通输入输出工作方式。

　　8155 内部状态寄存器用来锁存 I/O 端口和定时计数器的当前状态,以供 CPU 查询。

状态寄存器只能读出,不能写入,状态寄存器和命令寄存器共用一个口地址。状态寄存器的格式如图10.11所示。

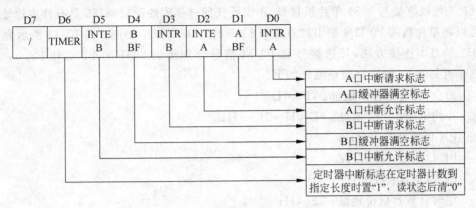

图 10.11 8155 状态寄存器的格式

8155 的片内定时计数器为 14 位减法计数器,由两个字节组成,其格式如图 10.12 所示。它有 4 种工作方式,由 M2、M1 两位确定,每一种工作方式的输出波形如图 10.13 所示。

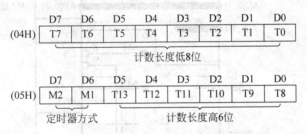

图 10.12 8155 定时器的格式

对定时计数器进行编程时,先要将计数常数和工作方式送入定时计数器口地址(定时计数器低 8 位、定时计数器高 6 位、定时器方式 M2、M1)。计数常数在 0002H～3FFFH 内选择。定时计数器的启动和停止由命令寄存器的最高两位控制。

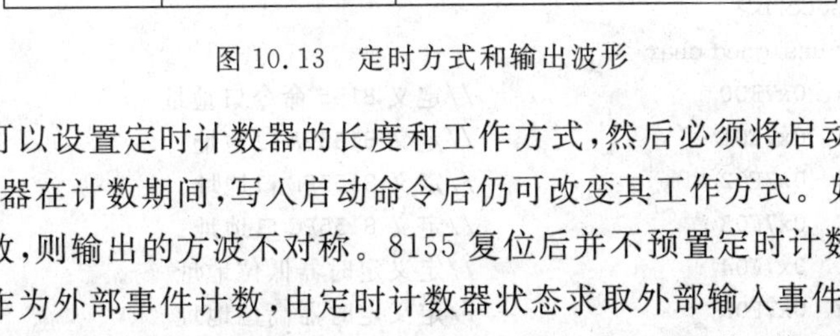

M2 M1	方式	定时器输出波形
0 0	单方波	
0 1	连续方波	
1 0	单脉冲	
1 1	连续脉冲	

图 10.13 定时方式和输出波形

任何时候都可以设置定时计数器的长度和工作方式,然后必须将启动命令写入命令寄存器中,即使计数器在计数期间,写入启动命令后仍可改变其工作方式。如果写入定时计数器的常数值为奇数,则输出的方波不对称。8155 复位后并不预置定时计数器的工作方式和计数常数值。若作为外部事件计数,由定时计数器状态求取外部输入事件脉冲的方法如下:

停止计数,分别读取定时计数器的两个字节,取低 14 位计数值,若为偶数,右移一位即为外部输入事件的脉冲数；若为奇数,则右移一位后再加上计数初值的二分之一的整数部分作为外部输入事件的脉冲数。

8155可以直接与8051单片机接口,不需要任何外部附加逻辑,8155具有片内地址锁存器,可以将单片机的P0口8根引脚直接与8155的AD0～AD7相连。图10.14所示为8155与8051的基本连接方法,片选信号和IO/M̄信号分别接到8051的P2.7和P2.0。根据表10.4可知8155的端口地址编码如下。

① 命令/状态寄存器地址：7F00H；

② 片内RAM字节地址：7E00H～7EFFH；

③ PA口地址：7F01H；

④ PB口地址：7F02H；

⑤ PC口地址：7F03H；

⑥ 定时计数器低位地址：7F04H；

⑦ 定时计数器高位地址：7F05H。

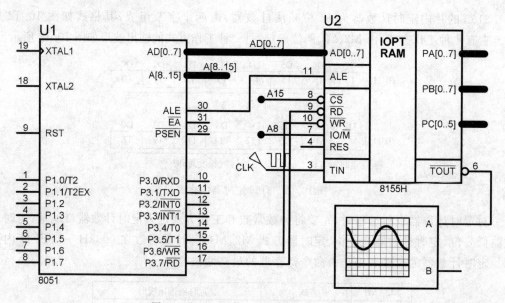

图10.14 8155与8051的基本连接方法

【例10-2】 采用C51编写的8155接口应用程序,将8155的PA口定义为基本输入方式,PB口定义为基本输出方式,定时器对输入脉冲进行15分频并输出连续方波。

```
#include<reg52.h>
#include<absacc.h>
#define uchar unsigned char
#define CADDR   0x7F00          //定义8155命令口地址
#define PORTA   0x7F01          //定义8155PA口地址
#define PORTB   0x7F02          //定义8155PB口地址
#define PORTC   0x7F03          //定义8155PC口地址
#define TIMEL   0x7F04          //定义定时器低位地址
#define TIMEH   0x7F05          //定义定时器高位地址
void main(){
```

```
    XBYTE[TIMEL] = 0x0f;
    XBYTE[TIMEH] = 0x40;
    XBYTE[CADDR] = 0xc2;
    while(1);
}
```

图 10.15 所示为采用 8155 芯片与 8051 单片机实现的一种矩阵键盘及 7 段 LED 数码管接口电路,接口电路中采用 8051 单片机的 P2.7(A15)作为 8155 的片选线,P2.0(A8)作为 8155 的 IO/$\overline{\text{M}}$ 选择线,因此 8155 的命令寄存器地址为 7F00H,PA～PC 口地址为 7F01H～7F03H。编程设定 8155 的 PA 口、PB 口作为输出口,PC 口作为输入口。PA 口作为 7 段 LED 数码管的字形输出口,PB 口完成键盘的行扫描输出,同时又对数码管作字位扫描,由于字位驱动器 7404 为反相驱动器,因此在程序中扫描模式初值设为 01H。PC 口输入键盘列线状态,单片机通过读取 PC 口来判断是否有键按下,有键按下时计算出按键键值并送入 R4 保存,没有键按下则设置无键按下标志。

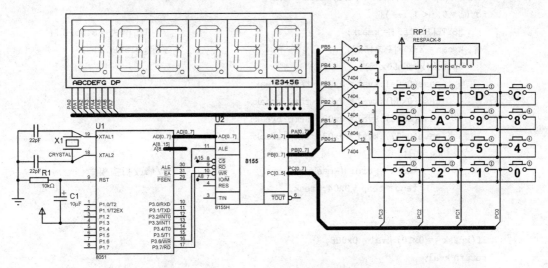

图 10.15　采用 8155 芯片与 8051 单片机实现的键盘显示接口电路

【例 10-3】 根据图 10.15 接口电路采用 C51 编写的按键识别及数码管显示子程序。主程序通过调用这两个子程序实现键盘显示器综合应用,程序执行后数码管上显示"012345",有键按下时,数码管上将显示相应的字符。

```
# include < reg52. h >
# include < absacc. h >
# include < intrins. h >
# define uchar unsigned char
# define uint unsigned int
# define PM8155 0x7f00                              //8155 命令口地址
# define PA8155 0x7f01                              //8155PA 口地址
# define PB8155 0x7f02                              //8155PB 口地址
# define PC8155 0x7f03                              //8155PC 口地址
uchar dspBf[6] = {0,1,2,3,4,5};                     //显示缓冲区
uchar code SEG[ ] = {0x3f,0x06,0x5b,0x4f,0x66,0x6d,0x7d,0x07,   //段码表
```

```
                                0x7f,0x6f,0x77,0x7c,0x39,0x5e,0x79,0x71,0x00};
/ *********************** 数码管显示函数 ************************ /
void disp(){
    uchar i,dmask = 0x01;
    for(i = 0;i < 6;i++){
        XBYTE[PB8155] = 0x00;                              //熄灭所有 LED
        XBYTE[PA8155] = SEG[dspBf[i]];
        XBYTE[PB8155] = dmask;
        dmask = _crol_(dmask,1);                           //修改扫描模式
    }
}
/ *********************** 键盘扫描函数 ************************** /
uchar key(){
    uchar i,kscan;
    uchar temp = 0x00,kval = 0x00,kmask = 0x01;
    for(i = 0;i < 4;i++){
        XBYTE[PB8155] = kmask;                             //扫描模式→8155PB 口
        kscan = XBYTE[PC8155];                             //读 8155PC 口
        switch(kscan&0x0f){
            case(0x0e):kval = 0x00 + temp;break;
            case(0x0d):kval = 0x01 + temp;break;
            case(0x0b):kval = 0x02 + temp;break;
            case(0x07):kval = 0x03 + temp;break;
            default:
                kmask = _crol_(kmask,1);                   //修改扫描模式
                temp = temp + 0x04;break;
        }
    }
    if(kmask == 0x10) kval = 0x088;
    return kval;
}
/ *********************** 主函数 *********************** /
void main(){
    uchar i,k;
    XBYTE[PM8155] = 0x03;                         //置 8155PA、PB 口为输出,PC 口为输入
    while(1){
        disp();
        k = key();
        if(k!= 0x88){
            dspBf[0] = k;
            for(i = 1;i < 6;i++){
                dspBf[i] = 0x10;
            }
        }
        disp();
    }
}
```

10.4 利用 I²C 总线进行系统扩展

10.4.1 I²C 总线主要特性

I²C 总线是 Philips 公司开发的一种简单、双向二线制同步串行总线,它只需要两根线(串行时钟线和串行数据线)即可在连接于总线上的器件之间传送信息。

I²C 总线的主要特性如下。

(1) 总线只有两根线:串行时钟线和串行数据线;

(2) 每个连到总线上的器件都可由软件以唯一的地址寻址,并建立简单的主/从关系,主器件既可作为发送器,也可作为接收器;

(3) 它是一个真正的多主总线,带有竞争检测和仲裁电路,可使多主机任意同时发送而不破坏总线上的数据;

(4) 同步时钟允许器件通过总线以不同的波特率进行通信;

(5) 同步时钟可以作为停止和重新启动串行口发送的握手方式;

(6) 连接到同一总线的集成电路数只受 400pF 的最大总线电容的限制。

I²C 总线极大地方便了系统设计者,无须设计总线接口,因为总线接口已经集成在片内了,从而使设计时间大为缩短,并且从系统中移去或增加集成电路芯片对总线上的其他集成电路芯片没有影响。I²C 总线的简单结构便于产品改型或升级,改型或升级时只需从总线上取消或增加相应的集成电路芯片即可。目前 Philips 公司推出带 I²C 总线的单片机有 8XC550、8XC552、8XC652、8XC654、8XC751、8XC752 等,以及包括 LED 驱动器、LCD 驱动器、A/D、D/A 转换器、RAM、EPROM 及 I/O 接口等在内的上百种 I²C 接口电路芯片供应市场。对于原来没有 I²C 总线的单片机如 8031 等,可以使用 I²C 总线接口扩展器件 PCD8548 扩展出 I²C 总线接口,也可以采用软件模拟 I²C 总线时序,编写出 I²C 总线驱动程序。带有 I²C 总线接口的单片机通过相关特殊功能寄存器来完成 I²C 总线操作,没有 I²C 总线接口的单片机可以通过模拟 I²C 总线时序来完成总线运行操作。

I²C 总线接口的电气结构如图 10.16 所示,组成 I²C 总线的串行数据线 SDA 和串行时钟线 SCL 必须经过上拉电阻 Rp 接到正电源上,连接到总线上的器件的输出级必须为"开漏"或"开集"的形式,以便完成"线与"功能。SDA 和 SCL 都为双向 I/O 口线,总线空闲时皆为高电平。总线上数据传送最高速率可达 100kb/s。

I²C 总线上可以实现多主双向同步数据传送,所有主器件都可发出同步时钟,但由于 SCL 接口的"线与"结构,一旦一个主器件时钟跳变为低电平,将使 SCL 线保持为低电平直至时钟达到高电平,因此 SCL 线上时钟低电平期间由各器件中时钟最长的低电平时间决定,而时钟高电平时间则由高电平时间最短的器件决定。为了使多主数据能够正确传送,I²C 总线中带有竞争检测和仲裁电路。总线竞争的仲裁及处理由内部硬件电路来完成。当两个主器件发送相同数据时不会出现总线竞争;当两个主器件发送不同数据时才出现总线竞争。其竞争过程如图 10.17 所示。当某一时刻主器件 1 发送高电平而主器件 2 发送低电平,此时由于 SDA 的"线与"作用,主器件 1 发送的高电平在 SDA 线上反映的是主器件 2 的低电平状态,这个低电平状态通过硬件系统反馈到数据寄存器中,与原有状态比较不同而退出竞争。

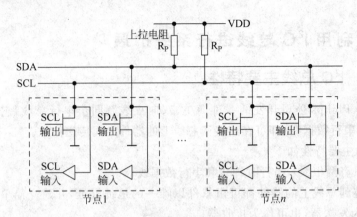

图 10.16   I²C 总线接口的电气结构

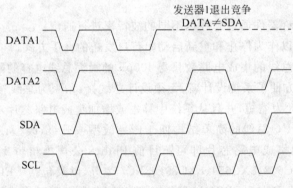

图 10.17   总线竞争的仲裁过程

I²C 总线可以构成多主数据传送系统,但只有带 CPU 的器件可以成为主器件。主器件发送时钟、启动位、数据工作方式,从器件则接收时钟及数据工作方式。接收或发送则根据数据的传送方向决定。I²C 总线上数据传送时的启动、结束和有效状态都由 SDA、SCL 的电平状态决定,在 I²C 总线规程中启动和停止条件规定如下。

(1) 启动条件:在 SCL 为高电平时,SDA 出现一个下降沿则启动 I²C 总线。

(2) 停止条件:在 SCL 为高电平时,SDA 出现一个上升沿则停止使用 I²C 总线。

除了启动和停止状态,在其余状态下,SCL 的高电平都对应于 SDA 的稳定数据状态。每一个被传送的数据位由 SDA 线上的高、低电平表示,对于每一个被传送的数据位都在 SCL 线上产生一个时钟脉冲。在时钟脉冲为高电平期间,SDA 线上的数据必须稳定,否则被认为是控制信号。SDA 只能在时钟脉冲 SCL 为低电平期间改变。启动条件后总线为"忙",在结束信号过后的一定时间总线被认为是"空闲"的。

在启动和停止条件之间可转送的数据不受限制,但每个字节必须为 8 位。首先传送最高位,采用串行传送方式,但在每个字节之后必须跟一个响应位。主器件收发每个字节后产生一个时钟应答脉冲,在这期间,发送器必须保证 SDA 为高,由接收器将 SDA 拉低,称为应答信号(ACK)。主器件为接收器时,在接收了最后一个字节之后不发应答信号,也称为非应答信号(NOT ACK)。当从器件不能再接收另外的字节时也会出现这种情况。I²C 总线的数据传送如图 10.18 所示。

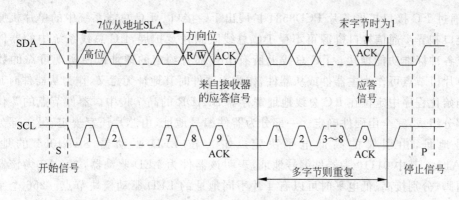

图 10.18   I²C 总线上的数据传送

总线中每个器件都有自己唯一确定的地址,启动条件后主机发送的第一个字节就是被读/写的从器件地址,其中第 8 位为方向位,"0"(W)表示主器件发送,"1"(R)表示主器件接收。总线上每个器件在启动条件后都把自己的地址与前 7 位相比较,如相同则器件被选中,产生应答,并根据读/写位决定在数据传送中是接收还是发送。如图 10.19 所示为主器件发送和接收数据的过程,无论是主发、主收还是从发、从收都是由主器件控制。

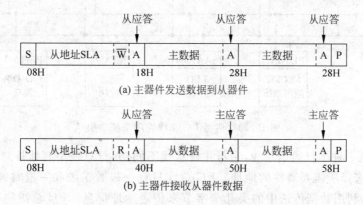

(a) 主器件发送数据到从器件

(b) 主器件接收从器件数据

图 10.19   主器件发送和接收数据的过程

在主发送方式下,由主器件先发出启动信号(S),接着发从器件的 7 位地址(SLA)和表明主器件发送的方向位"0"(W),即这个字节为 SLA+W。被寻址的从器件在收到这个字节后,返回一个应答信号(A),在确定主从握手应答正常后,主器件向从器件发送字节数据,从器件每收到一个字节数据后都要返回一个应答信号,直到全部数据都发送完为止。

在主接收方式下,主器件先发出启动信号(S),接着发从器件的 7 位地址(SLA)和表明主器件接收的方向位"1"(R),即这个字节为 SLA+R。在发送完这个字节后,P1.6(SCL)继续输出时钟,通过 P1.7(SDA)接收从器件发来的串行数据。主器件每接收到一个字节后都要发送一个应答信号(A)。当全部数据都发送或接收完毕后,主器件应发出停止信号(P)。

典型的 I²C 总线应用系统结构如图 10.20 所示。I²C 总线上可挂接 n 个单片机应用系统及 m 个带 I²C 接口的器件,每个 I²C 接口作为一个节点,节点的数量和种类主要受总电容量和地址容量的限制。单片机节点可编程为主器件或从器件,而器件节点则只能编程为从器件。8XC552 单片机带有 I²C 接口,可以直接挂在 I²C 总线上,对于没有 I²C 接口的单片机,可通过 I²C 接口扩展芯片 PCD8584 扩展出 I²C 接口。I²C 总线系统中的单片机原有的并行接口和异步通信接口资源可不受 I²C 总线限制任意扩展,I²C 总线系统中的器件节点可构成各种标准功能模块。I²C 总线上所有节点都有约定的地址以便实现可靠的数据传送。单片机节点可作为主器件或从器件,作为主器件时其地址无意义,作为从器件时其从地址在初始化程序中定位在 I²C 总线地址寄存器 S1ADR 的高 7 位中。器件节点的 7 位地址由两部分组成,完全由硬件确定。一部分为器件编号地址,由芯片厂家规定,另一部分为引脚编号地址,由引脚的高低电平决定。如 4 位 LED 驱动器 SAA1064 的地址为 01110A1A0,其中 01110 为器件编号地址,表明该器件为 LED 驱动器,A1、A0 为该器件的两个引脚,分别接高、低电平时可以有 4 片不同地址的 LED 驱动模块节点。256 个字节的 EEPROM 器件 PCF8582 的地址为 1010A2A1A0,它的器件编号地址为 1010,而地址引脚则有 3 个:A2、A1、A0,通过这 3 个引脚的不同电平设置,可连接 8 片不同地址的 EEPROM 芯片。芯片内地址则由主器件发送的第一个数据字节来选择。

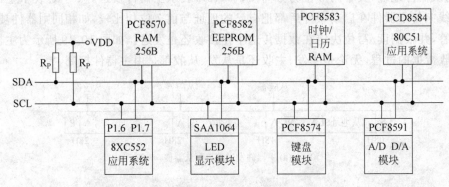

图 10.20　典型 I²C 总线应用系统结构

I²C 总线是一种串行通信总线,它与并行总线不同,并行总线中有地址总线,CPU 可通过地址总线来选择所需要器件的地址。I²C 总线只有一根数据线和一根时钟线,没有专门的地址线,而是利用数据传送中的头几个字节来传送地址信息。I²C 总线的寻址方式有主器件的节点寻址和通用呼叫寻址两种,具体实现方法是由主器件在发出启动位 S 后紧接着发送从器件的 7 位地址码,即 S+SLA,在节点地址寻址中 SLA 为被寻址的从节点地址,当 SLA 为全"0"时,即为通用呼叫地址。通用呼叫地址用于寻址接到 I²C 总线上的每个器件的地址,不需要从通用呼叫地址命令中获取数据的器件可以不响应通用呼叫地址。

10.4.2　I²C 总线通用驱动程序

对于没有内部硬件 I²C 总线接口的 8051 单片机,可以采用软件模拟的方法实现 I²C 总线接口功能,例 10-4 是一个采用 C51 编写的 I²C 总线通用驱动程序,它可用于没有内部 I²C 硬件的 8051 单片机与 I²C 总线器件接口。利用 8051 单片机的 P1.6 和 P1.7 引脚来模拟 I²C 总线 SCL 和 SDA 的工作时序,用户也可以定义其他 I/O 口引脚作为 SCL 和 SDA 信号。

【例 10-4】　I²C 总线通用驱动程序。

```
/* 全局符号定义 */
#define HIGH 1
#define LOW 0
```

```
#define FALSE 0
#define TRUE ~FALSE
#define uchar unsigned char

sbit SCL    = P1^6;
sbit SDA    = P1^7;

/****************************** 延时函数 ******************************/
void delay(void) {
    ;
}
/********************** I²C总线起始位函数 **********************/
void I_start(void) {
    SCL = HIGH;delay();
    SDA = LOW;  delay();
    SCL = LOW;  delay();
}
/********************** I²C总线停止位函数 **********************/
void I_stop(void) {
    SDA = LOW;  delay();
    SCL = HIGH;delay();
    SDA = HIGH;delay();
    SCL = LOW;  delay();
}
/********************** I²C总线初始化函数 **********************/
void I_init(void) {
    SCL = LOW;
    I_stop();
}
/********************** I²C总线时钟信号函数 **********************/
bit I_clock(void) {
    bit sample;
    SCL = HIGH;
    delay();
    sample = SDA;
    SCL = LOW;
    delay();
    return (sample);
}
/********************** I²C总线数据发送函数 **********************/
bit I_send(uchar I_data) {
    uchar I;
    for (I = 0;I < 8;I++) {              //发送 8 位数据
        SDA = (bit)(I_data & 0x80);
        I_data = I_data << 1;
        I_clock();
    }
    SDA = HIGH;                          //请求应答信号 ACK
    return (~I_clock());
}
/********************** I²C总线数据接收函数 **********************/
```

```
uchar I_receive(void) {
    uchar I_data = 0;
    uchar I;
    for (I = 0;I < 8;I++) {
        I_data *= 2;
        if (I_clock())
                I_data++;
    }
    return (I_data);
}
/ ************************** I²C总线应答函数 ************************* /
void I_Ack(void) {
        SDA = LOW;
        I_clock();
        SDA = HIGH;
}
```

10.4.3 I²C 接口存储器芯片 24C04 扩展

24C04 是一种 I²C 接口 EEPROM 器件,具有 512×8 位存储容量,每个字节可擦/写 100 万次,数据保存时间大于 40 年。写入时具有自动擦除、页写入功能,可一次写入 16 个字节。图 10.21 所示为 24C04 引脚排列,各引脚功能如表 10.5 所示。

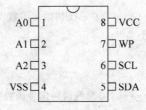

图 10.21 24C04 的引脚排列

表 10.5 24C04 的引脚功能

引脚	功 能
A0、A1、A2	器件地址引脚,A1 和 A2 决定芯片的从机地址,可接 VCC 或 VSS,A0 为空引脚,不用连接
VSS	地
VCC	正电源
WP	写保护,WP 脚接 VCC 时,禁止写入高位地址(100H～1FFH);WP 脚接 VSS 时,允许写入任何地址
SCL	时钟信号
SDA	串行数据输入端

图 10.22 所示为 24C04 与 8051 单片机的接口电路。

8051 单片机与 24C04 之间进行数据传递时,首先传送器件的从地址 SLA,格式如下:

START	1	0	1	0	A2	A1	BA	R/W	ACK

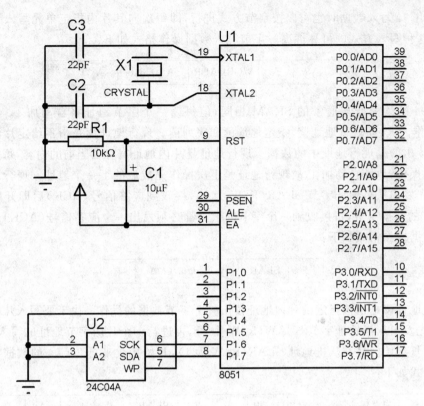

图 10.22 24C04 与 8051 单片机的接口电路图

START 为起始信号,1010 为 24C04 器件地址,A2 和 A1 由芯片的 A2、A1 引脚上的电平决定,这样可最多接入 4 片 24C04 芯片,BA 为块地址(每块 256 字节),R/W 决定是写入(0)还是读出(1),ACK 为 24C04 给出的应答信号。在对 24C04 进行写入时,应先发出从机地址字节 SLAW(R/W 为 0),再发出字节地址 WORDADR 和写入的数据 data(可为 1～16 个字节),写入结束后应发出停止信号。

通常对 EEPROM 器件写入时总需要一定的写入时间(5～10ms),因此在写入程序中无法连续写入多个数据字节。为了解决连续写入多个数据字节的问题,EEPROM 器件中常设有一定容量的页写入数据寄存器。用户一次写入 EEPROM 的数据字节不大于页写入字节数时,可按通常 RAM 的写入速度,将数据装入 EEPROM 的数据寄存器中,随后启动自动写入定时控制逻辑,经过 5～10ms 的时间,自动将数据寄存器中的数据同步写入 EEPROM 的指定单元。这样一来,只要一次写入的字节数不多于页写入容量,总线对 EEPROM 的操作可视为对静态 RAM 的操作,但要求下次数据写入操作在 5～10ms 之后进行。24C04 的页写入字节数为 16。对 24C04 进行页写入是指向其片内指定首地址(WORDADR)连续写入不多于 n 个字节数据的操作。n 为页写入字节数,m 为写入字节数,$m \leqslant n$。页写入数据操作格式如下:

S	SLAW	A	WORDADR	A	data1	A	data2	A	⋯	datam	A	P

这种数据写入操作实际上就是 $m+1$ 个字节的 I^2C 总线进行主发送的数据操作。

对 24C04 写入数据时也可以按字节方式进行,即每次向其片内指定单元写入一个字节的数据,这种写入方式的可靠性高。字节写入数据操作格式如下:

S	SLAW	A	WORDADR	A	data	A	P

24C04 的读操作与通常的 SRAM 相同,但每读一个字节地址将自动加 1。24C04 有 3 种读操作方式,即现行地址读、指定地址读和序列读。现行地址读是指不给定片内地址的读操作,读出的是现行地址中的数据。现行地址是片内地址寄存器当前的内容,每完成一个字节的读操作,地址自动加 1,故现行地址是上次操作完成后的下一个地址。现行地址读操作时,应先发出从机地址字节 SLAR(R/W 为 1),接收到应答信号(ACK)后即开始接收来自 24C04 的数据字节,每接收到一个字节的数据都必须发出一个应答信号(ACK)。现行地址读的数据操作格式如下:

S	SLAR	A	data	A	P

指定地址读是指按指定的片内地址读出一个字节数据的操作。由于要写入片内指定地址,故应先发出从机地址字节 SLAW(R/W 为 0),再进行一个片内字节地址的写入操作,然后发出重复起始信号和从机地址 SLAR(R/W 为 1),开始接收来自 24C04 的数据字节。数据操作格式如下:

S	SLAW	A	WORDADR	A	S	SLAR	A	data	A	P

序列读操作是指连续读入 m 个字节数据的操作。序列读入字节的首地址可以是现行地址或指定地址,其数据操作可连在上述两种操作的 SLAR 发送之后。数据操作格式如下:

S	SLAR	A	data1	A	data2	…	datam	A	P

【例 10-5】 实现对 24C04 读/写操作的 C51 程序。其中 i2c.h 就是前面例 10-4 的 I²C 总线通用驱动程序。

```
# include < reg51.h >
# include < stdio.h >
# include < i2c.h >                      //包含 I²C 总线基本操作函数
# define FALSE 0
# define TRUE ~FALSE
# define WRITE 0xA0                      //定义 24C04 的器件地址 SLA 和方向位 W
# define READ 0xA1                       //定义 24C04 的器件地址 SLA 和方向位 R
# define BLOCK_SIZE 16                   //定义指定字节个数
# define uchar unsigned char

uchar EAROMImage[16] = "Hello everybody!";    //定义写入数据
uchar transfer[16];                           //定义数据单元
/ *************************** 地址写入函数 *************************** /
bit E_address(uchar Address) {
    I_start();
    if (I_send(WRITE))
```

```
                return (I_send(Address));
        else
            return (FALSE);
}
/ ************************** 数据读取函数 ************************** /
bit E_read_block(uchar start) {
    uchar i;
    if (E_address(start)) {                    //从指定地址开始读取数据
        I_start();                             //发送重复启动信号
        if (I_send(READ)) {
            for (i = 0;i <= BLOCK_SIZE;i++) {
                transfer[i] = (I_receive());
                if (i != BLOCK_SIZE)
                    I_Ack();
                else {
                    I_clock();
                    I_stop();
                }
            }
            return (TRUE);
        }
        else {
            I_stop();
            return (FALSE);
        }
    }
    else
        I_stop();
        return (FALSE);
}
/ ************************** 5ms 延时函数 ************************** /
void wait_5ms(void) {
    int I;
    for (I = 0;I < 1000;I++) {
        ;
    }
}
/ ************************** 数据写入函数 ************************** /
bit E_write_block(uchar start) {
    uchar i;
    for (i = 0;i <= BLOCK_SIZE;i++) {
        if (E_address(i + start) && I_send(EAROMImage[i])) {
            I_stop();
            wait_5ms();
        }
        else
            return (FALSE);
    }
    return (TRUE);
}
/ ************************** 主函数 ************************** /
void  main() {
    uchar addr = 0x50;                         //定义 24C04 片内地址
    SCON = 0x5a;
```

```
    TMOD = 0x20;
    TCON = 0x69;
    TH1  =  0xfd;
    WRITE = 0xA0;                            //定义 24C04 写入地址
    READ = 0xA1;                             //定义 24C04 读取地址
    I_init();                                //I²C 总线初始化
    if (E_write_block(addr))                 //写入 24C04
        printf("write I2C good.\r\n");       //输出写入成功提示信息
    else
        printf("write I2C bad.\r\n");        //输出写入失败提示信息
    if (E_read_block(addr))                  //读出 24C04
        printf("read I2C good.\r\n");        //输出读出成功提示信息
    else
        printf("read I2C bad.\r\n");         //输出读出失败提示信息
    while(1);
}
```

10.4.4　I²C 接口 A/D-D/A 芯片 PCF8591 扩展

PCF8591 是具有 I²C 总线接口的单片、单电源 8 位 A/D-D/A 转换器件,具有 4 路模拟量输入通道、一路模拟量输出通道,3 个地址引脚 A0、A1 和 A2 用作器件地址,允许将最多 8 个器件连接至 I²C 总线。主要特性如下:

(1) 单电源供电,工作电压为 2.5~6V,待机电流低。

(2) I²C 总线接口,采样速率取决于 I²C 总线速度。

(3) 4 个模拟量输入可编程为单端或差分输入,模拟电压范围:VSS~VDD。

(4) 自动增量通道选择。

(5) 片上跟踪与保持电路。

(6) 8 位逐次逼近式 A/D 转换器。

(7) 一路模拟量输出的乘法 D/A 转换器。

图 10.23 所示为 PCF8591 的引脚排列,各引脚功能如表 10.6 所示。

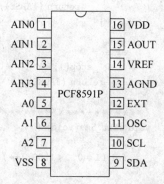

图 10.23　PCF8591 的引脚排列

表 10.6　PCF8591 的引脚功能

引脚	功　　能
AIN0～AIN3	模拟量输入端
A0、A1、A2	器件地址引脚,可接 VDD 或 VSS,用于设置从机地址
VDD、VSS	正、负电源输入端
AOUT	D/A 转换输出端
VREF	参考电压输入端
AGND	模拟地
EXT	片内、外振荡器切换端,接 VSS 时采用片内振荡器,OSC 输出振荡频率;接 VDD 时 OSC 切换到高阻态以允许用户连接外部时钟信号
OSC	振荡频率输入输出端
SCL	I²C 串行时钟
SDA	I²C 串行数据

I²C 总线上每一片 PCF8591 都需要通过发送一个字节的有效器件地址来激活。I²C 总线协议规定器件地址必须在起始条件后作为第一个字节发送。器件地址格式如下:

| 1 | 0 | 0 | 1 | A2 | A1 | A0 | R/$\overline{W}$ |

其中高 4 位固定为 1001,低 4 位中 A0、A1、A2 取决于相应引脚所接电平状态,R/$\overline{W}$ 用于设置数据传输方向,R/$\overline{W}$=1 为读,R/$\overline{W}$=0 为写。I²C 总线上最多允许接入 8 个 PCF8591 芯片。

发送到 PCF8591 的第二个字节为控制字,用于控制器件功能,格式如图 10.24 所示。

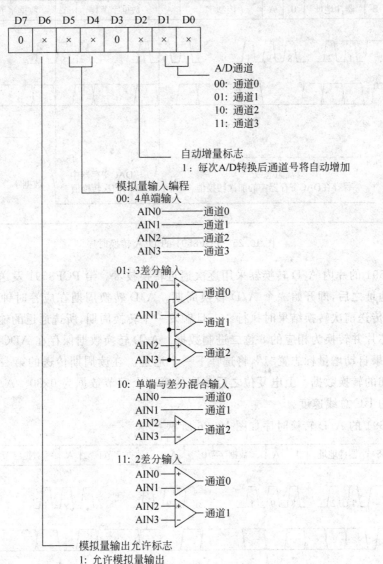

图 10.24 PCF8591 的控制字格式

控制字高半字节用于设置模拟量输出允许标志、将模拟量输入编程为单端或差分输入;低半字节用于设置自动增量标志、选择模拟输入通道。上电复位后控制字的初值为 0x00。

如果采用 PCF8591 片内振荡器,并使用了自动增量方式,那么控制字中模拟量输出允许标志应置"1",这将使内部振荡器持续运行,此时要防止振荡器启动延时导致的转换错误。模拟量输出允许标志清"0",D/A 转换器和振荡器将被禁止,模拟量输出为高阻态。

发送到 PCF8591 的第三个字节作为 D/A 转换数据被存储到 DAC 寄存器,并使用片上 D/A 转换器转换成对应的模拟电压。模拟电压通过 AOUT 引脚输出,计算公式如下:

$$V_{\text{AOUT}} = V_{\text{AGND}} + \frac{V_{\text{REF}} - V_{\text{AGND}}}{256} \sum_{i=0}^{7} D^i \times 2^i$$

PCF8591 的 D/A 转换时序如图 10.25 所示。

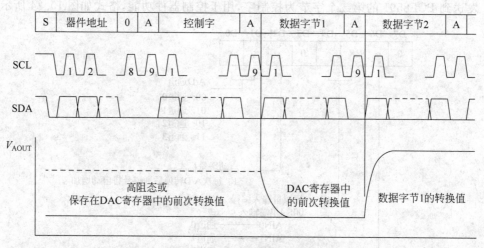

图 10.25　PCF8591 的 D/A 转换时序

PCF8591 的片内 A/D 转换器采用逐次逼近转换技术。给 PCF8591 发送一个有效读方式的器件地址之后,即开始一个 A/D 转换周期。A/D 转换周期在应答时钟脉冲的后沿被触发,并在传送前次转换结果时执行。一旦触发一个转换周期,所选通道的输入电压将被采样保存到芯片并转换为相应的 8 位二进制数据。A/D 转换数据保存在 ADC 数据寄存器等待传送,如果自动增量标志置"1",将选择下一个通道。在读周期传送的第一个字节包含前一次读周期的转换数据。上电复位之后读取的第一个字节数据为 0x80。A/D 转换速率取决于实际的 I²C 总线速度。

PCF8591 的 A/D 转换时序如图 10.26 所示。

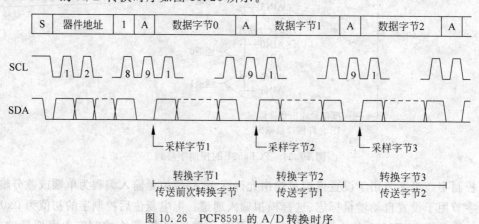

图 10.26　PCF8591 的 A/D 转换时序

PCF8591 单端输入和差分输入的 A/D 转换特性分别如图 10.27 和图 10.28 所示。

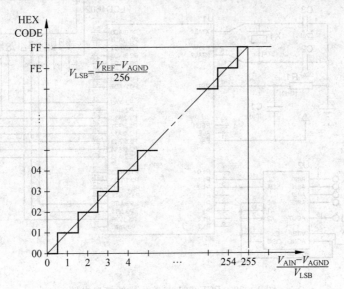

图 10.27 PCF8591 单端输入的 A/D 转换特性

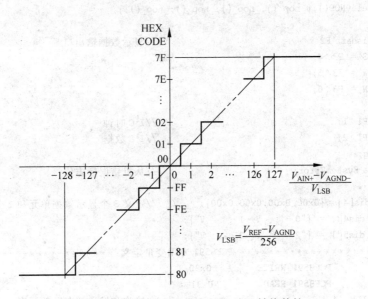

图 10.28 PCF8591 差分输入的 A/D 转换特性

图 10.29 所示为 PCF8591 与单片机的接口电路,例 10-6 为对应该电路的 C51 驱动程序。将 PCF8591 设置成单端模拟量输入方式,从 AIN0~AIN3 分别输入 4 路模拟电压,对应测量值显示在 LCD1602 液晶屏上,同时从 PCF8591 的 AOUT 端输出 1 路模拟电压。

【例 10-6】 PCF8591 的 C51 驱动程序。

```
# include < reg52. h >
# include < intrins. h >
# define uchar unsigned char
# define uint   unsigned int
```

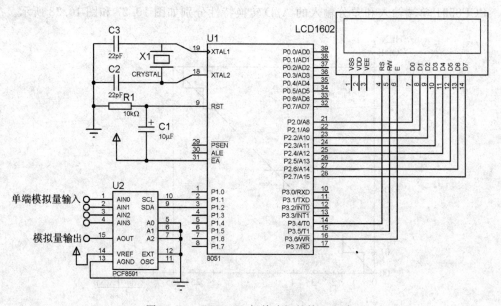

图 10.29　PCF8591 与单片机的接口电路

```
#define delayNOP();{_nop_();_nop_();_nop_();_nop_();};

#define disdata P2                              //显示数据输出口
sbit LCD_RS = P3 ^4;
sbit LCD_RW = P3 ^5;
sbit LCD_EN = P3 ^6;

sbit SCL = P1 ^1;                               //I²C 时钟
sbit SDA = P1 ^2;                               //I²C 数据
bit askflag;
bit   bdata SystemError;                        //从机错误标志位

uint data dis[4] = {0x00,0x00,0x00,0x00};       //定义 3 个显示数据单元和 1 个数据存储单元
uchar code dis4[] = {"0 - .  V 1 - .  V"};
uchar code dis5[] = {"2 - .  V 3 - .  V"};
/ ********************** PCF8591 专用变量定义 ************************* /
#define      PCF8591_WRITE       0x90
#define      PCF8591_READ        0x91
#define   NUM  4                                 //接收和发送缓存区的深度
uchar idata receivebuf[NUM];                     //数据接收缓冲区
/ ********************** 1ms 延时函数 *********************** /
void Delayms(){                                  //1ms 延时 @12MHz
    uchar i,j;
    i = 12;  j = 169;
    do{
        while ( -- j);
    } while ( -- i);
}
/ *********************** ms 延时函数 *********************** /
void delay(uchar t){
```

```
        while( -- t) Delayms();
}
/ ***************************** 检查忙状态函数 ***************************** /
bit lcd_busy(){
    bit result;
    LCD_RS = 0;
    LCD_RW = 1;
    LCD_EN = 1;
    delayNOP();
    result = (bit)(DISDATA&0x80);
    LCD_EN = 0;
    return(result);
}
/ ***************************** 写命令函数 ***************************** /
void lcd_wcmd(uchar cmd){
    while(lcd_busy());
    LCD_RS = 0;
    LCD_RW = 0;
    LCD_EN = 0;
    _nop_();
    _nop_();
    DISDATA = cmd;
    delayNOP();
    LCD_EN = 1;
    delayNOP();
    LCD_EN = 0;
}
/ ***************************** 写数据函数 ***************************** /
void lcd_wdat(uchar dat){
    while(lcd_busy());
    LCD_RS = 1;
    LCD_RW = 0;
    LCD_EN = 0;
    DISDATA = dat;
    delayNOP();
    LCD_EN = 1;
    delayNOP();
    LCD_EN = 0;
}
/ ***************************** LCD初始化函数 ***************************** /
void lcd_init(){
    delay(15);
    lcd_wcmd(0x38);                    //16×2显示,5×7点阵,8位数据
    delay(5);
    lcd_wcmd(0x38);
    delay(5);
    lcd_wcmd(0x38);
    delay(5);
    lcd_wcmd(0x0c);                    //显示开,关光标
    delay(5);
    lcd_wcmd(0x06);                    //移动光标
```

```
        delay(5);
        lcd_wcmd(0x01);                        //清除 LCD 的显示内容
        delay(5);
}
/ ************************** 设定显示位置函数 ************************* /
void lcd_pos(uchar pos){
  lcd_wcmd(pos | 0x80);                        //数据指针 = 80 + 地址变量
}
/ ************************** 数据处理函数 ************************* /
void show_value(uchar ad_data){
        dis[2] = ad_data/51;                   //AD 值转换为 3 位 BCD 码,最大为 5.00V
        dis[2] = dis[2] + 0x30;                //转换为 ACSII 码
        dis[3] = ad_data % 51;                 //余数暂存
        dis[3] = dis[3] * 10;                  //计算小数第一位
        dis[1] = dis[3]/51;
        dis[1] = dis[1] + 0x30;                //转换为 ACSII 码
        dis[3] = dis[3] % 51;
        dis[3] = dis[3] * 10;                  //计算小数第二位
        dis[0] = dis[3]/51;
        dis[0] = dis[0] + 0x30;                //转换为 ACSII 码
}
/ ************************** I²C 总线启动函数 ************************* /
void iic_start(void){
        SDA = 1;
        SCL = 1;
        delayNOP();                            //延时
        SDA = 0;
        delayNOP();
        SCL = 0;
}
/ ************************** I²C 总线停止函数 ************************* /
void iic_stop(void){
        SDA = 0;
        SCL = 1;
        delayNOP();
        SDA = 1;
        delayNOP();
        SCL = 0;
}
/ ************************** I²C 总线初始化函数 ************************* /
void iicInit(void){
    SCL = 0;
    iic_stop();
    }
/ ************************** I²C 总线从机应答函数 ************************* /
void slave_ACK(void){
        SDA = 0;
        SCL = 1;
        delayNOP();
        SCL = 0;
}
```

```
/ ************************* I²C总线从机非应答函数 ********************** /
void slave_NOACK(void){
        SDA = 1;
        SCL = 1;
        delayNOP();
        SDA = 0;
        SCL = 0;
}
/ ********************* I²C总线主机应答位检查函数 ********************* /
void check_ACK(void){
        SDA = 1;
        SCL = 1;
        askflag = 0;
        delayNOP();
        if(SDA == 1)                  //若 SDA = 1 表明非应答,置位非应答标志 askflag
        askflag = 1;
        SCL = 0;
}
/ ********************* I²C总线发送单字节数据函数 ********************* /
void IICSendByte(uchar ch){
        uchar idata n = 8;
        while(n--){
          if((ch&0x80) == 0x80){
                SDA = 1;
                SCL = 1;
                delayNOP();
                SCL = 0;
            }
          else{
                SDA = 0;
                SCL = 1;
                delayNOP();
                SCL = 0;
            }
          ch = ch << 1;
        }
}
/ ********************* I²C总线接收单字节数据函数 ********************* /
uchar IICreceiveByte(void){
        uchar idata n = 8;
        uchar tdata = 0;
        while(n--){
            SDA = 1;
            SCL = 1;
            tdata = tdata << 1;
            if(SDA == 1)
              tdata = tdata|0x01;      //若接收到的位为 1,则数据的最后一位置"1"
            else
              tdata = tdata&0xfe;      //否则数据的最后一位清"0"
            SCL = 0;
        }
```

```c
                    return(tdata);
            }
/ *************************** PCF8591 发送 n 位数据函数 *************************** /
void DAC_PCF8591(uchar controlbyte, uchar w_data){
        iic_start();                        //启动 I²C
        delayNOP();
        IICSendByte(PCF8591_WRITE);         //发送地址位
        check_ACK();                        //检查应答位
     if(askflag == 1){
        SystemError = 1;
        return;                             //若非应答,置错误标志位
     }
     IICSendByte(controlbyte&0x77);         //发送控制字
        check_ACK();                        //检查应答位
     if(askflag == 1){
        SystemError = 1;
        return;                             //若非应答,置错误标志位
     }
     IICSendByte(w_data);                   //发送数据
        check_ACK();                        //检查应答位
     if(askflag == 1){
        SystemError = 1;
        return;                             //若非应答,置错误标志
        }
        iic_stop();                         //全部发完则停止
        delayNOP();
        delayNOP();
        delayNOP();
        delayNOP();
}
/ *************************** PCF8591 发送控制字函数 *************************** /
void ADC_PCF8591(uchar controlbyte){
     uchar idata receive_da, i = 0;
        iic_start();
        IICSendByte(PCF8591_WRITE);         //控制字
        check_ACK();
        if(askflag == 1){
          SystemError = 1;
          return;
        }
        IICSendByte(controlbyte);
        check_ACK();
        if(askflag == 1){
          SystemError = 1;
          return;
        }
     iic_start();                           //重新发送开始命令
        IICSendByte(PCF8591_READ);          //控制字
        check_ACK();
        if(askflag == 1){
          SystemError = 1;
```

```
                return;
            }
        IICreceiveByte();              //空读一次,调整读顺序
        slave_ACK();                   //收到一个字节后发送一个应答位
          while(i<4){
            receive_da = IICreceiveByte();
            receivebuf[i++] = receive_da;
            slave_ACK();               //收到一个字节后发送一个应答位
          }
        slave_NOACK();                 //收到最后一个字节后发送一个非应答位
        iic_stop();
}
/ ***************************** main 函数 ***************************** /
main(){
    uchar i,l;
    delay(10);                         //延时
    lcd_init();                        //初始化 LCD
    lcd_pos(0);                        //设置显示位置为第一行的第 1 个字符
    i = 0;
    while(dis4[i] != '\0'){            //显示字符
        lcd_wdat(dis4[i]);
        i++;
      }
    lcd_pos(0x40);                     //设置显示位置为第二行第 1 个字符
    i = 0;
    while(dis5[i] != '\0'){
        lcd_wdat(dis5[i]);             //显示字符
        i++;
      }


while(1){
    ADC_PCF8591(0x44);
    if(SystemError == 1){              //有错误,重新来
        iicInit();                     //I²C 总线初始化
        ADC_PCF8591(0x44);
    }
    for(l = 0;l < 4;l++){
        show_value(receivebuf[0]);     //显示通道 0
        lcd_pos(0x02);
        lcd_wdat(dis[2]);              //整数位显示
        lcd_pos(0x04);
        lcd_wdat(dis[1]);              //第一位小数显示
        lcd_pos(0x05);
        lcd_wdat(dis[0]);              //第二位小数显示
        show_value(receivebuf[1]);     //显示通道 1
        lcd_pos(0x0b);
        lcd_wdat(dis[2]);              //整数位显示
        lcd_pos(0x0d);
        lcd_wdat(dis[1]);              //第一位小数显示
        lcd_pos(0x0e);
        lcd_wdat(dis[0]);              //第二位小数显示
```

```
        show_value(receivebuf[2]);      //显示通道2
          lcd_pos(0x42);
          lcd_wdat(dis[2]);             //整数位显示
          lcd_pos(0x44);
          lcd_wdat(dis[1]);             //第一位小数显示
          lcd_pos(0x45);
          lcd_wdat(dis[0]);             //第二位小数显示
        show_value(receivebuf[3]);      //显示通道3
          lcd_pos(0x4b);
          lcd_wdat(dis[2]);             //整数位显示
          lcd_pos(0x4d);
          lcd_wdat(dis[1]);             //第一位小数显示
          lcd_pos(0x4e);
          lcd_wdat(dis[0]);             //第二位小数显示
          iicInit();                    //I²C总线初始化
          if(SystemError == 1){         //有错误,重新来
              iicInit();                //I²C总线初始化
          }
        }
        DAC_PCF8591(0x40,receivebuf[3]);  //DAC输出
    }
}
```

10.4.5 I²C 接口时钟芯片 PCF8563 扩展

PCF8563 是一款 I²C 总线接口、功耗极低的多功能时钟/日历芯片,具有报警、定时、时钟输出、中断输出等多种功能,能完成各种复杂的定时服务。其主要特性如下。

(1) 宽电压范围 1.0~5.5V,超低功耗。

(2) 可编程时钟输出频率为 32.768kHz、1024Hz、32Hz、1Hz。

(3) 4 种报警和定时器功能。

(4) 内含复位电路、振荡器电容、掉电检测电路。

(5) 开漏中断输出。

(6) 400kHz I²C 总线(VDD=1.8~5.5V),从地址读为 0A3H,从地址写为 0A2H。

PCF8563 的引脚排列如图 10.30 所示,各引脚功能如表 10.7 所示。

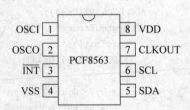

图 10-30 PCF8563 的引脚排列

表 10.7 PCF8563 的引脚功能

引　　脚	功　　能
OSCI	振荡器输入
OSCO	振荡器输出
INT	中断输出
SDA	I²C 串行数据
SCL	I²C 串行时钟
CLKOUT	时钟输出(开漏)
VDD	正电源

PCF8563 芯片内部包含有 16 个 8 位寄存器,1 个可自动增量的地址寄存器,1 个内置 32.768kHz 的振荡器(带有 1 个内部集成电容),1 个分频器(用于提供源时钟),1 个可变成时钟输出,1 个定时器,1 个报警器,1 个掉电检测电路和 1 个 400kHz 的 I^2C 总线接口电路。

PCF8563 片内 16 个寄存器占用片内地址 00H～0FH 单元。其中 00H 和 01H 地址单元为控制/状态寄存器,02H～08H 地址单元为秒～年时间寄存器,09H～0CH 地址单元为报警功能寄存器,0DH 地址单元为时钟输出寄存器,0EH 和 0FH 地址单元为定时器功能寄存器。各寄存器的功能描述如表 10.8 所示。

表 10.8 PCF8563 片内寄存器功能描述

地 址	寄存器名	D7	D6	D5	D4	D3	D2	D1	D0
00H	控制/状态寄存器 1	TEST1	0	STOP	0	TESTC	0	0	0
01H	控制/状态寄存器 2	0	0	0	TI/TP	AF	TF	AIE	TIE
02H	秒寄存器	VL	00～59(BCD 数)						
03H	分寄存器	—	00～59(BCD 数)						
04H	时寄存器	—	—	00～23(BCD 数)					
05H	日寄存器	—	—	01～31(BCD 数)					
06H	星期寄存器	—	—	—	—	—	0～6(BCD 数)		
07H	月寄存器	C	—	—	01～12(BCD 数)				
08H	年寄存器	00～99(BCD 数)							
09H	分报警寄存器	AE	00～59(BCD 数)						
0AH	时报警寄存器	AE	—	00～23(BCD 数)					
0BH	日报警寄存器	AE	—	01～31(BCD 数)					
0CH	星期报警寄存器	AE	—	—	—	—	0～6(BCD 数)		
0DH	时钟输出寄存器	FE	—	—	—	—	—	FD1	FD0
0EH	定时器控制寄存器	TE	—	—	—	—	—	TD1	TD0
0FH	倒计时寄存器	定时器倒计数值(二进制数)							

1. 控制/状态寄存器 1

TEST1＝0,普通模式,TEST1＝1,测试模式;测试模式下 CLKOUT 引脚用于输入测试脉冲来取代片内 64Hz 信号,64 个测试脉冲将使秒加 1。

STOP＝0,芯片时钟正常运行,STOP＝1,芯片分频器被异步设置为 0,芯片时钟停止运行(CLKOUT 在 32.768kHz 时仍可用)。

TESTC＝0,电源复位功能失效(普通模式下使用),TESTC＝1,电源复位功能有效。

2. 控制/状态寄存器 2

TI/TP＝0,当 TF 有效时 $\overline{INT}$ 脉冲输出有效(取决于 TIE 的状态),TI/TP＝1,$\overline{INT}$ 脉冲输出有效(取决于 TIE 的状态);若 AF 和 AIE 都有效时,则 $\overline{INT}$ 脉冲输出一直有效。

AF＝1,表示有报警发生;TF＝1,表示定时器倒计数结束。AF 和 TF 可用作报警和定时器中断标志,AF 和 TF 状态需要用软件清"0"。

AIE＝0,报警中断无效;AIE＝1,报警中断有效。

TIE＝0,定时器中断无效;TIE＝1,定时器中断有效。

3. 秒寄存器

VL＝0,保证准确的时钟/日历数据;VL＝1,不保证准确的时钟/日历数据。

4. 月寄存器

C=0,指定世纪数为 20××；C=1,指定世纪数为 19××。

5. 报警寄存器

AE=0,报警有效；AE=1,报警无效。

6. 时钟输出寄存器

FE=0,禁止时钟输出,CLKOUT 端被设成高阻抗；FE=1,允许时钟输出,CLKOUT 端输出时钟脉冲。

FD1 和 FD0 位用于控制 CLKOUT 端的输出频率,如表 10.9 所示。

表 10.9　CLKOUT 端输出频率控制

FD1	FD0	CLKOUT 端输出频率
0	0	32.768kHz
0	1	1024Hz
1	0	32Hz
1	1	1Hz

7. 倒计时寄存器

TE=0,定时器无效；TE=1,定时器有效。

TD1 和 TD0 位用于定时器时钟频率选择,如表 10.10 所示。

表 10.10　定时器时钟频率选择

FD1	FD0	定时器时钟频率
0	0	4096
0	1	64
1	0	1/
1	1	1/60

PCF8563 与单片机的接口电路如图 10.31 所示,利用单片机 P3.0 和 P3.1 引脚模拟 I^2C 总线工作时序,采用数码管显示 RTC 时间,单片机 P1 用作行列矩阵键盘,h+键和 h－键用于小时值加 1 和减 1,m+键和 m－键分钟值加 1 和减 1,支持连续按键。

【例 10-7】　PCF8563 与单片机接口实现 RTC 的 C51 驱动程序,包括主程序模块 main.c 文件和 RTC 时钟模块 PCF8563.c 文件。

主程序模块 main.c 文件如下。

```
# include  "reg52.h"
# include  "PCF8563.h"

#define  LED_TYPE    0x00                //定义 LED 类型,0x00—共阴,0xff—共阳
#define  MAIN_Fosc   22118400L          //定义主时钟
#define  Timer0_Reload  (65536UL -(MAIN_Fosc / 1000))  //T0 中断频率,1000 次/秒
/*********************** 本地常量声明 ****************************/
uchar code t_display[] = {              //标准字库
//  0    1    2    3    4    5    6    7    8    9    A    B    C    D    E    F
0x3F,0x06,0x5B,0x4F,0x66,0x6D,0x7D,0x07,0x7F,0x6F,0x77,0x7C,0x39,0x5E,0x79,0x71,
```

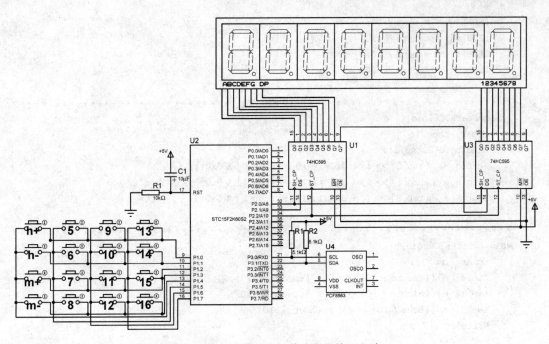

图 10.31　PCF8563 与单片机的接口电路

```
//black -    H    J    K    L    N    o    P    U    t    G    Q    r    M    y
0x00,0x40,0x76,0x1E,0x70,0x38,0x37,0x5C,0x73,0x3E,0x78,0x3d,0x67,0x50,0x37,0x6e,
0xBF,0x86,0xDB,0xCF,0xE6,0xED,0xFD,0x87,0xFF,0xEF,0x46};
//0. 1. 2. 3. 4. 5. 6. 7. 8. 9. -1          //数位码
uchar code T_COM[ ] = {0x01,0x02,0x04,0x08,0x10,0x20,0x40,0x80};
/ ********************** I/O 口定义 ******************************** /
sbit  DS    = P2 ^ 1;
sbit  ST_CP = P2 ^ 2;
sbit  SH_CP = P2 ^ 0;
/ ********************** 本地变量声明 **************************** /
uchar   LED8[8];                       //显示缓冲
uchar   display_index;                 //显示位索引
bit  B_1ms;                            //1ms 标志

uchar   KeyState,KeyState1,KeyState2,KeyState3; //键状态
uchar   KeyHoldCnt;                    //键按下计时
uchar   KeyCode;                       //给用户使用的键码,1~16 有效
uchar IO_KeyState, IO_KeyState1, IO_KeyHoldCnt; //行列键盘变量
uchar   cnt10ms;                       //10ms 标志
uchar   cnt50ms;                       //50ms 标志

uchar   hour,minute,second;            //RTC 变量
uint  msecond;
/ ********************** 显示时钟函数 ***************************** /
void  DisplayRTC(void){
    if(hour >= 10)LED8[0] = hour / 10;
    else          LED8[0] = DIS_BLACK;
    LED8[1] = hour % 10;
    LED8[2] = DIS_;
```

```
    LED8[3] = minute / 10;
    LED8[4] = minute % 10;
    LED8[6] = second / 10;
    LED8[7] = second % 10;
}
/ ***************************** 读 RTC 函数 ***************************** /
void  ReadRTC(void){
    uchar  tmp[3];
    ReadNbyte(2,tmp,3);
    second = ((tmp[0] >> 4) & 0x07) * 10 + (tmp[0] & 0x0f);
    minute = ((tmp[1] >> 4) & 0x07) * 10 + (tmp[1] & 0x0f);
    hour   = ((tmp[2] >> 4) & 0x03) * 10 + (tmp[2] & 0x0f);
}
/ ***************************** 写 RTC 函数 ***************************** /
void  WriteRTC(void){
    uchar  tmp[3];
    tmp[0] = ((second / 10) << 4) + (second % 10);
    tmp[1] = ((minute / 10) << 4) + (minute % 10);
    tmp[2] = ((hour / 10) << 4) + (hour % 10);
    WriteNbyte(2,tmp,3);
}
uchar code T_KeyTable[16] = {0,1,2,0,3,0,0,0,4,0,0,0,0,0,0,0};
/ ***************************** 键扫描延时函数 ***************************** /
void IO_KeyDelay(void){
    uchar i;
    i = 60;
    while( -- i)     ;
}
/ ***************************** 键扫描函数 ***************************** /
void  IO_KeyScan(void){
    uchar  j;
    j = IO_KeyState1;                       //保存上一次状态
    P1 = 0xf0;
    IO_KeyDelay();
    IO_KeyState1 = P1 & 0xf0;
    P1 = 0x0f;
    IO_KeyDelay();
    IO_KeyState1 |= (P1 & 0x0f);
    IO_KeyState1 ^ = 0xff;                  //取反

    if(j == IO_KeyState1){                  //连续两次读相等
        j = IO_KeyState;
        IO_KeyState = IO_KeyState1;
        if(IO_KeyState != 0){               //有键按下
            F0 = 0;
            if(j == 0)  F0 = 1;             //第一次按下
            else if(j == IO_KeyState){
                if(++IO_KeyHoldCnt >= 20) { //1s 后重键
                    IO_KeyHoldCnt = 18;
                    F0 = 1;
                }
```

```
            }
        if(F0){
            j = T_KeyTable[IO_KeyState >> 4];
            if((j != 0) && (T_KeyTable[IO_KeyState& 0x0f] != 0))
                KeyCode = (j - 1) * 4 + T_KeyTable[IO_KeyState & 0x0f];   //计算键码
        }
    }
    else  IO_KeyHoldCnt = 0;
}
    P1 = 0xff;
}
/ ************************ 向 HC595 发送一个字节 ************************ /
void Send_595(uchar dat){
 uchar  i;
 for(i = 0;i < 8;i++){
    dat <<= 1;
    DS  = CY;
    SH_CP = 1;
    SH_CP = 0;
 }
}
/ ************************** 显示扫描函数 ***************************** /
void DisplayScan(void){
    Send_595(~LED_TYPE ^ T_COM[display_index]);          //输出位码
    Send_595(LED_TYPE ^ t_display[LED8[display_index]]);  //输出段码
    ST_CP = 1;
    ST_CP = 0;                                            //锁存输出数据
    if(++display_index >= 8)  display_index = 0;          //8 位结束,回 0
}
/ *********************** T0 1ms 中断函数 *********************** /
void timer0 (void) interrupt 1 {
    DisplayScan();                                       //扫描显示一位
    B_1ms = 1;                                           //1ms 标志
}
/ *********************** 主函数 *********************** /
void main(void){
    uchar  i;
    display_index = 0;
    AUXR | =   (1 << 7);                                 //T0 工作于 1T 方式
    TMOD &= ~4;                                          //T0 工作于定时器方式
    TMOD &= ~0x03;                                       //16 位自动重装
    TH0 = (65536UL - (MAIN_Fosc / 1000)) / 256;
    TL0 = (65536UL - (MAIN_Fosc / 1000)) % 256;
    ET0 = 1;
    TR0 = 1;
    EA = 1;                                              //开中断
    for(i = 0;i < 8;i++)  LED8[i] = 0x10;
    ReadRTC();
    F0 = 0;
    if(second >= 60)  F0 = 1;                            //错误
    if(minute >= 60)  F0 = 1;                            //错误
```

```c
        if(hour   >= 60)  F0 = 1;                      //错误
        if(F0){                                        //有错误,默认 12:00:00
            second = 0;
            minute = 0;
            hour   = 12;
            WriteRTC();
        }
        DisplayRTC();
        LED8[2] = DIS_;
        LED8[5] = DIS_;
        KeyState  = 0;
        KeyState1 = 0;
        KeyState2 = 0;
        KeyState3 = 0;                                 //键状态
        KeyHoldCnt = 0;                                //键按下计时
        KeyCode = 0;                                   //给用户使用的键码,1~16 有效
        cnt10ms = 0;
        IO_KeyState = 0;
        IO_KeyState1 = 0;
        IO_KeyHoldCnt = 0;
        cnt50ms = 0;
        while(1){
            if(B_1ms){                                 //1ms 到
                B_1ms = 0;
                if(++msecond >= 1000){                 //1s 到
                    msecond = 0;
                    ReadRTC();
                    DisplayRTC();
                }
                if(++cnt50ms >= 50){                   //50ms 扫描一次行列键盘
                    cnt50ms = 0;
                    IO_KeyScan();
                }
                if(KeyCode > 0){                       //有键按下

                    LED8[6] = KeyCode / 10;            //显示键码
                    LED8[7] = KeyCode % 10;            //显示键码

                    if((KeyCode == 1)){                //时 + 1
                        if(++hour >= 24)  hour = 0;
                        WriteRTC();
                        DisplayRTC();
                    }
                    if((KeyCode == 2)){                //时 - 1
                        if( -- hour >= 24)  hour = 23;
                        WriteRTC();
                        DisplayRTC();
                    }
                    if((KeyCode == 3)){                //分 + 1
                        second = 0;
                        if(++minute >= 60)  minute = 0;
```

```
                    WriteRTC();
                    DisplayRTC();
                }
                if((KeyCode == 4)){                     //分 - 1
                    second = 0;
                    if( -- minute >= 60)  minute = 59;
                    WriteRTC();
                    DisplayRTC();
                }
                KeyCode = 0;
            }
        }
    }
}
```

RTC 时钟模块 PCF8563.c 文件如下。

```c
# include  "PCF8563.h"
# include  "reg52.h"
# define MAIN_Fosc  22118400L                           //定义主时钟

sbit  SDA  = P3 ^ 1;                                     //定义 SDA
sbit  SCL  = P3 ^ 0;                                     //定义 SCL
/ ************************ I²C 总线延时函数 ************************ /
void  I2C_Delay(void) {
    uchar  dly;
    dly = MAIN_Fosc / 2000000UL;                         //延时 2μs
    while( -- dly)  ;
}
/ ************************ I²C 总线启动函数 ************************ /
void I2C_Start(void) {
    SDA = 1;
    I2C_Delay();
    SCL = 1;
    I2C_Delay();
    SDA = 0;
    I2C_Delay();
    SCL = 0;
    I2C_Delay();
}
/ ************************ I²C 总线停止函数 ************************ /
void I2C_Stop(void)  {
    SDA = 0;
    I2C_Delay();
    SCL = 1;
    I2C_Delay();
    SDA = 1;
    I2C_Delay();
}
/ ************************ I²C 总线应答函数 ************************ /
void S_ACK(void){
```

```
        SDA = 0;
        I2C_Delay();
        SCL = 1;
        I2C_Delay();
        SCL = 0;
        I2C_Delay();
}
/ ********************** I²C总线非应答函数 ********************** /
void S_NoACK(void){
        SDA = 1;
        I2C_Delay();
        SCL = 1;
        I2C_Delay();
        SCL = 0;
        I2C_Delay();
}
/ ********************** I²C总线应答检查函数 ********************** /
void I2C_Check_ACK(void){
        SDA = 1;
        I2C_Delay();
        SCL = 1;
        I2C_Delay();
        F0 = SDA;
        SCL = 0;
        I2C_Delay();
}
/ ********************** I²C总线单字节写函数 ********************** /
void I2C_WriteAbyte(uchar dat){
        uchar i;
        i = 8;
        do
        {
                if(dat & 0x80)  SDA = 1;
                else            SDA = 0;
                dat <<= 1;
                I2C_Delay();
                SCL = 1;
                I2C_Delay();
                SCL = 0;
                I2C_Delay();
        }
        while( -- i);
}
/ ********************** I²C总线单字节读函数 ********************** /
uchar I2C_ReadAbyte(void){
        uchar i,dat;
        i = 8;
        SDA = 1;
        do
        {
                SCL = 1;
```

```
        I2C_Delay();
        dat <<= 1;
        if(SDA)    dat++;
        SCL  = 0;
        I2C_Delay();
    }
    while( -- i);
    return(dat);
}
/ ********************** I²C总线多字节写函数 *********************** /
void WriteNbyte(uchar addr,uchar * p,uchar number){
    I2C_Start();
    I2C_WriteAbyte(SLAW);
    I2C_Check_ACK();
    if(!F0){
        I2C_WriteAbyte(addr);
        I2C_Check_ACK();
        if(!F0){
            do{
                I2C_WriteAbyte( * p);
                p++;
                I2C_Check_ACK();
                if(F0)  break;
            }
            while( -- number);
        }
    }
    I2C_Stop();
}
/ ********************** I²C总线多字节读函数 *********************** /
void ReadNbyte(uchar addr,uchar * p,uchar number){
    I2C_Start();
    I2C_WriteAbyte(SLAW);
    I2C_Check_ACK();
    if(!F0){
        I2C_WriteAbyte(addr);
        I2C_Check_ACK();
        if(!F0){
            I2C_Start();
            I2C_WriteAbyte(SLAR);
            I2C_Check_ACK();
            if(!F0){
                do{
                    * p = I2C_ReadAbyte();
                    p++;
                    if(number != 1)  S_ACK();              //发送应答
                }
                while( -- number);
                S_NoACK();                                 //发送非应答
            }
        }
```

```
    }
    I2C_Stop();
}
```

复习思考题

1. 8051 单片机,外部程序存储器和数据存储器共用 16 位地址线和 8 位数据线,为什么不会发生冲突?

2. 试用一片 EPROM 2764 和一片 RAM 6264 组成一个既有程序存储器又有数据存储器的存储器扩展系统,画出硬件逻辑连接图,并说明各芯片的地址范围。

3. 采用线选法在 8051 单片机外部扩展一片 8KB 数据存储器 6264、一片可编程接口芯片 8255、一片 D/A 转换芯片 0832,分别采用 P2.5、P2.6 和 P2.7 作为它们的片选信号,画出硬件逻辑连接图,并说明各芯片的地址范围。

4. 利用译码器 74LS138 将 8051 单片机外部地址分成 8KB×8 段,画出硬件逻辑连接图。

5. 采用译码法在 8051 单片机外部扩展一片 8KB 数据存储器 6264、一片可编程接口芯片 8255、一片 D/A 转换芯片 0832,画出硬件逻辑连接图,并说明各芯片的地址范围。

6. 用 8155 芯片扩展单片机的 I/O 口,8255 的 A 口作输入,A 口的每一位接一个开关,用 B 口作为输出,输出口的每一位接一个发光二极管。现要求某个开关接 1 时,相应位上的发光二极管就亮(输出低电平 0)。设 8155 命令/状态寄存器地址为 7FF8H,片内 RAM 字节地址为 7E00H～7EFFH,PA 口地址为 7FF9H,PB 口地址为 7FFAH,PC 口地址为 7FFBH。画出硬件原理电路图,写出相应的程序。

7. I^2C 总线的主要特征是什么?画出 I^2C 总线的数据传送时序。

8. 如果希望向 24C04C 中从 80H 开始的字节中写入 32 个数据,然后读取数据并存入 8051 单片机内部 40H 开始的单元,编写应用程序。

9. 采用 I^2C 器件 24C04、PCF8591、PCF8563 以及 8051 单片机,设计一个定时采样系统,要求每隔 10min 采样 PCF8591 的 4 个 A/D 通道各一次,采样结果保存到 24C04 中,并将第 3 通道的采样值通过 PCF8591 的 D/A 通道输出,画出电路图,编写出应用程序。

<table>
<tr><td>第11章</td><td rowspan="2">**Proteus 仿真设计实例**</td></tr>
<tr><td>CHAPTER 11</td></tr>
</table>

单片机应用系统设计会同时涉及硬件和软件技术,英国 Labcenter 公司推出的 Proteus 软件采用虚拟仿真技术,很好地解决了单片机及其外围电路的设计和协同仿真问题,可以在没有单片机实际硬件的条件下,利用个人计算机实现单片机软件和硬件同步仿真,仿真结果可以直接应用于真实设计,极大地提高了单片机应用系统的设计效率。Proteus 软件包提供了丰富的元器件库,针对各种单片机应用系统,可以直接在基于原理图的虚拟模型上进行软件编程和虚拟仿真调试,配合虚拟示波器、逻辑分析仪等,用户能看到单片机系统运行后的输入输出效果。

11.1 红外遥控系统设计

11.1.1 功能要求

设计一套红外遥控系统,要求以 8051 单片机作为遥控发射和接收的主控制器,利用单片机内部定时器和外部中断功能实现发射编码和接收解码,通过键盘按键启动发射,通过 LED 灯显示接收到的数据。

11.1.2 硬件电路设计

红外遥控系统电路如图 11.1 所示,由 8051 单片机作为主控制器完成数据的编码和解码任务,实际电路中只要将 IR 引脚接上红外线发射/接收头之后就可以实现遥控功能。

红外遥控系统由发射端和接收端两大部分组成。发射端由键盘电路、编码单片机、电源和红外发射电路组成。接收端由红外接收电路、解码单片机、电源和应用电路组成。红外遥控的实质是一种脉宽调制的串行通信,红外线通信的发送部分主要是把待发送的数据转换成一定格式的脉冲,然后驱动红外发光管向外发送数据。接收部分则是由户外接收头来完成红外线的接收、放大、解调,还原成与同步发射格式相同的脉冲信号,最后通过解码把脉冲信号转换成数据,从而实现信号的传输。

11.1.3 软件程序设计

红外遥控系统程序设计包括编码程序和解码程序,编码程序按规定的数据格式,为键盘中每个按键设置相应的码值,解码程序则根据接收到的脉冲来还原键码,实现按键识别。

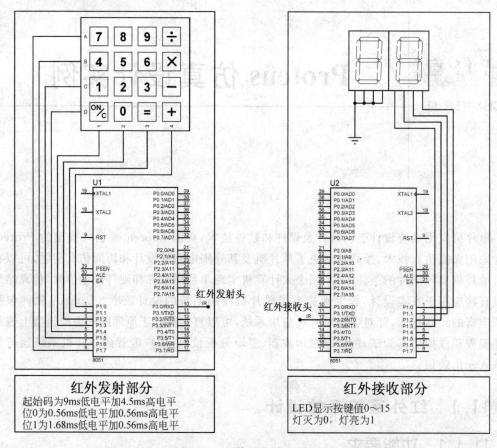

图 11.1　红外遥控系统电路图

遥控系统的串行数据格式如图 11.2 所示,包括起始码、用户码、数据码和数据码反码。起始码为 9ms 低电平加 4.5ms 高电平,用户码为 16 位,数据码和数据反码各为 8 位,数据反码主要用于判断接收的数据是否正确。

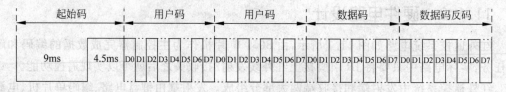

图 11.2　红外遥控系统的数据格式

用户码或数据码中的每一位可以是 1,也可以是 0,位 0 用 0.56ms 低电平加 0.56ms 高电平表示,位 1 用 1.68ms 低电平加 0.56ms 高电平表示,如图 11.3 所示。根据以上数据格式和位电平,采用 C51 编写遥控编码程序,采用汇编语言编写遥控解码程序。

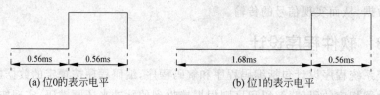

图 11.3　数据格式中位 0 和位 1 的表示电平

【例 11-1】 红外遥控系统的软件程序。

（1）遥控编码的 C51 程序文件。

```c
# include< reg51. h>
# define uchar unsigned char
# define uint unsigned int
# define uintlong   unsigned long

sbit p3_0 = P3 ^ 0;
sbit p2_1 = P2 ^ 1;
sbit p1_0 = P1 ^ 0;
sbit p1_1 = P1 ^ 1;
sbit p1_2 = P1 ^ 2;
sbit p1_3 = P1 ^ 3;
bit out;
uint keyvalue = 0x00, flag_key = 0, value1, value2, keycount = 0, i, j, flag_set = 0, flag_press = 0;
uchar code keycode[4] = {0x7f, 0xbf, 0xdf, 0xef};
uchar code portvalue[16] = {0x07, 0x08, 0x09, 0x0a, 0x04, 0x05, 0x06, 0x0b,
                     0x01, 0x02, 0x03, 0x0c, 0x0d, 0x00, 0x0e, 0x0f};
uchar code wy[8] = {0x01, 0x02, 0x04, 0x08, 0x10, 0x20, 0x40, 0x80};
//红外数据部分;
uchar user1 = 0x00, user2 = 0x00;                //用户码标志位 0 和 1
uint count = 0, endcount = 0;
uint irdata = 0;
void deltime(void);
void key_scan(void);
void sendirdata(void);
/ ***************************** 主函数 ***************************** /
main(void){
  EA = 1;                             //允许 CPU 中断
  TMOD = 0x11;                        //设定时器 0 和 1 为 16 位模式 1
  ET0 = 1;                            //定时器 0 中断允许
  p3_0 = 1;
  P1 = 0xff;
  TH0 = 0xFF;
  TL0 = 0xE6;                         //设定时值 0 为 38K,也就是每隔 26μs 中断一次
  TR0 = 0;
  while(1) {
    key_scan();
    if(flag_press == 1) {
        flag_press = 0;
      TR0 = 1;
      sendirdata();
      }
    }
}
/ *********************** 键盘扫描函数 *********************** /
void key_scan(void) {
    for(i = 0; i <= 3; i++) {
            P1 = keycode[i];
```

```c
            if(p1_3 == 0)
                {keycount = i * 4 + 0;flag_key = 1;break;}
              if(p1_2 == 0)
                {keycount = i * 4 + 1;flag_key = 1;break;}
            if(p1_1 == 0)
                {keycount = i * 4 + 2;flag_key = 1;break;}
              if(p1_0 == 0)
                {keycount = i * 4 + 3;flag_key = 1;break;}
            }
          if(flag_key == 1)  {
        flag_key = 0;
          value1 = P1;
          deltime();
          value2 = P1;
          if(value1 == value2)
            {keyvalue = portvalue[keycount];flag_set = 1;flag_press = 1;}
          while(flag_set) {
          value2 = P1;
            if(value1!= value2)  flag_set = 0;
          }
        }
}
```

/ *************************** 延时函数 *************************** /
```c
void deltime(void) {
  uint k;
  for(k = 0;k <= 20;k++);
}
```

/ *********************** 定时器 T0 中断函数 *********************** /
```c
void time0int(void) interrupt 1 {
  TH0 = 0xFF;
  TL0 = 0xE6;                          //设定时值为 38K,也就是每隔 26μs 中断一次
  count++;
}
```

/ *********************** 发送红外数据函数 *********************** /
```c
void sendirdata() {
  uchar s = 0, datapd = 0;
  endcount = 346;                      //发送 9ms 起始码的低电平,346 为接收端测试得到的数据
  p3_0 = 0;
  count = 0;
  do{}while(count < endcount);
  endcount = 173;                      //发送 4.5ms 的高电平,173 为接收端测试得到的数据
  count = 0;
  p3_0 = 1;
  do{}while(count < endcount);
  //发送用户码 1,由于已经设置了 16 位用户码为均 0,所以这里直接发送 16 个 0
  for(s = 0;s <= 15;s++)  {
    endcount = 21;                     //发送 0.56ms 低电平,21 为计算电平时间的数据
    count = 0;
        p3_0 = 0;
    while(count < endcount);
```

```
            endcount = 21;                    //发送 0.56ms 高电平
        count = 0;
            p3_0 = 1;
        while(count < endcount);
    }
    //发送数据码,21 和 64 为计算电平时间的数据
    irdata = keyvalue;
    for(s = 0;s < = 7;s++)   {
      datapd = irdata & wy[s];
      if (datapd == 0)
          {endcount = 21;count = 0;}      //发送数据 0
          else
              {endcount = 64;count = 0;}//发送数据 1
      p3_0 = 0;
      while(count < endcount);
      endcount = 21;count = 0;            //发送公共的 0.56ms 高电平
      p3_0 = 1;
      do{}while(count < endcount);
    }
    //发送数据反码
    irdata = keyvalue;
    for(s = 0;s < = 7;s++) {
      datapd = irdata & wy[s];
      if (datapd == 0)
          {endcount = 60;count = 0;}
          else
              {endcount = 20;count = 0;}
      p3_0 = 0;
      while(count < endcount);
      endcount = 20;count = 0;            //发送公共的 0.56ms 高电平
      p3_0 = 1;
      while(count < endcount);
    }
    TR0 = 0;
}
```

（2）遥控解码汇编语言程序清单。

```
COUNT EQU 30H                    ;定时计数数值
FLAG_USER1 EQU 45H               ;用户码位置 1
FLAG_USER2 EQU 46H               ;用户码位置 2
SAVEDATA EQU 47H                 ;数据保存位置
;****************************** 复位入口 ******************************
ORG 0000H
LJMP MAIN
ORG 0003H
LJMP EXTER0INT
ORG 000BH
LJMP TIMER0INT


;****************************** 主程序 ******************************
```

```
        ORG 1000H
        MAIN:
            MOV TMOD, #01H              ;定时器 0 模式 1
            MOV TH0, #0FFH             ;定时 100μs
            MOV TL0, #9CH
            SETB EA
            SETB IT0                   ;外部中断 0 边沿触发方式,负跳变有效
            SETB ET0
            SETB EX0
            MOV R0,52H                 ;接收的数据 8 个一组所存放的起始位置
            MOV 52H, #00H              ;先进行清"0"
            MOV 53H, #00H
            MOV 54H, #00H
            MOV 55H, #00H
            MOV 51H, #00H              ;中间数据存储单元
            MOV COUNT, #00H
            MOV R1, #08H               ;设定接收的数据 8 个一组
            MOV R2, #02H               ;设定接收的数据组为 4 个
            CLR PSW.5                  ;数据接收标志
            CLR PSW.1                  ;数据处理标志
            MOV FLAG_USER1, #00H       ;设定用户码为 0
            MOV P1, #00
        LOOP:
            JNB PSW.1, $               ;判断是否进行数据处理.为 1 则进行处理,反之等待
            LCALL DATACHULI            ;数据处理,主要进行用户码判断以及数据和数据码反码的判断
            CLR PSW.1                  ;清"0",等待下一组数据的接收
            MOV A,SAVEDATA
            LJMP LOOP
; ********************** 外部中断 0 服务子程序 **************************
        EXTER0INT:
            SETB TR0
            MOV count, #00H            ;count 为计数值
            RETI
; ********************** 定时器 T0 中断服务子程序 **************************
        TIMER0INT:
            MOV TH0, #0FFH            ;定时 100μs
            MOV TL0, #9CH
            INC count                  ;注意,count 要在外部中断开始后设定初始值为 0
            SETB P3.2                  ;判断起始码
            MOV C,P3.2
            JB PSW.5,DATARECEIVEPD     ;如果为 1,表明可以进入数据接收判断,否则还是起始码
            JNC ENDTIMER0INT
            MOV A,count
            CLR C
            SUBB A, #90
            JC ENDTIMER0INT            ;如果 C 为 1,说明不符合起始码的 9ms,直接退出
            SETB PSW.5                 ;数据接收标志
            CLR TR0                    ;以免接收数据
            MOV R1, #08H               ;表示要接收的数据 8 个一组
            MOV 51H, #00H             ;中间数据存储清"0"
```

```
        MOV R0, #52H
        MOV R2, #04H                    ;总共接收 4 组
        LJMP ENDTIMER0INT
DATARECEIVEPD:
        JNC ENDTIMER0INT                ;c 为 1,表明状态发生变化,可以判断接收位是 0 还是 1
        CLR TR0
        MOV A,count
        CLR TR0                         ;首先关掉定时器 0
        SUBB A, #8                      ;以 8 为分界线,小于 8 则为 0,大于 8 为 1
        JC ORECEIVE                     ;跳到接收位 0 处
        SETB C
        MOV A,51H                       ;接收位 1
        RRC A
        MOV 51H,A
        LJMP WENDPD
ORECEIVE:
        CLR C
        MOV A,51H
        RRC A
        MOV 51H,A
WENDPD:
        DJNZ R1,ENDTIMER0INT
        MOV R1, #08H
        MOV @R0,51H                     ;重复 2 次,确保值写到单元里
        MOV @R0,51H
        INC R0
        MOV 51H, #00H
        DJNZ R2,ENDTIMER0INT            ;若不为 0 说明 4 组数据还未接收完,跳转到返回
        CLR PSW.5
        SETB PSW.1
ENDTIMER0INT:
        RETI
; ****************** 数据处理子程序 ******************
DATACHULI:
        MOV A,52H
        CLR C
        SUBB A,FLAG_USER1
        JNZ ENDDATACHULI                ;与用户码进行比较,本用户码设置的是 0,当然也可以设置其他
        MOV A,54H
        ANL A,55H
        JNZ ENDDATACHULI                ;判断数据接收的是否正确
        MOV A,54H
        MOV SAVEDATA,A                  ;将数据保存起来
        MOV P1,A
        MOV 52H, #00H                   ;先进行清"0"
        MOV 53H, #00H
        MOV 54H, #00H
        MOV 55H, #00H
ENDDATACHULI:
        RET
END
```

11.2 点阵 LED 显示屏设计

11.2.1 功能要求

利用 8051 单片机片内定时器和 I/O 端口,设计一个 16×16 点阵 LED 显示屏,要求能够稳定地显示图形和文字,显示方式可为静态显示,也可以向上滚动显示。

11.2.2 硬件电路设计

图 11.4 所示为 16×16 点阵 LED 显示屏的硬件电路图。8051 单片机是整个电路的核心,1 片 74HC154 与 P2 口相连,用作 LED 显示屏的行驱动,74HC154 是 4/16 译码器,其 16 根译码输出线用来选通 LED 显示屏的 16 行。2 片 74HC595 与单片机 P3 口相连,用作 LED 显示屏的列驱动,74HC595 具有 1 个 8 位串入并出的移位寄存器和 1 个 8 位输出锁存器,并且移位寄存器和输出锁存器的控制信号各自独立,可以实现在显示本行各列数据的同时,传送下一行的列数据,达到重叠处理的目的。单片机采用 24MHz 的振荡器以便获得较高的刷新频率,使显示更为稳定。

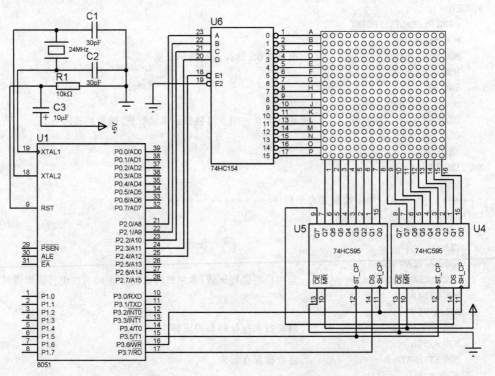

图 11.4 16×16 点阵 LED 显示屏硬件电路图

11.2.3 软件程序设计

显示屏软件的主要功能是向屏体提供显示数据,并产生各种控制信号,使屏幕按设计要求进行显示。利用 T0 定时中断进行显示刷新,1/16 扫描显示屏的刷新率(帧频)的计算公式如下：

$$刷新率(帧频) = (f_{osc}/16) \times 12(65\,536 - T0\,初值)$$

式中，f_{osc} 为系统时钟频率，即晶振频率。

　　显示驱动程序从显示缓冲区读取各行显示数据，发送给 74HC595 的移位寄存器，为了消除在切换行显示数据时产生拖尾现象，先要关闭显示屏，等数据打入输出锁存器之后，再输出新的一行并打开显示屏。

【例 11-2】　用 C51 编写的点阵 LED 显示屏驱动程序。

```c
# include "reg51.h"
# include < intrins.h >
# define uchar unsigned char
# define uint  unsigned int
# define BLKN 2              //列锁存器数

sbit   DS      = P3 ^ 7;     //串行数据输入
sbit   SH_CP = P3 ^ 6;       //移位时钟脉冲
sbit   ST_CP = P3 ^ 5;       //输出锁存器控制脉冲
sbit   G_74154   = P2 ^ 4;   //显示允许控制信号端口

uchar data   dispram[32];    //显示缓冲区
uchar temp;
uchar code Bmp[ ][32] = {    //显示数据
  0xff,0xff,0xff,0xff,0xff,0xff,0xff,0xff,0xff,0xff,0xff,0xff,0xff,0xff,0xff,0xff,   //黑
  0xff,0xff,0xff,0xff,0xff,0xff,0xff,0xff,0xff,0xff,0xff,0xff,0xff,0xff,0xff,        //屏
  0xf7,0xff,0xf7,0xef,0xf7,0xcf,0xf7,0xbf,0xf7,0x7f,0xf6,0xff,0xf7,0xfb,0x0,0x1,     //长
  0xf6,0xff,0xf6,0xff,0xf7,0x7f,0xf7,0xbf,0xf7,0xdf,0xf6,0xe3,0xf1,0xf7,0xf7,0xff,
  0xbf,0xff,0xcf,0xf7,0xe8,0x3,0xff,0xbf,0x7f,0xbf,0x9f,0xbf,0xdf,0xbf,0xf7,0xbf,     //江
  0xef,0xbf,0xdf,0xbf,0x1f,0xbf,0xdf,0xbf,0xdf,0xbb,0xd0,0x1,0xdf,0xff,0xdf,0xff,
  0xfe,0xff,0xfe,0xff,0xfe,0xff,0xfe,0xff,0xfe,0xfb,0x0,0x1,0xfe,0xff,0xfd,0x7f,      //大
  0xfd,0x7f,0xfd,0xbf,0xfb,0xbf,0xfb,0xdf,0xf7,0xef,0xef,0xf1,0x9f,0xfb,0xff,0xff,
  0xdd,0xf7,0xee,0xf7,0xee,0xef,0xff,0xdf,0x80,0x1,0xbf,0xfd,0x7f,0xfb,0xe0,0x1f,     //学
  0xff,0xbf,0xfe,0x7b,0x0,0x1,0xfe,0xff,0xfe,0xff,0xfe,0xff,0xfa,0xff,0xfd,0xff
};
/*****************************  延时函数  ***************************** /

void   delay(uint dt){
  uchar bt;
  for(;dt;dt -- )
  for(bt = 0;bt < 255;bt++);
}
/*****************************  写入 74HC595 函数  ***************************** /

void WR_595(void){
    uchar x;
    for (x = 0;x < 8;x++){
            temp = temp << 1;
            DS = CY;
            SH_CP = 1;          //上升沿移位
            _nop_();
```

```
                          _nop_();
                          SH_CP = 0;
                }
        }
/ ************************* T0 中断服务函数  ***************************** /
void  leddisplay(void) interrupt 1 using 1{
        register unsigned char i, j = BLKN;
        TH0 = 0xF8;                    //每秒 62.5 帧@24MHz
        TL0 = 0x30;
        i = P2;                        //读取当前显示的行号
        i = ++i & 0x0f;                //行号加 1,屏蔽高 4 位
        do{
                j-- ;
                temp = dispram[i * BLKN + j];
                WR_595();
          }while(j);
        G_74154 = 1;                   //关闭显示
        P2 & = 0xf0;                   //行号端口清"0"
        ST_CP = 1;                     //上升沿将数据送到输出锁存器
        P2 | = i;                      //写入行号
        ST_CP = 0;                     //锁存显示数据
        G_74154 = 0;                   //打开显示
}
/ *************************** 主函数 ********************************* /

void  main(void){
    uchar i, j, k;
    TMOD = 0x01;                       //定时器 T0 工作方式 1
    TH0 = 0xF8;                        //每秒 62.5 帧@24MHz
    TL0 = 0x30;
    G_74154 = 1;                       //关闭显示
    ST_CP = 0;
    P2 = 0xF0;
    IE = 0x82;                         //允许定时器 T0 中断
    TR0 = 1;                           //启动定时器 T0
    while(1)  {
      for(i = 0; i < 32; i++){         //黑屏
          dispram[i] = ~Bmp[0][i];
      }
      for(i = 1; i < 5; i++){          //上滚屏显示
          for(j = 0; j < 16; j++){
              for(k = 0; k < 15; k++){
                  dispram[k * BLKN] = dispram[(k + 1) * BLKN];
              dispram[k * BLKN + 1] = dispram[(k + 1) * BLKN + 1];
                }
          dispram[30] = ~Bmp[i][j * BLKN];
              dispram[31] = ~Bmp[i][j * BLKN + 1];
          delay(100);
```

```
        }
        delay(1000);
    }
    delay(1000);
    }
}
```

11.3 带农历的电子万年历设计

11.3.1 功能要求

设计一台电子万年历,主控芯片采用8051单片机,日历时钟芯片采用美国DALLAS公司推出的高性能、低功耗、带RAM的实时时钟DS1302,通过按键进行日历时间设置,显示器采用点阵图形液晶显示模块,要求能够用汉字同时显示公历、农历、属相和星期。

11.3.2 硬件电路设计

图11.5所示为电子万年历的硬件电路图,主要包括8051单片机、日历时钟芯片DS1302、点阵图形液晶显示模块以及按键等。日历时钟芯片DS1302是一种串行接口的实时时钟,芯片内部具有可编程日历时钟和31个字节的静态RAM,日历时钟可自动进行闰年补偿,计时准确,接口简单,使用方便,工作电压范围宽(2.5～5.5V),功耗低,芯片自身还具有对备份电池进行涓流充电功能,可有效延长备份电池的使用寿命。

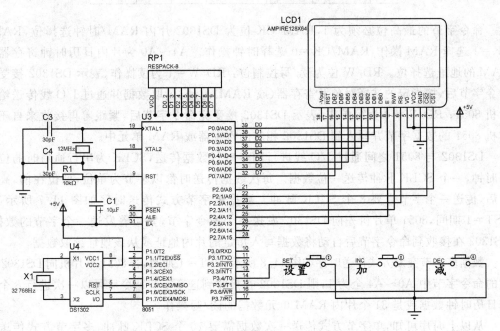

图11.5 电子万年历硬件电路图

DS1302采用8脚DIP封装,其引脚排列如图11.6所示,各引脚功能如表11.1所示。

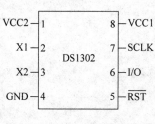

图 11.6　DS1302 的引脚排列

表 11.1　DS1302 的引脚功能

引　　脚	功　　能
VCC2、VCC1	电源输入
GND	地
X1、X2	外接 32 768Hz 晶振输入
$\overline{RST}$	复位/通信允许
I/O	数据输入输出信号
SCLK	串行时钟输入

8051 单片机与 DS1302 之间采用 3 线串行通信方式,复位/通信允许信号$\overline{RST}$接到单片机的 P1.5 引脚,$\overline{RST}$=1 允许通信,$\overline{RST}$=0 禁止通信,串行时钟信号 SCLK 接到单片机的 P1.6 引脚,数据输入输出信号 I/O 接到单片机的 P1.7 引脚。8051 作为主机通过控制 $\overline{RST}$、SCLK 和 I/O 信号实现两芯片间的数据传送。DS1302 芯片的 X1 和 X2 端外接 32 768Hz 的石英晶振,单电源供电时接 VCC1 脚,双电源供电时主电源接 VCC2,备份电池接 VCC1,如果采用可充电镉镍电池,可启用内部涓流充电器在主电压正常时向电池充电,以延长电池使用时间。

数据传送是以 8051 单片机为主控芯片进行的,每次传送时由 8051 向 DS1302 写入一个命令字节开始。命令字节的格式如下:

D7	D6	D5	D4	D3	D2	D1	D0
1	RAM/CK	A4	A3	A2	A1	A0	RD/W

命令字节的最高位必须为 1,RAM/CK 位为 DS1302 片内 RAM/时钟选择位,RAM/CK=1 选择 RAM 操作,RAM/CK=0 选择时钟操作。A4～A0 为片内日历时钟寄存器或 RAM 的地址选择位。RD/W 位为读/写控制位:RD/W=1 为读操作,表示 DS1302 接受完命令字节后,按指定的选择对象及寄存器(或 RAM)地址,读取数据并通过 I/O 线传送给单片机 8051;RD/W=0 为写操作,表示 DS1302 接受完命令字节后,紧跟着再接收来自于单片机 8051 的数据字节并写入到 DS1302 相应的寄存器或 RAM 单元中。

DS1302 与 8051 之间通过 I/O 线进行同步串行数据传送,SCLK 为串行通信时的位同步时钟,一个 SCLK 脉冲传送一位数据。每次数据传送时都以字节为单位,低位在前,高位在后,传送一个字节需要 8 个 SCLK 脉冲。数据单字节方式传送时序如图 11.7 所示,在 $\overline{RST}$=1 期间,8051 单片机先向 DS1302 发送一个命令字节,紧接着发送一个字节的数据,DS1302 在接收到命令字节后自动将数据写入指定的片内地址或从该地址读取数据。

数据多字节突发方式传送时序如图 11.8 所示,$\overline{RST}$=1 期间,若 8051 单片机向 DS1302 发送的命令字节中 A0～A4 全为 1,则 DS1302 在接收到这个字节命令后可以一次进行 8 个字节日历时钟数据或是 31 个片内 RAM 单元数据的读/写操作。

从以上时序可知,单字节方式传送一次数据需要 16 个 SCLK 脉冲,多字节方式传送一次数据在对日历时钟进行读/写时需要 72 个 SCLK 脉冲,而在对片内 RAM 单元读/写时则最多需要 256 个 SCLK 脉冲。单字节操作方式可保证数据传送时的安全性和可靠性,多字节操作方式则可提高数据传送速度,两种方式可视需要灵活选用。另外,DS1302 的外接晶

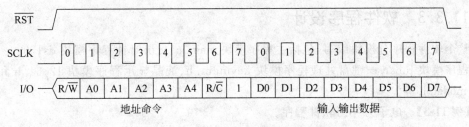

图 11.7 DS1302 单字节数据传送时序

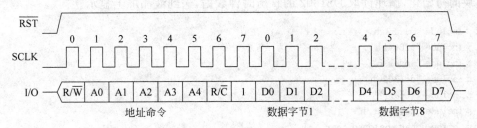

图 11.8 DS1302 多字节数据传送时序

振推荐采用 32 768Hz,电容推荐值为 6pF。由于晶振频率较低,也可以不接电容,对计时精度影响不大。

DS1302 共有 12 个寄存器,其中 7 个寄存器与日历时钟有关,存放的数据为 BCD 码格式,日历、时钟寄存器地址及其内容如表 11.2 所示,秒寄存器的第 7 位为时钟暂停控制位,该位为 1 时暂停时钟振荡器,DS1302 进入低功耗状态;该位为 0 时启动时钟。时寄存器的第 7 位为 12 或 24 小时方式选择,该位为 1 时选择 12 小时方式;该位为 0 时选择 24 小时方式。在 12 小时方式下,时寄存器的第 5 位为 AM/PM 选择,该位为 1 时选择选择 PM;该位为 0 时选择选择 AM。在 24 小时方式下,时寄存器的第 5 位为第 2 个小时位(20~23)。

表 11.2 DS1302 内部寄存器地址与内容

寄存器名	命令字节		取值范围	寄存器内容							
	写	读		7	6	5	4	3	2	1	0
秒寄存器	80H	81H	00~59	CH	10s			SEC			
分寄存器	82H	83H	00~59	0	10min			MIN			
时寄存器	84H	85H	00~23 或 01~12	12/24	0	10A/P	HR	HR			
日期寄存器	86H	87H	01~28,29,30,31	0	0	10DATA		DATE			
月寄存器	88H	89H	01~12	0	0	0	10M	MONTH			
周寄存器	8AH	8BH	01~07	0	0	0	0	0	DAY		
年寄存器	8CH	8DH	00~99	10YEAR				YEAR			

电子万年历的显示部分采用点阵图形液晶显示模块,以间接方式与 8051 单片机进行接口。将单片机的 I/O 端口 P2.4、P2.3、P2.2、P2.1 和 P2.0 分别接到液晶显示模块的 E、R/W、RS、CS2 和 CS1 端,模拟液晶显示模块的工作时序,实现对显示模块的控制,将 DS1302 中的日历时钟信息显示在 LCD 屏幕上。

11.3.3 软件程序设计

整个软件程序分模块编写,包括主程序模块 main. c、日历时钟程序模块 ds1302. c、年历转换程序模块 lunar. c、键盘处理程序模块 keyinput. h、液晶显示程序模块 12864. h 和字模模块 model. h 等。

【例 11-3】 电子万年历软件程序。

(1) 主程序模块 main. c 清单。完成对 8051 单片机、DS1302 日历时钟芯片以及液晶显示模块的初始化,循环读取 DS1302 的日历时钟数据,送到液晶屏上显示。

```c
# include < reg52. h >
# include "12864. h"
# include "model. h"
# include "ds1302. h"
# include "lunar. h"
# include "keyinput. h"
# define uchar unsigned char
# define uint unsigned int
# define NoUpLine    1
# define UpLine       0
# define NoUnderLine 1
# define UnderLine   0
# define FALSE    0
# define TRUE    1

uchar dispBuf[7];
uchar T0_Count = 0, Tmp_Count = 0;
bit T0_Flag, Tmp_Flag, Flash_Flag;
SYSTIME sys;                                              //系统日期
SPDATE SpDat;                                            //农历日期
bit Hour_Flag = TRUE, Min_Flag = TRUE, Sec_Flag = TRUE;   //设置时间标志
bit Year_Flag = TRUE, Mon_Flag = TRUE, Day_Flag = TRUE;
uchar State_Set = 0;                                     //设置时、分、秒、日、月、年等状态
bit State_Flag = FALSE, Inc_Flag = FALSE, Dec_Flag = FALSE;  //三个按键是否按下的标志
uchar code Mon2[2][13] = {0,31,28,31,30,31,30,31,31,30,31,30,31,
                          0,31,29,31,30,31,30,31,31,30,31,30,31};
/ *********************** LCD 显示函数 ***************************** /
void LCD_ShowTime(char cDat, uchar X, uchar Y, bit show_flag, bit up, bit under){
    uchar s[2];
    s[0] = cDat/10 + '0';
    s[1] = cDat % 10 + '0';
    en_disp(X, Y, 2, Asc, s, show_flag, up, under);
}
/ ******************* 年、月、日、星期、显示函数 ********************* /
void Show_YMD(){
    uchar uiTempDat;
    uiTempDat = RDS1302(0x88|0x01);
    sys. cMon = ((uiTempDat&0x1f)>> 4) * 10 + (uiTempDat&0x0f);
    LCD_ShowTime(sys. cMon, 2, 5, Mon_Flag, NoUpLine, NoUnderLine);
    hz_disp(4,5,1,uMod[1],1,NoUpLine, NoUnderLine);                 //月
```

```
    Show16X32(2,27,ucNum3216[sys.cDay/10],Day_Flag);                //日
    Show16X32(2,43,ucNum3216[sys.cDay%10],Day_Flag);
    hz_disp(6,8,2,ucLunar[13],1,UpLine,UnderLine);
    if(sys.cWeek == 7)
        hz_disp(6,40,1,uMod[2],1,UpLine,UnderLine);                 //星期
    else
        hz_disp(6,40,1,ucLunar[sys.cWeek],1,UpLine,UnderLine);
    LCD_ShowTime(20,0,9,1,UpLine,UnderLine);
    LCD_ShowTime(sys.cYear,0,25,Year_Flag,UpLine,UnderLine);
        hz_disp(0,41,1,uMod[0],1,UpLine,UnderLine);                 //年
    SpDat = GetSpringDay(sys.cYear,sys.cMon,sys.cDay);              //获得农历
    if(SpDat.cMon == 1)                                             //显示农历月
        hz_disp(4,64,1,ucLunar[15],1,UpLine,NoUnderLine);          //"正"
    else if(SpDat.cMon == 11)
        hz_disp(4,64,1,ucLunar[16],1,UpLine,NoUnderLine);          //"冬"
    else if(SpDat.cMon == 12)
        hz_disp(4,64,1,ucLunar[17],1,UpLine,NoUnderLine);          //"腊"
    else
        _disp(4,63,1,ucLunar[SpDat.cMon],1,UpLine,NoUnderLine);    //"二"～"十"
    if(SpDat.cDay/10 == 1 && SpDat.cDay%10 > 0)        //显示"十",例如"十四"而不是"一四"
        hz_disp(4,95,1,ucLunar[10],1,UpLine,NoUnderLine);
    else if(SpDat.cDay/10 == 2 && SpDat.cDay%10 > 0)   //显示"廿",例如"廿四"而不是"二四"
        hz_disp(4,95,1,ucLunar[19],1,UpLine,NoUnderLine);
    else
        hz_disp(4,95,1,ucLunar[SpDat.cDay/10],1,UpLine,NoUnderLine);  //正常数字
    if(!(SpDat.cDay%10))                                            //"十"
        hz_disp(4,111,1,ucLunar[10],1,UpLine,NoUnderLine);
    else                                                           //正常数字
        hz_disp(4,111,1,ucLunar[SpDat.cDay%10],1,UpLine,NoUnderLine);
    hz_disp(0,104,1,SX[(uint)(2000 + SpDat.cYear)%12],1,UpLine,UnderLine);  //生肖
    hz_disp(2,95,1,TianGan[(uint)(2000 + SpDat.cYear)%10],1,
                                    NoUpLine,NoUnderLine);          //天干
        hz_disp(2,111,1,DiZhi[(uint)(2000 + SpDat.cYear)%12],1,
                                    NoUpLine,NoUnderLine);          //地支
}
/******************* 万年历显示函数 *************************/
void LCD_ShowWNL(){
    LCD_ShowTime(sys.cSec,6,111,Sec_Flag,UpLine,UnderLine);        //秒刷新
    if(!sys.cSec || State_Set)                                     //分刷新
        LCD_ShowTime(sys.cMin,6,87,Min_Flag,UpLine,UnderLine);
    if(!sys.cSec && !sys.cMin || State_Set)                        //时刷新
        LCD_ShowTime(sys.cHour,6,63,Hour_Flag,UpLine,UnderLine);
        if(!sys.cSec && !sys.cMin && !sys.cHour || State_Set){  //年、月、日、星期
            Show_YMD();                                            //普通模式每天刷新
            if(State_Set == 7) State_Set = 0;                      //设置模式每次刷新
        }
}
/*********************** 日期初始化函数 ***************************/
void CAL_Init(){
    sys.cYear = 0x13;                                          //BCD码表示的日历时间初值
    sys.cMon = 0x06;
```

```
        sys.cDay = 0x030;
        sys.cHour = 0x23;
        sys.cMin = 0x59;
        sys.cSec = 0x55;
        sys.cWeek = GetWeekDay(sys.cYear, sys.cMon, sys.cDay);
}
/ ************************** 定时器 T1 初始化函数 ************************** /
void SFR_Init(){
        Flash_Flag = FALSE;
        TMOD = 0x11;
        ET1 = 1;
        TH1 = ( - 10000)/256;
        TL1 = ( - 10000) % 256;
        EA = 1;
}
/ ************************** LCD 图形初始化函数 ************************** /
void GUI_Init(){
        LCD12864_init();
        ClearLCD();
        Rect(0,0,127,63,1);                                      //描绘框架
        Line(62,0,62,62,1);
        Line(0,48,127,48,1);
        Line(0,15,127,15,1);
        Line(24,15,24,48,1);
        Line(63,32,128,32,1);
        SetTime(sys);                                           //设置时间
        GetTime(&sys);                                          //获得时间
        Show_YMD();
        LCD_ShowTime(sys.cSec,6,111,Sec_Flag,UpLine,UnderLine);
        en_disp(6,103,1,Asc,":",1,UpLine,UnderLine);
        LCD_ShowTime(sys.cMin,6,87,Min_Flag,UpLine,UnderLine);
        en_disp(6,79,1,Asc,":",1,UpLine,UnderLine);
        LCD_ShowTime(sys.cHour,6,63,Hour_Flag,UpLine,UnderLine);
        hz_disp(2,64,1,ucLunar[11],1,NoUpLine,NoUnderLine);      //"农"
        hz_disp(2,80,1,ucLunar[12],1,NoUpLine,NoUnderLine);      //"历"
        hz_disp(4,79,1,uMod[1],1,UpLine,NoUnderLine);            //"月"
}
/ ************************** 二 - 十进制转换函数 ************************** /
void DecToBCD(){
        sys.cHour = (((sys.cHour)/10)<< 4) + ((sys.cHour) % 10);
        sys.cMin = (((sys.cMin)/10)<< 4) + ((sys.cMin) % 10);
        sys.cSec = ((sys.cSec/10)<< 4) + ((sys.cSec) % 10);
        sys.cYear = ((sys.cYear/10)<< 4) + ((sys.cYear) % 10);
        sys.cMon = ((sys.cMon/10)<< 4) + ((sys.cMon) % 10);
        sys.cDay = ((sys.cDay/10)<< 4) + ((sys.cDay) % 10);
}
/ ************************** 时间设置函数 ************************** /
void Time_Set(){
        if(State_Flag){                                         //设置键按下
        State_Flag = FALSE;
        State_Set++;
```

```
        if(State_Set == 8) State_Set = 0;
}
Hour_Flag = TRUE;Min_Flag = TRUE;Sec_Flag = TRUE;
Year_Flag = TRUE;Mon_Flag = TRUE;Day_Flag = TRUE;
switch(State_Set){                                    //设置类型
    case 0:                                           //无设置
        break;
    case 1:                                           //设置时
        Hour_Flag = FALSE;
        break;
    case 2:                                           //设置分
        Min_Flag = FALSE;
        break;
    case 3:                                           //设置秒
        Sec_Flag = FALSE;
        break;
    case 4:                                           //设置天
        Day_Flag = FALSE;
        break;
    case 5:
        Mon_Flag = FALSE;                             //设置月
        break;
    case 6:
        Year_Flag = FALSE;                            //设置年
        break;
    case 7:                                           //无动作,设置此值为让"年"的反白消失
        break;
}
if(Inc_Flag){                                         //加键按下
    Inc_Flag = FALSE;
    switch(State_Set)  {
        case 0:
            break;
        case 1:                                       //小时加
            sys.cHour++;
            (sys.cHour) % = 24;
            break;
        case 2:                                       //分加 1
            sys.cMin++;
            sys.cMin % = 60;
            break;
        case 3:                                       //秒加 1
            sys.cSec++;
            sys.cSec % = 60;
            break;
        case 4:                                       //天加 1
            (sys.cDay) = (sys.cDay % Mon2[YearFlag(sys.cYear)][sys.cMon]) + 1;
        break;
        case 5:                                       //月加 1
            sys.cMon = (sys.cMon % 12) + 1;
            break;
```

```
                case 6:
                    sys.cYear++;                                        //年加 1
                    sys.cYear = sys.cYear % 100;
                    break;
            }
            DecToBCD();                                                 //转为 BCD 数
            sys.cWeek = GetWeekDay(sys.cYear, sys.cMon, sys.cDay);      //算出星期
            SetTime(sys);                                               //存入 DS1302
        }
        if(Dec_Flag){                                                   //减键按下
            Dec_Flag = FALSE;
            switch(State_Set){
                case 0:
                    break;
                case 1:
                    sys.cHour = (sys.cHour + 23) % 24;                  //时减 1
                    break;
                case 2:                                                 //分减 1
                    sys.cMin = (sys.cMin + 59) % 60;
                    break;
                case 3:                                                 //秒减 1
                    sys.cSec = (sys.cSec + 59) % 60;
                    break;
                case 4:                                                 //天减 1
                    sys.cDay = ((sys.cDay + Mon2[YearFlag(sys.cYear)]
                        [sys.cMon] - 1) % Mon2[YearFlag(sys.cYear)][sys.cMon]);
                    if(sys.cDay == 0) sys.cDay = Mon2[YearFlag(sys.cYear)][sys.cMon];
                    break;
                case 5:                                                 //月减 1
                    sys.cMon = (sys.cMon + 11) % 12;
                    if(sys.cMon == 0) sys.cMon = 12;
                    break;
                case 6:                                                 //年减 1
                    sys.cYear = (sys.cYear + 99) % 100;
                    break;
            }
            DecToBCD();
            sys.cWeek = GetWeekDay(sys.cYear, sys.cMon, sys.cDay);
            SetTime(sys);
        }
    }
/****************************** 主函数 ******************************/
void  main(){
        SFR_Init();
        CAL_Init();
        GUI_Init();
        TR1 = 1;
        while(1){
            GetTime(&sys);                                             //获得时间
            LCD_ShowWNL();                                             //显示万年历
            Time_Set();                                               //时间设置
```

```
        }
    }
/ ******************* 定时器 1 中断服务函数 ********************** /
void timer1() interrupt   3 {
        TH1 = ( - 10000)/256;
        TL1 = ( - 10000) % 256;
        keyinput();                                    //读取按键
        if (keyvalue&0x10){
            State_Flag = TRUE;
            keyvalue &= 0xef;                          //清键值,保证只执行一次按键动作
        }
        if (keyvalue&0x20){                            //加
            Inc_Flag = TRUE;
            keyvalue &= 0xdf;                          //清键值,保证只执行一次按键动作
        }
        if (keyvalue&0x40){                            //减
            Dec_Flag = TRUE;
            keyvalue &= 0xbf;                          //清键值,保证只执行一次按键动作
        }
}
```

(2) 日历时钟程序模块 ds1302. c 清单。完成对 DS1302 芯片的初始化和读/写操作,在
8051 单片机片内 RAM 中开辟 80H～8CH 作为万年历的秒、分、时、日、月、星期和年计时单元。

```
# include < reg52. h >
# define uchar unsigned char
# define uint   unsigned int
# define SECOND 0x80                                  //秒
# define MINUTE 0x82                                  //分
# define HOUR   0x84                                  //時
# define DAY      0x86                                //天
# define MONTH  0x88                                  //月
# define WEEK   0x8a                                  //星期
# define YEAR   0x8c                                  //年
sbit DS1302_RST = P1 ^ 5;
sbit DS1302_SCLK = P1 ^ 6;
sbit DS1302_IO = P1 ^ 7;
    typedef struct systime{
        uchar   cYear;
        uchar   cMon;
        uchar   cDay;
        uchar   cHour;
        uchar   cMin;
        uchar   cSec;
        uchar   cWeek;
}SYSTIME;
/ ******************** DS1302 写入函数 ********************** /
void DS1302_Write(uchar D){
        uchar i;
        for(i = 0;i < 8;i++){
            DS1302_IO = D&0x01;
```

```
                    DS1302_SCLK = 1;
                    DS1302_SCLK = 0;
                    D = D >> 1;
            }
}
/ ************************** DS1302 读出函数 ****************************** /
uchar DS1302_Read(){
        uchar TempDat = 0, i;
        for(i = 0; i < 8; i++){
            TempDat >> = 1;
            if(DS1302_IO) TempDat = TempDat | 0x80;
            DS1302_SCLK = 1;
            DS1302_SCLK = 0;
        }
    return TempDat;
}
/ ************************** DS1302 单字节写入函数 ********************** /
void WDS1302(uchar ucAddr, uchar ucDat){
    DS1302_RST = 0;
    DS1302_SCLK = 0;
    DS1302_RST = 1;
    DS1302_Write(ucAddr);                          //地址,命令
    DS1302_Write(ucDat);                           //写 1B 数据
    DS1302_SCLK = 1;
    DS1302_RST = 0;
}
/ ************************** DS1302 单字节读出函数 ********************** /
uchar RDS1302(uchar ucAddr){
    uchar ucDat;
    DS1302_RST = 0;
    DS1302_SCLK = 0;
    DS1302_RST = 1;
    DS1302_Write(ucAddr);                          //地址,命令
    ucDat = DS1302_Read();
    DS1302_SCLK = 1;
    DS1302_RST = 0;
    return ucDat;
}
/ ************************** 时间设置函数 ****************************** /
void SetTime(SYSTIME sys){
    WDS1302(YEAR, sys.cYear);
    WDS1302(MONTH, sys.cMon&0x1f);
    WDS1302(DAY, sys.cDay&0x3f);
    WDS1302(HOUR, sys.cHour&0xbf);
    WDS1302(MINUTE, sys.cMin&0x7f);
    WDS1302(SECOND, sys.cSec&0x7f);
    WDS1302(WEEK, sys.cWeek&0x07);
}
/ ************************** 时间获取函数 ****************************** /
void GetTime(SYSTIME * sys){
        uchar uiTempDat;
```

```
uiTempDat = RDS1302(YEAR|0x01);
(*sys).cYear = (uiTempDat >> 4) * 10 + (uiTempDat&0x0f);
uiTempDat = RDS1302(0x88|0x01);
(*sys).cMon = ((uiTempDat&0x1f) >> 4) * 10 + (uiTempDat&0x0f);
uiTempDat = RDS1302(DAY|0x01);
(*sys).cDay = ((uiTempDat&0x3f) >> 4) * 10 + (uiTempDat&0x0f);
uiTempDat = RDS1302(HOUR|0x01);
(*sys).cHour = ((uiTempDat&0x3f) >> 4) * 10 + (uiTempDat&0x0f);
uiTempDat = RDS1302(MINUTE|0x01);
sys -> cMin = ((uiTempDat&0x7f) >> 4) * 10 + (uiTempDat&0x0f);
uiTempDat = RDS1302(SECOND|0x01);
sys -> cSec = ((uiTempDat&0x7f) >> 4) * 10 + (uiTempDat&0x0f);
uiTempDat = RDS1302(MONTH|0x01);
(*sys).cMon = uiTempDat&0x17;
uiTempDat = RDS1302(WEEK|0x01);
sys -> cWeek = uiTempDat&0x07;
}
```

公历与农历的转换采用查表实现,将公历1901～2100年转换到农历的数据存放在数组 Data[]中,每年3个字节。第一字节的第7～4位表示闰月月份,值为0为无闰月,第3～0位对应农历第1～4月的大小;第二字节的第7～0位对应农历第5～12月的大小,月份对应的位为1表示农历月大(30天),为0表示农历月小(29天);第三字节的位7表示农历第13个月的大小;第三字节的第6～5位表示春节的公历月份,第4～0位表示春节的公历日期。每年的数据在数组中对应的位置为:Offset1=[200-(2100-year)-1]×3。

(3) 年历转换程序模块 lunar.c 程序清单。

```
#include "lunar.h"
#define uchar unsigned char
#define TRUE   1

uchar code Data[] = {                       //公历年对应的农历数据,每年三字节
0x04,0xAe,0x53,                             //1901
0x0A,0x57,0x48,                             //1902
0x55,0x26,0xBd,                             //1903
    ...
0x2d,0x92,0xB5,                             //2099
0x0d,0x53,0x49,                             //2100
};
uchar code Mon1[2][13] = {0,31,28,31,30,31,30,31,31,30,31,30,31,
                          0,31,29,31,30,31,30,31,31,30,31,30,31};
static unsigned char const table_week[12] = {0,3,3,6,1,4,6,2,5,0,3,5};   //月修正数据表
SPDATE Spdate;
/********************** 获得当年春节的公历日期函数 **********************/
SPDATE GetSpringDay(uchar GreYear, uchar GreMon, uchar GreDay){
    int day;
    uchar i,Flag,F;
    uint Offset1;
    unsigned char L = 0x01, Flag1 = 1;
    unsigned int   Temp16, L1 = 0x0800;
```

```
Spdate. cYear = GreYear;
Spdate. cMon = (Data[(200 - (100 - GreYear) - 1) * 3 + 2]&0x60)>> 5;//春节公历月份
Spdate. cDay = (Data[(200 - (100 - GreYear) - 1) * 3 + 2])&0x1f;    //春节公历日期
if((!(GreYear % 4) && (GreYear % 100)) || !(GreYear % 400)) Flag = 1;else Flag = 0;
if(Spdate. cMon > GreMon){                                    //春节离公历日期的天数
    day = Mon1[Flag][GreMon] - GreDay;
    for(i = GreMon + 1;i <= Spdate. cMon - 1;i++)
    day += Mon1[Flag][i];
    day += Spdate. cDay;
    F = 1;
}
else if(Spdate. cMon < GreMon){                              //春节的月份小于目标的月份
    day = Mon1[Flag][Spdate. cMon] - Spdate. cDay;
    for(i = Spdate. cMon + 1;i <= GreMon - 1;i++)
        day += Mon1[Flag][i];
    day += GreDay;
    F = 0;
}
else{
    if(Spdate. cDay > GreDay){
        day = Spdate. cDay - GreDay;
        F = 1;
    }
    else if(Spdate. cDay < GreDay){
        day = GreDay - Spdate. cDay;
        F = 0;
    }
    else day = 0;
}
Spdate. cYear = Spdate. cYear;
Spdate. cMon = 1;
Spdate. cDay = 1;
if(!day) return Spdate;
if(F){                                                      //春节在公历日期后
    Spdate. cYear -- ;
    Spdate. cMon = 12;
    Offset1 = (200 - (100 - Spdate. cYear) - 1) * 3;
    while(TRUE){
        //第一字节 BIT7~4 对应闰月,为 0 表示无闰月; BIT3~0 对应农历第 1~4 月大小
        //第二字节 BIT7~0 对应农历 5~12 月大小,第三字节 BIT7 对应农历第 13 个月大小
        if(Data[Offset1 + 1]&L)    day -= 30;
        else   day -= 29;
        L <<= 1;
        if(((Data[Offset1 + 0]&0xf0)>> 4) == Spdate. cMon && Flag1){
            Flag1 = 0;
            if(Data[Offset1 + 2]&0x80) day -= 30;else day -= 29;
            continue;
        }
        if(day > 0) Spdate. cMon -- ;else break;
    }
    Spdate. cDay = - day + 1;
```

```
        }
        if(!F){
            Spdate.cMon = 1;
            Offset1 = (200 - (100 - Spdate.cYear) - 1) * 3;
            Temp16 = (Data[Offset1 + 0]<< 8) + Data[Offset1 + 1];
            while(TRUE){
                if(Temp16 & L1) day -= 30;else day -= 29;
                if(day > = 0) Spdate.cMon++;
                else if(day < 0){
                    if(Temp16 & L1) day += 30;else day += 29;
                    break;
                }
                L1 >> = 1;
        //第一字节 BIT7~4 对应闰月月份,值为 0 表示无闰月;BIT3~0 对应农历第 1~4 月大小
        //第二字节 BIT7~0 对应农历第 5~12 月大小,第三字节 BIT7 对应农历第 13 个月大小
                if(((Data[Offset1 + 0]&0xf0)>> 4) == (Spdate.cMon - 1) && Flag1){   //闰月
                    Flag1 = 0;
                    Spdate.cMon -- ;
                    if(Temp16 & L1) day -= 30;else day -= 29;
                    if(day > = 0) Spdate.cMon++;
                    else if(day < 0){
                        if(Temp16 & L1) day += 30;else day += 29;
                        break;
                    }
                    L1 >> 1;
                }
            }
            Spdate.cDay = day + 1;
        }
        return Spdate;
}
/ *************************** 计算闰年函数 ****************************** /
bit YearFlag(uchar cYear){
    if((!(cYear % 4) && (cYear % 100)) || !(cYear % 400)) return 1;else return 0;
}
/ ********************** 计算目标日期是星期几函数 ********************** /
uchar GetWeekDay(uchar cYear, uchar cMon, uchar cDay){
    char i;
    uint   Sum = 0, tmpyear;
    cYear = (((cYear >> 4)&0x0f) * 10) + (cYear&0x0f);                //temp1 + temp2;
    tmpyear = 2000 + cYear;
    cMon = (((cMon >> 4)&0x0f) * 10) + (cMon&0x0f);                //temp1 + temp2;
    cDay = (((cDay >> 4)&0x0f) * 10) + (cDay&0x0f);                //temp1 + temp2;
    for(i = 1;i < = cMon - 1;i++)
    Sum += Mon1[YearFlag(cYear)][i];
    Sum += cDay - 1;
    return(((tmpyear - 1) + (tmpyear - 1)/4 - (tmpyear - 1)/100 + (tmpyear - 1)/400 + Sum) % 7) + 1;
}
```

限于篇幅,键盘处理模块 keyinput. h、液晶显示模块 12864. h 和字模模块 model. h 程序清单这里不再列出。

11.4 电子密码锁设计

11.4.1 功能要求

采用 8051 单片机设计一个电子密码锁,其密码为 6 位十进制码。由 0～9 十个按键输入密码,Enter 键确认。当输入密码与预设密码一致时,锁被打开,锁开信号灯点亮;当密码不一致时要求重新输入,如果 3 次输入密码不一致,则发出声、光报警。具有密码重置功能,重置密码存入串行 EEPROM 芯片 24C01,掉电后密码不会丢失。

11.4.2 硬件电路设计

图 11.9 所示为电子密码锁的硬件电路图,其核心为 8051 单片机,控制整个密码锁的全部功能。采用 3×4 矩阵键盘,用于密码输入、重置和修改,另外,还设置了一个初始密码单独按键,系统启动时按下该键,将初始密码设置为 012345。显示器采用 12864 图形液晶模块,该液晶模块显示信息丰富,可为密码锁提供良好的人机交互性。密码输入时不显示密码数字,而是以"*"代替,提高密码锁的可靠性。若发生 3 次密码输入错误,通过蜂鸣器和发光二极管报警。由于要求掉电后重置密码不会丢失,所以重置密码不储存在单片机片 RAM 里,而是储存在外面扩展的串行 EEPROM 芯片 24C01 中。

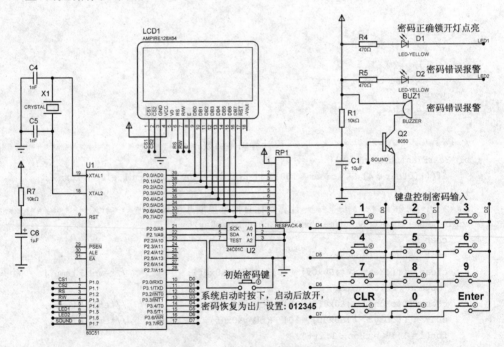

图 11.9 电子密码锁硬件电路图

11.4.3 软件程序设计

【例 11-4】 电子密码锁软件程序。电子密码整个软件程序分模块编写,包括主程序模块 main.c、键盘处理程序模块 keyinput.h、液晶显示程序模块 12864.h 和 24C01 读/写程序模块 24C01. h 等。

（1）主程序模块 main. c 文件清单。

```c
# include < reg51. h >
# include < keyinput. h >
# include < 12864. h >
# include < 24C01. h >
# define uchar unsigned char
# define uint unsigned int

sbit LED1 = P1 ^ 5;
sbit LED2 = P1 ^ 6;
sbit INIT = P2 ^ 2;
sbit SOUND = P1 ^ 7;
uchar idata key[6] = {0,0,0,0,0,0};
uchar idata iic[6] = {0,1,2,3,4,5};
/ ***************************** 密码校验函数 ***************************** /
void press(uchar * s) {
    uchar dat;
    P3 = 0xf0;                                              //第一位密码
    while(P3 == 0xf0);
    dat = key_scan();
    if((dat!= 0x0a)&&(dat!= 0x0b)) {
        * s = dat;
        Left();
        star_12864(star,0x05,16);
    }
    s++;
    P3 = 0xf0;                                              //第二位密码
    while(P3 == 0xf0);
    dat = key_scan();
    if((dat!= 0x0a)&&(dat!= 0x0b)) {
        * s = dat;
        Left();
        star_12864(star,0x05,24);
    }
    s++;
    P3 = 0xf0;                                              //第三位密码
    while(P3 == 0xf0);
    dat = key_scan();
    if((dat!= 0x0a)&&(dat!= 0x0b)) {
        * s = dat;
        Left();
        star_12864(star,0x05,32);
    }
    s++;
    P3 = 0xf0;                                              //第四位密码
    while(P3 == 0xf0);
    dat = key_scan();
    if((dat!= 0x0a)&&(dat!= 0x0b)) {
```

```
        * s = dat;
        Left();
        star_12864(star,0x05,40);
    }
    s++;
    P3 = 0xf0;                                          //第五位密码
    while(P3 == 0xf0);
    dat = key_scan();
    if((dat!= 0x0a)&&(dat!= 0x0b)) {
        * s = dat;
        Left();
        star_12864(star,0x05,48);
    }
    s++;
    P3 = 0xf0;                                          //第六位密码
    while(P3 == 0xf0);
    dat = key_scan();
    if((dat!= 0x0a)&&(dat!= 0x0b)) {
        * s = dat;
        Left();
        star_12864(star,0x05,56);
    }
    do{P3 = 0xf0;                                       //键入 Enter 键继续执行下面语句,否则等待
        while(P3 == 0xf0);
        dat = key_scan();
    }while(dat!= 0x0b);
}
/ *************************** 延时 10ms 函数 *************************** /
void Delay10ms(void) {
        uint i,j,k;
        for(i = 5;i > 0;i -- )
            for(j = 4;j > 0;j -- )
                for(k = 248;k > 0;k -- );
}
/ *************************** 主函数 *************************** /
void main() {
    uchar dat;
    uchar i = 0,j = 0,k;
    uchar x;
    LED1 = 1;   LED2 = 1;SOUND = 0;   INIT = 1;
    if(INIT == 0){                                      //密码初始化
        x = SendB(iic,0x50,6);                          //先从 I²C 器件中读出密码以供下面输入比较
        Delay10ms();
    }
    x = ReadB(iic,0x50,6);
    Init_12864();
    for(i = 0;i < 50;i++){Delay10ms();}
    do {                                                //若密码不正确,循环执行 do{}while()
        LED1 = 1;
        System();                                       //显示: 请输入密码
        press(key);
```

```
if((key[0] == iic[0])&&(key[1] == iic[1])&&(key[2] == iic[2])
    &&(key[3] == iic[3])&&(key[4] == iic[4])&&(key[5] == iic[5]))
//密码比较,若密码正确责进入系统,若密码不正确则显示密码错误,重新输入密码
{
    true();
    do {
        P3 = 0xf0;                          //键入1或2继续执行下面语句,否则等待
        while(P3 == 0xf0);
        dat = key_scan();
    }while(dat!= 0x01&&dat!= 0x02);
    if(dat == 1) {                          //开锁
        LED1 = 0;j = 0;
        unlock();
        for(i = 0;i < 100;i++){Delay10ms();}
        continue;
    }
    if(dat == 2) {                          //修改密码
        do{
            j = 0;
            System();
            press(key);
            again();
            press(iic);
            if((key[0] == iic[0])&&
                (key[1] == iic[1])&&(key[2] == iic[2])&&
                (key[3] == iic[3])&&(key[4] == iic[4])&&
                (key[5] == iic[5])){
                succeed();              //修改密码成功
                for(i = 0;i < 100;i++){Delay10ms();}
                Delay10ms();
                x = SendB(iic,0x50,6);
                Delay10ms();
                x = ReadB(iic,0x50,6);break;
            }
            else {                         //修改密码不成功,重新修改
                repeat();
                for(i = 0;i < 100;i++){Delay10ms();}
            }
        }while(1);
    }
}
else {                                      //密码不正确,重新输入密码
    j++;
    error();
    if(j == 3) {
        for(i = 0;i < 8;i++) {              //3次密码不正确,报警
            LED2 = 0;SOUND = 1;
            for(k = 0;k < 5;k++){Delay10ms();}
            LED2 = 1;
            for(k = 0;k < 5;k++){Delay10ms();}
        }
```

```
                j = 0;SOUND = 0;
            }
            for(i = 0;i < 50;i++){Delay10ms();}
        }
    }while(1);
}
```

(2) 键盘处理程序模块 keyinput. h 文件清单。

```
# include < reg51. h >
# include < absacc. h >
# include < intrins. h >
# define uchar unsigned char
# define uint unsigned int

uchar idata com1,com2;
/ *************************** 键盘扫描函数 **************************** /
uchar key_scan() {
    uchar temp;
    uchar com;
    P3 = 0xf0;
    if(P3!= 0xf0) {
        com1 = P3;
        P3 = 0x0f;
        com2 = P3;
    }
    P3 = 0xf0;
    while(P3!= 0xf0);
    temp = com1 | com2;
    if(temp == 0xee)com = 0x01;          //密码数字键
    if(temp == 0xed)com = 0x02;
    if(temp == 0xeb)com = 0x03;
    if(temp == 0xde)com = 0x04;
    if(temp == 0xdd)com = 0x05;
    if(temp == 0xdb)com = 0x06;
    if(temp == 0xbe)com = 0x07;
    if(temp == 0xbd)com = 0x08;
    if(temp == 0xbb)com = 0x09;
    if(temp == 0x7e)com = 0x0a;
    if(temp == 0x7d)com = 0x00;
    if(temp == 0x7b)com = 0x0b;          //Enter 键,输入密码结束并确认
    return(com);
}
```

(3) 液晶显示程序模块 12864. h 文件清单。

```
# include < reg51. h >
# include < absacc. h >
# include < intrins. h >
# define uchar unsigned char
# define uint unsigned int
# define PORT P0
```

```
uchar code Num[ ] = {                                        //32×32 字节的汉字取模,一个汉字 72 字节
    0x00,0x00,0x00,0x00,0x10,0x00,0x00,0x08,
    0x00,0x00,0x46,0x00,0x00,0x47,0x00,0xC0,
    0x45,0x00,0xF0,0x64,0x1E,0x7E,0xFE,0x1F,
    0x4E,0x26,0x0C,0x60,0x32,0x06,0x60,0x32,
    0x42,0x00,0x00,0x40,0x30,0x86,0x21,0x70,
    0xFF,0x33,0x20,0x03,0x18,0x03,0xD9,0x0F,
    0xFF,0xF9,0x03,0x06,0x09,0x04,0x20,0x01,
    0x0C,0xB0,0xFF,0x1B,0x1C,0xFF,0x39,0x0C,
    0x00,0x70,0x08,0x00,0x00,0x00,0x00,0x00,    //锁
    0x00,0x00,0x00,0x00,0x08,0x00,0x00,0x08,
    0x00,0x00,0x08,0x10,0x00,0x08,0x10,0x10,
    0x0C,0x08,0x10,0x0C,0x0E,0x10,0x84,0x03,
    0xF8,0xFF,0x01,0xF8,0x3F,0x00,0x18,0x06,
    0x00,0x18,0x06,0x00,0x1C,0x06,0x00,0xFC,
    0xFF,0x07,0xFC,0xFF,0xFF,0x0C,0x02,0x00,
    0x0C,0x03,0x00,0x0C,0x03,0x00,0x00,0x03,
    0x00,0x00,0x03,0x00,0x00,0x03,0x00,0x00,
    0x03,0x00,0x00,0x02,0x00,0x00,0x00,0x00,    //开      + 72
};
uchar code Tab[ ] = {                                        //16×16 字节的汉字取模,一个汉字 32 字节
    0x00,0xF8,0x48,0x48,0x48,0x48,0xFF,0x48,
    0x48,0x48,0x48,0xFC,0x08,0x00,0x00,0x00,
    0x00,0x07,0x02,0x02,0x02,0x02,0x3F,0x42,
    0x42,0x42,0x42,0x47,0x40,0x70,0x00,0x00,    //电
    0x80,0x80,0x82,0x82,0x82,0x82,0x82,0xE2,
    0xA2,0x92,0x8A,0x86,0x80,0xC0,0x80,0x00,
    0x00,0x00,0x00,0x00,0x00,0x40,0x80,0x7F,
    0x00,0x00,0x00,0x00,0x00,0x00,0x00,0x00,    //子      + 32
    0x10,0x4C,0x24,0x04,0xF4,0x84,0x4D,0x56,
    0x24,0x24,0x14,0x84,0x24,0x54,0x0C,0x00,
    0x00,0x01,0xFD,0x41,0x40,0x41,0x41,0x7F,
    0x41,0x41,0x41,0x41,0xFC,0x00,0x00,0x00,    //密      + 64
    0x02,0x82,0xF2,0x4E,0x43,0xE2,0x42,0xFA,
    0x02,0x02,0x02,0xFF,0x02,0x80,0x00,0x00,
    0x01,0x00,0x7F,0x20,0x20,0x7F,0x08,0x09,
    0x09,0x09,0x0D,0x49,0x81,0x7F,0x01,0x00,    //码      + 96
    0x80,0x40,0x70,0xCF,0x48,0x48,0x00,0xE2,
    0x2C,0x20,0xBF,0x20,0x28,0xF6,0x20,0x00,
    0x00,0x02,0x02,0x7F,0x22,0x92,0x80,0x4F,
    0x40,0x20,0x1F,0x20,0x20,0x4F,0x80,0x00,    //锁      + 128
    0x20,0x22,0xEC,0x00,0x20,0x22,0xAA,0xAA,
    0xAA,0xBF,0xAA,0xAA,0xEB,0xA2,0x20,0x00,
    0x00,0x00,0x7F,0x20,0x10,0x00,0xFF,0x0A,
    0x0A,0x0A,0x4A,0x8A,0x7F,0x00,0x00,0x00,    //请      + 160
    0x88,0x68,0x1F,0xC8,0x0C,0x28,0x90,0xA8,
    0xA6,0xA1,0x26,0x28,0x10,0xB0,0x10,0x00,
    0x09,0x09,0x05,0xFF,0x05,0x00,0xFF,0x0A,
    0x8A,0xFF,0x00,0x1F,0x80,0xFF,0x00,0x00,    //输      + 192
    0x00,0x00,0x00,0x00,0x00,0x01,0xE2,0x1C,
```

```
0xE0,0x00,0x00,0x00,0x00,0x00,0x00,0x00,
0x80,0x40,0x20,0x10,0x0C,0x03,0x00,0x00,
0x00,0x03,0x0C,0x30,0x40,0xC0,0x40,0x00,        //入    +224
0x00,0x00,0x00,0x00,0x00,0x00,0x00,0x00,
0x00,0x00,0x00,0x00,0x00,0x00,0x00,0x00,
0x00,0x00,0x33,0x33,0x00,0x00,0x00,0x00,
0x00,0x00,0x00,0x00,0x00,0x00,0x00,0x00,        //:     +256
0x80,0x40,0x70,0xCF,0x48,0x48,0x48,0x48,
0x7F,0x48,0x48,0x7F,0xC8,0x68,0x40,0x00,
0x00,0x02,0x02,0x7F,0x22,0x12,0x00,0xFF,
0x49,0x49,0x49,0x49,0xFF,0x01,0x00,0x00,        //错    +288
0x40,0x42,0xC4,0x0C,0x00,0x40,0x5E,0x52,
0x52,0xD2,0x52,0x52,0x5F,0x42,0x00,0x00,
0x00,0x00,0x7F,0x20,0x12,0x82,0x42,0x22,
0x1A,0x07,0x1A,0x22,0x42,0xC3,0x42,0x00,        //误    +320
0x08,0x08,0x0A,0xEA,0xAA,0xAA,0xAA,0xFE,
0xAA,0xAA,0xA9,0xF9,0x29,0x0C,0x08,0x00,
0x40,0x40,0x48,0x4B,0x4A,0x4A,0x4A,0x7F,
0x4A,0x4A,0x4A,0x4B,0x48,0x60,0x40,0x00,        //重    +352
0x40,0x44,0x54,0x65,0xC6,0x64,0xD6,0x44,
0x40,0xFC,0x44,0x42,0xC3,0x62,0x40,0x00,
0x20,0x11,0x49,0x81,0x7F,0x01,0x05,0x29,
0x18,0x07,0x00,0x00,0xFF,0x00,0x00,0x00,        //新    +384
0x40,0x42,0x44,0xCC,0x00,0x60,0x5E,0x48,
0xC8,0x7F,0xC8,0x48,0x4C,0x68,0x40,0x00,
0x00,0x40,0x20,0x1F,0x20,0x60,0x90,0x8C,
0x83,0x80,0x8F,0x90,0x90,0xD0,0x5C,0x00,        //选    +416
0x10,0x10,0x10,0xFF,0x90,0x50,0x82,0x46,
0x2A,0x92,0x2A,0x46,0x82,0x80,0x80,0x00,
0x02,0x42,0x81,0x7F,0x00,0x09,0x08,0x09,
0x09,0xFF,0x09,0x09,0x0C,0x09,0x00,0x00,        //择    +448
0x80,0x82,0x82,0x82,0xFE,0x82,0x82,0x82,
0x82,0x82,0xFE,0x82,0x83,0xC2,0x80,0x00,
0x00,0x80,0x40,0x30,0x0F,0x00,0x00,0x00,
0x00,0x00,0xFF,0x00,0x00,0x00,0x00,0x00,        //开    +480
0x40,0x20,0xF8,0x07,0xF0,0xA0,0x90,0x4F,
0x54,0x24,0xD4,0x4C,0x84,0x80,0x80,0x00,
0x00,0x00,0xFF,0x00,0x0F,0x80,0x92,0x52,
0x49,0x25,0x24,0x12,0x08,0x00,0x00,0x00,        //修    +512
0x04,0xC4,0x44,0x44,0x44,0xFE,0x44,0x20,
0xDF,0x10,0x10,0x10,0xF0,0x18,0x10,0x00,
0x00,0x7F,0x20,0x20,0x10,0x90,0x80,0x40,
0x21,0x16,0x08,0x16,0x61,0xC0,0x40,0x00,        //改    +544
0x00,0x02,0x02,0xF2,0x92,0x92,0x92,0xFE,
0x92,0x92,0x92,0xFA,0x13,0x02,0x00,0x00,
0x04,0x04,0x04,0xFF,0x04,0x04,0x04,0x07,
0x04,0x44,0x84,0x7F,0x04,0x06,0x04,0x00,        //再    +576
0x00,0x02,0x04,0x8C,0x40,0x00,0x20,0x18,
0x17,0xD0,0x10,0x50,0x38,0x10,0x00,0x00,
0x02,0x02,0xFF,0x00,0x80,0x40,0x20,0x10,
0x0C,0x03,0x0C,0x10,0x60,0xC0,0x40,0x00,        //次    +608
```

```
    0x04,0x84,0xE4,0x9C,0x84,0xC6,0x24,0xF0,
    0x28,0x27,0xF4,0x2C,0x24,0xF0,0x20,0x00,
    0x01,0x00,0x7F,0x20,0x20,0xBF,0x40,0x3F,
    0x09,0x09,0x7F,0x09,0x89,0xFF,0x00,0x00,      //确    + 640
    0x40,0x42,0x44,0xCC,0x00,0x00,0x00,0x00,
    0xC0,0x3F,0xC0,0x00,0x00,0x00,0x00,0x00,
    0x00,0x00,0x00,0x3F,0x90,0x48,0x30,0x0E,
    0x01,0x00,0x01,0x0E,0x30,0xC0,0x40,0x00,      //认    + 672
    0x00,0x00,0xF8,0x88,0x88,0x88,0x88,0x08,
    0x7F,0x88,0x0A,0x0C,0x08,0xC8,0x00,0x00,
    0x40,0x20,0x1F,0x00,0x08,0x10,0x0F,0x40,
    0x20,0x13,0x1C,0x24,0x43,0x80,0xF0,0x00,      //成    + 704
    0x08,0x08,0x08,0xF8,0x0C,0x28,0x20,0x20,
    0xFF,0x20,0x20,0x20,0x20,0xF0,0x20,0x00,
    0x08,0x18,0x08,0x0F,0x84,0x44,0x20,0x1C,
    0x03,0x20,0x40,0x80,0x40,0x3F,0x00,0x00,      //功    + 736
    0x00,0x00,0x00,0x00,0x00,0x00,0x08,0xF8,
    0xFC,0x00,0x00,0x00,0x00,0x00,0x00,0x00,
    0x00,0x00,0x00,0x00,0x00,0x00,0x20,0x3F,
    0x3F,0x20,0x00,0x00,0x00,0x00,0x00,0x00,      //1    + 768
    0x00,0x00,0x00,0x00,0x30,0x38,0x0C,0x04,
    0x04,0x0C,0xF8,0xF0,0x00,0x00,0x00,0x00,
    0x00,0x00,0x00,0x00,0x20,0x30,0x38,0x2C,
    0x26,0x23,0x21,0x38,0x00,0x00,0x00,0x00,      //2    + 800
};
uchar code star[] = {0x00,0x08,0x2A,0x1C,0x1C,0x2A,0x08,0x00,};    // * 号
sbit CS1 = P1 ^ 0;
sbit CS2 = P1 ^ 1;
sbit RS = P1 ^ 2;
sbit RW = P1 ^ 3;
sbit E = P1 ^ 4;
sbit bflag = P0 ^ 7;
/ ************************* 选左半屏函数 ************************** /
void Left()  {
    CS1 = 0;    CS2 = 1;
}
/ ************************* 选右半屏函数 ************************** /
void Right(){
    CS1 = 1;CS2 = 0;
}
/ ************************* 判忙函数 ************************** /
void Busy_12864(){
    do{
        E = 0;RS = 0;RW = 1;
        PORT = 0xff;
        E = 1;E = 0;
    }while(bflag);
}
/ ************************* 命令写入函数 ************************** /
void Wreg(uchar c){
    Busy_12864();
```

```
        RS = 0;RW = 0;
        PORT = c;
        E = 1;E = 0;
}
/ ***************************** 数据写入函数 ***************************** /
void Wdata(uchar c){
        Busy_12864();
        RS = 1;RW = 0;
        PORT = c;
        E = 1;E = 0;
}
/ ***************************** 首页函数 ***************************** /
void Pagefirst(uchar c){
        uchar i;
        i = c;
        c = i|0xb8;
        Busy_12864();
        Wreg(c);
}
/ ***************************** 首行函数 ***************************** /
void Linefirst(uchar c)   {
        uchar i;
        i = c;
        c = i|0x40;
        Busy_12864();
        Wreg(c);
}
/ ***************************** 清屏函数 ***************************** /
void Ready_12864() {
        uint i,j;
        Left();
        Wreg(0x3f);
        Right();
        Wreg(0x3f);
        Left();
        for(i = 0;i < 8;i++){
                Pagefirst(i);
                Linefirst(0x00);
                for(j = 0;j < 64;j++){
                    Wdata(0x00);
                }
        }
        Right();
        for(i = 0;i < 8;i++) {
                Pagefirst(i);
                Linefirst(0x00);
                for(j = 0;j < 64;j++){
                    Wdata(0x00);
                }
        }
}
```

```
/ ************************* 16×16 汉字显示函数 ************************* /
void Display(uchar * s,uchar page,uchar line) {
    uchar i,j;
    Pagefirst(page);
    Linefirst(line);
    for(i = 0;i < 16;i++){
        Wdata( * s);
        s++;
    }
    Pagefirst(page + 1);
    Linefirst(line);
    for(j = 0;j < 16;j++) {
        Wdata( * s);
        s++;
    }
}
/ ********************* 24×24 汉字显示函数 *************************** /
void Display_32(uchar * s,uchar page,uchar line)  {
    uchar i,j;
    for(i = 0;i < 24;i++){
        for(j = 0;j < 3;j++){
            Pagefirst(page + j);
            Linefirst(line + i);
            Wdata( * s);
            s++;
        }
    }
}
/ ********************** 星号显示函数 *************************** /
void star_12864(uchar * s,uchar page,uchar line)  {
    uchar i;
    Pagefirst(page);
    Linefirst(line);
    for(i = 0;i < 8;i++){
      Wdata( * s);
      s++;
    }
}
/ *********************** 画线函数 *************************** /
void point_12864(uchar page,uchar line)  {
    uchar i;
    Pagefirst(page);
    Linefirst(line);
    for(i = 0;i < 56;i++){
        Wdata(0x1e);
    }
}
/ ********************** 初始化函数 *************************** /
void Init_12864(){
    Ready_12864();
    Left();
```

```
        point_12864(0x03,8);
        Display(Tab,0x04,16);
        Display(Tab + 32,0x04,32);
        Display(Tab + 64,0x04,48);
        Right();
        point_12864(0x03,0);
        Display(Tab + 96,0x04,0);
        Display(Tab + 128,0x04,16);
}
```

/ *************************** 显示请输入密码函数 *********************** /
```
void System(){
    Ready_12864();
    Left();
    Display(Tab + 160,0x02,16);
    Display(Tab + 192,0x02,32);
    Display(Tab + 224,0x02,48);
    point_12864(0x04,8);
    Right();
    Display(Tab + 64,0x02,0);
    Display(Tab + 96,0x02,16);
    Display(Tab + 256,0x02,32);
    point_12864(0x04,0);
}
```

/ *************************** 显示密码错误函数 *********************** /
```
void error(){
    Ready_12864();
    Left();
    Display(Tab + 64,0x02,32);
    Display(Tab + 96,0x02,48);
    Display(Tab + 352,0x04,16);
    Display(Tab + 384,0x04,32);
    Display(Tab + 192,0x04,48);
    Right();
    Display(Tab + 288,0x02,0);
    Display(Tab + 320,0x02,16);
    Display(Tab + 224,0x04,0);
    Display(Tab + 64,0x04,16);
    Display(Tab + 96,0x04,32);
}
```

/ ******************* 显示选择1 开锁,2 修改密码函数 ******************* /
```
void true(){
    Ready_12864();
    Left();
    Display(Tab + 160,0x00,0);
    Display(Tab + 416,0x00,16);
    Display(Tab + 448,0x00,32);
    Display(Tab + 256,0x00,48);
    Display(Tab + 768,0x03,0);
    Display(Tab + 480,0x03,16);
    Display(Tab + 128,0x03,32);
    Display(Tab + 800,0x06,0);
```

```
  Display(Tab + 512,0x06,16);
  Display(Tab + 544,0x06,32);
  Display(Tab + 64,0x06,48);
  Right();
  Display(Tab + 96,0x06,0);
}
/ ************************* 显示开锁画面函数 ************************* /
void unlock(){
  Ready_12864();
  Left();
  Display_32(Num,0x03,20);
  point_12864(0x02,8);
  point_12864(0x06,8);
  Right();
  Display_32(Num + 72,0x03,20);
  point_12864(0x02,0);
  point_12864(0x06,0);
}
/ ********************* 显示请再次输入密码函数 ********************* /
void again(){
  Ready_12864();
  Left();
  Display(Tab + 160,0x00,0);
  Display(Tab + 576,0x00,16);
  Display(Tab + 608,0x00,32);
  Display(Tab + 192,0x00,48);
  Right();
  Display(Tab + 224,0x00,0);
  Display(Tab + 64,0x00,16);
  Display(Tab + 96,0x00,32);
  Display(Tab + 256,0x00,48);
}

/ ********************* 显示密码确认错误函数 ********************* /
void repeat(){
  Ready_12864();
  Left();
  Display(Tab + 64,0x02,16);
  Display(Tab + 96,0x02,32);
  Display(Tab + 640,0x02,48);
  Display(Tab + 160,0x04,16);
  Display(Tab + 352,0x04,32);
  Display(Tab + 384,0x04,48);
  Right();
  Display(Tab + 672,0x02,0);
  Display(Tab + 288,0x02,16);
  Display(Tab + 320,0x02,32);
  Display(Tab + 512,0x04,0);
  Display(Tab + 544,0x04,16);
  Display(Tab + 64,0x04,32);
  Display(Tab + 96,0x04,48);
}
```

```
/ ************************** 显示修改密码成功函数 ********************** /
void succeed(){
  Ready_12864();
  Left();
  Display(Tab + 512,0x02,16);
  Display(Tab + 544,0x02,32);
  Display(Tab + 64,0x02,48);
  Right();
  Display(Tab + 96,0x02,0);
  Display(Tab + 704,0x02,16);
  Display(Tab + 736,0x02,32);
}
```

(4) 24C01 读/写模块 24C01. h 文件清单。

```
# include < reg51. h >
# include < absacc. h >
# include < intrins. h >
# define uchar unsigned char
# define uint unsigned int
# define AddWr 0xa0
# define AddRd 0xa1
# define _Nop _nop_

bit ack;
sbit SDA = P2 ^ 1;
sbit SCL = P2 ^ 0;
/ ************************** I²C 器件启动函数 ************************** /
void Start(){
    SDA = 1;
    _Nop();
    SCL = 1;
    _Nop();  _Nop();  _Nop();  _Nop();  _Nop();
    SDA = 0;
    _Nop();  _Nop();  _Nop();  _Nop();
    SCL = 0;
    _Nop();  _Nop();
}
/ ********************** I²C 器件停止函数 ********************** /
void Stop(){
    SDA = 0;
    _Nop();
    SCL = 1;
    _Nop();  _Nop();  _Nop();  _Nop();  _Nop();
    SDA = 1;
    _Nop();_Nop();  _Nop();  _Nop();  _Nop();
}
/ ********************** 检查 I²C 器件的回复函数 ********************** /
void Cack(bit a){
    if(a == 0)SDA = 0;
    else SDA = 1;
```

```
        _Nop();  _Nop();  _Nop();
        SCL = 1;
        _Nop();  _Nop();  _Nop();  _Nop();  _Nop();
        SCL = 0;
        _Nop();  _Nop();
}
```

/*********************** I²C 器件的单字节写入函数 ***********************/
```
void Send(uchar c){                              //向 I²C 器件写入一个字节,若有回复,ack = 1
    uchar i;
    for(i = 0;i < 8;i++){
        if(c&0x80)SDA = 1;
        else SDA = 0;
        _Nop();
        SCL = 1;
        _Nop();_Nop();_Nop();_Nop();  _Nop();
        SCL = 0;
        c = c << 1;
    }
    _Nop();  _Nop();
    SDA = 1;
    _Nop();  _Nop();
    SCL = 1;
    _Nop();  _Nop();  _Nop();
    if(SDA == 1)   ack = 0;
    else ack = 1;
    SCL = 0;
    _Nop();  _Nop();
}
```

/*********************** I²C 器件的多字节写入函数 ***********************/
```
bit SendB(uchar * s,uchar Address,uchar Number){
    uchar i;                                     //向 I²C 器件发送多个字节,成功返回1
    Start();
    Send(AddWr);
    if(ack == 0)return(0);
    Send(Address);
    if(ack == 0)return(0);
    for(i = 0;i < Number;i++){
        Send( * s);
        if(ack == 0)return(0);
        s++;
    }
    Stop();
    return(1);
}
```

/*********************** I²C 器件的单字节读取函数 ***********************/
```
uchar Read(){                            //从 I²C 器件读一个字节的内容并返回所读的数据
    uchar temp;
    uchar i;
    temp = 0;
    SDA = 1;
    for(i = 0;i < 8;i++){
```

```
            _Nop();
            SCL = 0;
            _Nop();  _Nop();  _Nop();  _Nop();  _Nop();
            SCL = 1;
            _Nop();  _Nop();
            temp = temp << 1;
            if(SDA == 1)temp++;
            _Nop();  _Nop();
        }
        SCL = 0;
        _Nop();  _Nop();
        return(temp);
}
/ *********************** I²C 器件的多字节读取函数 *********************** /
bit ReadB(uchar * s,uchar Address,uchar Number){
        uchar i;                          //从 I²C 器件读出多个字节,并将所读的数据存入数组
        Start();
        Send(AddWr);
        if(ack == 0) return(0);
        Send(Address);
        if(ack == 0) return(0);
        Start();
        Send(AddRd);
        if(ack == 0) return(0);
        for(i = 0;i < Number;i++){
            * s = Read();
            Cack(0);
            s++;
        }
        * s = Read();
        Cack(1);
        Stop();
        return(1);
}
```

11.5 DS18B20 多点温度监测系统设计

11.5.1 功能要求

采用 8051 单片机和数字温度传感器 DS18B20 设计一个多点温度监测系统,测温范围为 -55～128℃,测量精度为 0.1℃,采用 8 位 7 段 LED 数码管作为显示器,分时显示当前各点温度监测值和每个 DS18B20 的 ROM 序列号,配置两个按键,由按键设定显示内容。系统启动后默认状态为循环显示各监测点当前温度值,按一次 K2 键切换到循环显示各个 DS18B20 的 ROM 序列号,再按一次 K2 键恢复到默认状态。默认状态下按一次 K1 键,切换到由 K2 键选择显示各监测点当前温度值,再按一次 K1 键恢复到默认状态。

11.5.2 硬件电路设计

多点温度监测系统硬件电路如图 11.10 所示,主要包括 8051 单片机、4 个 DS18B20 温度传感器、LED 数码管显示器等。

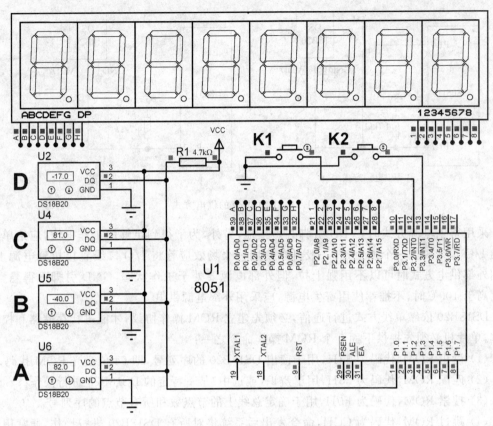

图 11.10　DS18B20 多点温度监测系统

DS18B20 是一种新型数字温度传感器,它采用独特的单线接口方式,仅需一个端口引脚来发送和接收信息,在单片机和 DS18B20 之间仅需一条数据线和一条地线进行接口。DS18B20 采用 TO-92 或 8 脚 SOIC 封装,引脚排列如图 11.11 所示,各引脚功能如表 11.3 所示。

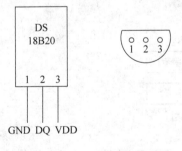

图 11.11　DS18B20 引脚排列图

表 11.3　DS18B20 的引脚功能

引　　脚	功　　能
GND	地
DQ	数据输入输出引脚
VDD	外部供电电源引脚

DS18B20 内部有 3 个主要数字部件:64 位激光 ROM、温度传感器、非易失性温度报警触发器 TH 和 TL。DS18B20 可以采用寄生电源方式工作,从单总线上汲取能量,在信号线处于高电平期间把能量储存在内部电容里,在信号线处于低电平期间利用电容上的电能进行工作,直到高电平到来再给寄生电源(电容)充电。DS18B20 也可用外部 3～5.5V 电源供电,这两种供电方式的电路如图 11.12 所示。

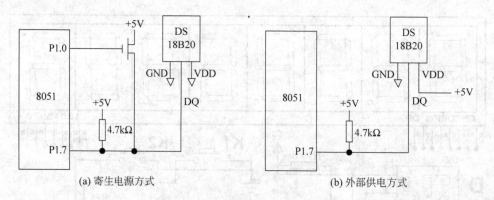

(a) 寄生电源方式　　　　　　　　　　　　(b) 外部供电方式

图 11.12　DS18B20 的供电方式

采用寄生电源方式时,VDD 引脚必须接地,另外,为了得到足够的工作电流,应给单片机的 I/O 口线提供一个强上拉,一般可以使用一个场效应管将 I/O 口线直接拉到电源上。采用外部供电方式时可以不用强上拉,但外部电源要处于工作状态,GND 引脚不得悬空。温度高于 100℃时,不推荐使用寄生电源,应采用外部电源供电。

DS18B20 依靠单线方式进行通信,必须先建立 ROM 操作协议,才能进行存储器和控制操作,单片机必须先提供下面 5 个 ROM 操作命令之一:

(1) 读出 ROM,代码为 33H,用于读出 DS18B20 的序列号,即 64 位激光 ROM 代码。

(2) 匹配 ROM,代码为 55H,用于辨识(或选中)某一特定的 DS18B20 进行操作。

(3) 搜索 ROM,代码为 F0H,用于确定总线上的节点数和所有节点的序列号。

(4) 跳过 ROM,代码为 CCH,命令发出后系统将对所有 DS18B20 进行操作,通常用于启动所有 DS18B20 进行转换,或系统中仅有一个 DS18B20 时。

(5) 报警搜索,代码为 ECH,用于鉴别和定位系统中超出程序设定的报警温度界限的节点。

这些命令对每个器件的激光 ROM 部分进行操作,在单总线上挂有多个器件时,可以区分出各个器件。单片机在发出 ROM 操作命令之后,紧接着发出存储器操作命令,即可启动温度测量。DS18B20 内部存储器映像如图 11.13 所示。

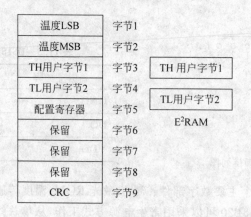

图 11.13　DS18B20 的存储器映像

存储器由一个高速暂存器和一个存储高低温报警触发值 TH 和 TL 的非易失性电可擦除 E^2RAM 组成。在单总线上通信时,暂存器帮助确保数据的完整性。数据先写入暂存器,并可读回。数据经过校验后,用一个复制暂存器命令把数据传到非易性 E^2 RAM 中。这一过程确保更改存储器时数据的完整性。

高速暂存器的头 2 个字节为实测温度值,低字节在前,高字节在后;第三和第四字节是用户设定温度报警值 TH 和 TL 的拷贝,是易失的,每次上电时刷新;第五字节为配置寄存器,用于确定温度值的数字转换分辨率,DS18B20 工作时按此寄存器中的分辨率将温度转换为相应精度的数值。

配置寄存器各位的分布如下:

D7	D6	D5	D4	D3	D2	D1	D0
TM	R1	R0	1	1	1	1	1

其中,TM 为测试模式位,用于设定 DS18B20 为工作模式还是为测试模式,出厂时 TM 位被设置为 0,用户一般不要改动;R1 和 R0 用于设定温度转换的精度分辨率,如表 11.4 所示,其余低 5 位全为 1。DS18B20 温度转换时间较长,而且设定的分辨率越高,所需转换时间越长,实际应用中要根据具体情况权衡考虑。

表 11.4　DS18B20 的分辨率设定

R1	R0	分辨率/位	温度最大转换时间/ms
0	0	9	93.75
0	1	10	187.5
1	0	11	375
1	1	12	750

高速暂存器的第 6、7、8 字节保留未用,读出值为全 1。第 9 字节为前面 8 个字节的 CRC 校验码,用于保证数据通信的正确性。

DS18B20 提供了如下存储器操作命令。

(1) 温度转换,代码为 44H,用于启动 DS18B20 进行温度测量。温度转换命令被执行后 DS18B20 保持等待状态,如果主机在这条命令之后跟着发出读时间隙,而 DS18B20 又忙于进行温度转换的话,DS18B20 将在总线上输出 0,若温度转换完成,则输出 1。如果使用寄生电源,主机必须在发出这条命令后立即启动强上拉,并保持 750ms,在这段时间内单总线上不允许进行任何其他操作。

(2) 读暂存器,代码为 BEH,用于读取暂存器中的内容。从字节 0 开始最多可以读取 9 个字节,如果不想读完所有字节,主机可以在任何时间发出复位命令来中止读取。

(3) 写暂存器,代码为 4EH,用于将数据写入到 DS18B20 暂存器的地址 2 和地址 3 (TH 和 TL 字节)。可以在任何时刻发出复位命令来中止写入。

(4) 复制暂存器,代码为 48H,用于将暂存器的内容复制到 DS18B20 的非易失性 E^2 RAM 中,即把温度报警值存入非易失性存储器里。如果主机在这条命令之后跟着发出读时间隙,而 DS18B20 又正在忙于把暂存器的内容复制到 E^2 RAM 存储器,DS18B20 就会输出一个 0,如果复制结束,DS18B20 则输出 1。如果使用寄生电源,主机必须在这条命令发出后立即启动强上拉并最少保持 10ms,在这段时间内单总线上不允许进行任何其他操作。

(5) 重读 E^2RAM,代码为 B8H,用于将存储在非易失性 E^2RAM 中的内容重新读入到暂存器(温度报警 TH 和 TL 字节)中。这种复制操作在 DS18B20 上电时自动执行,这样器件一上电,暂存器里马上就存有有效的数据了。若在这条命令发出之后发出读时间隙,器件会输出温度转换忙的标志:0 代表忙,1 代表完成。

(6) 读电源,代码为 B4H,用于将 DS18B20 的供电方式信号发送到主机。若在这条命令发出之后发出读时间隙,DS18B20 将返回它的供电模式:0 代表寄生电源,1 代表外部电源。

通过单总线端口访问 DS18B20 的过程如下:

(1) 初始化。

(2) ROM 操作命令。

(3) 存储器操作命令。

(4) 数据处理。

DS18B20 需要严格的时序协议以确保数据的完整性。协议包括几种单总线信号:复位脉冲、存在脉冲、写 0、写 1、读 0 和读 1。所有这些信号,除存在脉冲外,都是由主机发出的。与 DS18B20 之间的任何通信都需要以初始化开始,初始化包括一个由主机发出的复位脉冲和一个紧跟其后由从机发出的存在脉冲,存在脉冲通知主机,DS18B20 已经在总线上且已准备好进行发送和接收数据。

一条温度转换命令启动 DS18B20 完成一次温度测量,测量结果以二进制补码形式存放在高速暂存器中,占用暂存器的字节 1(LSB)和字节 2(MSB)。用一条读暂存器内容的存储器操作命令可以把暂存器中的数据读出。所有数据都以低位(LSB)在前的方式进行读/写。数据格式如下:

LSB 字节

2^3	2^2	2^1	2^0	2^{-1}	2^{-2}	2^{-3}	2^{-4}

MSB 字节

S	S	S	S	S	2^6	2^5	2^4

当符号位 S=0 时,表示测得的温度值为正,可以直接对测得的二进制数进行计算并转换为十进制数;当符号位 S=1 时,表示测得的温度值为负,此时测得的二进制数为补码数,要先变成原码数再进行计算。表 11.5 所示为部分温度值对应的二进制数据。

表 11.5 DS18B20 温度与测量值对应表

温度/℃	二进制数表示	十六进制数表示
+125	00000111 11010000	07D0H
+85	00000101 01010000	0550H
+25.065	00000001 10010001	0191H
+10.125	00000000 10100010	00A2H
+0.5	00000000 00001000	0008H
0	00000000 00000000	0000H
−0.5	11111111 11111000	FFF8H
−10.125	11111111 01011110	FF5EH
−25.0625	11111110 01101111	FE6FH
−55	11111100 10010000	FC90H

　　DS18B20完成温度转换后,就把温度测量值 t 与暂存器中 TH、TL 字节的内容进行比较,若 $t>$TH 或 $t<$TL,则将 DS18B20 内部报警标志位置"1",并对主机发出的报警搜索命令做出响应,因此可用多只 DS18B20 进行多点温度循环监测。

11.5.3　软件程序设计

　　多点温度监测系统软件采用 C51 编写,在主函数中首先进行 ROM 搜索,未检测 DS18B20 时,显示出错信息。当检测到单总线上存在 DS18B20 时,执行搜索算法,将每个 DS1820 的 ROM 序列号保存到相应数组中,同时发出温度转换命令和读温度命令,完成温度测量,并将当前温度监测值送到 LED 数码管进行显示。

　　【例 11-5】　多点温度监测系统软件程序文件清单。

```
# include < reg51.h >
# include < intrins.h >
# define uchar unsigned char
# define uint unsigned int
# define MAXNUM 4              //宏定义单总线上最大可用 DS18B20 个数

sbit DS = P1 ^ 0;             //用 P1.0 口作为各 DS18B20 与单片机的 I/O 口
sbit Key0 = P3 ^ 2;          //P3.2 用作按键 0 的输入,采用外部中断方式获取按键信号
sbit Key1 = P3 ^ 3;          //P3.3 用作按键 1 的输入,采用外部中断方式获取按键信号
union{                        //定义共用体 temp 用于存放从 DS18B20 读入的数据
    uchar c[2];               //其中 c[0]是低地址,存放读取温度数值的高字节
    uint x;                   //根据大端格式求,数据高字节存在低地址中,低字节存在高地址中
}temp;                        //x 便刚好是读出的温度数值
uchar idata flag;            //温度的正负号标志,为 1 表示负,为 0 表示正
uint cc,xs;                   //变量 cc 中保存温度值整数部分,xs 保存温度值小数部分的第一位
uchar idata disbuffer[6];    //LED 显示缓存数组
uchar idata ID[4][8] = {0};  //用于记录各 DS18B20 的 ROM 序列号
uchar idata RomID_temp[8];   //匹配 DS18B20 时临时记录要匹配 DS18B20 的序列号
uchar m = 0;                  //m 是轮换显示温度值和序列号的全局标志变量
uchar num = 0;                //num 记录当前单总线上 DS18B20 的个数
uchar z = 0;                  //z 是按键标志位,为 1 时表明有按键按下
uchar a = 0;                  //a 是按键 K1 的记录变量
uchar b = 0;                  //b 是按键 K2 的记录变量
/ ********************* 延时函数 ***************************** /
void delay(uint i){          //延时 i * 9.62μs
    uint j;
    for(j = i;j > 0;j -- );
}
/ ********************* 延时函数 ***************************** /
void delay_2us(uchar i){     //延时 2 * i+5μs
    while( -- i);
}
/ ******************* DS18B20 复位函数 ******************** /
uchar DS_init(void){
  uchar presence;
    DS = 0;    delay_2us(250);  //根据 DS18B20 的复位时序.先把总线拉低 555μs
```

```c
    DS = 1;    delay_2us(30);      //再释放总线,65μs 后读取 DS18B20 发出的信号
    presence = DS;                 //如果复位成功,则 presence 的值为 0;否则为 1
    delay_2us(250);
    return (presence);             //返回 0 则初始化成功,否则失败
}
/ ********************* 单总线读 1 字节函数 ************************ /
uchar read_byte(void){
    uchar i, j, dat = 0;
    for(i = 1; i <= 8; i++){       //作 8 个循环,读出的 8 位组成一个字节
        DS = 0;    _nop_();        //先将总线拉低 1μs
        DS = 1;    delay_2us(2);   //再释放总线,产生读起始信号,延时 9μs 后读取 DS18B20 的值
        j = DS;    delay_2us(30);  //一位读完后,延时 65μs 后读下一位
        dat = (j << 7) | (dat >> 1); //读出的数据最低位在一个字节的最低位
    }
    return(dat);
}
/ ************************ 单总线读 2 位函数 *********************** /
uchar read_2bit(void){
    uchar i = 0, j = 0;
    DS = 0;    _nop_();            //先将总线拉低 1μs
    DS = 1;    delay_2us(2);       //再释放总线,产生读起始信号,延时 9μs 后读取 DS18B20 发出的值
    j = DS;    delay_2us(30);      //一位读完后,延时 65μs 后读下一位
    DS = 0;    _nop_();
    DS = 1;    delay_2us(2);
    i = DS;    delay_2us(30);
    i = j * 2 + i;                 //将读出的两位放到变量 i 中
    return(i);
}
/ ********************* 单总线写 1 字节函数 *********************** /
void write_byte(uchar dat){
    uchar i;
    for(i = 0; i < 8; i++){        //作 8 个循环,写入的 8 位组成一个字节
        DS = 0;                    //先将总线拉低
        DS = dat&0x01;             //向总线上放入要写的值
        delay_2us(50);            //延时 105μs,以使 DS18B20 能采样到要写入的值
        DS = 1;                    //释放总线,准备写入下一位
        dat >>= 1;                 //将要写的下一位移到 dat 的最低位
    }
}
/ ********************** 单总线写 1 位函数 *********************** /
void write_bit(bit dat){
    DS = 0;                        //先将总线拉低
    DS = dat;                      //向总线上放入要写的值
    delay_2us(50);                //延时 105μs,以使 DS18B20 能采样到要写入的值
    DS = 1;                        //释放总线
}
/ ********************** 显示 ROM 序列号函数 ********************* /
void display_ROMID(void){
```

```
    uchar i,p,t,k;
    uint q;
    uchar disbuffer_rom[8];
    uchar codevalue[ ] = {0xC0,0xF9,0xA4,0xB0,0x99,0x92,0x82,0xf8,
          0x80,0x90,0x88,0x83,0xc6,0xa1,0x86,0x8e,0xff,0xbf};              //共阳极的字段码
    uchar chocode[ ] = {0x80,0x40,0x20,0x10,0x08,0x04,0x02,0x01};          //位选码表
    z = 0;                          //z归零,表明没有按键按下
    for(q = 0;q < 500;q++){         //显示各DS18B20的序号
        if(z == 1) break;           //如果z为1,有按键按下,表明要显示不同的内容,跳出循环
        t = chocode[7];             //取当前的位选码
        P2 = t;                     //送出位选码
        t = codevalue[m + 10];      //查得显示字符的字段码
        P0 = t;                     //送出字段码
        delay(100);
    }
    P2 = 0x00;                      //关断LED一段时间,产生闪屏效果
    for(q = 0;q < 500;q++){
        if(z == 1)break;            //如果z为1,有按键按下,表明要显示不同的内容,跳出循环
        delay(100);
    }
    for(k = 0;k < 8;k = k + 4){     //依次显示序列号的低32位或高32位
        if(z == 1)break;            //如果z为1,有按键按下,表明要显示不同的内容,跳出循环
        disbuffer_rom[0] = (ID[m][k]&0x0F);    //接下来将序列号放入disbuffer_rom存储
        disbuffer_rom[1] = ((ID[m][k]&0xF0)>> 4);
        disbuffer_rom[2] = (ID[m][k + 1]&0x0F);
        disbuffer_rom[3] = ((ID[m][k + 1]&0xF0)>> 4);
        disbuffer_rom[4] = (ID[m][k + 2]&0x0F);
        disbuffer_rom[5] = ((ID[m][k + 2]&0xF0)>> 4);
        disbuffer_rom[6] = (ID[m][k + 3]&0x0F);
        disbuffer_rom[7] = ((ID[m][k + 3]&0xF0)>> 4);
        for(q = 0;q < 250;q++){     //显示序列号的低32位或高32位
            if(z == 1)break;        //如果z为1,有按键按下,显示不同的内容,跳出循环
            for (i = 0;i < 8;i++){
                if(z == 1) break;
                t = chocode[i];     //取当前的位选码
                P2 = t;             //送出位选码
                p = disbuffer_rom[i];  //取当前显示的字符
                t = codevalue[p];   //查得显示字符的字段码
                P0 = t;             //送出字段码
                delay(40);
            }
        }
        P2 = 0x00;                  //显示完一轮,灯灭
        for(q = 0;q < 500;q++){
            if(z == 1)break;        //如果z为1,有按键按下,显示不同的内容,跳出循环
            delay(100);
        }
    }
}
/ ********************** 显示出错信息函数 **************************** /
void display_error(void){
```

```
        uchar i,p,t;
        uint q;
        uchar disbuffer_temp[8] = {0,2,8,1,16,0x0f,0x0f,0};           //显示内容为"F 1820"
        uchar codevalue[] = {0xC0,0xF9,0xA4,0xB0,0x99,0x92,0x82,0xf8,
             0x80,0x90,0x88,0x83,0xc6,0xa1,0x86,0x8e,0xff,0xbf};       //共阳极的字段码
        uchar chocode[] = {0x80,0x40,0x20,0x10,0x08,0x04};            //位选码表
        for(q = 0;q < 250;q++){
            for (i = 0;i < 8;i++){
                t = chocode[i];                                       //取当前的位选码
                P2 = t;                                               //送出位选码
                p = disbuffer_temp[i];                                //取当前显示的字符
                t = codevalue[p];                                     //查得显示字符的字段码
                P0 = t;                                               //送出字段码
                delay(40);
            }
        }
    }
/ * * * * * * * * * * * * * * * * * * * * * * * * 搜索 ROM 序列号函数 * * * * * * * * * * * * * * * * * * * * * * * * * * /
uchar search_rom(void){
    uchar k,l = 0,chongtuwei,m,n,a;
    uchar _00web[MAXNUM] = {0};
    do {
        DS_init();                                                    //复位所有 DS18B20
        write_byte(0xf0);                                             //单片机发布搜索命令
        for(m = 0;m < 8;m++) {
            char s = 0;                  //s用来记录本次循环得到的 1 个字节(8 位)序列号
            for(n = 0;n < 8;n++) {
                k = read_2bit();         //读第 m * 8 + n 位的原码和反码,保存在 k 中
                k = k&0x03;              //屏蔽掉 k 中其他位的干扰,为下一步判断作准备
                s >> = 1;                //s 右移一位,即把上一次循环得到的位值右移一位,
                                         //执行完一次 n 为变量的循环,便得到一个字节的 ROM 序列号
                if(k == 0x01){           //k 为 01,表明读到的数据为 0,即所有器件在这一位都为 0
                    write_bit(0);        //对这位记为 0
                }
                else if(k == 0x02){      //k 为 02,表明读到的数据为 1,即所有器件在这一位都为 1
                    s = s|0x80;          //记录下此位的值,即 s 的最高位为 1
                    write_bit(1);
                }
                else if(k == 0x00){
                    chongtuwei = m * 8 + n + 1;   //记录下这个冲突位发生的位置,之所以加 1 是为了
                                                  //让_00web 数组中的第一位保持 0 不变,
                                                  //便于判断搜索循环是否结束
                    if(chongtuwei > _00web[l]){//如果冲突位比标志 00 位的位高,即发现了新
                                               //的冲突位,那么这位写 0
                        write_bit (0);
                        _00web[++l] = chongtuwei;   //依次记录位比冲突标志位高的冲突位
                    }
                    else if(chongtuwei < _00web[l]){   //如果冲突位比标志 00 位的位低,
            //那么把 ID 中这位所在的字节右移 n 位,从而得到这位先前已经写过的值,
            //如果为 0,说明这位先前写的是 0,那么继续写 0,如果这位先前写的是 1,那么继续写 1
                        a = (ID[num - 1][m]>> n)&0x01;
```

```
                    s = s|(a<<7);              //记录下此位的值
                    write_bit(a);
                }
                else if(chongtuwei == _00web[l]){ //如果冲突位就是标志00位,
            //那么s的最高位为1,即这位记为1,同时向总线上写1;
            //之所以不写0,是因为前面已经写过0,再写0,就得不到遍历的效果
                    s = s|0x80;
                    write_bit (1);
                    l = l - 1;           //改变标志00位的位置,即向前推一个00位,并且是往低位推
                }
            }
            else if(k == 0x03)        //k为03,表明总线上没有DS18B20,函数结束,同时返回零值
            {return(0);}
        }
        ID[num][m] = s;
    }
    num++;                                //DS18B20的个数加1
}while((_00web[l]!= 0)&&(num < MAXNUM)); //如果冲突位记录数组已经前推到0值,
        //或是DS18B20的数目已经超过最大允许数目,就退出循环
return(1);                                //搜索完毕,返回1值
}
/ ********************** 读取温度函数 *************************** /
void Read_Temperature_rom(void){
    uchar i;
    DS_init();                            //复位DS18B20
    write_byte(0x55);                     //匹配ROM
    for(i = 0;i < 8;i++)                  //发出64位ROM编码
        write_byte(RomID_temp[i]);
    write_byte(0x44);                     //开始测量温度
    DS_init();                            //复位DS18B20
    write_byte(0x55);                     //匹配ROM
    for(i = 0;i < 8;i++)                  //发出64位ROM编码
        write_byte(RomID_temp[i]);
    write_byte(0xBE);                     //发读温度命令
    temp.c[1] = read_byte();              //读低字节
    temp.c[0] = read_byte();              //读高字节
}
/ *********************** 温度转换函数 *************************** /
void Temperature_cov(void){
    if (temp.c[0]> 0xf8) {                //为负则标志置"1",注意c[0]中放的是读取温度值的高字节
        flag = 1;                         //还要注意读出的数值一共是12位
        temp.x = ~temp.x + 1;
    }
    cc = temp.x/16;                       //计算温度值的整数部分,相当于数值乘0.0625再取整数
    xs = temp.x&0x0f;                     //取温度值小数部分的第一位
    xs = xs * 10;                         //这两条语句相当于乘0.625,得小数位的第一位
    xs = xs/16;                           //注意不是乘0.0625
}
/ ******************** 定义温度底层显示函数 ********************** /
void display(void) {
    uchar codevalue[] = {0xC0,0xF9,0xA4,0xB0,0x99,0x92,0x82,0xf8,   //共阳极LED的字段码
```

```
                        0x80,0x90,0x88,0x83,0xc6,0xa1,0x86,0x8e,0xff,0xbf};
        uchar chocode[] = {0x80,0x40,0x20,0x10,0x08,0x04,0x02,0x01};   //字位码
        uchar i = 0,p,t;
        disbuffer[5] = 0x0a + m;              //第6位以字母A、B、C、D显示,所以加上0x0a
        if (flag == 1) disbuffer[4] = 0x11;//判断是否显示负号
            else disbuffer[4] = 0x10;
        disbuffer[0] = xs;                    //放入小数位显示的数值
        disbuffer[1] = (cc % 10);             //放入个位要显示的数值
        disbuffer[2] = (cc/10);               //放入十位要显示的数值
        if(disbuffer[2] == 0x0a)disbuffer[2] = 0x00;
            if(disbuffer[2] == 0x0b)disbuffer[2] = 0x01;
                if(disbuffer[2] == 0x0c)disbuffer[2] = 0x02;
        disbuffer[3] = (cc/100);              //放入百位要显示的数值
        for (i = 0;i < 6;i++){
            t = chocode[i];                   //取当前的位选码
            P2 = t;                           //送出位选码
            p = disbuffer[i];                 //取当前显示的字符
            t = codevalue[p];                 //查得显示字符的字段码
            if (i == 1) t = t + 0x80;         //个位比较特殊,因为有小数点,所以要加上0x80
            P0 = t;                           //送出字段码
            delay(40);
        }
    }
/ *********************** 定义温度上层显示函数 *************************** /
void diplay_final(void) {
    uint q,r;
    z = 0;
    for(q = 0;q < 8;q++) {                 //将DS18B20的序列号放入数组RomID_temp中
        RomID_temp[q] = ID[m][q];
    }
    P2 = 0x00;
    if(a == 0){                            //如果按键K1的标志变量a = 0,即进行闪烁显示
        for(q = 0;q < 3;q++){             //闪烁空隙仍在读取温度
            if(z == 1) break;             //如果z为1,有按键按下,表明要显示不同内容,跳出循环
            flag = 0;
            Read_Temperature_rom();       //读取双字节温度值
            Temperature_cov();            //温度转换
            for(r = 0;r < 15;r++)
                delay(1000);
        }
    }
    for(q = 0;q < 5;q++){                  //读取温度并显示
        if(z == 1) break;                 //如果z为1,有按键按下,表明要显示不同的内容,跳出循环
        flag = 0;
        Read_Temperature_rom();           //读取双字节温度
        Temperature_cov();                //温度转换
        for(r = 0;r < 100;r++)
            display();                    //显示温度
    }
}
/ *********************** 外部中断0中断处理函数 *************************** /
```

```
void key_0() interrupt 0 {
    delay(1200);                    //延时消抖
    if(Key0 == 0){                  //判断是否 K1 键按下
        if(a == 0) a = 1;           //a 只可能取 0 值或 1 值
        else a = 0;
        b = 0;                      //同时一旦 K1 键按下就将 b 归零
        z = 1;                      //将有按键按下标志位 z 置位
    }
}
/ ************************* 外部中断 1 中断处理函数 ************************** /
void key_1() interrupt 2 {
    delay(1200);                    //延时消抖
    if(Key1 == 0){                  //判断是否 K2 键按下
        if(a == 0){                 //只有 a 等于 0 时才让 b 的值在 0 或 1 之间转变
            if(b == 0) b = 1;
            else b = 0;
        }
        z = 1;                      //将有按键按下标志位 z 置位
        if(a == 1){                 //当 a = 1 时进入固定显示一个 DS18B20 的温度值的状态
            m++;                    //按一次 K2 键 m 值加 1,即在不同的 DS18B20 之间切换显示
            if(m >= num) m = 0;     //m 的值不能超过或等于总线上挂接的 DS18B20 的数目
        }
    }
}
/ ****************************** 主函数 ****************************** /
void main(){
    uchar p;
    delay(30);
    p = search_rom();               //搜索 DS18B20,返回值 p 为 1,表明总线上存在 DS18B20
    if(p == 0)                      //返回值 p 为 0,说明总线上没有 DS18B20,显示"F 1820"
    while(1)
    display_error();
    EA = 1; EX0 = 1; IT0 = 1; EX1 = 1; IT1 = 1;   //开中断,允许外部中断 0 和 1,边沿触发方式
    while(1){
        if(a == 0&&b == 0){         //按键 K1 和 K2 的状态变量值都为 0,循环显示各点温度值
            diplay_final();         //显示 DS18B20 的温度值
            if(m < num - 1) m++;    //为了实现循环显示,要改变 m 的值
            else m = 0;
            if(z == 1) m = 0;       //如果有按键按下,将 m 清"0"
        }
        else if(a == 0&&b == 1){ //按键 K1 和 K2 的状态变量值分别为 0 和 1,循环显示 ROM 序列号
            display_ROMID();        //显示 DS18B20 的序列号
            if(m < num - 1) m++;    //为了实现循环显示,要改变 m 的值
            else m = 0;
            if(z == 1) m = 0;       //如果有按键按下,将 m 清"0"
        }
        else diplay_final();        //显示 DS18B20 的温度值
    }
}
```

11.6 带输入和存储功能的音乐播放器设计

11.6.1 功能要求

采用 8051 单片机和 I^2C 存储器 24C04 芯片设计一种能由用户输入音乐乐曲，并带有存储功能的音乐播放器，通过按键选择预存音乐播放或用户音乐播放。用户音乐通过连接到串行口的虚拟终端输入，同时可输出各种提示信息。

11.6.2 硬件电路设计

图 11.14 所示为音乐播放器硬件电路图，由 8051 单片机、I^2C 存储器 24C04 芯片和外接按键组成。利用单片机内部定时器 T0 结合 I/O 端口来产生不同频率的方波信号，驱动外接喇叭产生音乐。24C04 芯片内预存有音乐数据，用户也可以根据需要输入自己的音乐数据并保存到 24C04 芯片中。4 个独立按键用于功能选择，串行口可以与 PC 进行通信，通过虚拟终端实现音符输入和提示信息输出。由于播放音乐需要比较多的 RAM 存储器空间，普通 8051 单片机片内 RAM 已经不够用，需要采用带有 1KB 片内扩展 XRAM 的AT89C51RD2 单片机，或者在普通 8051 单片机外面扩展 1 片 RAM 芯片。

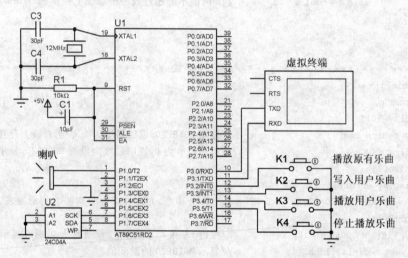

图 11.14 带存储功能的音乐播放器硬件电路图

11.6.3 软件程序设计

程序设计内容包括音符产生、按键识别和串行口信息输入和输出。不同音符对应着不同的频率，利用单片机内部定时器 T0 的定时中断，来改变 I/O 端口电平状态，从而产生不同频率的方波信号，驱动喇叭产生声音，只要改变 T0 的定时初值即可得到不同音符的声音。单片机采用 12MHz 晶振时，高、中、低音符与单片机 T0 定时初值的关系如表 11.6 所示。将这个初值表保存到 ROM 存储器中，程序通过查表获得不同音符对应的 T0 初值，再结合每个音符的节拍时长，就可以产生符合要求的音乐了。

表 11.6　高、中、低音符与单片机定时器 T0 初值的关系

音　符	频率/Hz	T0 初值	音　符	频率/Hz	T0 初值
低 1 DO	220	63 263	#4　#FA	622	64 732
#1　#DO	233	63 390	中 5 SO	659	64 777
低 2 RE	247	63 512	#5　#SO	698	64 820
#2　#RE	262	63 628	中 6 LA	740	64 860
低 3 ME	277	63 731	#6　#LA	784	64 898
低 4 FA	294	63 835	中 7 SI	831	64 934
#4　#FA	311	63 928	高 1 DO	880	64 968
低 5 SO	330	64 021	#1　#DO	932	64 994
#5　#SO	349	64 103	高 2 RE	988	65 030
低 6 LA	370	64 185	#2　#RE	1046	65 058
#6　#LA	392	64 260	高 3 ME	1109	65 085
低 7 SI	415	64 331	高 4 FA	1175	65 110
中 1 DO	440	64 400	#4　#FA	1245	65 134
#1　#DO	466	64 463	高 5 SO	1318	65 157
中 2 RE	494	64 524	#5　#SO	1397	65 178
#2　#RE	523	64 580	高 6 LA	1480	65 198
中 3 ME	554	64 633	#6　#LA	1568	65 217
中 4 FA	587	64 684	高 7 SI	1661	65 235

播放器除了可以播放预先保存在 EEPROM 中的乐曲之外,还可以通过连接到串行口的虚拟终端输入用户乐曲,乐曲输入规则类似于简谱:

(1) 1 2 3 4 5 6 7 为 7 个基本音阶。

(2) 前面加逗号","表示低音。

(3) 前面加上点号"、"表示高音。

(4) 后面加"#"表示这个音符升半个音阶。

(5) 后面加短划线"-"表示延时一拍。

(6) 后面加"."表示这个音符要再加长自身一半的延时。

(7) 后面加下划线"_"表示这个音符要缩短半拍,最多支持 2 个"_"。

这些规则对一般的乐谱都可以应付得了,例如"生日快乐"乐曲如下:

5_5_ 65 `| `1 7 - `| 5_5_ 65 `| `2`1 - `| 5_5_ `5`3 `| `1 7 6 `| `4_4_ `3`1 `| `2`1 - `|

软件程序设计中对乐曲解释的函数较为复杂,需要逐个音符解释。基本过程是:先读出音符并判断高、低音,读出节拍符号"-"、"_"和"."等并判断时长,然后将音符和节拍时长转换为响应的数组,遇到分隔符"|"和空格跳过,遇到"0x00"时结束。

奏乐函数则比较简单,从数组中取出音符和节拍时长,先根据音符查表取得定时初值并送入定时器,再根据节拍时长决定延时时间。每个音符播放前后,用 TR0 控制是否输出音乐,每个音符之间也有短暂静音,以使音乐更为清晰。

【例 11-6】 音乐播放器的 C51 程序。

(1) 主程序 main.c 文件清单。

```c
# include < reg52.h >
# include < stdio.h >
# define uchar unsigned char
# define uint   unsigned int
# define ulong unsigned long
extern Write24C04(uchar ch, uchar address);        //声明外部写 24C04 函数
extern Read24C04(uchar address);                   //声明外部读 24C04 函数
extern Read24C04_0(uchar address);
extern void play(uchar * songdata);                //声明外部音乐播放函数
uchar xdata Music[256];                            //音符输入缓冲区
uchar i = 0;
bit WriteF;                                        //音符写入结束标志
sbit BEEP = P1 ^ 0;                                //喇叭输出脚
sbit P21 = P2 ^ 1;
sbit P22 = P2 ^ 2;
sbit K1 =  P3 ^ 2;
sbit K2 =  P3 ^ 3;
sbit K3 =  P3 ^ 4;
sbit K4 =  P3 ^ 5;
/ ************************* 串行口中断服务函数 *************************** /
void trs() interrupt 4 using 1 {
    uchar Dat1;
    EA = 0;                                        //关中断
    if(TI == 0){                                   //接收中断
        RI = 0; Dat1 = SBUF;                       //清除中断标志,接收音符数据
        SBUF = Dat1;                               //回送给 PC
        Music[i++] = Dat1;                         //暂存音符数据
        if(Dat1 == 0x08){                          //退格修改
            i = i - 2;
            Music[i++] = 0x00; i -- ; }
        if(i == 0xff||Dat1 == 0x0d){               //回车结束
            Music[ -- i] = 0x00;
            WriteF = 1;
            i = 0; }
    }
    else TI = 0;
    EA = 1;                                        //开中断
}
/ *************************** 主程序 *************************** /
void main(void){
    uchar j = 0;
    uchar xdata yinyue[256];                       //设立音符缓冲区
    SCON = 0x52; TMOD = 0x21;                      //串行口、定时器初始化
    PCON = 0x80; TCON = 0x69;                      //fosc = 12MHz,波特率 = 4800
    TL1 = 0x0F3; TH1 = 0x0F3;
    TR0 = 0; ET0 = 1;                              //允许定时器 0 中断
    EA = 1;                                        //打开总中断
```

```
BEEP = 0;                                        //关闭喇叭
printf("\n\n");                                  //提示信息
printf("     THIS IS A MAGIC MUSIC PLAYER  \n"); //提示信息
printf("          waiting for key push \n\n");   //提示信息
while(1) {
    if(!K1){                                     //K1 键,播放 24C04 中预存的音乐
        while(!K1);
        BEEP = 0;
        ES = 0;                                  //关闭串口中断
        printf("Read & play music from EEPROM.\n"); //提示信息
        printf("Please wait......\n");
        do{
            yinyue[j] = Read24C04(j);            //从 24C04 中读出音乐
        }while(yinyue[j++]!= 0);
        yinyue[j] = 0;
        j = 0;
        play(yinyue);                            //播放音乐
        printf("That`s the END.\n\n\n"); }
    if(!K2){                                      //K2 键,输入用户乐曲并播放
        while(!K2);
        printf("Write music note into EEPROM. \n");
        ES = 1;                                   //等待串行口中断
        while(1){;
            if (WriteF){
                ES = 0;EA = 0;
                for(j = 0;Music[j]!= 0;j++){
                    Write24C04(Music[j],j);       //逐个写入到 24C04 的中
                }
                Write24C04(0x00,j++);             //写入最后一个 0
                printf("Write complete. \n\n\n");
                WriteF = 0;
                EA = 1;RI = TI = 0;
                j = 0;
                do{
                    yinyue[j] = Read24C04_0(j);   //读出刚写入的音乐
                }while(yinyue[j++]!= 0);
                yinyue[j] = 0;
                j = 0;
                play(yinyue);                     //播放音乐
                break; }
        }
    }
    if(!K3){                                       //K3 键,播放用户输入的音乐
        while(!K3);
        BEEP = 0;
        ES = 0;                                    //关闭串口中断
        printf("Read & play music from EEPROM. \n"); //提示信息
        printf("Please wait......\n");
        do{
            yinyue[j] = Read24C04_0(j);            //从 24C04 中读出音乐
        }while(yinyue[j++]!= 0);
```

```
                yinyue[j] = 0;
                j = 0;
                play(yinyue);                              //播放音乐
                printf("That`s the END.\n\n\n"); }
            if(!K4){                                       //K4 键,停止播放音乐
                while(!K4); }
        }
    }
```

(2) 音乐播放程序 music.c 文件清单。

```
#include < reg52.h >
#define uchar unsigned char
#define uint   unsigned int
#define ulong unsigned long
sbit BEEP = P1 ^ 0;                                        //音乐输出端口
sbit K1 =  P3 ^ 2;                                         //按键
sbit K2 =  P3 ^ 3;
sbit K3 =  P3 ^ 4;
sbit K4 =  P3 ^ 5;
uchar th0_f;                                               //在中断中装载的 T0 的值高 8 位
uchar tl0_f;                                               //在中断中装载的 T0 的值低 8 位
/ ********************** T0 初值、频率及音符对照表 ********************** /
uchar code freq[36 * 2] = {
    0xA9,0xEF,                                             //00220Hz,1
    0x93,0xF0,                                             //00233Hz,1#
    0x73,0xF1,                                             //00247Hz,2
    0x49,0xF2,                                             //00262Hz,2#
    0x07,0xF3,                                             //00277Hz,3
    0xC8,0xF3,                                             //00294Hz,4
    0x73,0xF4,                                             //00311Hz,4#
    0x1E,0xF5,                                             //00330Hz,5
    0xB6,0xF5,                                             //00349Hz,5#
    0x4C,0xF6,                                             //00370Hz,6
    0xD7,0xF6,                                             //00392Hz,6#
    0x5A,0xF7,                                             //00415Hz,7
    0xD8,0xF7,                                             //00440Hz 1
    0x4D,0xF8,                                             //00466Hz 1#
    0xBD,0xF8,                                             //00494Hz 2
    0x24,0xF9,                                             //00523Hz 2#
    0x87,0xF9,                                             //00554Hz 3
    0xE4,0xF9,                                             //00587Hz 4
    0x3D,0xFA,                                             //00622Hz 4#
    0x90,0xFA,                                             //00659Hz 5
    0xDE,0xFA,                                             //00698Hz 5#
    0x29,0xFB,                                             //00740Hz 6
    0x6F,0xFB,                                             //00784Hz 6#
    0xB1,0xFB,                                             //00831Hz 7
    0xEF,0xFB,                                             //00880Hz ~1
    0x2A,0xFC,                                             //00932Hz ~1#
    0x62,0xFC,                                             //00988Hz ~2
```

```
    0x95,0xFC,                                       //01046Hz ~2♯
    0xC7,0xFC,                                       //01109Hz ~3
    0xF6,0xFC,                                       //01175Hz ~4
    0x22,0xFD,                                       //01244Hz ~4♯
    0x4B,0xFD,                                       //01318Hz ~5
    0x73,0xFD,                                       //01397Hz ~5♯
    0x98,0xFD,                                       //01480Hz ~6
    0xBB,0xFD,                                       //01568Hz ~6♯
    0xDC,0xFD,                                       //01661Hz ~7
};
/ *************************** T0 定时中断函数 *************************** /
timer0() interrupt 1{
    TL0 = tl0_f;TH0 = th0_f;                         //调入预定时值
    BEEP = ～BEEP;                                    //取反音乐输出端口
}
/ *************************** 音符解释函数 *************************** /
void changedata(uchar * song,uchar * diao,uchar * jie){
    uchar i,i1,j;
    char gaodi;                                      //高低音阶
    uchar banyin;                                    //半个升音阶
    uchar yinchang;                                  //音长
    uchar code jie7[8] = {0,12,14,16,17,19,21,23};   //C 调的 7 个值
    * diao = * song;
    for(i = 0,i1 = 0;;){
        gaodi = 0;
        banyin = 0;
        yinchang = 4;                                //音长 1 拍
        if(( * (song + i) == '|') || ( * (song + i) == ' ')) i++;   //拍子间隔和空格过滤
        switch( * (song + i)){
            case ',': gaodi = - 12;i++;              //低音
            break;
            case '~': gaodi = 12;i++;                //高音
            break; }
        if( * (song + i) == 0){                      //遇到 0 结束
            * (diao + i1) = 0;                       //加入结束标志
            * (jie + i1) = 0;
            return;
        }
        j = * (song + i) - 0x30;i++;                 //取出基准音
        j = jie7[j] + gaodi;                         //加上高低音
yinc:   switch( * (song + i)){
            case '♯':                                //有半音,加一个音阶
                i++;j++;
        goto yinc;
            case '-':                                //有一个音节加长
                yinchang += 4;
                i++;
                goto yinc;
            case '_':                                //有一个音节缩短
                yinchang/ = 2;
                i++;
```

```
        goto yinc;
          case '.':                                    //有一个加半拍
                yinchang = yinchang + yinchang/2;
        i++;
        goto yinc;
        }
      * (diao + i1) = j;                                //记录音符
      * (jie + i1) = yinchang;                          //记录音长
      i1++; }
}
/ ***************************** 奏乐函数 ***************************** /
void play(uchar * songdata){
    uchar i,c,j = 0;
    uint  n;
    uchar xdata diaodata[112];                          //音调缓冲
    uchar xdata jiedata[112];                           //音长缓冲
    changedata(songdata,diaodata,jiedata);              //解释音乐符号串
    TR0 = 1;
    for(i = 0;diaodata[i]!= 0;i++){                      //逐个符号演奏
        tl0_f = freq[diaodata[i] * 2];                  //取出对应的定时值送给 T0
        th0_f = freq[diaodata[i] * 2 + 1];
        for(c = 0;c < jiedata[i];c++){                  //按照音长延时
            for(n = 0;n < 32000;n++);
              if((!K1)||(!K2)||(!K3)||(!K4)){           //发现按键
                  TR0 = 0;
                  return };                             //立即退出
          }
        TR0 = 0;
        for(n = 0;n < 500;n++);                          //音符间延时
        TR0 = 1; }
    TR0 = 0;
}
```

(3) I²C 器件读/写程序 24C04. C 文件清单。

```
# include < reg52. h >
# define uchar unsigned char
# define uint  unsigned int
# define ulong unsigned long
# define   WriteDeviceAddress 0xa0                      //定义 24C04 的第一块写入地址
# define   WriteDeviceAddress1 0xa2                     //定义 24C04 的第二块写入地址
# define   ReadDviceAddress    0xa1                     //定义 24C04 的第一块读出地址
# define   ReadDviceAddress1   0xa3                     //定义 24C04 的第二块读出地址
sbit   SCL = P1 ^6;
sbit   SDA = P1 ^7;
sbit    P10 = P1 ^0;
/ ***************************** 延时函数 ***************************** /
void DelayMs(unsigned int number){
    uchar temp;
    for(;number!= 0;number -- ){
        for(temp = 112;temp!= 0;temp -- ); }
```

```
}
/ *************************** I²C起始函数 **************************** /
void Start(){
    SDA = 1;   SCL = 1;
    SDA = 0;   SCL = 0; }
/ *************************** I²C停止函数 **************************** /
void Stop(){
    SCL = 0;   SDA = 0;
    SCL = 1;   SDA = 1; }
/ *************************** NoACK应答函数 ************************** /
void NoAck(){
    SDA = 1;   SCL = 1;   SCL = 0; }
/ *************************** Ack应答函数 *************************** /
bit TestAck(){
    bit ErrorBit;
    SDA = 1;SCL = 1;
    ErrorBit = SDA;
    SCL = 0;
    return(ErrorBit); }
/ *************************** 24C04的8位写入函数 ******************* /
void Write8Bit(unsigned char input){
    uchar temp;
    for(temp = 8;temp!= 0;temp -- ){
        SDA = (bit)(input&0x80);
        SCL = 1;   SCL = 0;
        input = input << 1; }
}
/ *************************** 24C04的字节写入函数 ****************** /
void Write24C04(uchar ch,uchar address){
    Start();
    Write8Bit(WriteDeviceAddress);
    TestAck();
    Write8Bit(address);
    TestAck();
    Write8Bit(ch);
    TestAck();
    Stop();
    DelayMs(10); }
/ *************************** 24C04的8位读出函数 ******************* /
uchar Read8Bit(){
    unsigned char temp,rbyte = 0;
    for(temp = 8;temp!= 0;temp -- ){
        SCL = 1;
        rbyte = rbyte << 1;
        rbyte = rbyte|((unsigned char)(SDA));
        SCL = 0; }
    return(rbyte); }
/ *************************** 24C04的第二块读出函数 *************** /
uchar Read24C04(uchar address){
    uchar ch;
    Start();
```

```
        Write8Bit(WriteDeviceAddress1);
        TestAck();
        Write8Bit(address);
        TestAck();
        Start();
        Write8Bit(ReadDviceAddress1);
        TestAck();
        ch = Read8Bit();
        NoAck();
        Stop();
        return(ch); }
/ ************************* 24C04 的第 1 块读出函数 ************************* /
uchar Read24C04_0(uchar address){
        uchar ch;
        Start();
        Write8Bit(WriteDeviceAddress);
        TestAck();
        Write8Bit(address);
        TestAck();
        Start();
        Write8Bit(ReadDviceAddress);
        TestAck();
        ch = Read8Bit();
        NoAck();
        Stop();
        return(ch); }
```

复习思考题

1. 简述红外遥控编码和解码的原理,采用 8051 单片机设计红外遥控发射器和接收器,画出原理电路图,编写驱动程序。

2. 利用 8051 单片机片内定时器和 I/O 端口,设计一个 16×16 点阵 LED 显示屏,要求能够静态显示,也可以向上滚动显示英文和汉字。

3. 简述日历时钟芯片 DS1302 的功能和数据传输格式。

4. 采用时钟芯片 DS1302 和 8051 单片机设计一台电子万年历,画出原理电路图,编写驱动程序。

5. 以 8051 单片机和 24C04 芯片设计一个可设置用户密码的电子密码锁,画出原理电路图,编写驱动程序。

6. 简述数字温度传感器 DS18B20 的功能和数据传输格式。

7. 采用数字温度传感器 DS18B20 和 8051 单片机设计一台数字温度计,画出原理电路图,编写驱动程序。

8. 简述带输入和存储功能音乐播放器的乐曲输入和音符解释工作原理。

9. 采用 8051 单片机和 I^2C 存储器芯片 24C04 设计出带输入和存储功能的音乐播放器,画出原理电路图,编写驱动程序。

附录 A

APPENDIX A

8051 指令表

表 A.1～表 A.5 中所用到的符号和含义如下：

符号	含义
P	程序状态字寄存器 PSW 中的奇偶标志位
OV	程序状态字寄存器 PSW 中的溢出标志
AC	程序状态字寄存器 PSW 中的辅助进位标志
CY	程序状态字寄存器 PSW 中的进位标志
addr11	11 位地址
addr16	16 位地址
$a_{10}a_9a_8$	11 位地址中的最高 3 位
bit	位地址
rel	相对偏移量，为 8 位有符号数(补码形式)
direct	直接地址
#data	立即数
Rn	工作寄存器 Rn(n = 0～7)
(Rn)	工作寄存器 Rn 的内容
A	累加器
(A)	累加器内容
Ri	i = 0 或 1
(Ri)	R0 或 R1 的内容
((Ri))	R0 或 R1 指出单元的内容
X	某一个寄存器
(X)	某一个寄存器内容
((X))	某一个寄存器指出的单元的内容
→	数据传送方向
⊕	逻辑异或
∧	逻辑与
∨	逻辑或
√	对标志产生影响
×	不影响标志

表 A.1　算术运算指令

十六进制代码	助记符	功能	对标志影响 P	OV	AC	CY	字节数	周期数
28～2F	ADD A,Rn	(A)＋(Rn)→A	√	√	√	√	1	1
25	ADD A,direct	(A)＋(direct)→A	√	√	√	√	2	1
26～27	ADD A,@Ri	(A)＋((Ri))→A	√	√	√	√	1	1
24	ADD A,#data	(A)＋data→A	√	√	√	√	2	1

续表

十六进制代码	助记符	功能	对标志影响				字节数	周期数
			P	OV	AC	CY		
38~3F	ADDC A,Rn	(A)+(Rn)+CY→A	√	√	√	√	1	1
35	ADDC A,direct	(A)+(direct)+CY→A	√	√	√	√	2	1
36~37	ADDC A,@Ri	(A)+((Ri))+CY→A	√	√	√	√	1	1
34	ADDC A,#data	(A)+data+CY→A	√	√	√	√	2	1
98~9F	SUBB A,Rn	(A)−(Rn)−CY→A	√	√	√	√	1	1
95	SUBB A,direct	(A)−(direct)−CY→A	√	√	√	√	2	1
96~97	SUBB A,@Ri	(A)−((Ri))−CY→A	√	√	√	√	1	1
94	SUBB A,#data	(A)−data−CY→A	√	√	√	√	2	1
04	INC A	(A)+1→A	√	×	×	×	1	1
08~0F	INC Rn	(Rn)+1→(Rn)	×	×	×	×	1	1
05	INC direct	(direct)+1→direct	×	×	×	×	2	1
06~07	INC @Ri	((Ri))+1→(Ri)	×	×	×	×	1	1
A3	INC DPTR	(DPTR)+1→DPTR	×	×	×	×	1	2
14	DEC A	(A)−1→A	√	×	×	×	1	1
18~1F	DEC Rn	(Rn)−1→Rn	×	×	×	×	1	1
15	DEC direct	(direct)−1→direct	×	×	×	×	2	1
16~17	DEC @Ri	((Ri))−1→(Ri)	×	×	×	×	1	1
A4	MUL AB	(A)*(B)→BA	√	√	×	√	1	4
84	DIV AB	(A)/(B)→AB	√	√	×	√	1	4
D4	DA A	对(A)进行 BCD 码调整	√	√	√	√	1	1

表 A.2　逻辑运算指令

十六进制代码	助记符	功能	对标志影响				字节数	周期数
			P	OV	AC	CY		
58~5F	ANL A,Rn	(A)∧(Rn)→A	√	×	×	×	1	1
55	ANL A,direct	(A)∧(direct)→A	√	×	×	×	2	1
56~57	ANL A,@Ri	(A)∧((Ri))→A	√	×	×	×	1	1
54	ANL A,#data	(A)∧data→A	√	×	×	×	2	1
52	ANL direct,A	(direct)∧(A)→direct	×	×	×	×	2	1
53	ANL direct,#data	(direct)∧data→direct	×	×	×	×	3	2
48~4F	ORL A,Rn	(A)∨(Rn)→A	√	×	×	×	1	1
45	ORL A,direct	(A)∨(direct)→A	√	×	×	×	2	1
46~47	ORL A,@Ri	(A)∨((Ri))→A	√	×	×	×	1	1
44	ORL A,#data	(A)∨data→A	√	×	×	×	2	1
42	ORL direct,A	(direct)∨(A)→direct	×	×	×	×	2	1
43	ORL direct,#data	(direct)∨data→direct	×	×	×	×	3	2
68~6F	XRL A,Rn	(A)⊕(Rn)→A	√	×	×	×	1	1
65	XRL A,direct	(A)⊕(direct)→A	√	×	×	×	2	1
66~67	XRL A,@Ri	(A)⊕((Ri))→A	√	×	×	×	1	1

续表

十六进制代码	助记符	功能	对标志影响				字节数	周期数
			P	OV	AC	CY		
64	XRL A,#data	(A)⊕data→A	√	×	×	×	2	1
62	XRL direct,A	(direct)⊕(A)→direct	×	×	×	×	2	1
63	XRL direct,#data	(direct)⊕data→direct	×	×	×	×	3	2
E4	CLR A	0→A	√	×	×	×	1	1
F4	CPL A	$\overline{(A)}$→A	×	×	×	×	1	1
23	RL A	A 循环左移一位	×	×	×	×	1	1
33	RLC A	A 带进位循环左移一位	√	×	×	√	1	1
03	RR A	A 循环右移一位	×	×	×	×	1	1
13	RRC A	A 带进位循环右移一位	√	×	×	√	1	1
C4	SWAP A	A 半字节交换	×	×	×	×	1	1

表 A.3　数据传送指令

十六进制代码	助记符	功能	对标志影响				字节数	周期数
			P	OV	AC	CY		
E8～EF	MOV A,Rn	(Rn)→A	√	×	×	×	1	1
E5	MOV A,direct	(direct)→A	√	×	×	×	2	1
E6～E7	MOV A,@Ri	((Ri))→A	√	×	×	×	1	1
74	MOV A,#data	data→A	√	×	×	×	2	1
F8～FF	MOV Rn,A	(A)→Rn	×	×	×	×	1	1
A8～AF	MOV Rn,direct	(direct)→Rn	×	×	×	×	2	2
78～7F	MOV Rn,#data	data→Rn	×	×	×	×	2	1
F5	MOV direct,A	(A)→direct	×	×	×	×	2	1
88～8F	MOV direct,Rn	(Rn)→direct	×	×	×	×	2	2
85	MOV direct1,direct2	(direct2)→direct1	×	×	×	×	3	2
86～87	MOV direct,@Ri	((Ri))→direct	×	×	×	×	2	2
75	MOV direct,#data	data→direct	×	×	×	×	3	2
F6～F7	MOV @Ri,A	(A)→(Ri)	×	×	×	×	1	1
A6～A7	MOV @Ri,direct	(direct)→(Ri)	×	×	×	×	2	2
76～77	MOV @Ri,#data	data→(Ri)	×	×	×	×	2	1
90	MOV DPTR,#data16	data16→DPTR	×	×	×	×	3	2
93	MOVC A,@A+DPTR	((A)+(DPTR))→A	√	×	×	×	1	2
83	MOVC A,@A+PC	((A)+(PC))→A	√	×	×	×	1	2
E2～E3	MOVX A,@Ri	((Ri)+(P2))→A	√	×	×	×	1	2
E0	MOVX A,@DPTR	((DPTR))→A	√	×	×	×	1	2
F2～F3	MOVX @Ri,A	(A)→(Ri)+(P2)	×	×	×	×	1	2
F0	MOVX @DPTR,A	(A)→(DPTR)	×	×	×	×	1	2
C0	PUSH direct	(SP)+1→SP(direct)→(SP)	×	×	×	×	2	2
D0	POP direct	((SP))→direct(SP)-1→SP	×	×	×	×	2	2
C8～CF	XCH A,Rn	(A) ←→(Rn)	√	×	×	×	1	1
C5	XCH A,direct	(A) ←→(direct)	√	×	×	×	2	1
C6～C7	XCH A,@Ri	(A) ←→((Ri))	√	×	×	×	1	1
D6～C7	XCHD A,@Ri	(A)$_{0～3}$←→((Ri))$_{0～3}$	√	×	×	×	1	1

表 A.4 控制转移指令

十六进制代码	助记符	功　能	对标志影响				字节数	周期数
			P	OV	AC	CY		
$a_{10}a_9a_8 1 0001$ （二进制代码）	ACALL,addr11	$(PC)+2 \to PC,(SP)+1 \to$ SP, $(PCL) \to (SP),(SP)+1 \to$ SP, $(PCH) \to (SP),addr11 \to PC$	×	×	×	×	2	2
12	LCALL addr16	$(PC)+3 \to PC,(SP)+1 \to$ SP, $(PCL) \to (SP),(SP)+1 \to$ SP, $(PCH) \to (SP),addr16 \to PC$	×	×	×	×	3	2
22	RET	$((SP)) \to PCH,(SP)-1 \to SP,$ $((SP)) \to PCL,(SP)-1 \to SP$	×	×	×	×	1	2
32	RETI	$((SP)) \to PCH,(SP)-1 \to SP,$ $((SP)) \to PCL,(SP)-1 \to SP$ 从中断返回	×	×	×	×	1	2
$a_{10}a_9a_8 0 0001$ （二进制代码）	AJMP addr11	$(PC)+2 \to PC,addr11 \to PC$	×	×	×	×	2	2
02	LJMP addr16	$addr16 \to PC$	×	×	×	×	3	2
80	SJMP rel	$(PC)+2 \to PC,(PC)+rel \to$ PC	×	×	×	×	2	2
73	JMP @A+DPTR	$(A)+(DPTR) \to PC$	×	×	×	×	1	2
60	JZ rel	$(PC)+2 \to PC$,若$(A)=0$, $(PC)+rel \to PC$	×	×	×	×	2	2
70	JNZ rel	$(PC)+2 \to PC$,若(A)不等 0,则$(PC)+rel \to PC$	×	×	×	×	2	2
40	JC rel	$(PC)+2 \to PC$,若 $CY=1$,则 $(PC)+rel \to PC$	×	×	×	×	2	2
50	JNC rel	$(PC)+2 \to PC$,若 $CY=0$,则 $(PC)+rel \to PC$	×	×	×	×	2	2
20	JB bit,rel	$(PC)+3 \to PC$,若$(bit)=1$, 则$(PC)+rel \to PC$	×	×	×	×	3	2
30	JNB bit,rel	$(PC)+3 \to PC$,若$(bit)=0$, 则$(PC)+rel \to PC$	×	×	×	×	3	2
10	JBC bit,rel	$(PC)+3 \to PC$,若$(bit)=1$, 则 $0 \to bit,(PC)+ rel \to PC$	×	×	×	×	3	2
B5	CJNE A,direct,rel	$(PC)+3 \to PC$,若(A)不等于 $(direct)$,则$(PC)+rel \to PC$, 若$(A)<(direct)$,则 $1 \to CY$	×	×	×	√	3	2
B4	CJNE A,♯data,rel	$(PC)+3 \to PC$,若(A)不等于 data,则$(PC)+ rel \to PC$,若 $(A)<data$,则 $1 \to CY$	×	×	×	√	3	2

续表

十六进制代码	助记符	功　　能	对标志影响				字节数	周期数
			P	OV	AC	CY		
B8~BF	CJNE Rn,♯data,rel	(PC)＋3→PC,若(Rn)不等于 data,则(PC)＋rel→PC,若(Rn)＜data,则 1→CY	×	×	×	√	3	2
B6~B7	CJNE @Ri,♯data,rel	(PC)＋3→PC,若(Ri)不等于 data,则(PC)＋rel→PC,若(Ri)＜data,则 1→CY	×	×	×	√	3	2
D8~DF	DJNZ Rn,rel	(PC)＋2→PC,(Rn)－1→Rn 若(Rn)不等于 0,则(PC)＋rel→PC	×	×	×	×	2	2
D5	DJNZ direct,rel	(PC)＋3→PC,(direct)－1→direct, 若(direct)不等于 0,则(PC)＋rel→PC	×	×	×	×	3	2
00	NOP	空操作	×	×	×	×	1	1

表 A.5　位操作指令

十六进制代码	助记符	功　　能	对标志影响				字节数	周期数
			P	OV	AC	CY		
C3	CLR C	0→CY	×	×	×	√	1	1
C2	CLR bit	0→bit	×	×	×	×	2	1
D3	SETB C	1→CY	×	×	×	√	1	1
D2	SETB bit	1→bit	×	×	×	×	2	1
B3	CPL C	$\overline{CY}$→CY	×	×	×	√	1	1
B2	CPL bit	$\overline{(bit)}$→bit	×	×	×	×	2	1
82	ANL C,bit	(CY)∧(bit)→CY	×	×	×	√	2	2
B0	ANL C,/bit	(CY)∧$\overline{(bit)}$→CY	×	×	×	√	2	2
72	ORL C,bit	(CY)∨(bit)→CY	×	×	×	√	2	2
A0	ORL C,/bit	(CY)∨$\overline{(bit)}$→CY	×	×	×	√	2	2
A2	MOV C,bit	(bit)→CY	×	×	×	√	2	1
92	MOV bit,C	CY→bit	×	×	×	×	2	2

Proteus 中的常用元器件

元 器 件 名	中 文 注 释	元 器 件 名	中 文 注 释
80C51	8051 单片机	RELAY	继电器
AT89C52	Atmel 8052 单片机	ALTERNATOR	交互式交流电压源
CRYSTAL	晶体振荡器	POT-LIN	交互式电位计
CERAMIC22P	陶瓷电容	CAP-VAR	可变电容
CAP	电容	CELL	单电池
CAP-ELEC	通用电解电容	BATTERY	电池组
RES	电阻	AREIAL	天线
RX8	8 电阻排	PIN	单脚终端接插针
RESPACK-8	带公共端的 8 电阻排	LAMP	动态灯泡模型
MINRES5K6	5K6 电阻	TRAFFIC	动态交通灯模型
74LS00	四 2 输入与非门	SOUNDER	压电发声模型
74LS164	8 位并出串行移位寄存器	SPEAKER	喇叭模型
74LS244	8 同相三态输出缓冲器	7805	5V,1A 稳压器
74LS245	8 同相三态输出收发器	78L05	5V,100mA 稳压器
NOR	2 输入或非门	LED-GREEN	绿色发光二极管
OR	2 输入或门	LED-RED	红色发光二极管
XOR	2 输入异或门	LED-YELLOW	黄色发光二极管
NAND	2 输入与非门	MAX7219	串行 8 位 LED 显示驱动器
AND	2 输入与门	7SEG-BCD	7 段 BCD 数码管
NOT	数字反相器	7SEG-DIGITAL	7 段数码管
COMS	COMS 系列	7SEG-COM-CAT-GRN	7 段共阴极绿色数码管
4001	双 2 输入或非门	7SEG-COM-AN-GRN	7 段共阳极绿色数码管
4052	双 4 通道模拟开关	7SEG-MPX6-CA	6 位 7 段共阳极红色数码管
4511	BCD-7 段锁存/解码/驱动器	7SEG-MPX6-CC	6 位七段共阴极红色数码管
DIODE-TUN	通用沟道二极管	MATRIX-5×7-RED	5×7 点阵红色 LED 显示器
UF4001	二极管急速整流器	MATRIX-8×8-BLUE	8×8 点阵蓝色 LED 显示器
1N4148	小信号开关二极管	AMPIRE128×64	128×64 图形 LCD
SCR	通用晶闸管整流器	LM016L	16×2 字符 LCD

续表

元 器 件 名	中 文 注 释	元 器 件 名	中 文 注 释
TRIAC	通用三端双向晶闸管开关	555	定时器/振荡器
MOTOR	简单直流电机	NPN	通用 NPN 型双极性晶体管
MOTOR-STEPPER	动态单极性步进电机	PNP	通用 PNP 型双极性晶体管
MOTOR-SERVO	伺服电机	PMOSFET	通用 P 型金属氧化物场效应管
COMPIN	COM 口物理接口模型	2764	8K×8 EPROM 存储器
CONN-D9M	9 针 D 型连接器	6264	8K×8 静态 RAM 存储器
CONN-D9F	9 孔 D 型连接器	24C04	4K 位 I^2C EEPROM 存储器
BUTTON	按钮	ADC0808	8 位 8 通道 A/D 转换器
SWITCH	带锁存开关	DAC0832	8 位 D/A 转换器
SW-SPST-MOM	非锁存开关	DS1302	日历时钟

参 考 文 献

［1］ 张靖武,周灵彬.单片机原理、应用与 PROTEUS 仿真［M］.北京：电子工业出版社,2008.

［2］ 江世明.基于 Proteus 的单片机应用技术［M］.北京：电子工业出版社,2009.

［3］ 肖婧.单片机系统设计与仿真——基于 Proteus［M］.北京：北京航空航天大学出版社,2010.

［4］ 徐爱钧.单片机原理实用教程——基于 Proteus 虚拟仿真［M］.2 版.北京：电子工业出版社,2011.

［5］ 张毅刚,彭喜元,彭宇.单片机原理及应用［M］.北京：高等教育出版社,2010.

［6］ 徐爱钧,徐阳.智能化测量控制仪表原理与设计［M］.3 版.北京：北京航空航天大学出版社,2012.

［7］ 徐爱钧,徐阳.Keil C51 单片机高级语言应用编程与实践［M］.北京：电子工业出版社,2013.

［8］ 韩克,薛迎霄.单片机应用技术——基于 Proteus 的项目设计与仿真［M］.北京：电子工业出版社,2013.

图书资源支持

感谢您一直以来对清华版图书的支持和爱护。为了配合本书的使用，本书提供配套的资源，有需求的读者请扫描下方的"书圈"微信公众号二维码，在图书专区下载，也可以拨打电话或发送电子邮件咨询。

如果您在使用本书的过程中遇到了什么问题，或者有相关图书出版计划，也请您发邮件告诉我们，以便我们更好地为您服务。

我们的联系方式：

地　　址：北京海淀区双清路学研大厦 A 座 707

邮　　编：100084

电　　话：010－62770175－4604

资源下载：http://www.tup.com.cn

电子邮件：weijj@tup.tsinghua.edu.cn

QQ：883604(请写明您的单位和姓名)

用微信扫一扫右边的二维码，即可关注清华大学出版社公众号"书圈"。

资源下载、样书申请

书 圈